大学计算机系列教材

C++程序设计基础

（第6版）

周霭如　林伟健　徐红云　编著

U0294372

电子工业出版社
Publishing House of Electronics Industry
北京 · BEIJING

内 容 简 介

本书共 12 章，主要内容包括：简单程序与基本数据类型、程序控制结构、函数、数组、集合与结构、类与对象、运算符重载、继承、虚函数与多态性、模板、输入流/输出流、异常处理。本书的例程以 Visual Studio 2015 为运行环境。

本书提供配套的电子课件和习题解答，读者登录华信教育资源网（www.hxedu.com.cn）注册后可免费下载。电子课件由近 3000 张 PPT 幻灯片组成，以图形化方式充分表现程序设计课程的教学特点。

本书可以作为高等学校计算机类、信息类、电类专业本科生高级语言程序设计课程教材，也可以作为教师、学生和 C++语言爱好者的参考书。

图书在版编目（CIP）数据

C++程序设计基础 / 周霭如，林伟健，徐红云编著. —6 版. —北京：电子工业出版社，2021.6
ISBN 978-7-121-41275-2

Ⅰ. ①C… Ⅱ. ①周… ②林… ③徐… Ⅲ. ①C++语言－程序设计－高等学校－教材 Ⅳ. ①TP312.8

中国版本图书馆 CIP 数据核字（2021）第 105853 号

责任编辑：冉　哲
印　　刷：大厂回族自治县聚鑫印刷有限责任公司
装　　订：大厂回族自治县聚鑫印刷有限责任公司
出版发行：电子工业出版社
　　　　　北京市海淀区万寿路 173 信箱　邮编　100036
开　　本：787×1 092　1/16　印张：22.75　字数：670 千字
版　　次：2003 年 8 月第 1 版
　　　　　2021 年 6 月第 6 版
印　　次：2023 年 9 月第6次印刷
定　　价：69.00 元

凡所购买电子工业出版社图书有缺损问题，请向购买书店调换。若书店售缺，请与本社发行部联系，联系及邮购电话：（010）88254888，88258888。

质量投诉请发邮件至 zlts@phei.com.cn，盗版侵权举报请发邮件至 dbqq@phei.com.cn。

本书咨询联系方式：ran@phei.com.cn。

前　　言

C++语言是优秀的计算机程序设计语言，它的功能相当强大。我们编写本书的目的是，为没有任何程序设计基础的理工科大学生提供一本适用教材，使他们掌握从理论到实践都要求很高的C++语言。

一门课程的设置应该放在整个教学培养计划中统筹考虑。我们的教学目标不是马上培养一个会使用某种语言（如C++语言）的程序员，而是强调对程序设计语言的理解和应用。所以，在本书编写和组织教学的过程中，我们力图通过对基本语法现象的剖析，由浅入深地让学生理解、掌握语言规则的原理，懂得用计算机指令的模式去分析和求解问题，并在机器上实现简单的程序。至于深入的算法及大程序的组织讨论，将由相关的后续课程（如数据结构、算法分析、计算方法、软件工程等）完成。因此，对高级程序设计语言规则的理解和应用是本书写作的立足点。

我们根据多年从事计算机程序设计教学的经验，按照学生学习的认知规律，精心构造全书的体系和叙述方式。原则是：循序渐进、难点分散、通俗而不肤浅。本书有两条基木脉络，清晰渐进：从字、词、数据、表达式、语句到函数、类，是语法范畴的一条基本脉络；在程序功能方面，则以数据组织和程序组织为另外一条基本脉络，并以渐进的、粒度扩大的方式逐步导入分析。

例如，数据的组织方式为"基本数据类型—数组—结构—链表"，体现了如何利用基本数据类型根据需要组织数据；程序的组织方式为"语句—函数—类"，体现了结构化思想和面向对象思想对程序不同的组织方式。

指针是C++语言的重要概念，是操作对象的有力工具。本书没有一般C、C++语言教材中专门的"指针"一章。我们从最简单的变量开始，建立对象的名和地址的概念，将对象的不同访问方式贯穿于各章节中。从结构化程序设计到面向对象程序设计，采取了比较平滑的过渡。首先，在一开始介绍基本数据类型、程序流程控制、函数等结构化程序设计的基本知识时，就非正式地使用"对象"这个术语（从计算机程序的角度，任何占有存储空间的实体都是对象）；继而，掌握结构到类的演变，给出对象的准确定义；进一步，展开介绍面向对象程序设计的几个基本特性，即封装、继承、多态和类属在C++语言中的实现方法。同时，我们在本书的阐述中体现了一个思想：没有一种对所有问题都是最好的程序设计方法，对特定问题，选择合适的解决方案是程序员必备的素质。

本书之所以取名为《C++程序设计基础》，原因有二：第一，它不是一本C++语言手册，不可能包罗所有语法规则和特定版本提供的各种功能；第二，它没有涉及复杂的算法和工程化的面向对象分析设计方法。这两个问题与教材的定位相关。对第一个原因，我们认为学生在掌握了程序设计的基本概念和基本方法之后，可以通过语言平台（如Visual C++）或者其他资料学习，拓展对语言功能的了解。我们在有关章节中也做了类似的引导，例如，STL标准类库的介绍，这些内容提供给教师选择或学生自学。至于第二个原因，那些是计算机专业后续课程的教学内容。本书介绍的程序设计方法和使用到的算法都立足于基本概念和方法，所以，例程通常是简单和小规模的。

本书分别在2003年、2006年、2009年、2013年和2016年出版了第1~5版，目前为第6版。本次修订在第5版的基础上修改如下：调整了第1章和第2章的内容；第4章适当减少了

C 字符串的内容，增加了 string 类的内容；全书根据 Visual Studio 2015 修订了相关内容；每章的同步练习用二维码形式提供下载。

本书共 12 章，主要内容包括：简单程序与基本数据类型、程序控制结构、函数、数组、集合与结构、类与对象、运算符重载、继承、虚函数与多态性、模板、输入流/输出流、异常处理。

本书提供配套的电子课件、按章节安排的同步练习及习题解答，读者登录华信教育资源网（www.hxedu.com.cn）注册后可免费下载。电子课件由近 3000 张 PPT 幻灯片组成，以图形化方式充分表现程序设计课程的教学特点。

本书可以作为高等学校计算机类、信息类、电类专业本科生高级语言程序设计课程教材，也可以作为教师、学生和 C++语言爱好者的参考书。

本书的编写过程，是我们不断向学生学习、向同行学习、向 C++学习的过程。在此，对所有使用本书的教师、学生，以及热心向我们提出宝贵意见的读者致以诚挚的感谢！希望继续得到读者的支持和帮助。

作　者

课程简介

华南理工大学计算机学院开设的"高级语言程序设计（C++）"课程是 2007 年国家级精品网络课程，2012 年国家级精品资源共享课程。本书是该课程的使用教材。

该课程已在爱课程网站上开课，读者也可以通过华南理工大学网络学院查看课程内容。

同步练习及习题解答

扫描二维码，下载同步练习及习题解答。

目　　录

第 1 章　简单程序与基本数据类型

程序设计语言是人指挥计算机工作的工具。C++语言功能强大，使用灵活，是目前工程中应用比较广泛的一种高级程序设计语言。本章介绍高级程序设计语言的基本概念和 C++语言的基本语法单位。

1.1　概述

C++语言源于 C 语言。C 语言诞生于 20 世纪 70 年代，其最初的设计目的是编写操作系统。C 语言规则简单，不但具有高级语言的数据表示、运算功能，还可以直接对内存操作，程序运行效率高。基于以上优点，C 语言很快成为世界流行的程序设计语言。

然而，人们要求计算机解决的问题越来越多，C 语言在处理大问题、复杂问题时表现出来的弱点也越来越明显，例如，缺乏数据类型检查机制、代码重用性差等。

20 世纪 80 年代，美国 AT&T 贝尔实验室对 C 语言进行扩充改版，成为 C++语言。C++语言保持了 C 语言原有的高效、简捷的特点，强化了数据类型的检查和语句的结构性，增加了面向对象程序设计的支持。由于 C++语言的灵活性、良好的继承性和前瞻性，许多软件公司都为 C++语言设计了编译系统，提供了不同级别的应用类库以及方便实用的开发环境，使 C++语言得到广泛应用。

1.1.1　程序设计与程序设计语言

在人类社会生活中，"语言"是人与人之间用来表达意思、交流思想的工具，是由语音、词汇和语法构成的一定系统。人类的思维、感情相当丰富，所以，人类的语言系统非常复杂。甚至同一个词、同一个句子，在不同的环境下、以不同的语气表达，都可能解释成完全不同的意思。

"程序设计语言"是人指挥计算机工作的工具。它是一种工程语言，是由字、词和语法规则构成的指令系统。一种高级程序设计语言往往只有一百多个词汇、若干条规则。

高级语言提供了常用的数据描述和对数据操作的规则描述。这些规则是"脱机"的，程序员只需要专注于问题的求解，不必关心机器内部结构和实现。我们说的"程序设计语言"一般是指高级语言。

计算机对问题的求解方式通常可以用数学模型抽象。随着社会科学的发展，人们要求计算机处理的问题越来越复杂，计算机工作者不断寻求简捷可靠的软件开发方法。从过程化、结构化到近代出现的面向对象程序设计，均体现了程序设计理论、方法的不断发展。

用高级语言编写的程序称为"源程序"。计算机不能直接识别源程序，必须翻译（称为编译）成二进制代码才能在机器上运行。一旦编译成功，目标程序就可以反复高速执行。

程序设计就是根据特定的问题，使用某种程序设计语言，设计出计算机执行的指令序列。程序设计是一项创造性的工作，根据任务主要完成以下两方面工作。

（1）数据描述

数据描述是指把被处理的信息描述成计算机可以接受的数据形式，如整数、浮点数、字符、数组等。

信息可以用人工或自动化装置进行记录、解释和处理。使用计算机进行信息处理时，这些信息必须转换成可以被机器识别的"数据"，如数字、文字、图形、声音等。不管什么数据，计算机都以二进制数的形式进行存储和加工处理。数据是信息的载体，信息依靠数据来表达。

有一些数据，可以直接用程序设计语言的"数据类型"描述，如数值、字符。另外一些数据，虽然一般的程序设计语言没有提供直接定义，但许多开发商都会提供相应的处理工具。例如，Visual Studio .NET Framework 类库提供了丰富的多媒体数据处理方法，可以在界面或程序代码中使用或处理图形、声音等数据。

（2）数据的处理

数据处理是指对数据进行输入、输出、整理、计算、存储、维护等一系列活动。数据处理的目的是提取所需的数据成分，获得有用的资料。

程序设计语言的规则都是围绕描述数据、操作数据而设计的。在结构化程序设计中，数据的描述和处理是分离的。用面向对象方法，程序对数据和处理进行封装。按照人们习惯的思维模式和软件重用原则，对象还具有继承、多态等特性。每种程序设计方法都有自己的一套理论框架，相应的设计、分析、建模方法，都有各自的优缺点。采用什么方法设计程序，应该依据问题的性质、规模、特点进行选择。世界上没有一种能解决所有问题的最优方法。

学习 C++语言，不仅为了掌握一种实用的计算机软件设计工具，更重要的是，通过该课程学习，掌握计算机程序设计语言的基本语法规则，掌握结构化程序设计和面向对象程序设计的基本方法，为进一步学习和应用打下良好基础。

1.1.2　一个简单的 C++程序

问题：输入圆的半径，求圆的周长和面积。

【例 1-1】方法一，用结构化设计方法编程。

数据描述：半径、周长、面积均用浮点型数据表示。

数据处理：

$\qquad$ 输入半径 r；

$\qquad$ 计算周长 $= 2*\pi*r$；

$\qquad$ 计算面积 $= \pi*r*r$；

$\qquad$ 输出半径，周长，面积。

可以编写如下程序：

```cpp
#include<iostream>
using namespace std;
int main()
{   double r, girth, area;              //说明数据
    const double PI = 3.1415;
    cout << "Please input radius:\n";
    cin >> r;                           //输入半径
    girth = 2 * PI * r;                 //计算周长
    area = PI * r * r;                  //计算面积
    cout << "radius = " << r << endl;   //输出数据
    cout << "girth = " << girth << endl;
    cout << "area = " << area << endl;
}
```

上述程序运行后，屏幕显示：

$\qquad$ Please input radius:

用户输入：

$\qquad$ 6.23

程序继续执行，计算并输出结果：

$\qquad$ radius = 6.23

$\qquad$ girth = 39.1431

$\qquad$ area = 121.931

若再次运行程序，可以输入不同的半径，求得不同圆的周长和面积。

这个程序很容易读懂。第 1 行称为预编译指令，说明该程序要使用的外部文件。C++语言标准头文件 iostream 包含了程序常用的输入 cin 和输出 cout 的定义。

第 2 行是使用命名空间的声明。using 和 namespace 都是关键字，std 是系统提供的标准命名空间。详细说明见 3.8 节。

C++语言以函数为程序运行的基本单位，函数的一般形式为：

```
类型   函数名  (参数表)
{
        语句序列
}
```

"函数名"是标识符，用于识别和调用函数。用户自定义函数由程序员命名。一个程序可以由多个文件组成，一个文件可以包含多个函数。每个程序必须有一个且只有一个主函数，因为主函数是由系统启动的。最简单的程序只由主函数构成。main 是系统规定的主函数名。

"函数名"之前的"类型"表示函数运行返回表达式值的数据类型，即函数返回类型。C++主函数返回类型一般为 int 或 void。

"函数名"之后一对圆括号相括的是"参数表"。参数表里可以有多个参数。如果没有参数，圆括号也不能省略，它是 C++函数的标识。函数名、类型和参数表组成 C++的函数首部（或称为函数头）。

函数首部之后以一对花括号相括的"语句序列"构成函数体。C++语句以分号结束，一行可以写多个语句，一个语句可以分多行写。程序按语句序列执行。

花括号也可以出现在语句序列中。这时，花括号相括的语句称为复合语句或语句块。根据语句的功能不同，有说明语句、执行语句、流程控制语句等。

以双斜杠"//"开始的文本为程序注释，放置在行末。以"/*…*/"相括的注释文本可以放置在程序的任何位置。注释内容不是执行代码，用于增加程序的可读性。系统只显示注释内容，不予编译。

有关函数定义和使用，参见第 3 章的相关内容。

【例 1-2】方法二，用面向对象设计方法编程。

当我们用对象思维考虑问题时，可以对问题做进一步抽象。所有称为"圆"的这种类型的几何图形，其最基本的要素是半径。半径决定了圆的大小，也是区分具体圆 A、圆 B、圆 C 等的基本数据。一旦定义了有具体半径的圆，就知道它的周长和面积了。

"圆"是一种类型。在面向对象方法中，称为"类类型"或"类"。"圆"类型的基本数据是"半径"。类的数据称为"属性"或"数据成员"。

数据成员有了具体的值之后，就可以计算周长和面积了。这种"计算"由程序代码实现，并且"封装"在类中，称为类的"方法"或"成员函数"。

下面是用这种方法编写的 C++程序：

```cpp
#include<iostream>
using namespace std;
class Circle              //说明类
{    double radius;       //类的数据成员
   public:
     //类的成员函数
     void Set_Radius( double r )
     {   radius = r;   }
     double Get_Radius()
     {   return   radius;   }
```

```
        double Get_Girth()
        {   return   2 * 3.14 * radius;   }
        double Get_Area()
        {   return   3.14 * radius * radius;   }
    };
    int main()
    {   Circle A, B;                    //说明对象
        A.Set_Radius( 6.23 );
        cout << "A.Radius = " << A.Get_Radius() << endl;
        cout << "A.Girth = " << A.Get_Girth() << endl;
        cout << "A.Area = " << A.Get_Area() << endl;
        B.Set_Radius( 10.5 );
        cout << "B.radius = " << B.Get_Radius() << endl;
        cout << "B.Girth=" << B.Get_Girth() << endl;
        cout << "B.Area = " << B.Get_Area() << endl;
    }
```

程序运行结果：

A.Radius = 6.23
A.Girth = 39.1244
A.Area = 121.873
B.Radius = 10.5
B.Girth = 65.94
B.Area = 346.185

该例程首先说明一个圆类 Circle。类中数据成员 radius 用于定义半径。成员函数 Set_Radius 用于设置半径的值，Get_Radius 用于获取半径，Get_Girth 用于计算并返回圆周长，Get_Area 用于计算并返回圆面积。

主函数中说明了 Circle 类的两个圆：A 和 B。A 和 B 称为 Circle 类的实例或对象。main 函数中由对象调用成员函数输出两个圆的半径、周长和面积。

这个程序比例 1-1 看起来要烦琐一些。但是，以 Circle 类为基础，可以很方便地派生出新的类。新的类对原有类的特性不需要重新定义，可以自己定义新的数据，例如，指定圆心坐标，填充圆的颜色，甚至派生出球体、圆柱体等新的几何体。每个新类都可以拥有自己的成员函数，实现自己特有的功能，这是结构化程序设计方法所做不到的。面向对象技术提供了软件重用、解决大问题和复杂问题的有效途径。

1.1.3　程序的编译执行

用高级语言编写的程序称为"源程序"。源程序是文本文件，便于阅读修改。C++的.cpp 文件是文本文件，可以用各种字处理工具打开和编辑。计算机不能直接识别源程序，必须翻译成二进制代码才能在机器上运行。翻译方式有两种：一种称为解释方式，另一种称为编译方式。解释方式是指由"解释程序"对源程序逐个语句地一边翻译，一边执行。这种方式执行速度慢，便于观察和调试程序。编译方式是指由"编译程序"把源程序全部翻译成二进制代码。编译后的程序称为"目标程序"，可以反复高速运行。每种高级语言都配有解释或编译系统。

C++提供编译执行方式。实现一个 C++源程序主要经过以下三个步骤。

（1）编辑

使用 C++语言编辑器或其他文字编辑器录入源程序。若使用 C++语言编辑器，则系统自动生成.cpp 文件扩展名；若使用其他文字编辑器，则只有以.cpp 为扩展名的文件才能被 C++编译器所识别。注意：.cpp 文件是文本文件。

（2）编译

把一个.cpp 文件编译成.exe 目标文件，要经过预处理、编译和连接 3 个步骤：预处理的作用是执行程序编译之前的准备，例如，执行包含指令、宏替换命令；然后编译器对程序进行语法检查，如果发现语法错误，则显示错误信息，让程序员修改，直至正确，生成目标代码；最后把目标代码进行连接处理，往往还会加入一些系统提供的库文件代码。

这些步骤在集成开发环境中会自动完成。

（3）运行

VC.NET 用文件夹管理应用程序。经过编译后，应用程序文件夹中有一个扩展名为.sln 的解决方案文件，需要在 C++环境下执行。还生成一个 debug 文件夹，里面有一个.exe 文件，可以直接在操作系统（如 DOS，Windows）环境下执行。为了便于测试程序，C++提供了强有力的跟踪调试和错误处理功能。源程序和目标程序都能够作为文件永久保存。

编写源程序难免存在一些错误，这些错误可以分成以下 4 类。

① 编译错误：在编译源程序时发现的语法错误。例如，表达式(a+b*(c-d)缺少了右括号。

② 连接错误：在程序编译之后，进行连接时出现的错误。例如，找不到连接库文件。

③ 运行错误：执行目标程序时发现的错误。例如，执行标准函数 sqrt(x)，求 x 的平方根，而 x 的值为负数。

④ 逻辑错误：编译和运行时均不能发现的错误。例如，执行表达式 2/4，期望值是 0.5，但 C++进行整除运算，结果为 0。

一个程序经常要经过反复的调试、验证会才能完善，投入使用。因此，编写的程序应该力求达到以下目标。

① 正确性：这要求程序员熟悉所使用的程序设计语言，避免语法、语义上的错误；设计简单易行的算法达到预期目的；对复杂的问题，则应考虑使用有效的程序设计方法。

② 易读性：一个程序结构清晰易读，才能便于查错，便于修改。一个程序模块耦合度低、接口清晰，才便于代码的重用。

③ 健壮性：当输入或运行出现数据错误时，程序能够做出适当的反应或进行处理，而不会产生莫名其妙的结果。

④ 运行高效率：程序运行时间较短，而且占用的存储空间较小。

为达到以上目标，需要我们在不断学习和实践中提高程序设计水平。"程序"是人的智力产品。从理论上说，程序是永远不会被损坏的。实际上，程序在整个生存周期都会需要进行修改、维护，都可能产生错误。所有的硬件产品都允许有误差，但程序错误是不允许的，它有时甚至会产生悲剧性的后果。程序的生产和维护比硬件产品复杂得多。所以，计算机科学界期望有一套工程化的方法进行程序的开发维护。为了体现这种工程思想，程序就要伴随着一套开发、维护、使用的文档。程序加上这些相关文档称为软件。

1.2 C++语言的字符集与词汇

所有的语言系统都是由字符集和规则集组成的。"字符"是语言的不可分解的最基本语法单位。按照规则，由"字符"可以组成"词"，由"词"可以组成"表达式""句子"，由各种"句子"又可以构成"函数""程序"。我们学习一门语言，就是要掌握程序设计语言的规律以及如何根据实际问题应用规则编写程序。

1.2.1 字符集

C++语言的字符集是 ASCII（American Standard Code for Information Interchange）的子集，

包括：

26 个小写字母	a b c d e f g h i j k l m n o p q r s t u v w x y z
26 个大写字母	A B C D E F G H I J K L M N O P Q R S T U V W X Y Z
10 个数字	0 1 2 3 4 5 6 7 8 9
其他符号	(空格) ! " # % & ' ( ) * + - / : ; < = > ? [\ ] ^ _ {	} ~ .

1.2.2 词汇

单词是语言中有意义的最小语法单位。根据构成规则，一个单词由一个或多个字符组成。下面介绍 C++语言的词汇。

1. 关键字

关键字又称保留字。关键字是系统预定义的语义符。C++语言不允许对关键字进行重定义。根据语言版本不同，关键字会有所增减。

下面列举出 C++语言常用的关键字。全部关键字可查阅 MSDN 帮助文档。

array   bool   break   case   catch   char   class   const   continue   default   delete
do   double   else   enum   extern   false   float   for   friend   goto   if   inline   int
long   namespace   new   nullptr   operator   private   protected   public   return   short
sizeof   static   struct   switch   template   this   throw   true   try   typedef
typename   union   unsigned   virtual   void   while

2. 标识符

标识符是由程序员定义的命名符，例如，常量、变量、对象、函数、类型、语句标号等的命名。C++标识符语法是：以字母或下画线开始，由字母、数字和下画线组成的符号串。

注意： ① 关键字是特殊的标识符，C++规定不能使用关键字作为用户标识符。

② C++语言中，字母大小写敏感。例如，Aa 和 aa 是两个不同的标识符。

③ C++语言没有规定标识符的长度（字符个数）。但不同编译系统有不同的识别长度，例如，有的系统识别 32 个字符。

【例 1-3】 判断以下标识符的正确性。

合法标识符有：   a   x1   no_1   _a2c   sum   Name

不合法标识符有：   2a   x+y   α   π   a,b   a&b   const

标识符命名除了符合上述规则，还应该尽可能做到"见名知义"，以提高程序的可读性。例如，年龄用 age，名字用 name，总和用 sum 等。

3. 运算符

运算符是对数据进行操作的简捷表达，以单词的形式调用系统预定义函数。许多符号与数学中的表示形式相同。例如：

+ 加   - 减   * 乘   / 除   > 大于   < 小于
>= 大于或等于   <= 小于或等于   == 等于   != 不等于

4. 分隔符

分隔符用于在程序中分隔不同的语法单位，便于编译系统识别。例如，有说明语句：

int a, b, c;

其中的空格、逗号和分号都是分隔符。int 和 a 之间不能省略空格，否则，C++编译器无法分离关键字 int 和标识符 a。

如果一个语句中不同类型的单词连接在一起，编译器能够通过语法规则进行辨别，就不需要另外添加分隔符。例如，算术表达式

x+y

由 3 个单词：标识符 x、y 和运算符"+"组成。"+"既是运算符，也是分隔符，分隔了不同语法

规则的标识符，所以 x 和 y 之间不需要插入空格。如果插入空格，编译器会自动滤掉它。

除此之外，常用的分隔符还有：空格、逗号、分号、冒号、括号、注释符等。

5．常数

常数是指按照特定类型语法规则解释的数据值。C++语言中的常数有数值、字符和字符串。数据的书写形式表示了它的类型和值。例如，以下数据都是常数：

```
500          //整型常数
3.14159      //浮点型常数
0.263e-10    //浮点型常数
'N'          //字符型常数
"name"       //字符串常数
```

基本类型的常数在程序运行时直接参与运算，不占用内存单元。各种类型数据的语法规则详见 1.3 节。

1.3　C++语言的基本数据类型与存储形式

分类是我们日常生活中经常碰到的事情。分类指的是把具有相同特征（称为属性）的对象集合抽象为一种"类型"，并且有一个特定的类型名作为标识。例如，人、学生、树、书、房子等都是类型，而不特指某一具体对象。任何东西都可以归属于某种类型，各个对象以不同的特征值相区别。例如，书的主要属性有：书名、作者、出版社、出版日期。如果特指某本书，这些属性就必然具有特定的数据值。

在程序设计中，数据"类型"是对数据的抽象。类型相同的数据有相同的表示形式、存储格式及相关的操作。

例如，"int 型"数据是计算机表示整数的子集，以 4 字节（32 位二进制位）存储，表示的数值范围为-2 147 483 648～2 147 483 647。整数可以参与+、-、*和 / 等算术运算。

程序中使用的所有数据都必定属于某一种数据类型。

1.3.1　C++语言的数据类型

C++语言的数据类型表示如图 1-1 所示。

基本数据类型是系统用于表示可以直接处理的数据值。结构类型是由一些其他类型按一定规则组合而成的。

指针类型是一种特殊的简单数据类型，用于表示对象的地址。

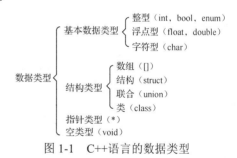

图 1-1　C++语言的数据类型

空类型不是用数值意义可以直接解释的数据类型，它用于表示函数无返回值，或指针所指对象无结构。此时需要通过强类型转换才能解释数据。

1.3.2　数据存储

所有信息在计算机中的存储都采用由 0 和 1 组成的代码。内存以字节为基本存储单位，1 字节是 8 位二进制位。例如：

```
0000 0000 1010 1011
```

表示 2 字节的二进制数。

不同类型数据占用不同长度的存储空间。例如，字符型（char）数据占 1 字节，整型（int）数据占 4 字节。

不同类型数据的存储长度和格式的不同，决定了数据的示数范围和精度不同。例如：

2 字节表示的短整型（short int），示数范围为-32 768～32 767；

4 字节表示的整型（int），示数范围为-2 147 483 648～2 147 483 647；

4 字节表示的单精度浮点型（float），示数范围为-3.4×10³⁸～3.4×10³⁸，示数精度约为 6 位有效数字；

8 字节表示的双精度浮点型（double），示数范围为-1.7×10³⁰⁸～1.7×10³⁰⁸，示数精度约为 15 位有效数字。

另外，在内存中，同一个二进制位串可以用不同的类型解释，因而会表示不同的值。例如，二进制位串：

    0000 0000 0100 0001

解释为 int 型时，值为整数 65；解释为 char 型时，表示两个字符，即一个空字符和一个字符 A。

定义一个变量时，计算机根据变量的类型分配存储空间，并以该类型解释存放的数据。

1.3.3 基本数据类型

基本数据类型是语言系统预定义的，用户可以直接引用。本章首先介绍 C++语言的基本数据类型，其他数据类型将在后续章节中逐步介绍。

表 1-1 以 32 位字长机器为例，给出了 C++语言基本数据类型描述。如果机器字长为 16 位，则示数范围和精度会有所不同。表中方括号括起来的内容表示在说明语句中可以省略。

表 1-1　C++语言基本数据类型

标　识　符	说　　明	字　节　数	示数范围和精度
char	字符型	1	-128～127
signed char	有符号字符型	1	-128～127
unsigned char	无符号字符型	1	0～255
short [int]	短整型	2	-32 768～32 767
signed short [int]	有符号短整型	2	-32 768～32 767
unsigned short [int]	无符号短整型	2	0～65 535
int	整型	4	-2 147 483 648～2 147 483 647
signed [int]	有符号整型	4	-2 147 483 648～2 147 483 647
unsigned [int]	无符号整型	4	0～4 294 967 295
long [int]	长整型	4	-2 147 483 648～2 147 483 647
signed long [int]	有符号长整型	4	-2 147 483 648～2 147 483 647
unsigned long [int]	无符号长整型	4	0～4 294 967 295
float	单精度浮点型	4	-3.4×10³⁸～3.4×10³⁸，约 6 位有效数字
double	双精度浮点型	8	-1.7×10³⁰⁸～1.7×10³⁰⁸，约 15 位有效数字
long double	长双精度浮点型	8	-1.7×10³⁰⁸～1.7×10³⁰⁸，约 15 位有效数字

注：short、signed、unsigned 和 long 称为修饰符。short 只能修饰 int，long 只能修饰 int 和 double，signed 和 unsigned 只能修饰 char 和 int。

1. 整型

（1）int 型

C++的整型数据用关键字 int 定义，为表示不同的示数范围，又分为：短整型（short int）、有符号短整型（signed short int）、无符号短整型（unsigned short int）、有符号整型（signed int）、无符号整型（unsigned int）、长整型（long int）、有符号长整型（signed long int）、无符号长整型（unsigned long int）等。

除了用十进制数形式表示数据，C++还可以用八进制数和十六进制数形式表示正整数。

十进制整数是带或者不带正负号，没有小数点，由数字 0~9 组成的符号串。C++的十进制整数不能以 0 开始。例如，305、-1094、+7256 都是合法的十进制整数。

后缀 L（或 l）表示长整数，后缀 U（或 u）表示无符号整数。例如：

95476L	//一个长整数
37821U	//一个无符号整数
9573256UL	//一个无符号长整数

八进制数是以 0 为前缀，没有小数点，由数字 0~7 组成的符号串。八进制数只能表示正整数。例如：

八进制数　023	//等于十进制数 19
八进制数　0174	//等于十进制数 124

十六进制数是以 0x（或 0X）为前缀，没有小数点，由 0~9 及 a~f（或 A~F）组成的符号串。十六进制数只能表示正整数。例如：

十六进制数　0x3b	//等于十进制数 59
十六进制数　0XFF	//等于十进制数 255

（2）bool 型

C++的逻辑类型数据用关键字 bool 定义。逻辑类型数据只有两个值：true 和 false。

逻辑类型数据用于表示判断的结果是否成立，所以只有两个可能值。例如，"1 大于 3"，这种情况不成立，判断结果为 false；"2+3 等于 3+2"这种情况成立，判断结果为 true。

在 C++语言中，逻辑值 true 和 false 实际上是用整型值 1 和 0 参与运算的。

【例 1-4】输出逻辑类型数据。

```
#include <iostream>
using namespace std;
int main()
{   bool b;
    b=false;
    cout<<"false: "<<b<<endl;
    b=true;
    cout<<"true: "<<b<<endl;
}
```

程序运行结果：

```
false: 0
true: 1
```

（3）enum 型

枚举类型是一种用户自定义的数据类型，用关键字 enum 定义，是用标识符表中的序号表示的数据。

【例 1-5】输出枚举类型数据。

```
#include <iostream>
using namespace std;
enum colour{ red, yellow, blue, white, black };
int main()
{   colour c;
    c=red;
    cout<<"red: "<<c<<endl;
    c=blue;
    cout<<"blue: "<<c<<endl;
    c=black;
    cout<<"black: "<<c<<endl;
}
```

程序运行结果：
    red: 0
    blue: 2
    black: 4

2．浮点型

浮点型又称实型，其表示的数据就是浮点数，即我们通常所说的实数。浮点数由整数部分和小数部分组成。

浮点数有两种示数形式：小数示数法和指数示数法。

小数示数法又称常用示数法，由数字和小数点组成。例如：

    13.89   .638   -452.   //都是正确的小数

指数示数法又称科学示数法，由尾数、指数符和指数组成：

    尾数   E|e   指数

其中，"尾数"可以是整数或小数，"指数"必须是整数。指数符可以为 E 或 e，表示以 10 为底的指数。对于一个用指数示数法表示的浮点数，其尾数和指数都不能省略。例如：

    12E8   //等于 12×10^8
    314159E-5   //等于 $314\,159\times10^{-5}$
    .618e3   //等于 0.618×10^3
    e-7 .E10 1e2.5   //都是非法示数形式

C++的浮点型有 3 种：单精度浮点（float）型、双精度浮点（double）型和长双精度浮点（long double）型。不加后缀的浮点数默认为 double 型数据，float 型数据后缀为 F 或 f，long double 型数据后缀为 L 或 l。例如：

    1.572f   8.94F   .025e2f   //都是单精度浮点数
    60.34   7.13e-3   1e-6   //都是双精度浮点数
    3.14L   .55E12L   23.0L   //都是长双精度浮点数

3．字符型

字符型的标识符是 char。字符型数据为一个由一对单引号相括的字符。例如：

    'A'   '4'   ','   ' '   //都是字符常量，空格也是一个字符

注意，'A' 表示字符，A 表示标识符，'4' 表示字符，4 表示整数值。

除了直接用字符表示字符型数据，还可以在 ASCII 码的八进制数值、十六进制数值之前添加转义符反斜杠"\"，表示把它们的值转换成相应的字符。

    \ddd   \xhh

其中，ddd 是 1～3 位八进制数，hh 是 1～2 位十六进制数。此时，八进制数值和十六进制数值略去前缀 0，因为嵌入字符串时，'\0'表示空字符。这种情况特别适合用于表示一些不可见的控制符。例如：

    '\101'   '\x41'   //都可以表示'A'
    '\12'   '\x0A'   '\n'   //都可以表示换行
    '\0'   //空字符

注意空字符与空格字符的区别。空字符的 ASCII 码值为 0，空格字符的 ASCII 码值为 32。

对一些常用的控制符，C++语言用简捷的转义符代替它们。例如，换行符表示为'\n'，制表符表示为'\t'等。

在程序中为了表示已经用作语义符（如"\""'""""等）的字符值，要在这些字符前添加"\"进行转义：

    '\\'   '\''   '\"'

例如，执行语句：

    cout<<"C++注释行格式为：\" \\\\字符串\" "<<endl;

屏幕的显示结果为：

C++注释行格式为："\\字符串"

表 1-2 列出了 C++语言常用的转义符。

表 1-2　C++语言常用转义符

字 符 形 式	值	说　　明
\0	0X00	空字符（NULL），串结束符
\n	0X0A	换行（NewLine），屏幕光标定位在下一行起始处
\r	0X0D	回车（Carriage Return），屏幕光标定位在当前行起始处
\b	0X08	退格（BackSpace），屏幕光标退一格
\a	0X07	响铃（Bell），系统发出响铃声
\t	0X09	水平制表（Horizontal Tab），屏幕光标移到下一制表位置
\\	0X5C	反斜杠（Backslash），显示一个反斜杠
\'	0X27	单引号（Single Quote），显示一个单引号
\"	0X22	双引号（Double Quote），显示一个双引号

C++没有把字符串作为基本类型。串常量是用双引号相括的字符序列，以数组形式存放。例如，以下都是串常量：

"Name"　　　"2002"　　　"x"

系统在内存存放字符串时，除了每个符号占 1 字节空间，还会自动添加一个空字符'\0'作为串结束符。所以，字符'x'和字符串"x"的数据类型和存储形式不一样。

1.4　数据对象与访问

程序中必须使用一些内存单元存放数据。程序的代码可以读出或改写这些内存单元的内容，对内存单元的读、写操作称为访问。

程序可以用标识符命名指定内存单元。若定义的内存对象既能读又能写，则称为变量；一旦把数据存入内存单元，在程序中就不能进行修改的对象称为常量。通常，一些直接表示的数值，如 256、3.14、0.025 等称为常数或直接常量。

C++可以用对象名，也可以通过对象的地址访问对象。

1.4.1　变量定义

变量是用于存储数据的内存单元。变量定义的作用是，要求编译器在内存中申请指定类型的存储空间，并以指定标识符命名。

变量说明的语句格式为：

类型　标识符表；

其中，"类型"为各种合法的 C++类型；"标识符表"可以为一个或多个用逗号分隔的变量名。

例如，有以下变量说明语句：

```
int a, b, c;
double x;
```

若一个变量仅被说明而未赋值，则它存储的值是无意义的、随机的。在变量说明的同时可以赋初值：

```
double value = 0;
```

在程序中，一个变量被赋值后，其值一直保留至对它再次进行赋值修改。例如：

```
value = 3.21;
//…
value = value + 100;
```

1.4.2 访问变量

程序运行时占有内存的实体，包括数据（常量、变量）、代码（函数）都可以称为对象。数据是程序处理的对象，程序是编译器的处理对象。"对象"是一个广义的概念。对对象的访问包括对内存相关单元内容的读和写操作。

内存单元由操作系统按字节编号，称为地址。当程序中出现常量或变量说明语句时，编译器按类型分配内存单元，把地址写入标识符表。标识符就是获得分配的内存单元的名字。

例如，对已经说明的变量：

    int a;

内存状态示意如图 1-2 所示。标识符 a 是变量名，按照类型 int 分配 4 字节内存单元，第 1 字节的地址 0x8FC6FFF4 称为变量 a 的地址。地址是系统分配的，不能由高级程序设计语言决定，但 C++可以通过代码获取对象被分配的地址。

在内存中建立一个对象后，可以用名方式和地址方式进行访问。

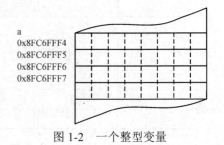

图 1-2　一个整型变量

1. 名访问

对于数据单元，名访问就是操作对象的内容。名访问又称直接访问。访问形式分为"读"和"写"两种。例如，有赋值表达式：

    变量 = 表达式

其中，运算符"="称为赋值号。其功能是，首先计算"表达式"的值，然后写入"变量"代表的内存单元，用新的值代替旧的值。

如果对象名出现在"表达式"中，则表示读出对象的值。而对赋值号左边的对象进行写操作，则把表达式的运算结果写入对象中。

赋值语句：

    a = a + b;

首先读出变量 a 和 b 的值，通过加法器求和，然后把结果写入变量 a，以新的值覆盖原来的值。语句通过名对变量内容进行操作。如图 1-3 所示为对变量 a 和 b 的读/写过程。

赋值号的左边必须能够确定一个内存单元，它是数据存放的目的地。例如：

    2 + 3 = 5

在 C++语言中是错误操作。因为赋值号不是逻辑等号，逻辑等号是"=="。

例如，有说明语句：

    int a, b;

看下面语句的意义（见图 1-3）：

语句	注释
a = 10;	//把常数 10 写入变量 a
b = 20;	//把常数 20 写入变量 b
a = a + b;	//读出 a 和 b 的值，相加后结果写入 a
b = b + 1;	//读出 b 的值，加 1 后结果写入 b
cout << a << b;	//输出 a，b 的值

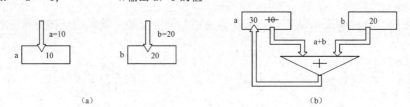

(a)　　　　　　　　　　　　　　(b)

图 1-3　访问变量

2. 地址访问

日常，我们可以按"会议室"这个名字找到开会的地方，也可以按地址（如 1105 号房间）找到它。1105 是地址，换句话说，1105 所指的房间是会议室。

同样，也可以按地址找到所需的内存单元。对象的地址用于指示对象的存储位置，称为对象的"指针"。指针所指的物理存储空间称为"指针所指对象"。通过地址访问对象又称为"指针访问"。

例如，变量 a 的地址是 0x0012FF60，则 0x0012FF60 所指的内存单元就是 a。这个单元的长度和内容解释方式由类型符（如 a 的类型是 int 型）决定。

C++语言中，指针访问使用运算符"*"。例如：

```
* (0x0012FF60)        //相当于变量 a 的名访问，但在程序中不能这样直接书写
```

"*"是一个多义符号。它在算术表达式中是乘法运算符，在地址之前是指针运算符，在变量说明语句中是指针类型符。应该根据语句的性质和上下文做出正确判断。

那么，我们怎么知道对象在内存中的地址呢？可以用取址运算符获得。取址运算符是"&"。例如：

```
&a                    //表示变量 a 的地址(指针)
* (&a)                //表示变量 a 的地址所指的对象，即变量 a
```

【例 1-6】测试对变量的不同访问形式。

```
#include<iostream>
using namespace std;
int main()
{   int a = 451;
    cout<<a<<endl;          //输出变量 a 的值
    cout<<( &a )<<endl;     //输出变量 a 的地址
    cout<<* ( &a )<<endl;   //输出变量 a 的值
}
```

程序运行结果：

```
451
0012FF60
451
```

上述结果的第 2 行是十六进制数，即变量 a 的地址。对象的存放地址是由系统分配的，利用 C++代码只能查看而不能指定对象的地址。当我们再次运行，或在不同的机器上运行这个程序时，将会看到相同的对象值具有不同的地址。

3. 指针变量与间址访问

从例 1-6 看到，变量 a 的地址是一个十六进制整数。可以把这个地址存放在另外一个变量中。能够存放地址的变量称为"指针类型变量"，简称"指针变量"。在本书叙述中，有时没有严格区分指针和指针变量。

指针类型变量定义形式为：

类型 * 标识符;

其中，"*"为指针类型说明符，说明以"标识符"命名的变量用于存放对象的地址；"类型"是指针变量的关联类型，表示指针变量所指对象的类型。

计算机的 CPU（Central Processing Unit，中央处理器）决定了内存寻址方式，所以，不管指针所指对象是什么类型的，指针值本身的规格都一样，例如，16 位或 32 位的整数。关联类型的作用是控制和解释对象的访问。如果一个指针变量关联类型为 int，则通过指针变量访问对象时，读取从指针值指示的位置开始的连续 4 字节，并按整型数据进行解释。

例如，有说明：

```
int a = 10, b = 20;
```

int * p1, * p2;

在内存中开辟 4 个内存单元。整型变量 a 和 b 已经赋初值,而指针变量没有初值。若执行以下语句:

```
p1 = &a;            //把 a 的地址写入指针变量 p1
p2 = &b;            //把 b 的地址写入指针变量 p2
```

执行状态如图 1-4 所示。图中,用箭头表示指针变量已获取对象的地址,读作"指向"。这里,p1 指向 a,p2 指向 b。

对变量的访问可以通过指针变量间接实现。例如,要访问 a,首先从 p1 中读出 a 的地址,按地址找到所指对象*p1,从 0x0012FF60 字节开始,读出 4 字节的二进制位串,根据关联类型 int,解释为整型数据。用*p1 的这种访问方式,称为间接地址访问,简称为间址访问。

a 和 b 的地址可以分别表示为:

&a 或 p1
&b 或 p2

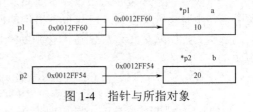

a 和 b 的值可以分别表示为:

a 或 *(&a) 或 *p1
b 或 *(&b) 或 *p2

【例 1-7】用指针变量访问所指对象。

图 1-4 指针与所指对象

```cpp
#include<iostream>
using namespace std;
int main()
{   long int a = 10, b = 20, t;
    long int *p1 = &a, *p2 = &b, *pt;      //用变量地址初始化指针变量
    cout << p1 << '\t' << p2 << endl;      //输出地址
    cout << *p1 << '\t' << *p2 << endl;    //输出变量的值
    t = *p1;   *p1 = *p2;   *p2 = t;       //交换变量的值
    cout << *p1 << '\t' << *p2 << endl;
    pt = p1; p1 = p2; p2 = pt;             //交换指针变量的值(地址)
    cout << p1 << '\t' << p2 << endl;
    cout << *p1 << '\t' << *p2 << endl;
    cout << a << '\t' << b << endl;
}
```

程序运行结果:

```
0012FF60        0012FF54
10      20
20      10
0012FF54        0012FF60
10      20
20      10
```

程序中,用三个语句实现变量值的交换,t 是过渡变量:

t = *p1; *p1 = *p2; *p2 = t;

等价于: t = a; a = b; b = t;

交换指针变量的值就是交换地址,相当于改变指针变量的指向:

pt = p1;   p1 = p2;   p2 = pt;

虽然 p1 和 p2 分别存放 a 和 b 的地址,但&a 和&b 仅表示地址,不是变量。请读者想想以下语句能不能实现地址交换?为什么?

pt = &a;   &a = &b;   &b = pt;

交换变量值和交换指针变量值的示意图如图 1-5 所示。

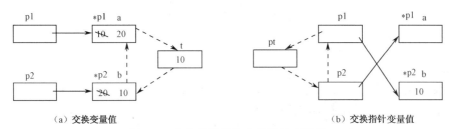

（a）交换变量值　　　　　　　　　　　　　　（b）交换指针变量值

图 1-5　交换变量值和交换指针变量值

当要表示一个指针变量不指向任何内存单元（不存放对象地址）时，可以赋 NULL 值。NULL 是 C++的一个预定义常量。如果仅说明一个指针变量而不赋值，则它的值是不确定的及无意义的。下面的操作是绝对不允许的：

```
int * pp;
*pp = 50;                //错误，pp 没有指向合法的内存单元
```

程序经常用 NULL 处理并判断指针变量的指向：

```
int * ip = NULL;
//…
if( ip != NULL )
//访问  *ip;
```

4．void 型指针

指针变量的关联类型可以为空类型 void。例如：

```
void * vp;
```

void 型指针变量能够存放任意对象的地址。void 是空类型，即被说明的指针变量没有关联类型，编译器无法解释所指对象，因此，在程序中必须对其进行强制类型转换，才可以按指定类型使用数据。void 型指针用于能支持多种数据类型的数据操作，而且会在 C++语言提供的库函数中出现。

【例 1-8】void 型指针的强制类型转换。

```
#include<iostream>
using namespace std;
int main()
{   int a = 65;
    int *ip;
    void *vp = &a;                //定义无类型指针，以整变量地址初始化
    cout << * (int*)vp << endl;   //强制类型转换后访问对象
    cout << * (char*)vp << endl;  //转换成字符型指针
    ip = (int*) vp;               //向整型指针赋值
    cout << (*ip) << endl;
}
```

程序运行结果：

```
65
A
65
```

程序中，*(int*)vp 的操作如下。

第一步，强制类型转换。C++可以用类型符进行强制类型转换，"int*"是整型指针类型符，(int*)vp 把 vp 转换成整型指针，即可以用 int 解释对象。

第二步，用间址方式访问指针所指对象。经类型转换之后，用 int 型形式读出 4 字节数据。

类似地，把 vp 转换成字符型指针，把变量的值解释为字符'A'。

从以上例子看到，指针变量的主要操作有：

    =   赋值，把地址赋给指针变量

    *   访问对象

指针本身能否进行算术运算？例如，对例 1-8 中的指针 ip 自增：

    ++ip

是一个合法的 C++表达式，偏移量是指针关联类型的长度。但是，上述程序只定义了一个整型变量 a，它之后的内存单元并没有分配给程序，读出*(++ip)一般没什么问题（没有意义的数据），但要对其赋值就是一件危险的事情了。

如果在程序中定义了一片连续的内存空间（如数组），用指针访问内存，则指针变量的算术运算表示指针在这片内存空间的移动，这是很常用的操作。详见第 4 章。

5. 引用

C++允许为对象定义别名，称为"引用"。定义引用说明的语句格式为：

    类型　&引用名 = 对象名；

其中，"&"为引用说明符。

引用说明为对象建立引用名，即别名。"="的意义是在定义时与对象名进行绑定。程序中不能对引用进行重定义。一个对象的别名，在使用方式和效果上，与对象名一致。

引用仅仅是对象的别名，不开辟新的内存空间。这与对象指针不同。引用常常用于函数参数的传递。例如：

```
int a;
int *pa;
int &ra = a;          //ra 是 a 的别名，只能在定义时初始化
pa = &a;              //pa 指向 a，这里 "&" 是取址运算符
```

内存状态如图 1-6 所示。

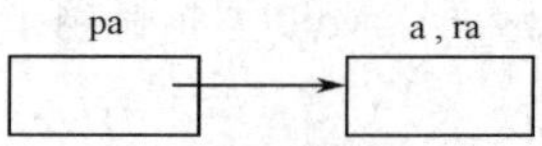

【例 1-9】 引用测试。

```
#include<iostream>
using namespace std;
int main()
{   int a = 2345;
    int *pa;
    int &ra = a;
    pa = &a;
    cout<<a<<'\t'<<ra<<'\t'<<*pa<<endl;           //输出 a 的值
    cout<<(&a)<<'\t'<<(&ra)<<'\t'<<pa<<endl;       //输出 a 的地址
    cout<<(&pa)<<endl;                            //输出指针 pa 的地址
}
```

图 1-6　引用与指针

程序运行结果：

```
2345        2345        2345
0012FF60        0012FF60        0012FF60
0012FF54
```

想一想，程序中，&a 和&ra 一样吗？*ra 有意义吗？&pa 与*pa 有什么区别？

1.4.3　常量与约束访问

C++语言中，关键字 const 可以约束对象的访问性质，使对象值一旦被初始化就不允许修改。被约束为只读的对象称为常对象。

1. 标识常量

C++语言中，当用关键字 const 约束基本类型的内存单元为只读时，在程序中使用该内存单元的名字就像使用常数值一样，即用标识符表示数值，所以称为标识常量，简称常量。

定义常量的说明语句格式为：

    const 类型　常量标识符 ＝ 常量表达式；

例如，以下是正确的常量定义：

```
const double    PI = 3.14159;
const int MIN = 50;
const int MAX = 2 * MIN;            //max 是值为 100 的常量
```

在程序中，可以读出常量的值或地址，例如：

```
girth = 2 * PI * r;
cout << ( MIN + MAX ) / 2;
cout << &PI << '\t' << &MAX << '\t' << &MIN << '\n';
```

但是，重定义或修改已说明的常量都是错误的，例如：

```
const double PI = 3.14;            //错误，重定义常量
MIN = MIN + 10;                    //错误，不能修改常量
```

2．指向常量的指针

用 const 约束指针对所指对象的访问时，这个指针称为指向常量的指针。

定义形式：

    const 类型　*指针　　　　　　　**或者**　　　　　　**类型　const *指针**

const 写在关联类型之前或者紧跟在关联类型之后，表示约束所指对象的访问。我们习惯一种写法就可以了。

设有说明：

```
int var = 35;
const int MAX = 1000;
int *p;
const int *P1_const;
const int *P2_const;
```

指向常量的指针可以获取变量或常量的地址，但限制了用指针间址访问对象方式为"只读"。例如：

```
P1_const = &var;
P2_const = &MAX;
*P1_const = 100;                    //错误，不能修改指向常量的指针
*P2_const = 200;                    //错误，不能修改指向常量的指针
var = *P1_const + *P2_const;        //正确，可以读指向常量的指针，修改变量的值
```

C++语言为了保证常量的只读性，常量的地址只能赋给指向常量的指针。例如：

```
p = &MAX;                          //错误，常量地址不能赋给普通指针
```

图 1-7 所示为指向常量的指针访问示意图。其中，"←"表示写（赋值）操作，打上"×"的表示非法操作。

图 1-7　指向常量的指针访问

3．指针常量

指针常量的含义是，指针变量的值只能在定义的时候初始化，定义后不能修改，即不能改变指针的指向。但不影响所指对象的访问特性。

指针常量的定义形式为：

    类型　* const 指针

const 写在"指针"之前，表示约束指针变量本身。例如：

```
int var1 = 100, var2 = 200;
int * const const_P1 = &var1;        //定义指针常量时初始化
const_P1 = &var2;                    //错误，不能修改指针常量
*const_P1 = var2;                    //可以修改指针常量所指向对象的值
```

如果有以下语句，将出现编译错误：

```
const int MAX = 1000;
int * const const_P2 = &MAX;         //错误
```

因为 const_P2 是一个指针常量，仅仅约束指针值为只读，并没有约束间址访问对象，而 MAX 是一个标识常量，不能用一个无约束间址访问的指针获取它的地址。

图 1-8 所示为指针常量的访问示意图。

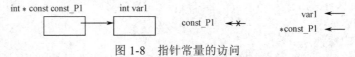

图 1-8　指针常量的访问

4．指向常量的指针常量

指向常量的指针常量的含义是，指针本身和所指对象的值在定义之后都限制为只读，不能写。

指向常量的指针常量的定义形式为：

const 类型　＊ const 指针　　　　　或者　　　　　　　　**类型　const ＊ const 指针**

例如：

```
int var = 128, other_var = 256;
const int MAX = 1000;
const int * const double_P1 = &var;
const int * const double_P2 = &MAX;
double_P1 = &other_var;              //错误，不能写指针常量
*double_P2 = 500;                    //错误，不能写指向常量的指针常量
var = other_var;                     //不影响变量的读/写
```

图 1-9 所示为指向常量的指针常量的访问示意图。

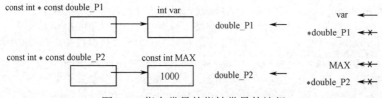

图 1-9　指向常量的指针常量的访问

5．常引用

冠以 const 定义的引用，将约束对象用别名方式访问时为只读。常引用的定义形式为：

const 类型　＆ 引用名　＝ 对象名；

例如：

```
int a=863;
const int & ra=a;        //ra 是 a 的常引用
ra=985;                  //错误，不能通过常引用对对象 a 执行写操作
a=985;                   //正确
```

ra 是 a 的别名，但 ra 是常引用，若通过 ra 对 a 进行操作，就只能读，不能写。

1.5 数据输入与数据输出

C++的输入、输出操作由 I/O 流库提供。cin 和 cout 是流库预定义的两个标准对象，分别连接键盘和屏幕，它们在头文件 iostream 中说明。这里仅介绍最简单的键盘输入和屏幕输出功能，详细介绍参见第 11 章。

1.5.1 键盘输入

键盘输入的作用是读取用户输入的字符串，按相应变量的类型转换成二进制代码写入内存。

键盘输入语句格式为：

cin >> 变量 $_1$ >> 变量 $_2$ … >> 变量 $_n$;

其中，cin 是预定义输入流对象，>>在流操作中称为流提取运算符。

所有变量都必须是已经说明的基本类型内存单元。

程序运行，执行到输入语句后，等待用户按语句指定的变量顺序和类型输入各变量的值。输入的各数据用空格或换行符分隔。例如：

double x, y, *p = &y;

cin >> x >> *p;

从键盘上输入：

34.5   7.96

cin 提取操作从键盘获取字符串"34.5"和"7.96"，按变量说明的类型转换成浮点型数据后写入变量 x 和 y 中。

还可以用换行符分隔，输入：

34.5

7.96

输入时，编译程序若读到非算术型数据的字符，则将其作为一个数据项的结束。但是，如果要求输入字符型数据，对于不同版本的 C++，情况有所不同。在 VC.NET 中，编译器按数值输入的方式处理，用空格或换行符进行分隔，也可以连续输入字符。cin 不接收空格或换行符的键盘输入。

如果有： cin >> x+y;

将出现编译错误。请读者想一想为什么？

1.5.2 屏幕输出

屏幕输出的作用是，从内存中读取数据项，并对表达式求值，转换成相应的字符串显示到屏幕上。

屏幕输出语句格式为：

cout << 表达式 $_1$ << 表达式 $_2$ … << 表达式 $_n$;

其中，cout 是预定义输出流对象；<<在流操作中称为流插入运算符；表达式 $_1$ 至表达式 $_n$ 是输出项。有关表达式的内容将在第 2 章中介绍。

cout 的插入操作首先对各输出项的表达式求值，然后转换成字符串形式输出。

流提取运算符"">>""和流插入运算符""<<""是 I/O 流重载的运算符。重载运算符可以改变语义，但不能改变优先级。当输出项表达式中运算符的优先级高于流插入运算符时，cout 能够正确地先计算值后输出。例如：

cout << a+b<< endl;

首先计算表达式 a+b，把计算结果显示在屏幕上，然后换行，光标落在后续行的起始位置。

输出项可以包含各种控制格式的符号或函数。例如，制表符'\t'、换行符'\n'等特殊控制字符可以直接嵌入字符串输出项中。I/O 流还提供了一批输出格式控制符，它们可以作为独立输出项使用，详见第 11 章。表 1-3 列出了几个常用的输出格式控制符。

表 1-3　常用的输出格式控制符

控　制　符	功　　能
endl	输出一个换行符，并清空流
ends	输出一个串结束符，并清空流
dec	用十进制数的形式输入或输出数值
hex	用十六进制数的形式输入或输出数值
oct	用八进制数的形式输入或输出数值
setfill(char c)	设置填充符 c
setprecision(int n)	设置浮点数输出精度(包括小数点)
setw(int n)	设置输出宽度

例如，以下三个语句输出格式都一样：

```
cout << "Hello!\nI am ZhangHua.\n";
cout << "Hello!"<<'\n' << "I am ZhangHua." << '\n';
cout << "Hello!" << endl << "I am ZhangHua." << endl;
```

又如，输出浮点数 7.5612，设置输出宽度为 10，输出精度为 4（小数点后保留 3 位有效数字），输出后换行，语句为：

```
cout << setw(10) << setprecision(4)<<7.5612 << endl;
```

【例 1-10】用不同数制输出两个正整数的和。

```
#include <iostream>
using namespace std;
int main()
{   int a,b,s;                              //说明数据
    cout.setf(ios::showbase);               //要求输出显示控制符
    a=01137;  b=023362;  s=a+b;             //计算两个八进制数的和
    cout<<"八进制数\t";
    cout<<oct<<a<<"+"<<b<<"="<<s<<endl;      //以八进制数显示结果
    a=239;  b=5618;  s=a+b;                  //计算两个十进制数的和
    cout<<"十进制数\t";
    cout<<dec<<a<<"+"<<b<<"="<<s<<endl;      //以十进制数显示结果
    a=0x1a3e;  b=0x4bf;  s=a+b;              //计算两个十六进制数的和
    cout<<"十六进制数\t";
    cout<<hex<<a<<"+"<<b<<"="<<s<<endl;      //以十六进制数显示结果
}
```

程序运行结果：

```
八进制数      01137+023362=024521
十进制数      239+5618=5857
十六进制数    0x1a3e+0x4bf=0x1efd
```

习题

思考题

1．什么叫数据类型？变量的类型定义有什么作用？

2．普通数据类型变量和指针类型变量的定义、存储、使用方式上有何区别？请编写一个程序验证之。

3．什么叫数据对象的引用？对象的引用和对象的指针有什么区别？请用一个验证程序说明之。

4．数据对象在 C++中有什么不同的访问方式？请编写一个程序验证之。

5．为了约束对数据对象的值进行只读操作，C++采用了什么方式？请给出简要归纳。

第 2 章　程序控制结构

　　语句是程序的基本语法成分。程序设计语言的语句按功能可以分成三类：说明语句、操作语句和控制语句。

　　说明语句不是执行语句。说明语句有两个作用：一是用于定义，例如，变量说明语句用于定义变量名并指示编译器分配内存，类型说明语句用于定义数据的组织方式；二是用于声明程序连接信息，如函数原型、静态量、全局变量说明语句等。因此，为了区分说明语句的不同性质，有时特别把功能不同的说明语句分别称为定义语句和声明语句。

　　操作语句用于描述对数据的处理。例如，表达式语句和输入/输出语句分别表示对数据的运算和传输。

　　控制语句用于控制程序的执行流程。所有程序都只能包含 3 种控制结构：顺序结构、选择结构和循环结构。顺序结构是系统预置的，即除非特别指定，计算机总是按指令编写的顺序一条一条地执行。选择结构和循环结构由特定语句组织。

　　本章讨论 C++的表达式、选择结构语句和循环结构语句及其应用。

2.1　表达式

　　表达式是指由数据和运算符组成，并按求值规则表达一个值的式子。表达式可以很简单，例如，一个常数、一个常量或变量名，也可以很复杂，包含各种运算量、运算符等。C++语言的表达式使用相当灵活，功能很强。按照运算性质，表达式可以分为：算术表达式、逻辑表达式、赋值表达式、条件表达式和逗号表达式。

　　我们将结合表达式的种类，讨论各种运算符的作用和表达式的应用规律。有些运算符将在后续有关章节中出现的时候介绍。

2.1.1　运算符

　　运算符是以简捷的方式表达对数据操作的符号。C++运算符主要有：

算术运算符	+ - * / % ++ --
关系运算符	> < == >= <= !=
逻辑运算符	! && ||
位运算符	<< >> ~ | ^ &
赋值运算符	= 及扩展的复合运算符
条件运算符	? :
逗号运算符	,
指针运算符	* &
求存储字节运算符	sizeof
强制类型转换符	类型符
分量运算符	. ->
下标运算符	[]
其他	() :: new delete

　　运算符又称为操作符。不同的运算符要求不同数量的操作数。由运算符和操作数构成表达式。其中，操作数可以是常量、变量或表达式。

　　根据要求操作数的个数不同，运算符可以分为一元运算符、二元运算符和三元运算符。

　　① 一元运算符。一元运算符只有一个操作数（右或左），表达式形式为：

         Op   右操作数   或   **左操作数   Op**

其中，Op 表示运算符。+、-、!和++都是一元运算符。例如：

    -123   +500   !b   a++

② 二元运算符。二元运算符要求有左、右操作数，表达式形式为：

    左操作数   Op   右操作数

+、-、*、/、>和<等都是二元运算符。例如：

    i+1   a*3   x>y

③ 三元运算符。C++语言只有一个三元运算符，就是条件运算符。表达式形式为：

    操作数₁ ? 操作数₂ ：操作数₃

例如：   a ? b : c

一个复杂表达式会包含多个运算符。运算符之间的运算次序由各运算符的优先级（优先关系）和结合性决定。

表达式中的运算符按优先级从高到低运算，带括号的内层优先运算，同级运算符从左到右运算，见表 2-1。这些规则与习惯的数学规则一致。

表 2-1 常用运算符的功能、优先级和结合性

优 先 级	运 算 符	功 能	结 合 性
1	()	函数调用，参数传递	左→右
	::	作用域运算	
	[]	数组下标	
	. ->	成员选择	
	.* ->*	成员指针选择	
2	++ --	自增，自减	右→左
	&	取地址	
	*	取内容	
	!	逻辑非	
	~	按位反	
	+ -	求正，求负（一元运算）	
	sizeof	求存储字节	
	new delete	动态分配，释放内存	
3	* / %	乘，除，求余	左→右
4	+ -	加，减（二元运算）	
5	<< >>	左移位，右移位	
6	< <= > >=	小于，小于或等于，大于，大于或等于	
7	== !=	等于，不等于	
8	&	按位与	
9	^	按位异或	左→右
10	|	按位或	
11	&&	逻辑与	
12	||	逻辑或	
13	?:	条件运算	右→左
14	= += -= *= /= %= &= ^=	赋值，复合赋值	
15	,	逗号运算	左→右

从左至右结合的运算符，首先计算左操作数，然后计算右操作数，最后按运算符求值；从右至左结合的运算符，则首先计算右操作数，然后计算左操作数，最后按运算符求值。

例如：　　　　(a+b) * (x−y)

其中，"*"运算符从左至右结合，首先计算左操作数(a+b)，然后求右操作数(x−y)，最后进行*运算。

又如：　　　　− (x+y)

其中，一元"−"从右至左结合，首先计算右操作数(x+y)，然后对结果求负。

本节讨论算术运算和逻辑运算。位运算将在第 5 章中讨论。

2.1.2　算术表达式

1．基本运算

算术表达式由算术运算符和操作数组成，结果值是算术值。基本算术运算符有：

+	加，或一元求正	/	除
−	减，或一元求负	%	求模（求余）
*	乘	sizeof	求存储字节

"求模"运算是计算两个整数相除的余数。例如：

```
7 % 4            //等于 3
5 % 21           //等于 5
12 % 2.5         //错误，操作数不能为浮点数
```

sizeof 求某种数据类型所占的内存字节数。例如：

```
int a;           //说明变量 a 是整型变量
sizeof(a)        //等于 4，在 16 位机上等于 2
sizeof(int)      //等于 4
sizeof(26756)    //等于 4
sizeof(double)   //等于 8
sizeof(0.25)     //等于 8
```

2．运算符的多义性

作用于基本数据类型的算术运算符的意义很明确，但要注意，一些符号的意义与上下文有关。

例如，"*"在以下不同语句中有不同的意义：

```
int a = 35;
int *p = &a;     //指针类型说明符
a = a * 4;       //算术乘
*p = 5 * *p;     //第 1, 3 个*用于间址访问，取内容；第 2 个*用于算术乘
```

以上注释中说明了各个"*"的意义。表达式：

```
5 * *p
```

两个"*"中间的空格可以不写。系统可以正确运行，这是因为间址访问运算符是右结合的，而且其优先级高于算术乘，编译器能够识别。程序员为了明确起见，可以写为：

```
*p = 5 * (*p)
```

又如：　　　　−5.6+3.2

不能理解为：−(5.6+3.2)

因为一元求负运算符的优先级高于加运算符，而且是右结合的，所以应理解为：

```
(−5.6)+3.2
```

3．自增和自减

在程序中，我们经常会用到以下操作：

```
i = i+1   和   i = i-1
```

这两个操作分别称为变量的自增和自减。C++用++和--运算符描述这两种常用运算，见表 2-2。

表 2-2　自增和自减

	赋值表达式	后　置	前　置
自增	i = i+1	i++	++i
自减	i = i-1	i--	--i

　　后置式和前置式在独立使用的时候没有区别。但当它作为子表达式时，会对其他变量产生不同的影响。例如：

```
int a = 0, b = 0, i = 0;
a = ++i;        //a 为 1，i 为 1
b = i++;        //b 为 1，i 为 2
```

　　执行第 2 行语句时，++i 是前置式的，先自增，然后把 i 的值赋给 a。

　　而执行第 3 行语句时，i++是后置式的，先读出 i 的值赋给 b，然后自增。虽然"++"的优先级高于"="，但这里语义起作用。

　　又如：　　c = a++ + ++b;

　　与以下几种书写方式等价：

① c = (a++) + (++b);

② b = b+1;　c = a+b;　a = a+1;

③ b++;　c = a+b;　a++;

④ ++b;　c = a+b;　++a;

　　再如：　　c = ++a + ++b;

　　与以下几种书写方式等价：

① c = (++a) + (++b);

② b = b+1;　a = a+1;　c = a+b;

③ b++;　a++;　c = a+b;

④ ++b;　++a;　c = a+b;

　　显然，自增运算符的连用可读性较差，没有相当的熟练程度最好不用。

4．类型转换

表达式是表达一个值的式子，算术表达式的值的类型由操作数的类型决定。

① 如果运算符左、右操作数的类型相同，则运算结果也是相同类型的。例如：

```
6 + 5           //结果为整型值 11
2 / 4           //结果为整型值 0。因为左右操作数都是整数，所以整除
```

② 如果运算符左、右操作数的类型不同，则首先把类型较低（存储要求、示数能力较低）的数据转换成类型较高的数据，然后进行运算。例如：

```
cout << 3 + 'A' << endl;
```

把 1 字节长的 char 型字符'A'转换成 1 个字长的 int 型值 65，输出：

```
68
```

又如：　　2.0 / 4　　//结果为浮点型值 0.5

③ 赋值的类型转换。当把一个表达式的值赋给一个变量时，系统首先强制把该值转换成变量的类型，然后执行写操作。这种强制类型转换是易于理解的，因为被赋值的对象类型已经定义，必须把类型不一致的右操作数转换后才能写入指定内存单元。

【例 2-1】类型转换测试。

```
#include<iostream>
using namespace std;
int main()
```

```
    {    int a;
         char c;
         double x;
         a = 2.0/4;                        //把 0.5 赋给 a
         x = 2.0/4;                        //把 0.5 赋给 x
         cout << a << '\t' << x << endl;
         a = 3 + 'A';                      //把 68 赋给 a
         c = 3 + 'A';                      //把 68 转换为字符'D'，赋给 c
         cout << a << '\t' << c << endl;
         cout << 3 + 'A' << endl;          //表达式值为整型
    }
```

程序运行结果：

```
0      0.5
68     D
68
```

④ 强制类型转换。C++可以用类型符将表达式值转换成指定类型，一般形式为：

　　　　(类型) (表达式)
或　　　**(类型)　表达式**
或　　　**类型 (表达式)**

例如：　　(int)(x+y)　　　//把 x+y 的结果转换成整型
　　　　　(char)70　　　　//把整数 70 转换成字符 'F'
　　　　　double(a)+y　　//把 a 的值转换成 double 型值后再加上 y 的值

注意：　　(double)(2/4)

把 2/4 的运算结果转换成 double 型值，等于 0。而

　　　　　(double)2/4

先把 2 强制转换为 double 型，然后按照运算类型转换的原则，自动把 4 转换为 double 型，最后相除的结果等于 0.5。

赋值时的类型转换和用类型符实现的类型转换是强制性的，所以，要把低类型数据转换成高类型数据时，一般不会发生什么问题。反之，把高类型数据转换成低类型数据，就有可能引起数据错误或丢失。这是程序员应该特别注意的。

2.1.3　逻辑表达式

逻辑表达式用于判断运算，结果值只有两个：若判断成立，则为"真"（true）；否则为"假"（false）。C++用 true 或 1 值表示计算结果为逻辑真，用 false 或 0 值表示逻辑假。而在程序运行中，即表达式求值过程中，非 0 值都作为逻辑真。

构成逻辑表达式的运算符有关系运算符和逻辑运算符。

1．关系运算

关系运算即比较运算，用于算术值的比较。C++的关系运算符有：

　　　< 小于　　　　　　　<= 小于或等于　　　> 大于　　　　>= 大于或等于
　　　== 等于　　　　　　 != 不等于

前 4 种比较运算符的优先级高于"=="和"!="。

例如，设 a=1，b=2，c=3，则

　　　a <= b　　　　　　//逻辑真，值为 true(1)
　　　(c>b) == a　　　　//逻辑真，值为 true(1)
　　　b != 1/c　　　　　//逻辑真，值为 true(1)
　　　a + b > c　　　　 //逻辑假，值为 false(0)

注意，如果想用以下表达式：

　　　　　c > b > a

表示"c 的值大于 b 的值，b 的值大于 a 的值"，将得到错误的判断结果。按照运算符左结合的原则，首先计算 c>b，值为 true（1），然后用整型值 1 计算 1>a，结果值为 false（0），失去逻辑判断意义。导致错误的原因是，C++表达式在运算过程中用 0 或 1 表示逻辑值。C++编译器会对这种表达式提示警告（warning）。正确的方法是用以下逻辑表达式：

　　　　　c > b && b > a

　　另外，字符值用其 ASCII 码值进行比较：

　　　　　'A' > 'B'　　　　　//值为 false（0）
　　　　　50 < 'D'　 `　　　　//值为 true（1）

　　2．逻辑运算

　　逻辑运算用于判断多种逻辑情况在某些条件组合之下的结果。C++的逻辑运算符有：

　　　　　&& 逻辑与　　　　　**||** 逻辑或　　　　　　　**!** 逻辑非

　　"&&"和"||"是二元运算符，"!"是一元运算符。

　　"逻辑与"只有在左、右操作数都为 true（1）时，结果才为 true（1）。

　　"逻辑或"只要左、右操作数中有一个为 true（1），结果就为 true（1）。

　　"逻辑非"表示取操作数逻辑相反值。

　　表 2-3 为逻辑真值表，其中列出了左操作数 a 和右操作数 b 取不同组合时，各种逻辑运算的结果。

表 2-3　逻辑真值表

a	b	!a	!b	a&&b	a||b
true（1）	true（1）	false（0）	false（0）	true（1）	true（1）
true（1）	false（0）	false（0）	true（1）	false（0）	true（1）
false（0）	true（1）	true（1）	false（0）	false（0）	true（1）
false（0）	false（0）	true（1）	true（1）	false（0）	false（0）

　　"!"运算符优先级高于"&&"，"&&"优先级高于"||"。在一个表达式中，可能包含算术运算符、关系运算符和逻辑运算符，优先级从高到低为：

　　　　　! → 算术运算符 → 关系运算符 → **&&** → **||**

　　例如：　　a>b && b>c　　　　相当于　　　（a>b）&&（b>c）
　　　　　　　a == b || c == d　　相当于　　　（a == b）||（c == d）
　　　　　　　!a || a>b　　　　　相当于　　　（!a）||（a>b）

　　算术值和字符值也可以参与逻辑运算：

　　　　　'x' && 'y'　　　　　值为 1
　　　　　5 > 3 || 2 && 1 - !0　　　值为 1

　　【例 2-2】写出描述点 $A(x,y)$ 落在图 2-1 中灰色部分（不压线）的 C++表达式：

　　　　　-2<x && x<2 && -2<y && y<2 && x*x+y*y>1

　　请读者分析这个表达式的运算次序。

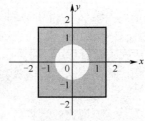

图 2-1　用关系表达式描述落点

2.1.4　赋值表达式

　　前面，我们已经使用过赋值表达式了。赋值表达式的作用是把数据值写入变量。C++赋值表达式的一般形式为：

　　　　　变量 = 表达式

　　由于 C++使用"赋值表达式"的概念，赋值号右边的"表达式"也可以是赋值表达式，使得赋值操作可以拓展。

　　　例如：　　　a = b = 10

相当于：　　　　a = (b = 10)

表达式 b=10 的值为 10，b 的值等于 10，把 10 赋给 a。也可以用赋值号右结合性来理解，首先把 10 赋给 b，然后把 b 的值赋给 a。但是，

　　　(a = b) = 10

就不一样了。括号改变了执行顺序，首先应执行 a=b，把 b 的值写入 a，表达式的值确定于 a，然后执行 a=10。上式对 a 做了两次写操作，对 b 做了一次读操作。

　　【例 2-3】赋值表达式测试。

```
#include <iostream>
using namespace std;
int main()
{   int a, b;
    a = b = 10;
    cout << a << '\t' << b << endl;
    ( a = b ) = 5;
    cout << a << '\t' << b << endl;
}
```

　　程序运行结果：

　　　10　　　10
　　　5　　　10

　　赋值表达式又称为"左值表达式"，因为表达式的值取自同一个内存单元，所以既可以放在赋值号的左边，也可以放在赋值号的右边。而

　　　3 + 7

这样的表达式，虽然能够表达整型值 10，但不能取自同一个内存单元，所以只能放在赋值号的右边，称为"右值表达式"。

　　　例如：　　　a = b = 3 + 7　　　　　//正确

　　　　　　　　3 + 7 = a　　　　　　　//错误

　　　　　　　　a = b + 3 = 10　　　　　//错误

　　　　　　　　(a = b + 3) = 10　　　//正确

C++还有一批用于简化代码的复合赋值运算符：+=、-=、*=、/=和%=等。一般形式为：

　　　A Op = B　　　　　等价于　　　　　　A = A Op B

即

　　　a += b　　　　　　等价于　　　　　　a = a+b

　　　a -= b　　　　　　等价于　　　　　　a = a-b

　　　a *= b　　　　　　等价于　　　　　　a = a*b

　　　a /= b　　　　　　等价于　　　　　　a = a/b

　　　a %= b　　　　　　等价于　　　　　　a = a%b

　　　例如：

　　　a += 10　　　　　　等价于　　　　　　a = a+10

　　　b *= 2+3　　+优先级高于*=，等价于　b = b* (2+3)

2.1.5　条件表达式

　　条件表达式由条件运算符和操作数组成，根据逻辑值决定表达式的求值。

　　条件表达式的形式为：

操作数 $_1$? 操作数 $_2$: 操作数 $_3$

执行过程是：首先对"操作数 $_1$"求值，其值非 0 时，表达式的值为"操作数 $_2$"的值；否则，表达式的值为"操作数 $_3$"的值。

"操作数 $_1$"通常是判断的条件表达式或逻辑表达式。例如：

    a > b ? a : b

表达式的功能是取 a 和 b 中的大值。要把这个值赋给变量 max，可以用以下语句表示：

    max = a > b ? a : b;

"操作数 $_1$"也可以是其他类型的表达式，因为 C++把算术值也视为逻辑值。例如：

    4+2 ? 0 : 1

是一个合法的表达式。当然，这个式子没有什么意义。

如果"操作数 $_1$"包含程序运行时动态变化的数据，则表达式会起到简单的控制作用。例如：

    x>y ? x-y : y-x   //求|x-y|

条件运算符按右结合方式匹配。例如，求 a、b、c 中的最大值，用条件表达式可以表示为：

    a>b ? a>c ? a : c : b>c ? b : c

相当于：a>b ? (a>c ? a : c) : (b>c ? b : c)

【例 2-4】 求三个整数中的最大值。

```
#include <iostream>
using namespace std;
int main()
{   int a, b, c, max;
    cin >> a >> b >> c;                    //输入数据
    max = a>b ? a>c ? a : c : b>c ? b : c;  //求最大值
    cout << "max = " << max << endl;
}
```

2.1.6 逗号表达式

用逗号连接起来的若干个表达式称为逗号表达式。一般表示形式为：

    表达式 $_1$,表达式 $_2$,…,表达式 $_n$

逗号表达式有两层含义：第一，各表达式按顺序执行；第二，逗号表达式也表达一个值，这个值是最后一个表达式的值。

例如，逗号表达式：

    3*5, a+b, x=10

由三个互不相干的表达式组成，仅仅是顺序执行而已。如果有：

    x = (a = 3, 2 * 6)

把逗号表达式 a=3,2*6 的值赋给 x，则 x 的值为 12。但如果表达式写为：

    x = a = 3, 2 * 6

因为逗号的运算级别最低，所以它是由两个表达式构成的逗号表达式，则 x 的值为 3。

2.1.7 表达式语句

任何表达式加上一个分号就成了语句，称为表达式语句。例如：

    a = 10   //赋值表达式
    a = 10;   //赋值语句
    i ++   //算术表达式
    i ++;   //算术表达式语句

又如：   x-y;

也是一个合法的 C++语句，执行 x-y 的操作，但没有把结果存放在任何地方，是一个没有意义的语句。

可以用{ }把一些语句括起来，称为复合语句或语句块。例如：

    { t = a; a = b; b = t; }

只有一个分号也是一个语句，称为空语句，例如：

    ;

输入/输出语句、表达式语句都是对数据进行操作的语句，它们在程序中按出现的顺序执行。

2.2 选择控制

实际编写程序时，时常需要对给定的条件进行判断，并根据判断的结果选择不同的操作。

例如，给定三条边的长度，判断能否构成三角形。若能构成三角形，则求其面积；否则，显示"不能构成三角形"的信息。

又如，求一元二次方程 $ax^2+bx+c=0$ 的根，要对 b^2-4ac 进行判断。b^2-4ac 的值等于 0 时，求两个相同的实根；大于 0 时，求两个不同的实根；小于 0 时，求两个共轭复根。

构成选择结构的语句称为条件语句。C++使用 if 语句和 switch 语句构成选择结构。

2.2.1 if 语句

1. if 语句的形式和执行流程

if 语句有两种形式：一个分支的 if 语句和两个分支的 if-else 语句。

（1）一个分支的 if 语句

语句形式为：

    if (表达式) 语句;

其中，"表达式"一般为逻辑表达式，表示执行条件。若为其他类型表达式，则 C++也把其结果作为逻辑值处理。"语句"可以是一个简单语句，也可以是复合语句或其他结构语句。

if 语句首先计算"表达式"的值，如果值为 true（1），则执行"语句"；否则，即"表达式"的值为 false（0），视"语句"为空，转向执行后续语句。其执行流程如图 2-2 所示。例如：

    if (x > 0)   cout << x << endl;

首先判断 x 的值是否大于 0，若 x 的值大于 0，则输出 x 的值并换行；否则不输出 x 的值。又如：

    if ((a+b > c) && (b+c > a) && (c+a > b))
    {   s = (a + b + c) / 2.0;
        area = sqrt(s * (s-a) * (s-b) * (s-c));
        cout << "area = "<< area << endl;
    }

先计算逻辑表达式(a+b>c)&&(b+c>a)&&(c+a>b)的值，若为 true，则按顺序执行花括号内的复合语句；否则跳过该语句。

（2）if-else 语句

语句形式为：

    if (表达式) 语句₁;

    else 语句₂;

其中，"表达式"一般为逻辑表达式，表示执行条件。"语句₁"和"语句₂"为简单语句、复合语句或其他结构语句。

if-else 语句的执行流程如图 2-3 所示。例如：

    if (x>y) cout << "max = "<< x << endl;

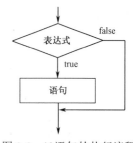

图 2-2　if 语句的执行流程

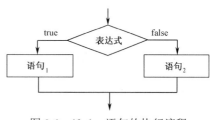

图 2-3　if-else 语句的执行流程

```
        else    cout << "max = "<< y << endl;
```
判断 x 是否大于 y，若是，则输出 x 的值；否则，输出 y 的值。又如：
```
        if ((a+b > c) && (b+c > a) && (c+a > b))
        {   s = (a + b + c) / 2.0;
            area = sqrt(s * (s–a) * (s–b) * (s–c));
            cout << "area = "<< area << endl;
        }
        else    cout << "It is not a trilateral. "<< endl;
```
先计算逻辑表达式(a+b>c)&&(b+c>a)&&(c+a>b)的值，若为真，则按顺序执行花括号内的三个语句；否则，输出字符串"It is not a trilateral."。

2．if 语句的嵌套

if 语句中的执行语句如果是另一个 if 语句，则称为嵌套 if 语句。例如：
```
        if (x>0)   y = x;
        else    if (x<0)   y = –x;
                else   y = 0;
```
当 x<=0 时，执行 else 分支，嵌套了另一个 if 语句，分别处理 x<0 和 x==0 的情况。又如：
```
        if (score >= 90)    cout << "Grade A :";
        else   if (score >= 80)    cout << "Grade B : ";
                else   if (score >=70)    cout << "Grade C : ";
                        else   if (score >= 60)    cout << "Grade D : ";
                                else   cout << "Grade E : ";
```
也是 if 语句的嵌套。

if 语句有不同的嵌套形式，但要注意 if 与 else 的配对关系。C++语言规定，else 总是与它接近的 if 配对。上述两个语句可以添加括号表示等价的嵌套匹配关系，改写为：
```
        if (x>0)   { y = x; }
        else   {   if (x<0)   y = –x;
                   else    y = 0;
               }
```
和
```
        if (score >= 90)    { cout << "Grade A : "; }
        else    {   if (score >= 80) { cout << "Grade B : "; }
                    else    {   if (score >=70) { cout << "Grade C : "; }
                                else    {   if (score >= 60) { cout << "Grade D : "; }
                                            else    { cout << "Grade E : "; }
                                        }
                            }
                }
```
使用复合语句，可以改变条件语句的执行流程。例如，以下形式的语句：
```
        if (表达式 0)                 等价于                  if (表达式 0)
            if (表达式 1)                                     {  if (表达式 1)
                语句 1;                                            语句 1;
            else   if (表达式 2)                              else
                    语句 2;                                   {  if (表达式 2)
                else                                              语句 2;
                    语句 3;                                   else
                                                                  语句 3;
                                                             }
                                                             }
```
```

```

"语句$_1$"的执行条件是"表达式$_0$ && 表达式$_1$"为 true；

"语句$_2$"的执行条件是"表达式$_0$ && !表达式$_1$ && 表达式$_2$"为 true；

"语句$_3$"的执行条件是"表达式$_0$ && !表达式$_1$ && !表达式$_2$"为 true。

使用花括号构造复合语句，可以改变条件语句的配对关系。例如，上述语句可以改写为：

```
if (表达式₀)
{   if (表达式₁)
        语句₁;
    else
        if (表达式₂)
            语句₂;
}
else
    语句₃;
```

这时，"语句$_3$"的执行条件为"!表达式$_0$"，即"表达式$_0$"的值为 false 时执行"语句$_3$"。

3．应用举例

【例 2-5】从键盘输入三个整数，求这三个数中的最大值。

假设输入的三个数分别存储在变量 a、b 和 c 中，变量 max 存储最大值。求最大值的算法可以为：先比较 a 和 b 的值并把较大值赋给 max；然后将 c 与 max 进行比较，若 c>max，则把 c 赋给 max。此时，max 的值就是三个数中的最大值了。程序如下：

```
#include <iostream>
using namespace std;
int main()
{    int a, b, c, max;
     cout << "a = ";   cin >> a;
     cout << "b = ";   cin >> b;
     cout << "c = ";   cin >> c;
     if (a>b)   max = a;                    //求 a 和 b 中的较大值，赋给 max
     else    max = b;
     if (c>max)   max = c;                  //求 max 和 c 中的较大值，赋给 max
     cout << "max = " << max << endl;
}
```

对于简单的条件语句，通常可以用条件运算代替它。程序中的 if 语句：

```
if (a>b)    max = a;
else        max = b;
```

可以写为：max = a>b ? a : b;

【例 2-6】输入三条边的边长，若这三条边构成三角形就求该三角形的面积；否则，输出"不是三角形"的信息。

假设三角形的三条边的边长为 a、b 和 c，则这三条边构成三角形的条件是：任意两条边之和都大于第三边。如果这三条边能构成三角形，则求三角形的面积公式为：

$$\text{area} = \sqrt{s(s-a)(s-b)(s-c)}$$

式中，$s = (a+b+c)/2$。

按求三角形的面积公式，编写程序如下：

```
#include <iostream>
using namespace std;
int main()
{
     double a, b, c, s, area;
```

```
        cout << "输入三角形的边长：\n";
        cout << "a = ";    cin >> a;
        cout << "b = ";    cin >> b;
        cout << "c = ";    cin >> c;
        if (a + b>c && b + c>a && c + a>b)              //判断构成三角形的条件
        {
                s = (a + b + c) / 2.0;                   //计算面积
                area = sqrt(s*(s - a)*(s - b)*(s - c));
                cout << "area = " << area << endl;
        }
        else
                cout << "It is not a trilateral!" << endl;
    }
```

运行程序，输入数据后输出结果如下：

```
    输入三角形的边长：
    a = 5
    b = 6
    c = 7
    area = 14.696939
```

在上述程序中，调用了 C++标准库函数 sqrt 求平方根，函数原型为：

```
    double sqrt(double x);
```

数学运算的常用标准函数原型声明详见附录 B。

【例 2-7】把输入的字符转换为小写字母。对输入的字符进行判断，如果是大写字母，则转换为小写字母；否则，不转换。

```
    #include <iostream>
    using namespace std;
    int main()
    { char ch;
        cout << "ch = ";
        cin >> ch;
        if (ch>='A' && ch<= 'Z')                 //ch 是大写字母
            ch += 32;                            //转换成小写字母
        cout << ch << endl;
    }
```

【例 2-8】求一元二次方程 $ax^2 + bx + c = 0$ 的根。

求一元二次方程根的公式为：

$$x_{1,2} = \frac{-b \pm \sqrt{b^2 - 4ac}}{2a}$$

编程时，要考虑如下各种情况。

① 当 $a=0$ 时，方程不是二次方程。

② 当 $b^2-4ac=0$ 时，有两个相同的实根：$x_{1,2} = -\dfrac{b}{2a}$。

③ 当 $b^2-4ac>0$ 时，有两个不同的实根：$x_{1,2} = \dfrac{-b \pm \sqrt{b^2 - 4ac}}{2a}$。

④ 当 $b^2-4ac<0$ 时，有两个共轭复根：$x_{1,2} = -\dfrac{b}{2a} \pm \dfrac{\sqrt{4ac - b^2}}{2a}\text{i}$。

按上述公式，编写程序如下：

```
#include<iostream>
#include<cmath>
using namespace std;
int main()
{    double a, b, c, d, x1, x2, rp, ip;
     cout << "输入系数："<<endl;
     cout << "a = ";   cin >> a;
     cout << "b = ";   cin >> b;
     cout << "c = ";   cin >> c;
     if (fabs(a) <= 1e-8)                    //用误差判断，系数 a 等于 0
          cout << " It is not quadratic." << endl;
     else { d = b*b - 4*a*c;                 //求判别式的值，赋给 d
          if (fabs(d)<= 1e-8)                //d 等于 0，方程有两个相同的实根
              cout << "It has two equal real roots: " << -b/(2*a) << endl;
          else
              if (d>1e-8)                     //d 大于 0，方程有两个不同的实根
              { x1 = (-b + sqrt(d))/(2*a);
                x2 = (-b - sqrt(d))/(2*a);
                cout << "It has two distinct real roots: " << x1 << " and " << x2 << endl;
              }
              else                            //d 小于 0，方程有两个共轭复根
              {   rp = -b / (2*a);
                  ip = sqrt(-d) / (2*a);
                  cout << "It has two complex roots: " << endl;
                  cout << rp << " + " << ip << "i" << endl;
                  cout << rp << " - " << ip << "i" << endl;
              }
          }
     }
}
```

程序中的条件：

　　　fabs(a) <= 1e-8　 和　 fabs(d) <= 1e-8

分别用来判断 a 和 d 的值是否为 0。因为实数在计算和存储时会有微小的误差。若用 "a==0" 和 "d==0" 来判断 a 和 d 是否为 0，则可能出现本来 a 和 d 等于 0，由于计算或存储误差而导致判断结果不成立的情况。

以下是方程有两个不同实根时程序的运行结果：

　　　输入系数：
　　　a = 1
　　　b = 5
　　　c = 1
　　　It has two distinct real roots: -0.208712 and -4.791288

2.2.2　switch 语句

switch 语句应用于根据一个整型表达式的不同值决定程序分支的情况。

1. switch 语句的形式和执行流程

switch 语句形式为：

　　switch（表达式）
　　{ **case**　常量表达式$_1$：语句$_1$；
　　　case　常量表达式$_2$：语句$_2$；
　　　…

```
case   常量表达式 $_n$: 语句 $_n$;
[ default: 语句 $_{n+1}$;]
}
```

其中，"表达式"类型为整型、字符型或枚举型，不能为浮点型。"常量表达式 $_i$"（i=1, 2, …, n）具有指定值，与"表达式"类型相同。default 子句为可选项。

switch 语句的执行流程如图 2-4 所示。

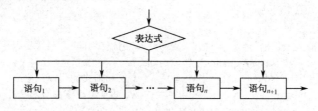

图 2-4   switch 语句的执行流程

在 switch 语句中，case 和 default 只起语句标号作用。进入 switch 语句后，首先计算"表达式"的值，然后用这个值依次与 case 后的"常量表达式 $_i$"的值进行比较。如果"表达式"的值等于某个"常量表达式 $_i$"的值，则执行"语句 $_i$"。如果"语句 $_i$"之后还有语句，就继续执行"语句 $_{i+1}$"至"语句 $_{n+1}$"。如果找不到与"表达式"的值相等的 case 常量值，则执行 default 指示的"语句 $_{n+1}$"。

【例 2-9】测试 switch 语句的执行流程。

```
#include <iostream>
using namespace std;
int main()
{   int x;
    cout << "x = ";
    cin >> x;
    switch(x)
    {   case 1 : cout << "one    ";
        case 2 : cout << "two    ";
        case 3 : cout << "three    ";
        default: cout << "other    ";
    }
    cout << "end" << endl;
}
```

运行程序，若输入 x 的值为 1，则输出结果如下：

```
x = 1
one   two   three   other   end
```

若重新运行，输入 x 的值为 3，则输出结果如下：

```
x = 3
three   other   end
```

要实现真正的选择控制，在执行一个 case 标号语句后能够跳出 switch 语句，转向执行后续语句，应该使用 break 语句。break 语句强制中断一个语句块的执行，转向执行语句块的后续语句。

【例 2-10】测试在 switch 的执行语句中增加 break 语句，以中断语句块。

```
#include <iostream>
using namespace std;
int main()
{   int x;
    cout << "x = ";
    cin >> x;
```

```
        switch(x)
        {   case 1 : cout << "one    ";    break;
            case 2 : cout << "two     ";    break;
            case 3 : cout << "three    ";    break;
            default: cout << "other    ";
        }
        cout << "end" << endl;
    }
```

运行程序，输入 x 的值为 2，输出结果如下：

```
    x = 2
    two    end
```

有选择地在 case 语句中使用 break 语句，可以实现多个 case 常量值执行同一个分支语句。

【例 2-11】两个 case 常量值执行同一个分支语句。

```
    #include <iostream>
    using namespace std;
    int main()
    {   int x;
        cout << "x = ";
        cin >> x;
        switch(x)
        {   case 1 :
            case 2 : cout << "one or two    ";    break;
            case 3 : cout << "three    ";    break;
            default: cout << "other    ";
        }
        cout << "end" << endl;
    }
```

程序不管 x 的输入是 1 还是 2，都执行 case 2 后的语句。输入 1 时，输出结果为：

```
    x = 1
    one or two    end
```

switch 语句的说明如下。

① 常量表达式必须互不相同，否则，会出现矛盾而引起错误。例如：

```
    switch (int(x))
    {   case  1:   y=1;   break;
        case  2:   y=x;   break;
        case  2:   y=x*x;   break;          //错误，case 2 已经使用
        case  3:   y=x*x*x;   break;
    }
```

② 各个 case 和 default 出现的顺序可以任意。在每个 case 分支都带有 break 语句的情况下，case 的顺序不影响运行结果。

③ switch 语句可以嵌套。

2．应用举例

【例 2-12】根据 x 的值，按下式计算 y 的值：

$$y = \begin{cases} 3x-5 & 1 \leqslant x < 2 \\ 2\cos x + 1 & 2 \leqslant x < 4 \\ \sqrt{1+x^2} & 4 \leqslant x < 6 \\ x^2 - 4x + 5 & 其他 \end{cases}$$

从这个分段函数的自变量 x 取值可以看出，当 $1{\leqslant}x{<}2$ 时，int(x)=1；当 $2{\leqslant}x{<}4$ 时，int(x) 等于 2 或 3；当 $4{\leqslant}x{<}6$，int(x)等于 4 或 5。因此，可以用 switch 语句编写程序。

```cpp
#include <iostream>
using namespace std;
int main()
{   double x, y;
    cout << "x = ";
    cin >> x;
    switch (int(x))
    {   case 1:   y = 3 * x - 5;   break;
        case 2:
        case 3:   y = 2*cos(x)+1;   break;
        case 4:
        case 5:   y = sqrt(1 + x * x);   break;
        default: y = x * x - 4 * x + 5;
    }
    cout << "y = " << y << endl;
}
```

运行程序三次，输入不同的 x 值，输出结果如下：

```
x = 1.5
y = -0.5
x = 3.3
y = -0.97496
x = 4.7
y = 4.80521
```

【例 2-13】输入年份和月份，输出该月的天数。

根据天文知识，每年的 1、3、5、7、8、10 和 12 月，每月有 31 天；每年的 4、6、9 和 11 月，每月有 30 天；若是闰年，则 2 月份为 29 天；若为平年，则 2 月份为 28 天。能被 4 整除，但不能被 100 整除，或者能被 400 整除的年份为闰年；否则，为平年。

```cpp
#include <iostream>
using namespace std;
int main()
{   int year, month, days;
    cout << "year : ";
    cin >> year;
    cout << "month : ";
    cin >> month;
    switch(month)
    {   case 1: case 3: case 5: case 7: case 8: case 10: case 12:
            days = 31;   break;
        case 4: case 6: case 9: case 11:
            days = 30;   break;
        case 2: if((year%4==0) && (year%100!=0) || (year%400==0))
                    days = 29;
                else   days = 28;
    }
    cout << " days : " << days << endl;
}
```

运行程序，输入数据和输出结果如下：

　　　year : 2020

　　　month : 2

　　　days : 29

【例 2-14】输入包含两个运算数和一个运算符（+、−、* 或 /）算术表达式，计算并输出结果。

```
#include <iostream>
using namespace std;
int main()
{   double operand1, operand2, result;
    char oper;
    cout << "input operand1,operator and operand2: ";
    cin >> operand1 >> oper >> operand2;     //输入表达式
    switch(oper)                            //根据运算符进行选择计算
    {   case '+':   result = operand1 + operand2;   break;
        case '-':   result = operand1 - operand2;   break;
        case '*':   result = operand1 * operand2;   break;
        case '/':   result = operand1 / operand2;   break;
        default:   cout << "input error!" << endl;
        goto L;                            //非法运算符转向 L 入口的空语句
    }
    cout << operand1 << oper << operand2 << "=" << result << endl;
    L : ;                                  //空语句
}
```

运行程序，输入数据和输出结果如下：

　　　input operand1,operator and operand2: 2+6

　　　2+6=8

当用户输入无效的运算符时，程序用 goto 语句转向标号为 L 的语句，而 L 指示的语句是一个空语句。goto 语句的目的是在无效输入时，跳过正常的结果显示。

2.3　循环控制

循环控制是在特定的条件下，重复执行一些操作。例如，求和式 $s = \sum_{i=1}^{100} i$ 可以用 if 语句和 goto 语句构成循环计算，程序如下：

```
s = 0; i = 1;
loop:
    if (i <= 100)
    {   s += i;
        i ++;
        goto loop;
    }
```

程序流程从一个控制点返回前面语句序列的一个入口重复执行，这种执行流程称为循环控制。循环是十分常用的程序结构，所有高级语言都提供相应的结构化语句代替 goto 语句实现循环控制。

C++的循环控制语句有：while 语句、do-while 语句和 for 语句。如果用 while 语句写求和的算法，则程序可以写为：

```
        s = 0; i = 1;
        while (i <= 100)
        {   s += i;
            i ++;
        }
```

循环语句自动实现判断和跳转。在循环语句中，重复执行的操作称为循环体，执行重复操作的条件称为循环条件或循环控制条件。

2.3.1   while 语句

while 语句是最基本的循环语句，在程序中常用于根据条件执行操作而不需关心循环次数的情况。

1. while 语句的形式和执行流程

while 语句的形式为：

while (表达式)

　　循环体；

其中，"表达式"为循环控制条件，一般为逻辑表达式，从语法上讲，也可以是其他表达式，其值视为逻辑值。"循环体"可以是简单语句，也可以是复合语句，用于描述重复计算、处理的一系列操作。

while 语句表示当"表达式"的值为 true 时，重复执行"循环体"的语句。while 循环又称为当型循环。执行流程如图 2-5 所示。

从 while 语句的执行流程，我们可以看到它有以下两个特点：

① 若条件表达式的值一开始为 false（0），则循环体一次也不执行。

② 若"表达式"的值为 true（非 0），则不断执行循环体。要正常结束循环，循环体内应该有修改循环条件的语句，或其他终止循环的语句。

【例 2-15】计算输入的所有大于 0 的整型数据之和。若输入负数，则结束程序的运行。

```
        #include<iostream>
        using namespace std;
        int main()
        {   int a, sum = 0;
            cin >> a;                       //输入第 1 个数据，建立循环条件
            while (a > 0)                    //a>0 时执行循环
            {   sum += a;                    //累加 a 的值
                cin >> a;                    //输入一个新的 a 值
            }
            cout << "sum = " << sum << endl; //输出累加结果
        }
```

程序在说明变量 sum 时初始化为 0。运行程序后，通过键盘输入 a 的值，执行 while 语句。如果 a>0，满足循环条件，则执行循环体内的语句：

```
        sum += a;        //累加 a 的值
        cin >> a;        //输入一个新的 a 值
```

然后控制返回 while，判断 a 的值是否大于 0，若为真，则重复执行循环体；直到 a 等于或小于 0 时结束。执行流程如图 2-6 所示。

从前面分析可知，条件表达式 a>0 用来控制循环是否继续。变量 a 的值会直接影响 a>0 的值。通常，把能够影响循环条件的变量称为循环控制变量。在一个 while 语句中，循环控制变量可以有一个或多个，这需要根据实际情况决定。

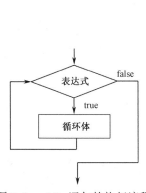

图 2-5　while 语句的执行流程

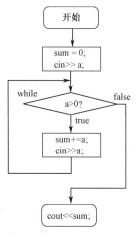

图 2-6　例 2-15 的执行流程

循环结构一般包括三个部分：循环的初始化、循环条件和循环体。循环体内通常有一个或多个用于改变循环控制变量的语句，最终使得条件表达式的值为 false（0）从而结束循环。

在上面的例程中，在 while 之前对 sum 的赋值和输入 a 的值，是循环初始化部分；a>0 为循环条件表达式；循环体是一个复合语句。循环体内输入 a 的语句既用于接收新的数据，又用于修改循环控制变量。若输入的值小于或等于 0，则表达式 a>0 的值为 0，循环结束。

建立循环结构时要注意：

① 设计正确的算法及合理的操作顺序；

② 正确选取循环控制变量，设置相关变量的初值；

③ 循环体内一般要包含改变循环控制变量的语句，或其他转向语句，使循环能够正常结束。

例如，以下程序段：

```
i = 0;                //错误，乘法器初值为 0
s = 0;
while (i <= 100)
{   i *= 2;
    s += i;
}
```

由于乘法器 i 的初值被赋予 0，循环体内表达式 i*=2 无法使 i 增大，以致循环条件表达式 i<=100 的值永真，不能结束循环。这就是通常说的"死循环"。

2. 应用举例

【例 2-16】 输入一串字符，以"?"结束，输出其中的字母个数和数字个数。

解决这个问题的算法是：设置两个计数器，分别用于统计字母和数字的个数。输入和统计都是重复性的工作，可以用循环结构实现。字母字符、数字字符的 ASCII 码值是连续的，可以很轻易地使用条件语句判断。每输入一个字符，如果不是"?"，就判别它是否为字母，若为字母，则字母计数器累加 1；否则，再判别是否为数字，若为数字，则数字计数器累加 1。重复上述工作，一直到输入的字符为"?"后结束。最后输出字母和数字的个数。

程序中用变量 ch 存放当前输入的字符，nl 为统计字母个数的计数器，ng 为统计数字个数的计数器。按上述算法编写程序如下：

```
#include <iostream>
using namespace std;
int main()
{   int nl = 0, ng = 0;
```

```
char ch;
cin.get(ch);                //输入第 1 个字符，建立循环条件
while (ch != '?')           //循环条件为 ch!='?'
{   if(ch >= 'a' && ch <= 'z' || ch >= 'A' &&ch <= 'Z')    ++ nl;
    else   if (ch >= '0' && ch<= '9')    ++ ng;
    cin.get(ch);            //输入后续字符
}
cout<<"\nnl = "<<nl<<"   ng = "<< ng<<'\n';
}
```

运行程序，输入数据和输出结果如下：

```
Is the password 123456 ?
nl = 13   ng = 6
```

cin.get(ch)的作用是获取一个当前输入字符并写入变量 ch。iostream 的 get 函数能够接收任何字符，包括空格、回车符等。这与采用输入运算符 cin>>不同。cin>>会自动把空格和控制符作为输入界符，结束一个变量的输入。

【例 2-17】给定两个正整数，求出它们的最大公约数。

求最大公约数有不同的算法，其中速度较快的是辗转相除法。该算法说明如下：

若 m 和 n 为两个正整数，则有：

当 $m>n$，m 与 n 的最大公约数等于 n 与 $m\%n$ 的最大公约数；

当 $n=0$，m 与 n 的最大公约数等于 m。

程序中，变量 a 存放被除数（初值是 m），变量 b 存放除数（初值是 n），变量 r 存放 a 和 b 相除的余数。算法可以描述为：

```
while (r != 0)
{ 把 a%b 的值赋给 r ；
   用 b 的值替换 a 的值；
   用 r 的值替换 b 的值；
}
```

循环结束后，a 的值就是所求的最大公约数。

辗转相除法求最大公约数的程序如下：

```
#include <iostream>
using namespace std;
int main()
{ int m, n, a, b, r;
    cout << "input two integers :\n";
    cout << "? ";    cin >> m;          //输入第 1 个正整数
    cout << "? ";    cin >> n;          //输入第 2 个正整数
    if (m > n)    { a = m; b = n; }     //把大数放在 a 中，小数放在 b 中
    else    { a = n; b = m; }
    r = b;                              //置余数初值
    while (r != 0)                      //当余数不等于 0 时执行
    {   r = a % b;                      //求余数 r
        a = b;                          //用 b 的值替换 a 的值
        b = r;                          //用 r 的值替换 b 的值
    }
    cout<<m<<" and "<<n<<" maximal common divisor is : "<<a<<endl;
}
```

运行程序，输入数据和输出结果如下：

```
input two integers:
?   24
?   16
24 and 16 maximal common divisor is : 8
```

2.3.2 do-while 语句

do-while 语句是 while 语句的变形。它们的区别在于，while 语句把循环条件判断放在循环体执行之前，而 do-while 语句把循环条件判断放在循环体执行之后。

1．do-while 语句的形式和执行流程

do-while 语句的形式为：

> **do**
> 　　循环体
> **while (表达式)**

其中，"循环体"和"表达式"与 while 语句的意义相同。

do-while 语句的含义为，重复执行"循环体"的语句，直到"表达式"的值为 false（0）结束。do-while 循环又称为直到型循环。执行流程如图 2-7 所示。

从 do-while 语句的执行流程可以看到，不管循环条件是否成立，它都至少执行一次循环体。

例如，求和式 $s = \sum_{i=1}^{100} i$ 的程序用 do-while 语句可以写为：

```
s = 0; i = 1;
do
{   s += i;
    i ++;
} while(i <= 100);
```

在一般情况下，while 语句和 do-while 语句可以互换使用。

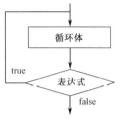

图 2-7　do-while 语句的执行流程

2．应用举例

【例 2-18】 使用公式 $\dfrac{\pi^2}{6} = \dfrac{1}{1^2} + \dfrac{1}{2^2} + \cdots$ 求 π 的近似值，直到最后一项的绝对值小于 10^{-12} 为止。

先求出右边和式的值，然后求 π 的值。求和式可以用循环实现。第 i 项的值等于 $1/i^2$，循环体中对当前项计算并进行累加。因为当 $i \to \infty$，有 $1/i^2 \to 0$，所以可以用一个被认为可以接受的精度值终止计算。

程序中的 sum 为累加器，i 为计数器，变量 term 存放当前项的值，变量 pi 存放 π 的近似值。程序执行流程如图 2-8 所示。

```cpp
#include <iostream>
using namespace std;
int main()
{   long int i;
    double sum, term, pi;
    sum = 1;    i = 1;
    do
    {   i += 1;                  //计数器
        term = 1.0 / (i * i);    //计算当前项
        sum += term;             //累加
    } while(term >= 1.0e-12);    //精度判断
    pi = sqrt(sum * 6);
    cout << "pi = " << pi << endl;
}
```

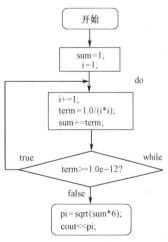

图 2-8　例 2-18 的执行流程

程序运行结果：

pi = 3.14157

【例 2-19】 输入一个用二进制数表示的正整数，转换成十进制整数输出。

在一般情况下，C++ 的键盘输入可以识别十进制数、八进制数和十六进制数，因此，输入二

进制数要作为字符序列处理。二进制数只包含 0 和 1 两个数字，输入时，先略去前导的空格等非 0、非 1 字符，然后逐个字符读入处理，最后输入任意一个非 0、非 1 字符作为输入结束符。

把二进制数 $b_nb_{n-1}\cdots b_2b_1b_0$ 转换为十进制数 Dec 的公式如下：

$$\text{Dec} = b_n\times 2^n + b_{n-1}\times 2^{n-1} + \cdots + b_2\times 2^2 + b_1\times 2^1 + b_0\times 2^0$$

用户从高位到低位输入二进制位串，程序可以采用移位方式处理数据，每读入一个位值，就把变量 Dec 中存放的数据乘以 2，然后累加当前输入值。

程序如下：

```
#include <iostream>
using namespace std;
int main()
{   int Dec = 0;
    char ch;
    cout << "Binary = ";
    do                              //略去前导字符，直至 ch 存放第一个合法数字
    {   cin.get(ch);
    } while(ch !='0' && ch != '1');
    do                              //循环，逐位转换
    {   Dec += ch - '0';            //把字符转换为数字，累加
        cin.get(ch);               //读入一位
        if (ch=='0'||ch=='1')      //如果是 0 或 1
            Dec *= 2;              //已经转换的数据左移一位
    } while(ch=='0'||ch== '1');   //读入非 0，非 1 字符时，结束循环
    cout << "Decimal = " << Dec << '\n';   //输出转换结果
}
```

运行程序，输入数据和输出结果如下：

```
Binary = 101101
Decimal = 45
```

【例 2-20】用牛顿迭代法求解方程 $f(x)=x^3+2x^2+10x-20=0$ 在 $x_0=0$ 附近的根。

由数值计算方法可以知道，牛顿迭代公式为：

$$x_{n+1} = x_n - f(x_n)/f'(x_n) \qquad (n = 0,1,2,\cdots)$$

由题目，有： $\qquad f(x) = x^3 + 2x^2 + 10x - 20, \quad f'(x) = 3x^2 + 4x + 10$

根据上述公式，计算过程如下。

① 令 $n=0$，任意给定一个 x_0 值，由迭代公式求得 $x_1 = x_0 - f(x_0)/f'(x_0)$，判别 $|x_1-x_0|$ 是否小于给定精度 ε。若小于，则迭代结束，x_1 作为方程的近似根；否则，执行下一步。

② 令 $n=1$，由迭代公式得 $x_2 = x_1 - f(x_1)/f'(x_1)$，然后判别 $|x_2-x_1|$ 是否小 ε。若小于，则迭代结束，x_2 作为方程的近似根；否则，由 x_2 计算出 x_3 的值。

如此迭代，一直到 $|x_{i+1}-x_i| < \varepsilon \,(i = 0, 1, 2\cdots)$ 为止。

由于每步当前值只需用前两次迭代值 x_{i+1} 和 x_i 进行计算，因此在编程时只需用 x_0 和 x 两个变量来存放前两次迭代值。编写程序如下：

```
#include <iostream>
using namespace std;
int main()
{   double x0, x, epson;
    cout<<"Input test root, x0 = ";
    cin>>x0;                        //输入迭代初值
    cout<<"Input precision, epson = ";
    cin>>epson;                     //输入精度
```

```
        do                                      //循环
        {   x = x0;                             //迭代
            x0 = x- (pow(x,3)+2*pow(x,2)+10*x-20)/(3*pow(x,2)+4*x+10);    //求新值
        } while(fabs(x0-x)>epson);              //判断精度
        cout<<"The root is : "<<x0<<endl;       //输出近似根
    }
```

运行程序，输入数据和输出结果如下：

```
    Input test root, x0 = 1
    Input precision, epson = 1e-12
    The root is : 1.36881
```

本程序调用了两个标准库函数，它们均在头文件 cmath 中声明。

计算 x^y，求幂函数的函数原型为：

```
    double pow(double x, double y);
```

求 x 的绝对值的函数原型为：

```
    double fabs(double x);
```

【例 2-21】从键盘输入 x 的值，并用以下公式计算 $\sin x$ 的值。要求最后一项的绝对值小于 10^{-8}。

$$\sin x = x - \frac{x^3}{3!} + \frac{x^5}{5!} - \frac{x^7}{7!} + \cdots$$

$\sin x$ 的值可以调用库函数直接求出，但是，对该问题的分析，有助于进一步掌握循环结构程序的组织。

这是一个级数求和问题。可以对和式中的每项分别计算，计算出一项就累加一项，直到某项的绝对值小于 10^{-8} 时为止。

还有一种高效率的计算方式。仔细分析式中每项和前一项之间的关系，例如：

$$-\frac{x^3}{3!} = x \cdot \frac{-x^2}{2 \times 3}$$

$$\frac{x^5}{5!} = -\frac{x^3}{3!} \cdot \frac{-x^2}{4 \times 5}$$

$$-\frac{x^7}{7!} = \frac{x^5}{5!} \cdot \frac{-x^2}{6 \times 7}$$

可以得到一个递推公式，设前一项为 t_n，当前项为 t_{n+2}，则有：

$$t_{n+2} = t_n (-x^2 / ((n-1) n)) \qquad n = 3, 5, 7 \cdots$$

按上述分析，编写程序如下：

```
    #include <iostream>
    using namespace std;
    int main()
    {   long int n;
        double x, term, sum;
        cout << "x = ";
        cin >> x;                               //输入 x 的值
        n = 1;                                  //置计数器初值
        sum = x;                                //置累加器初值
        term = x;                               //当前项
        do                                      //循环
        {   n += 2;                             //计数器+2
            term *= (-x*x)/(n-1)/n;             //当前项的值
            sum += term;                        //当前累加和
        } while(fabs(term) >= 1e-8);            //精度判断
        cout<<"sin("<<x<<") = "<<sum<<endl;     //输出计算结果
    }
```

程序中，变量 sum 为累加器，用来存放累加和，变量 term 用来存放和式中的某一项，n 表示某一项中 x 的幂。

2.3.3 for 语句

在一般程序设计语言中，for 语句用于确定执行次数的循环结构，但在 C++语言中，for 语句是最灵活的一种循环语句。它不仅可以用于次数循环，即能够确定循环次数的情况，也可以用于条件循环，即循环次数不确定的情况。

1. for 语句的一般形式和执行流程

for 语句的一般形式为：

> **for ([表达式₁]; [表达式₂]; [表达式₃])**
> 　　　　循环体;

其中，表达式₁、表达式₂和表达式₃都可以省略。

表达式₁不是循环体的执行部分，它仅在进入循环之前被执行一次。通常用于循环控制变量的初始化，所以也称为初始化表达式。

表达式₂是循环条件表达式。其值为 true（非 0）时执行循环，为 false（0）时结束循环。

表达式₃在循环体执行之后执行，可以看作循环体的最后一个执行语句，通常用于修改循环控制变量。

for 语句的执行流程如图 2-9 所示。

从 for 语句的执行过程可以看到，它实际上等效于：

> 　　表达式₁;
> 　　**while (表达式₂)**
> 　　{ 循环体;
> 　　　 表达式₃;
> 　　}

因此，for 循环可以作为次数型循环结构。次数型循环结构包括 4 个部分：表达式₁、表达式₂、表达式₃和循环体。

例如，求和式 $s = \sum_{i=1}^{100} i$，用 for 语句编写的程序如下：

> s = 0;
> for (i=1; i <= 100; i ++)
> 　　s += i;

for 循环在这里的功能是控制循环的次数。由 for 语句给循环控制变量 i 赋初值，判断循环条件，并修改循环控制变量的值。在循环体中，使用循环控制变量 i 的值进行累加。程序流程如图 2-10 所示。

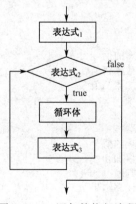

图 2-9　for 语句的执行流程

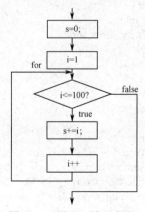

图 2-10　用 for 循环求和

2．for 语句中的表达式使用

（1）for 语句中省略"表达式"时，分号不能省略。当省略全部表达式时，for 仅有循环跳转功能。循环控制变量初始化要在 for 之前进行，所有循环条件的判断、循环控制变量的修改、结束循环控制等都要在循环体内实现。例如：

```
for(; ;) 语句;        等价于        while (1) 语句;
```

上面求和式的程序可以写成：

```
s = 0;   i = 1;
for (;;)
{   if (i > 100) break;
    s + = i;
    i ++;
}
```

（2）省略"表达式"的 for 语句可以构成不同形式的循环。以下都是上面求和式程序的等价程序。

① 初始化表达式是逗号表达式，省略第 2 个和第 3 个表达式：

```
for (s = 0, i = 1; ;)
{   if (i > 100)   break;
    s + = i;
    i ++;
}
```

② 省略第 1 个和第 3 个表达式：

```
s = 0;   i = 1;
for (; i <= 100 ;)
{   s + = i;
    i ++;
}
```

③ 把累加计算表达式放在第 3 个表达式处，构成逗号表达式，循环体为空语句：

```
for (s = 0, i = 1; i <= 100 ; s + = i, i ++);
```

读者还可以根据需要和习惯，写出不同形式的 for 循环结构。

3．应用举例

【例 2-22】求 $n!=1×2×3×\cdots×n$，其中 n 从键盘输入。

```
#include <iostream>
using namespace std;
int main()
{   int i, n;
    long int t;
    cout<<"input one integer n (n<=16) : ";
    cin>>n;
    t = 1;                        //乘法器初值为 1
    for(i=1; i<=n; i++)           //按步长循环求阶乘
        t *= i;
    cout<<n<<"!= "<<t<< endl;
}
```

程序运行结果：

```
n = 5
5 != 120
```

【例 2-23】输入若干个学生的成绩，分别统计出成绩在 85～100 分、60～84 分及 60 分以下这三个分数段的人数。

学生人数用变量 n 表示，学生的成绩用变量 score 表示，统计三个分数段人数的计数变量分别用 n1、n2 和 n3 表示，解决这个问题的程序如下：

```
#include <iostream>
using namespace std;
int main()
{   int i, n, n1, n2, n3;
    double score;
    cout << "n = ";
    cin >> n;
    n1 = 0;   n2 = 0;   n3 = 0;
    for(i=1; i<=n; i++)                    //循环计算学生人数
    {   cin >> score;                      //输入一个学生成绩
        if (score >= 85)   n1 += 1;
        else   if (score >= 60)   n2 += 1;
               else   n3 += 1;
    }
    cout << "85--100: "<< n1 << endl;
    cout << "60--84 : " << n2 << endl;
    cout << " 0--59 : " << n3 << endl;
}
```

程序运行结果：

```
n = 5
65 90 78 100 80
85--100: 2
60--84 : 3
 0--59 : 0
```

【例 2-24】从键盘输入若干个数，求出这些数中的最大值。

用变量 n 表示输入数据的个数，用变量 x 表示需输入的数据，并设置一个变量 max 来存放最大值，求 n 个数最大值的程序如下：

```
#include <iostream>
using namespace std;
int main()
{   int i, n;
    double x, max;
    cout << "n = ";
    cin >> n;
    cin >> x;                    //输入第 1 个数据
    max = x;                     //用第 1 个数据置累加器初值
    for (i = 2; i <= n; i ++)    //循环计数
    {   cin >> x;                //输入数据
        if (x > max)    max = x; //求当前最大值
    }
    cout << "max = " << max << endl;
}
```

在程序设计中，通常累加器置初值为 0，乘法器置初值为 1。在这个程序中，变量 max 用于记录数据集中的最大值，被处理的数据对象不能预知范围，因此置 max 的初值为第一个输入数据。

程序运行结果：

```
n = 5
75 68 85 91 54
max = 91
```

【例 2-25】求 Fibonacci（斐波那契）数列的前 n 项。Fibonacci 数列形如：

0,1,1,2,3,5,8,13,21,…

其定义规律是：第 0 项 a_0 =0，第 1 项 a_1 =1，后续各项为：

$$a_2=a_0+a_1, \cdots, a_i = a_{i-1} + a_{i-2}, \cdots, a_n = a_{n-2} + a_{n-1}$$

从第 2 项开始，每项都等于前面两项之和。

在程序中，可以使用三个变量 a0、a1 和 a2 进行迭代：开始时，置 a0 为 0，a1 为 1，根据 a0 和 a1 的值计算 a2 的值，即 a2=a0+a1；然后用 a1 的值替换 a0 的值，用 a2 的值替换 a1 的值，用 a3=a1+a2 求得 a3 的值；如此迭代下去，可以求出 Fibonacci 数列各项的值。按上述算法编写程序如下：

```cpp
#include <iostream>
using namespace std;
int main()
{   int n, i, a0, a1, a2;
    cout<<"n = ";
    cin>>n;
    a0 = 0;                          //对第 0 项赋初值
    a1 = 1;                          //对第 1 项赋初值
    cout<<a0<<'\t'<<a1<<'\t';
    for(i=3; i<=n; i++)
    {   a2 = a0 + a1;                //求新项的值
        cout<<a2<<'\t';
        if(i%10 == 0)   cout<<endl;  //格式控制，每行显示 10 项
        a0 = a1;   a1 = a2;          //迭代
    }
    cout<<endl;
}
```

程序运行结果：

```
n = 20
0        1        1        2        3        5        8        13       21       34
55       89       144      233      377      610      987      1597     2584     4181
```

可以发现，求 Fibonacci 数列的迭代程序并不需要用三个变量实现。若 a0 初值为 0，a1 初值为 1，则由赋值语句的性质可知，若有：

a0 = a0 + a1;

首先读出 a0 的值，与 a1 的值相加，赋给变量 a0，覆盖了原来的值，即得到第 3 项的值，此时，a0、a1 分别存放数列第 3 项和第 2 项的值。然后由：

a1 = a1 + a0;

得到数列第 4 项的值。在循环体内用这两个语句如此迭代，可以同时产生两个数列的当前项。

修改上述程序如下：

```cpp
#include <iostream>
using namespace std;
int main()
{   int n, i, a0, a1;
    cout<<"n = ";
    cin>>n;
    a0 = 0;
    a1 = 1;
    cout<<a0<<'\t'<<a1<<'\t';
    for(i=2; i<= n/2; i++)                 //每趟循环求两项
    {   a0 = a0 + a1;
        a1 = a1 + a0;
        cout << a0 << '\t' << a1 << '\t';
        if (i%5 == 0)    cout << endl;
    }
    if(n>(i-1) *2)   cout<<a0+a1<<endl;     //n 为奇数，输出最后一项
}
```

程序运行结果：

```
n = 15
0        1        1        2        3        5        8        13       21       34
55       89       144      233      377
```

2.3.4 循环的嵌套

1. 嵌套循环的执行

所谓循环嵌套，就是在一个循环语句的循环体内又包含循环语句。各种循环语句都可以互相嵌套。例如：

```
while (…)
{  …
    while (…)
    {…}
    …
}
```

又如：

```
for (…)
{  …
    for (…)
    {…}
    …
}
```

再如：

```
for (…)
{  …
    while (…)
    {…}
    …
}
```

以上都是循环的嵌套。循环还可以多层嵌套，称为多重循环。

在嵌套循环结构中，内循环语句是外循环体语句序列的一个语句，外循环每执行一次循环体，内循环语句都要完成全部循环。例如，外循环的循环次数为 m，内循环的循环次数为 n，如果外循环结束，则内循环体内的语句将被执行 $m \times n$ 次。

【例 2-26】测试循环执行次数。

```cpp
#include <iostream>
using namespace std;
int main()
{   cout << "i\tj\n";
    for(int i=1; i<=3; i++)          //外循环
    {  cout<<i;
        for(int j=1; j<=3; j++)      //内循环
        {  cout<<'\t'<<j<<endl;   }
    }
}
```

程序运行结果：

```
i        j
1        1
         2
         3
2        1
         2
         3
3        1
         2
         3
```

在内循环体中，一般不应该修改外层的循环控制变量，以免引起执行的混乱。

2．应用举例

【例 2-27】 百鸡问题。已知公鸡每只 5 元，母鸡每只 3 元，小鸡每 3 只 1 元。现要用 100 元买 100 只鸡，问公鸡、母鸡和小鸡各为多少？

解决这个问题无法使用代数方法，可以使用"穷举法"来求解。所谓穷举法，就是把问题的解的各种可能组合全部罗列出来，并判断每种可能的组合是否满足给定条件。若满足给定条件，就是问题的解。

程序中，假定用变量 x、y 和 z 分别表示公鸡、母鸡和小鸡的数目。当取定 x 和 y 之后，z=100-x-y。据题意可知，x 的取值为 0～19 之间的整数，y 的取值为 0～33 之间的整数。所以我们可以用外循环控制 x 从 0 到 19 变化，用内循环控制 y 从 0 到 33 变化，然后在内循环体中对每个 x 和 y，求出 z，并判别 x、y 和 z 是否满足条件：5*x+3*y+z/3.0==100，若满足就输出 x，y 和 z。使用 z/3.0 是因为每 3 只小鸡 1 元，若相除结果不是整数，则说明不符合条件。若用 z/3，则 C++进行整除运算，略去商的小数部分，会引起程序判断错误。

按分析，编写程序如下：

```cpp
#include <iostream>
using namespace std;
int main()
{   int x, y, z;
    cout<<"cock\t"<<"hen\t"<<"chick\t"<<endl;
    for(x=0; x<=19; x++)              //公鸡的可能数
      for(y=0; y<=33; y++)            //母鸡的可能数
      {   z = 100-x-y;
          if((5*x + 3*y + z/3.0)==100)    //小鸡的可能数
          cout<<x<<'\t'<<y<<'\t'<<z<<endl;
      }
}
```

程序运行结果：

cock	hen	chick
0	25	75
4	18	78
8	11	81
12	4	84

【例 2-28】 求 2～100 之间的素数。

所谓素数，就是除 1 和它本身外没有其他约数的整数。例如，2, 3, 5, 7, 11 等都是素数，而 4, 6, 8, 9 等都不是素数。

要判别整数 m 是否为素数，最简单的方法是根据定义进行测试，即用 2, 3, 4, …, $m-1$ 逐个去除 m。若其中没有一个数能整除 m，则 m 为素数；否则，m 不是素数。

数学上可以证明：若所有小于或等于 $\sqrt{m}$ 的数都不能整除 m，则大于 $\sqrt{m}$ 的数也一定不能整除 m。因此，在判别一个数 m 是否为素数时，可以缩小测试范围，只需在 2～$\sqrt{m}$ 之间检查是否存在 m 的约数。只要找到一个约数，就说明这个数不是素数，退出测试。

使用上述求素数的方法，编写程序如下：

```cpp
#include<iostream>
using namespace std;
int main()
{   int m, i, k, n = 0;
    for(m=2; m<=100; m++)              //循环，测试每个 m 值
```

```
        {   k = int(sqrt(double(m)));          //取测试范围
            i = 2;                             //约数
            while (m%i && i<= k)               //查找 m 的约数
                i++;
            if(i > k)                          //没有大于 1 的约数
            {   cout<<m<<'\t';                 //输出素数
                n += 1;                        //记录素数个数
                if (n%5 == 0)    cout << endl; //每行输出 5 个数据
            }
        }
    }
}
```

程序运行结果：

2	3	5	7	11
13	17	19	23	29
31	37	41	43	47
53	59	61	67	71
73	79	83	89	97

2.4　判断表达式的使用

C++表达式的表现力相当丰富。程序中经常要根据一个表达式的值决定程序的流程控制。例如，表达式的值为真时执行某个语句，或执行循环体。这种表达式称为判断表达式。

C++逻辑类型本质是整型。逻辑运算的结果为 true 时，其值等于 1；为 false 时，其值等于 0。但所有的表达式，包括关系运算、逻辑运算、算术运算、赋值运算等表达式都可以作为判断表达式。算术表达式可以用作逻辑表达式，其值非 0 时，C++认为是逻辑真；只有表达式的值等于 0，才认为是逻辑假。

这种运算方式在某种程度上降低了程序的可读性。对于熟练的程序员，利用 C++表达式的灵活性可以编写出高效简捷的代码。这里通过一些简单例子说明不同表达式用于条件判断的情况。程序设计的实际应用丰富多彩，需要读者在实践中体会。

1．算术表达式用于判断

算术表达式表达一个结果值，如果这个结果值可以用于 0 值或非 0 值的判断，则可以直接用作判断表达式。

要表示：expression!=0

可以简化为：expression

要表示：expression==0

可以表示为：!expression

例如，输出 1～100 之间的奇数，程序如下：

```
for(int i=1; i<=100; i++)
    if(i%2) cout << i << '\t';
```

其中：　　if(i%2) …

相当于：if(i%2!= 0) …

如果要输出全部偶数，则 if 语句可以改写为：

```
if(!(i%2)) …
```

又如，判断整型变量 a 和 b 是否相等的程序如下：

```
if(a-b)   cout << a << " != " << b << endl;
else    cout << a << " == " << b << endl;
```

其中：   if(a–b) …

相当于： if(a–b != 0) …

再如：   while(p && q!=k) …

相当于： while(p!=0 && q!=k) …

2．赋值表达式用于判断

赋值表达式的值是被赋值变量的值，用于判断表达式中，首先完成赋值运算，然后以被赋值变量的值进行判断。

例如，以下程序把 a–b 的值存放在变量 c 中，如果 a 不等于 b，则输出它们的差：

```
if(c = a–b)    cout<<"the difference of "<<a<<" and "<<b<<" is : "<< c << endl;
    else    cout<<a<<" is equal to "<<b<< endl;
```

其中：   if(c = a–b) …

相当于： c = a–b;   if(c != 0) …

3．对输入进行判断

有时，不能预先确定输入数据量，程序运行时可以用 Ctrl+Z 组合键（同时按下 Ctrl 和 Z 键）结束 cin 输入。按 Ctrl+Z 组合键将令 cin 的输入函数返回一个 0 值。

【例 2-29】统计输入整数的个数，并进行累加。直到按 Ctrl+Z 组合键结束输入，输出计算结果。

```
#include <iostream>
using namespace std;
int main()
{   int x, n = 0, s = 0;
    while(cin>>x)                  //判断表达式中输入的数据，用函数返回结果进行判断
    {   n++, s+=x;   }             //注意，while 语句的循环体是逗号表达式
    cout << "n = " << n << endl << "sum = " << s << endl;
}
```

程序运行，输入数据并回车后按 Ctrl+Z 组合键，输出结果如下：

```
1 2 3 4 5 6 7 8 9
^Z
n = 9
sum = 45
```

值得注意的是，cin>>不但能够获取输入数据并将其送到指定变量中，它还具有一个逻辑返回值，能够在正常输入时返回 1，在不能得到输入（文件结束）时返回 0。有关 cin 的讨论，在第 7 章和第 11 章中还会涉及。

同样道理，凡是具有返回值的函数（包括标准函数和用户自定义函数）调用都可以放在判断表达式中。

【例 2-30】输入一个英文句子，以"．"结束。统计句子中包含的字符个数。

```
#include <iostream>
using namespace std;
int main()
{   int n = 0;
    char c;
    while((c = cin.get()) ! = '.')      //判断表达式中调用标准函数
        n++;
    cout<< "n = "<< n << endl;
}
```

运行程序，输入字符串，输出结果如下：

```
c++ language program.
n = 20
```

程序中的 cin.get() 函数调用返回一个键盘输出字符，赋给变量 c。赋值表达式用于 while 的条件判断，当 c 的值等于'.'时结束循环。

2.5　转向语句

转向语句是程序的流程控制的补充机制。C++的转向语句主要有：break、continue、return 和 goto 语句。

1. break 语句

break 语句的作用是，无条件地结束 switch 语句或循环语句，包括 while、do-while 和 for 语句的执行，转向执行语句块的后续语句。语句形式如下：

break;

2. continue 语句

continue 语句用于循环体中，终止当前一次循环，不执行 continue 的后续语句，而转向循环入口继续执行。语句形式如下：

continue;

例如，若输入 10 个非数字字符，则使用 continue 语句编写的程序如下：

```
i = 1;
while (i<=10)
{   c = _getche();
    if ('0'<=c && c<='9')          //若 c 为数字
        continue;                  //则不执行 i++
    i++;
}
```

如果 c 的值是数字字符，则 continue 语句使程序控制跳过后续的 i++，转回 while 入口，开始下一趟循环。

break 语句与 continue 语句的区别如图 2-11 所示。

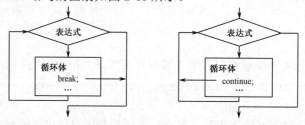

图 2-11　break 语句与 continue 语句的区别

【例 2-31】break 语句与 continue 语句的测试。

程序中，第一个 for 循环，当 i 为奇数时，if 语句执行 continue 运行，不输出，转向下一趟循环，因此输出 10～20 之间的所有偶数。第 2 个 for 循环，i 的初值为 10，不执行 break 语句，输出 10；但到了第 2 趟循环时，i 的值等于 11，满足 if 语句的条件，执行 break 语句，终止循环语句，结束程序。

```
#include<iostream>
using namespace std;
int main()
{   int i;
    for(i=10; i<=20; i++)
    {   if(i%2)               //若 i 为奇数
        continue;            //转向下一趟循环
        cout << i << "   ";
```

```
        }
    cout << endl;
    for(i=10; i<=20; i++)
    {   if(i%2)              //若 i 为奇数
            break;           //终止循环
        cout << i << "   ";
    }
    cout << endl;
}
```
程序运行结果：
```
10   12   14   16   18   20
10
```

3．return 语句

return 语句用于返回表达式的值，把控制权返回调用点，中断函数的执行。一般语句形式为：

return [表达式];

详见 3.2.4 节。

4．goto 语句

goto 语句通常称为无条件转向语句，它与标号语句配合使用，一般语句形式为：

goto   标号;
标号 :   语句;

其中，"标号"是用户定义标识符。

标号语句是指在任意语句（包括空语句）之前冠以"标号"和冒号指示的语句，表示 goto 语句的转向入口。标号语句本身对程序的正常控制流程没有影响。

goto 语句和标号语句要求出现在同一个函数体中，即不能从一个函数体转向执行另一个函数体中的语句。

在一个函数体内，可以有多个转向同一"标号"的 goto 语句，但不能有多个"标号"相同的语句。

例如，以下两个 goto 语句都转向标号为 End 的空语句：
```
{   …
    goto End;
    …
    goto End;
    …
    End : ;
}
```
但以下结构编译器无法确定 goto 语句的转向入口：
```
{   …
    goto Who;
    …
    Who : …;
    …
    Who : …;
}
```
goto 语句与条件语句结合使用，可以构成程序的选择控制和循环控制。

例如，求 a 和 b 之中的大值的程序如下：
```
if(a > b)
    goto A;
goto B;
```

```
A :
max = a;
goto C;
B :
max = b;
C :
cout<<"max = "<<max<<endl;
```

又如，求在 1～100 之间的奇数之和的程序如下：

```
i = 1;   s = 1;
loop:
    i++;
    if(i%2)   s += i;
    if(i<100)   goto loop;
cout << "s = "<< s << endl;
```

以上程序可以用 C++的 if-else 语句和循环语句实现。在程序中滥用 goto 语句将降低程序的可读性和可维护性。在不破坏程序基本流程控制的情况下，可以适当地使用 goto 语句实现必要的跳转。

习题

一、思考题

1. 什么叫表达式？表达式值的类型由什么因素决定？使用不同运算符连接以下三个变量，请写出 5 个以上运算结果值等于 true 的表达式。

   int a=1, b=2;   double x=0.5;

2. C++语言中有什么形式的选择控制语句？归纳它们的语法形式、应用场合。根据一个实际问题使用不同的条件语句编程。

3. 什么叫作循环控制？归纳比较 C++语言中各种循环控制语句的语法、循环条件和循环结束条件的表示形式及执行流程。

4. 根据一个实际问题，用不同的循环语句编程，分析其优缺点。

5. 用 if 语句和 goto 语句组织循环，改写第 4 题的程序，并分析在什么情况下可以适当使用 goto 语句。

6. 有以下程序，希望判断两个输入的整数是否相等。程序可以编译通过，但不能得到预期的结果，请分析原因。

```
#include<iostream>
using namespace std;
int main()
{   int a,b;
    cout<<"a: ";   cin>>a;
    cout<<"b: ";   cin>>b;
    if( a=b )   cout<<a<<"等于"<<b<<endl;
    else   cout<<a<<"不等于"<<b<<endl;
}
```

二、程序设计

1. 输入平面上某点横坐标 x 和纵坐标 y，若该点在如图 2-12 所示的方块区域内，则输出 true；否则，输出 false。

2. 输入三个整数，求出其中最小数（要求使用条件表达式）。

3. 编写一个程序。要求输入一个 5 位正整数，然后分解出它的每位数字，并将这些数字按间隔 2 个空格的逆序形式输出。例如，用户输入 42339，则程序输出如下结果：

  9   3   3   2   4

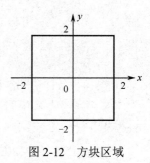

图 2-12　方块区域

4．输入三个整数，按从小到大的顺序输出它们的值。

5．编程模拟"剪刀、石头、布"游戏。游戏规则为：剪刀剪布，石头砸剪刀，布包石头。游戏者从键盘输入 s（表示剪刀）或 r（表示石头）或 p（表示布），要求两个游戏者交替输入，计算机给出输、赢的信息。

6．编写一个程序，输出一张表，内容是 1~256 范围内每个十进制数对应的二进制数、八进制数和十六进制数形式。第 1 行是标题，用制表符对齐格式（根据输出情况进行调整）显示数值表。提示，八进制数和十六进制数可以直接输出。

decimal	binary	octal	hexadecimal
1	1	1	1
2	10	2	2
3	11	3	3
……			

7．输入一个整数，输出该整数的所有素数因子。例如，输入 120，输出为 2、2、2、3 和 5。

8．使用迭代公式 $x_{n+1} = (x_n + a / x_n) / 2$ $(n = 0, 1, 2\cdots; x_0 = a / 2)$ 编程求某个正整数 a 的平方根。

9．已知 $x=0°, 10°, 20°, \cdots, 180°$，求 $\sin x$、$\cos x$ 和 $\tan x$ 的值。

10．求 100~999 之间的水仙花数。所谓水仙花数，是指一个三位数，它的每位数字的立方之和等于该数。例如，因为 $153=1^3+5^3+3^3$，所以 153 为水仙花数。

11．求 1000 以内的所有完数。所谓完数，是指一个数恰好等于它的所有因子之和。例如，因为 6=1+2+3，所以 6 为完数。

12．编写一个程序，它能够读入一个正方形的边长（1~20），然后打印一个由星号和空格组成的空心正方形。例如，程序读入边长是 5，则输出的空心正方形为：

13．已知 $XYZ+YZZ=532$，其中 X、Y 和 Z 为数字，编写程序求出 X、Y 和 Z 的值。

14．编写一个简单加密程序。输入一个 6 位整数的明码，按以下方法进行加密：首先，将每位数字替换成它与 7 相加之和再用 10 求模的结果；然后将其逆置；最后输出密码。再编写程序，把这个密码还原成明码。若输入错误，则显示错误信息后退出程序。

例如，输入原码数据 n 为：200911，则显示密码 n1 为：886779，解密后的原码 n2 为：200911。

注：密码 n1 不一定是 6 位整数，但明码 n 和 n2 是相等的 6 位整数。

第 3 章　函　　数

C++语言有两种程序模块：函数（function）和类（class）。任何 C++的应用程序都是由各种标准库提供的模块和程序员定义的模块组装而成的。

函数是功能的抽象。所谓功能抽象，是指这个程序模块定义的操作适用于指定数据类型的数据集。调用者只关心函数能做什么，而不需要关心它是如何做的。函数有两个重要作用：一是任务划分，即把一个复杂任务划分为若干个简单的小任务，便于分工和处理，也便于验证程序的正确性；二是软件重用，即把一些功能相同或相近的程序段，独立编写成函数，让应用程序随时调用，而不需要编写雷同的代码。

函数是程序设计的重要工具。这一章主要介绍函数的定义和调用、函数参数的传递，以及 C++程序的结构、变量和函数的作用域、条件编译等有关内容。

有关类的知识，将在第 6 章之后讨论。

3.1　函数的定义与调用

函数定义由两部分组成：函数首部和函数操作描述。函数首部是函数的接口，包括函数名、函数的参数和返回值类型。函数操作描述由函数体的语句序列实现。

使用函数称为调用函数。函数调用就是通过表达式或语句激活并执行函数代码的过程。函数调用的形式必须与函数定义的接口对应。

3.1.1　函数定义

从用户使用的角度来看，C++有两种函数：标准库函数和用户自定义的函数。

标准库函数由 C++系统定义并提供给用户使用，可以看作对语言功能的扩充。例如，fabs 函数、get 函数等都是标准库函数。

用户根据特定任务编写的函数称为自定义函数。自定义函数的形式与主函数的形式相似，一般形式为：

```
类型　函数名 ([ 形参表 ])
{
    语句序列
}
```

函数定义的第一行（可以分多行写）是函数首部（或称函数头），以花括号相括的语句序列为函数体。

其中，"函数名"是用户自定义标识符。"类型"是函数返回表达式的值的类型，简称为返回类型，可以是各种基本数据类型、结构类型或类类型。若无返回值，则使用空类型符 void。"形参表"是用逗号分隔的形式参数（简称形参）说明列表。省略形参时不能省略圆括号，它是函数的识别符号。函数体中的"语句序列"可以包含各种合法 C++语句。

形参表的一般形式为：

类型　参数$_1$, 类型　参数$_2$, …, 类型　参数$_n$

参数是函数与外部传输数据的纽带。若函数的定义省略形参表，则称为无参函数；否则称为有参函数。

无参函数通常不依赖外部数据，执行独立的操作。

【例 3-1】定义一个无参函数，输出问候语句。

```
void printmessage()
{   cout << "How do you do!" << endl;   }
```

【例 3-2】定义一个函数，求两个浮点数之中的大值。函数通过参数从外部接收两个浮点型数据，函数体中用 return 语句返回结果值。

```
double max(double x, double y)
{   if (x > y)   return x;
    else     return y;
}
```

如果一个函数没有返回表达式的值，通常说这个函数没有返回值，函数返回类型用 void，即函数体内的 return 语句没带表达式，或可以省略 return 语句。函数没有返回值不等于不能接收或修改外部数据，在 3.2 节中将看到，参数是函数与外部传递数据的重要纽带。

3.1.2 函数调用

函数调用要做两件事情：指定函数地址，提供实参。函数名是函数的地址，实际参数（简称实参）提供被调用函数执行任务所需要的信息及接收被调用函数返回的信息。

函数调用的一般形式为：

函数名 ([实参表])

其中，"实参表"中的各参数用逗号分隔，实参与被调用函数的形参在个数、类型、位置上必须一一对应。

不管函数定义是否有参数或者是否有返回值，都可以用两种形式调用：函数语句或函数表达式。

（1）函数语句

函数调用可以作为一个语句。例如，在以下主函数中，用语句调用例 3-1 定义的函数：

```
int main()
{   printmessage();   }
```

（2）函数表达式

函数可以通过 return 语句返回一个结果值。如果定义了这种具有返回结果值的函数，并且调用时需要使用函数的返回值，可以用表达式形式调用函数。

例如，以下两种形式都可以调用例 3-2 定义的 max 函数：

```
m1 = max(a, b);
cout << max(m1, c) << endl;
```

3.1.3 函数原型

函数原型是 C++的重要特性之一。函数原型是函数的声明，其作用是告诉编译器有关函数接口的信息：函数的名字、函数返回值的数据类型、函数的参数个数、参数的类型和顺序，编译器根据函数原型检查函数调用的正确性。

例如，例 3-2 定义的 max 函数原型为：

```
double max(double, double);
```

表示 max 函数有两个 double 型参数，返回结果值为 double 型的。函数原型是一个声明语句，由函数首部加上分号组成。由于函数原型没有实现代码，因此不需要参数名。通常，添加参数名是为了增加可读性，编译器将忽略这些名称。例如：

```
double max(double x, double y);
double max(double a, double b);
```

是相同的函数原型。

【例 3-3】定义和调用 max 函数。

```cpp
#include<iostream>
using namespace std;
double max(double, double);          //声明函数原型
int main()
{   double a, b, c, m1, m2;
    cout << "input a,b,c:\n";
    cin >> a >> b >> c;
    m1 = max(a, b);                  //调用函数
    m2 = max(m1, c);                 //调用函数
    cout << "Maximum = " << m2 << endl;
}
double max(double x, double y)       //定义函数
{   if (x > y)   return x;
    else     return y;
}
```

如果函数定义出现在程序第一次调用之前，则不需要函数原型声明。这时，函数定义就具有函数原型的作用。例 3-3 程序的不需要函数原型声明的版本如下：

```cpp
#include<iostream>
using namespace std;
double max(double x, double y)       //定义函数
{   if(x>y)     return x;
    else     return y;
}
int main()
{   double a, b, c, m1, m2;
    cout<<"input a,b,c:\n";
    cin>>a>>b>>c;
    m1 = max(a, b);                  //调用函数
    m2 = max(m1, c);                 //调用函数
    cout<<"Maximum = "<<m2<<endl;
}
```

标准库函数的函数原型存放在指定的头文件中（具体请参阅附录 B）。表 3-1 列出了一些常用的数学函数原型。VS 2015 中，cmath 和 iostream 头文件都包含了数学函数原型的声明。

表 3-1 几个常用的数学函数原型

函 数 原 型	说 明
int abs(int n);	n 的绝对值
double cos(double x);	x（弧度）的余弦
double exp(double x);	指数函数 e^x
double fabs(double x);	x 的绝对值
double fmod(double x, double y);	x/y 的浮点余数
double log(double x);	x 的自然对数（以 e 为底）
double log10(double x);	x 的对数（以 10 为底）
double pow(double x, double y);	x 的 y 次方（x^y）
double sin(double x);	x（弧度）的正弦
double sqrt(double x);	x 的平方根
double tan(double x);	x（弧度）的正切

【例 3-4】 求正弦和余弦值。

```
#include<iostream>
using namespace std;
int main()
{   double PI = 3.1415926535;
    double x, y;
    x = PI/2;
    y = sin(x);            //调用标准函数
    cout<<"sin("<<x<<") = "<<y<<endl;
    y = cos(x);            //调用标准函数
    cout<<"cos("<<x<<") = "<<y<<endl;
}
```

程序运行结果：

```
sin(1.5708) = 1
cos(1.5708) = 4.48966e-011
```

第 2 行输出显示了 0 的近似值。

3.2 函数参数的传递

参数是调用函数与被调用函数之间交换数据的通道。函数定义首部的参数称为形式参数（简称形参），调用函数时使用的参数称为实际参数（实参）。

实参必须与形参在类型、个数、位置上相对应。函数被调用前，形参没有存储空间。函数被调用时，系统建立与实参对应的形参存储空间，函数通过形参与实参进行通信、完成操作。函数执行完毕，系统收回形参的临时存储空间。这个过程称为参数传递或参数的虚实结合。

C++语言有三种参数传递机制：值传递（值调用）、指针传递（地址调用）和引用传递（引用调用）。实参和形参按照不同传递机制进行通信。

3.2.1 传值参数

1．值传递机制

在值传递机制中，作为实参的表达式的值被复制到由对应的形参名所标识的对象中，成为形参的初值。完成参数值传递之后，函数体中的语句对形参的访问、修改都是在这个标识对象上操作的，与实参对象无关。

【例 3-5】 传值参数的测试。

```
#include<iostream>
using namespace std;
void count(int x, int y)        //定义函数，x、y 为传值参数，接收实参的值
{   x = x * 2;                  //在形参 x 上操作
    y = y * y;                  //在形参 y 上操作
    cout << "x = " << x << '\t';
    cout << "y = " << y << endl;
}
int main()
{   int a = 3,   b = 4;
    count(a, b);                //调用函数，a、b 的值分别传递给 x、y
    cout << "a = " << a << '\t';
    cout << "b = " << b << endl;
}
```

程序运行结果：

```
x = 6        y = 16
a = 3        b = 4
```

main 函数调用 count 函数时，系统建立形参对象 x、y，把实参 a、b 的值赋给 x、y 作为初值。count 函数对 x、y 的操作与实参 a、b 无关。返回 main 函数后，形参 x、y 被撤销，实参 a、b 的值没有变。其过程如图 3-1 所示。

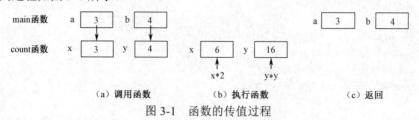

图 3-1　函数的传值过程

如果函数具有返回值，则在函数执行 return 语句时，系统将创建一个匿名对象临时存放函数的返回结果。这个匿名对象在返回调用之后撤销。

【例 3-6】求圆柱体体积。

```cpp
#include<iostream>
using namespace std;
double volume(double radius, double height);
int main()
{   double vol, r, h;
    cout<<"Input radius and height :\n";
    cin>>r>>h;
    vol = volume(r, h);                        //把 r 和 h 的值传递给形参
    cout<<"Volume = "<< vol << endl;
}
double volume(double radius, double height)    //在参数表中定义两个传值参数
{   return 3.14*radius*radius*height; }        //返回表达式的值
```

volume 函数用形参 radius 和 height 计算并返回圆柱体的体积。返回 main 函数时，匿名对象的值将赋给变量 vol。参数传递过程如图 3-2 所示。

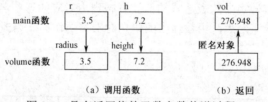

图 3-2　具有返回值的函数参数传递过程

因为在传值方式中，实参对形参进行了赋值操作，所以实参可以是各种能够对形参对象赋值的表达式。如果实参值的类型和形参对象的类型不相同，将按形参的类型进行强制类型转换，然后赋给形参。例如，有函数定义：

```cpp
int max(int a, int b)
{ return (a > b ? a : b); }
```

如果有调用：

```cpp
m = max(5.2/2, 1.5);
```

则 m 的值等于 2。由于形参 a、b 都为整型，接收的实参值为 int(5.2/2) 和 int(1.5)，所以通过 return 返回的值是 2。

【例 3-7】已知 $s = \dfrac{\max(a,b,c)}{\max(a+b,b,c) \cdot \max(a,b,b+c)}$，其中，$\max(a, b, c)$ 表示求 a、b 和 c 三个数中的最大值。编写程序，输入 a、b 和 c 的值，求 s 的值。

```
#include<iostream>
using namespace std;
double max(double, double, double);
int main()
{   double a, b, c, s;
    cout << "a, b, c = ";
    cin >> a >> b >> c;
    //三次调用 max 函数，表达式作为实参
    s = max(a,b,c)/(max(a+b,b,c)*max(a,b,b+c));
    cout << "s = " << s << endl;
}
double max(double x, double y, double z)
{   double m;
    if (x>=y)   m = x;
       else    m = y;
    if (z>= m)   m = z;
    return m;
}
```

程序首先从 main 函数开始执行。当执行到赋值语句：

```
s = max(a,b,c)/(max(a+b,b,c)*max(a,b,b+c));
```

时，三次调用 max 函数。每次函数调用，都是先计算实参的值，把该值传送给相应的形参，然后执行函数体。当函数体执行到语句：

```
return m;
```

时，把三个实参中的最大值 m 通过匿名对象返回到函数调用处。

2．实参求值的副作用

C++没有规定在函数调用时实参的求值顺序。实参求值顺序的不同规定，对一般参数没有什么影响，但若实参表达式之间有求值关联，则同一个程序在不同编译器可能产生不同的运行结果。

例如，有一个函数定义为：

```
int add(int a,int b)
{ return a+b; }
```

执行以下语句：

```
x = 4;
y = 6;
cout << add(++x, x+y) << endl;
```

对于自左向右求实参值的编译系统，首先计算++x，表达式的值为 5，变量 x 的值也是 5；然后计算表达式 x+y，表达式的值为 11；分别把 5 和 11 传递给形参 a、b，得到的返回值是 16。

但对于自右向左求实参的值的编译系统，首先计算 x+y，表达式的值为 10；然后计算表达式++x，表达式的值为 5；分别把 5 和 10 传递给形参 a、b，得到的返回值是 15。

之所以产生这种语义歧义性，是因为实参中有 "++x" 这种赋值表达式，而另一个实参表达式又使用了 x 的值。

这种存在赋值依赖关系的传值参数称为有副作用的参数。为了避免这种情况，可以在调用函数之前先执行修改变量的表达式，以消除实参表达式求值的依赖关系，改写程序如下：

```
x = 4;
y = 6;
```

```
        ++x;
        cout << add(x, x+y) << endl;
```

3．默认参数

函数传值调用时，实参作为右值表达式向形参提供初值。C++允许指定参数的默认值。当函数调用中省略默认参数时，默认值自动传递给被调用函数。

调用带参数默认值的函数时，如果显式地指定实参值，则不使用函数参数的默认值。

【例 3-8】定义并调用函数，求两坐标点之间的距离。如果省略一个坐标点，则表示求另一个坐标点到原点的距离；如果省略一个坐标点的一个参数，则表示纵坐标 y 的值等于 0。

```cpp
#include<iostream>
using namespace std;
//函数原型指定默认参数值
double dist(double, double, double =0, double =0);
int main()
{   double x1, y1, x2, y2;
    cout << "Enter point (x1, y1) : ";
    cin >> x1 >> y1;
    cout << "Enter point (x2, y2) : ";
    cin >> x2 >> y2;
    cout << "The distance of (" << x1 << ", " <<y1<< ") to (" << x2 << ", " << y2 << ") : "
        << dist(x1, y1, x2, y2) << endl;          //使用指定参数值
    cout << "The distance of (" << x1 << ", " << y1<< ") to (" << 0 << ", " << 0 << ") : "
        << dist(x1, y1) << endl;                 //使用默认参数值，x2、y2 为 0
    cout << "The distance of (" << x1 << ", " << y1<< ") to (" << x2 << ", " << 0 << ") : "
        << dist(x1, y1, x2) << endl;             //使用默认参数值，y2 为 0
}
double dist(double x1, double y1, double x2, double y2)
{   return sqrt(pow(x1-x2, 2) + pow(y1-y2, 2));   }
```

程序运行结果：

```
Enter point (x1, y1) : 3    4
Enter point (x2, y2) : 5    7
The distance of (3，4) to (5, 7) : 3.60555
The distance of (3，4) to (0, 0) : 5
The distance of (3，4) to (5, 0) : 4.47214
```

在这个程序中，函数 dist 定义了 4 个形参，其中设置了两个默认值。在 main 函数中，三次调用函数 dist，每次调用的实参的个数都不一样。第一次调用时，全部实参不采用默认值。第二次调用时，实参采用两个默认值。第三次调用时，实参采用一个默认值。dist 函数至少需要两个实参。

有关默认参数的说明如下。

① C++规定，函数的形参说明中设置一个或多个实参的默认值，默认参数必须是函数参数表中最右边（尾部）的参数。调用具有多个默认参数的函数时，如果省略的参数不是参数表中最右边的参数，则该参数右边的所有参数也应该省略。

② 默认参数应该在函数名第一次出现时指定，通常在函数原型中。若已在函数原型中指定默认参数，则函数定义时不能重复给出。

③ 默认值可以是常量、全局变量或函数调用，但不能是局部变量。

④ 默认参数可以用于内联函数（参见 3.5 节）。

3.2.2　指针参数

函数定义中的形参被说明为指针类型时,称为指针参数。形参指针对应的实参是地址表达式。调用函数时,实参把对象的地址赋给形参名标识的指针变量,被调用函数可以在函数体内通过形参指针来间接访问实参地址所指的对象。这种参数传递方式称为指针传递或地址调用。

【例3-9】通过函数及其指针参数来实现两个整型变量之间的值交换。

```cpp
#include<iostream>
using namespace std;
void swap(int *, int *);
int main()
{   int a = 3, b = 8;
    cout << "before swapping…\n";
    cout << "a = " << a << ", b = " << b << endl;
    swap(&a, &b);                    //实参是整型变量的地址
    cout << "after swapping…\n";
    cout << "a = " << a << ", b = " << b << endl;
}
void swap(int *x, int *y)            //形参是整型指针
{   int temp = *x;
    *x = *y;
    *y = temp;
}
```

程序运行结果:

```
before swapping…
a = 3, b = 8
after swapping…
a = 8, b = 3
```

main 函数执行函数调用语句:

```
swap(&a, &b);
```

时,把变量 a 和 b 的地址分别传送给形参指针变量 x 和 y,令 x 指向 a,y 指向 b。执行函数体时,*x 和*y 通过间址访问对变量 a 和 b 进行操作,交换 a 和 b 的值。指针传递过程如图 3-3 所示。

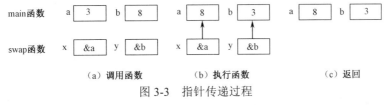

图 3-3　指针传递过程

从上述讨论可知,形参指针可以通过获取对象地址来访问实参地址所指的对象。指针参数的本质也是传值参数。对于一般传值参数,实参向形参传送的是数据表达式。而指针参数对应的实参是地址表达式,如果这个表达式是一个实际对象的地址,则形参接收这个地址后,可以间接访问这个地址所指的对象。

为了避免被调用函数对实参所指对象的修改,可以用关键字 const 约束形参指针的访问特性。

【例3-10】使用 const 限定指针,保护实参对象。

```cpp
#include<iostream>
using namespace std;
int func(const int * const p)
{   int a = 10;
    a += *p;
```

```
//*p = a;          //错误，不能修改 const 对象
//p = &a;          //错误
    return a;
}
int main()
{   int x = 10;
    cout << func(&x) << endl;
}
```

程序运行结果：

20

实参表达式是变量 x 的地址，形参 p 被定义为指向常量的常指针。调用函数时，用实参地址进行初始化后，函数体对 p 和*p 的访问都被约束为只读，从而保护了实参 x 不能通过 p 进行修改。

可以不约束 p 的访问：

```
    int func(const int * p);
```

使在函数体内对 p 的修改变为合法：

```
    p = &a;          //合法
```

但这样一来，形参指针 p 就与实参所指对象失去关联了。

当将常对象的地址传递给形参指针时，形参必须用 const 约束。

【例 3-11】传递常对象地址。

```
#include<iostream>
using namespace std;
int func (const int * p)
{   int a = 10;
    a += *p;
    return a;
}
int main()
{   const int M = 10;
    cout << func(&M) << endl;
}
```

main 函数中，M 是一个标识常量，其地址作为实参传递给形参指针 p。p 的间址访问被约束，函数不能通过*p 修改 M。在这个程序中，func 确实没有修改*p，但是，不能因此而不对 p 加以约束。例如，func 的函数原型改为：

```
    int func (int * p);          //参数 p 没有约束
```

编译器仅从函数原型分析，认为该函数有可能修改常实参 M，从而报告错误。

3.2.3 引用参数

如果 C++函数的形参被定义为引用类型，则称为引用参数。引用参数对应的实参应该是对象名。函数被调用时，形参不需要开辟新的存储空间，形参名作为引用（别名）绑定于实参标识的对象上。执行函数体时，对形参的操作就是对实参对象的操作，直到函数执行结束，撤销引用绑定。

【例 3-12】通过函数及其引用参数来实现两个整型变量的值交换。

```
#include<iostream>
using namespace std;
void swap(int&, int&);
int main()
{   int a = 3, b = 8;
```

```
        cout << "before swapping…\n";
        cout << "a = " << a << ", b = " << b << endl;
        swap(a, b);                    //实参是整型变量
        cout << "after swapping…\n";
        cout << "a = " << a << ", b = " << b << endl;
    }
    void swap(int &x, int &y)          //形参是整型引用
    {   int temp = x;
        x = y;
        y = temp;
    }
```

调用函数 swap 后，形参 x 和 y 分别是实参 a 和 b 的引用，函数体内对 x 和 y 的操作实际上是对 a 和 b 的操作。

请注意，若把例 3-9 的 swap 函数改为：

```
    void swap(int x, int y)            //传值参数
    {   int temp = x;
        x = y;
        y = temp;
    }
```

则 main 函数对其调用方式不变，程序运行结果不会交换 a 和 b 的值。因为形参 x 和 y 只在调用时接收 a 和 b 的值作为初值，函数体内的操作与 a 和 b 无关。调用语句：

```
        swap(a, b);
```

对于传值参数，实参 a 和 b 是右值表达式。而当该调用对应引用参数时，a 和 b 作为标识名将与形参名绑定。

引用参数和指针参数都不需要像传值参数那样产生实参对象数据的副本，并且，引用参数不像指针参数那样通过间址访问实参对象，特别适用于大对象参数的高效操作。

和指针参数的情形一样，为了避免被调用函数对实参对象产生不必要的修改，可以使用 const 限定引用。

【例 3-13】使用 const 引用参数。

```
    #include<iostream>
    using namespace std;
    void display(const int & rk)      //定义 const 引用参数
    {   cout << rk << " :\n" << "dec : " << rk << endl << "oct : " << oct << rk << endl
            << "hex : " << hex << rk << endl;
    }
    int main()
    {   int m=2618;
        display(m);                    //实参是变量
        display(4589);                 //实参是常数
    }
```

程序运行结果：

```
    2618 :
    dec : 2618
    oct : 5072
    hex : a3a
    4589 :
    dec : 4589
    oct : 10755
    hex : 11ed
```

注意，在本例 main 函数中第 2 次调用 display 函数时，用常数 4589 作为实参。C++规定，函数的 const 引用参数允许对应的实参为常数或者表达式。调用函数进行参数传递时将产生一个匿名对象保存实参的值。形参标识名作为这个匿名对象的引用，对匿名对象进行操作。匿名对象在被调用函数运行结束后撤销。这种 const 引用参数的使用效果与传值参数情况类似。

【例 3-14】const 引用参数的匿名对象测试。

```
#include<iostream>
using namespace std;
void anonym (const int & ref)
{   cout << "The address of ref is : " << &ref << endl;
    return;
}
int main()
{   int val = 10;
    cout << "The address of val is : " << &val << endl;
    anonym(val);
    anonym(val + 5);
}
```

程序运行结果：

```
The address of val is : 0012FF804
The address of ref is : 0012FF804
The address of ref is : 0012FE738
```

main 函数第 1 次调用 anonym 函数时，实参是变量名。形参 ref 与实参 val 绑定。在程序输出的第 1 行和第 2 行，实参和形参的地址相同，说明引用参数与实参对象都是同一个存储单元，引用参数以别名方式在实参对象上进行操作。无论形参是否被约束，情形都一样。

第 2 次调用 anonym 函数时，实参是表达式。C++为 const 引用建立匿名对象用于存放 val+5 的值。第 3 行输出是匿名对象的地址。只有 const 引用对应的实参可以是常量或表达式，非约束的引用参数对应的实参必须是对象名。

3.2.4　函数的返回类型

C++函数可以通过指针参数或引用参数修改实参，从而获取函数的运行结果。return 语句也可以返回表达式的执行结果。return 语句的一般形式为：

return(表达式);

其中，圆括号可以省略。"表达式"的类型必须与函数原型定义的返回类型相对应，可以为数值型和字符型，也可以为指针和引用。

当函数定义为 void 类型时，return 语句不带返回"表达式"，或者不使用 return 语句。

一个函数体内可以有多个 return 语句，但只会执行其中一个。return 语句的作用是，把"表达式"的值通过匿名对象返回调用点，并中断函数执行。

1．返回基本类型

如果函数定义的返回类型为基本数据类型，则执行 return 语句时，首先计算表达式的值，然后把该值赋给 C++定义的匿名对象。匿名对象的类型是函数定义的返回类型。通过这个匿名对象，把数值带回函数的调用点，继续执行后续代码。

例如，有函数原型：　　　　int function();

函数体若有：　　　　　　　　return x;

则执行该语句时，把 x 的值赋给 int 型的匿名对象，返回到函数调用点。

又如，若有：　　　　　　　　return a+b+c;

则首先对表达式求值，然后对 int 型的匿名对象赋值，返回到函数调用点。

对匿名对象赋值时，如果表达式的值的类型与函数定义的返回类型不相同，将强制转换成函数的返回类型。

2．返回指针类型

函数被调用之后可以返回一个对象的指针值（地址表达式）。返回指针类型值的函数称为指针函数。指针函数的函数原型一般为：

　　　　类型 * 函数名 (形参表);

函数体中用 return 语句返回对象的指针。

【例 3-15】定义一个函数，返回较大值变量的指针。

```
#include<iostream>
using namespace std;
int * maxPoint(int * x, int * y)      //函数返回整型指针
{   if (*x > *y)   return x;
    return y;
}
int main()
{   int a, b;
    cout << "Input a, b : ";
    cin >> a >> b;
    cout << * maxPoint(&a, &b) <<endl;
}
```

调用 maxPoint 函数后，两个形参指针分别指向 main 函数的变量 a 和 b，即 x 的值是实参 a 的地址，y 的值是实参 b 的地址。在 maxPoint 函数中，*x 和*y 间址访问 a 和 b，函数通过匿名对象返回它们之中较大者的指针。匿名对象的类型就是函数的返回类型 int*，接收 return 语句的地址表达式的值。

main 函数在输出语句中调用 maxPoint 函数。函数返回指针（地址），然后用指针运算符访问所指对象，输出 a 和 b 之中的大值。

为了约束对实参的访问，maxPoint 函数还可以写为：

```
const int * maxPoint(const int * x, const int * y)
{   if (*x > *y)   return x;
    return y;
}
```

maxPoint 返回对象的指针，不需要复制产生实际返回对象的值。如果函数需要对大对象进行操作，使用指针函数显然可以节省匿名对象造成的时空消耗。

注意，指针函数不能返回局部变量的指针。例如，以下函数定义是错误的：

```
int * f()
{   int temp;
    //…
    return &temp;
}
```

temp 是在函数 f 运行时建立的临时对象，f 运行结束，系统释放 temp，因此，函数返回局部变量的地址是不合理的。

3．返回引用类型

C++函数返回对象引用时，不产生实际返回对象的副本，返回时的匿名对象是实际返回对象的引用。返回引用比返回指针更直接，可读性更好。

【例 3-16】定义一个函数，返回较大值变量的引用。

```
#include<iostream>
using namespace std;
int & maxRef(int & x, int & y)          //函数返回整型引用
{   if (x > y)   return x;
    return y;
}
int main()
{   int a, b;
    cout << "Input a, b : ";
    cin >> a >> b;
    cout << maxRef(a, b) <<endl;
}
```

程序运行结果：
```
Input a, b :  3   9
9
```

从函数参数传递的规律可知，一旦调用 maxRef 函数，形参 x 和 y 就分别成为实参 a 和 b 的引用。函数体的 if 语句把 x 和 y（a 和 b）之中大值的对象通过 return 返回。因为 maxRef 函数返回类型是整型引用，所以，C++无须建立返回用的匿名对象，函数调用的返回就是对象的引用。在上述运行示例中，函数返回变量名 y，而 y 是 b 的引用，所以，在 main 函数中的调用返回的是 b 的引用。变量名在输出流中作为右值表达式，输出 b 的值为 9。

函数返回引用需要依托于一个对象。显然，被依托的返回对象不能是函数体内说明的局部变量。其原因与返回指针的函数一样，被调用函数内定义的局部变量是临时对象，函数返回时将被释放。例如，以下函数定义是错误的：
```
    int & r()
{   int temp;
    //…
    return temp;
}
```
返回对象可以是非局部对象或静态对象。

函数返回引用，使得函数调用本身是对象的引用，就像返回对象的标识别名一样。所以，返回引用的函数调用可以作为左值。

【例 3-17】输入一系列正整数和负整数，以 0 结束，统计其中正整数和负整数的个数。
```
    #include<iostream>
    using namespace std;
    int &count(int);
    int a, b;
    int main()
{   int x;
    cout << "Input numbers, the 0 is end : \n";
    cin >> x;
    while (x)
    {   count(x) ++;    //根据返回不同变量引用进行++运算
        cin >> x;
    }
    cout << "the number of right: " << a << endl;
    cout << "the number of negative: " << b << endl;
 }
    int & count(int n)
{   if (n > 0)   return a;
```

```
        return b;
    }
```
运行程序，输入数据，输出结果为：

```
Input numbers, the 0 is end :
-2 5 8 -9 20 0
the number of right:3
the number of negative:2
```

函数 count 返回全局变量 a 或 b 的引用。当参数 n 的值大于 0 时，函数返回变量 a 的引用，main 函数中的调用：

count(x)++

相当于：a ++

而当参数 n 的值小于 0 时，函数返回变量 b 的引用，main 函数中的调用：

count(x)++

相当于：b ++

当然，这个程序的可读性并不好，这里仅作为一个简单的示例。事实上，返回对象引用的函数调用可以作为左值，这一点很有意义。我们将在第 7 章中看到，正是因为 C++允许函数返回对象引用，使得在调用运算符重载函数时，可以实现运算符的连续操作。

3.3 函数调用机制

一个 C++程序是由若干个函数构成的。每个函数都是独立定义的模块。函数之间可以互相调用。函数调用关系如图 3-4 所示，图中箭头表示在函数体内出现对另一个函数的调用。

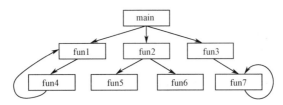

图 3-4 函数调用关系

main 函数可以调用各个自定义函数和库函数，各个自定义函数可以互相调用。每个应用程序只有一个 main 函数，由系统启动。函数之间可以互相调用，也可以嵌套调用。例如，在图 3-4 中，main 函数调用 fun2 函数，在 fun2 函数体中又调用 fun5 函数，这种方式称为嵌套调用。函数可以自身调用，称为递归调用。图 3-4 中，在 fun7 函数体内出现自身调用，称为直接递归。fun4 函数中调用 fun1 函数，而 fun1 函数中又调用了 fun4 函数，称为间接递归。

函数之所以能够正确地实现调用，是由于系统设置一个先进后出堆栈进行调用信息的管理。执行代码出现函数调用时，系统首先把调用现场各种参数、返回后要继续执行的代码地址压入堆栈；然后传递参数，把控制权交给被调函数；被调函数执行结束后，堆栈弹出现场参数，控制权交还调用函数继续执行。

3.3.1 嵌套调用

函数嵌套调用的代码结构如图 3-5 所示。

图 3-5 表示，在 main 函数中调用 fa 函数，在 fa 函数中调用 fb 函数，在 fb 函数中调用 fc 函数。main 函数由操作系统调用，首先把操作系统的运行状态、返回地址及 main 函数的参数压入堆栈；在 main 函数中，调用 fa 函数，把 main 函数的运行状态、返回地址及 fa 函数的参数压入

堆栈……一直到 fc 函数执行结束，堆栈弹出栈顶的第一层信息，接收 fc 函数的执行结果，恢复 fb 函数的执行现场，继续执行 fb 函数的后续代码；当 fb 函数执行结束后，堆栈又弹出顶层信息，接收 fb 函数的执行结果，恢复 fa 函数的执行现场，继续执行 fa 函数的后续代码；一直到堆栈弹空，程序执行结束。

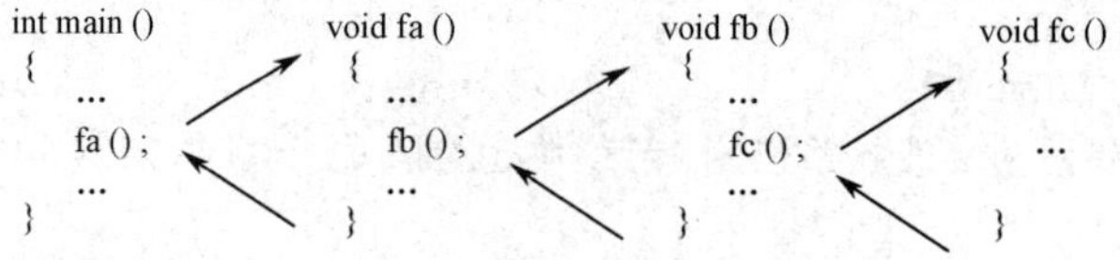

```
int main ()          void fa ()          void fb ()          void fc ()
{                    {                   {                   {
   ...                  ...                 ...                 ...
   fa ();               fb ();              fc ();
   ...                  ...                 ...                 ...
}                    }                   }                   }
```

图 3-5 函数嵌套调用的代码结构

函数调用信息管理堆栈如图 3-6 所示。

【例 3-18】已知：

$$g(x,y) = \begin{cases} \dfrac{f(x+y)}{f(x)+f(y)} & x \leqslant y \\[3mm] \dfrac{f(x-y)}{f(x)+f(y)} & x > y \end{cases}$$

式中，$f(t) = \dfrac{1+\mathrm{e}^{-t}}{1+\mathrm{e}^{t}}$，求 $g(2.5, 3.4)$、$g(1.7, 2.5)$ 和 $g(3.8, 2.9)$ 的值。

程序设计按照功能划分和代码重用的原则，首先定义 f 函数，通过 g 函数调用 f 函数，实现函数的完整功能。main 函数向 g 函数传递实参的数据，完成计算。

```cpp
#include<iostream>
using namespace std;
double f(double);
double g(double, double);
int main()
{   cout << "g(2.5, 3.4) = " << g(2.5, 3.4) << endl;
    cout << "g(1.7, 2.5) = " << g(1.7, 2.5) << endl;
    cout << "g(3.8, 2.9) = " << g(3.8, 2.9) << endl;
}
double g(double x, double y)
{   if (x <= y)   return f(x+y) / (f(x) + f(y));
    else    return   f(x-y) / (f(x) + f(y));
}
double f(double t)
{   return (1 + exp(-t)) / (1 + exp(t));    }
```

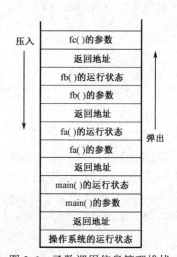

图 3-6 函数调用信息管理堆栈

程序运行结果：

```
g(2.5, 3.4) = 0.0237267
g(1.7, 2.5) = 0.0566366
g(3.8, 2.9) = 5.25325
```

3.3.2 递归调用

递归是推理和问题求解的一种强有力方法，原因在于，许多对象，特别是数学研究对象，具有递归的结构。简单地说，如果通过一个对象自身的结构来描述或部分描述该对象，就称为递归。

递归定义使人们能够用有限的语句描述一个无穷的集合。C++语言允许一个函数体中出现调用自身的语句，称为直接递归调用。也允许被调用的另一个函数又反过来调用原函数，称为间接递归调用。这种功能为递归结构问题提供了求解的实现手段，使程序语言的描述与问题的自然描述完全一致，因而使程序易于理解、易于维护。

下面通过一个简单的例子说明递归函数的构成规律和执行过程。

【例 3-19】 使用递归函数编程序求 $n!$。

根据数学知识，非负整数 n 的阶乘为：

$$n! = n \times (n-1) \times (n-2) \times \cdots \times 1$$

其中，$0! = 1$。

当 $n \geq 0$ 时，阶乘可以用循环迭代（非递归）计算：

```
fact = 1;
for (int k = n; k >= 1; k--)
    fact *= k;
```

也可以用另一种递归形式定义阶乘：

$$n! = \begin{cases} 1 & n = 0 \\ n \times (n-1)! & n > 0 \end{cases}$$

阶乘的递归定义把问题分解为两部分：一部分使用已知的参数 n 作为乘数，另一部分使用原来的阶乘定义作为乘数。不过，乘数 $(n-1)!$ 的问题规模缩小了。

由定义有：$(n-1)! = (n-1) \times (n-2)!$，问题规模进一步缩小，从而产生越来越小的问题，最后归结到基本情况：$0!=1$。C++函数调用能够识别并处理这种基本情况，向前一个调用函数返回结果，并回溯一系列中间结果，直到把最终结果返回给调用函数。

以下程序在 main 函数中调用求阶乘的递归函数。

```cpp
#include<iostream>
using namespace std;
long fact(int n)
{   if(n==0)   return 1;               //递归终止情况
    else   return n * fact(n-1);       //递归调用
}
int main()
{   int n;
    cout << "Enter n (>=0) : ";
    cin >> n;
    cout << n << "! = " << fact(n) << endl;
}
```

递归函数执行由递推和回归两个过程完成。假如执行 main 函数时，输入 n 的值为 3，则 fact(3) 的函数调用递推和回归过程如图 3-7 所示。

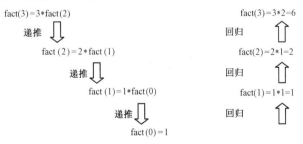

图 3-7　fact(3)的函数调用递推和回归过程

递归调用之所以能够实现，关键是系统使用堆栈来保存函数调用中的传值参数、局部变量和函数调用后的返回地址。函数自身调用进行递推：系统把有关参数和地址压入堆栈，一直递推到满足终止条件，找到问题的最基本模式为止。然后进行回归：系统从堆栈中逐层弹出有关参数和地址，执行地址所指向的代码，一直到栈空为止，得到问题的解。

递归调用与一般函数调用，堆栈管理的操作过程是一致的。不同的是，函数的自身调用就像是产生多个正在运行（等待结束）的相同函数副本。用递归函数实现的算法，程序必须正确地终止并产生回归。

构成递归函数有两个基本要素：

● 描述问题规模逐步缩小的递归算法；

● 描述基本情况的递归终止条件。

在 fact 函数中，递归调用的语句为：

```
t = n * fact(n-1);
```

由调用参数 n-1，使问题规模逐步缩小，直至到达递归调用终止条件：

```
n==0
```

返回基本情况值 1。

在程序中，递归算法和递归条件通常用条件语句表达。递归调用可以出现在执行语句中，也可以出现在判断表达式中。

【例 3-20】 求正整数 a 和 b 的最大公约数。

a 和 b 的最大公约数，就是能同时整除 a 和 b 的最大整数。从数学上可知，求 a 和 b 的最大公约数等价于求 b 与 a 除以 b 所得余数（$a \% b$）的最大公约数。具体的算法可以用递归公式表示为：

$$a \text{ 和 } b \text{ 的最大公约数} = \begin{cases} a & b=0 \\ b \text{ 与（} a \% b \text{）的最大公约数} & b>0 \end{cases}$$

例如，按上述递归公式求 a=24 与 b=16 的最大公约数的过程为：

因为 b=24＞0，

所以求 a=24 与 b=16 的最大公约数转换为求 a=16 与 b=(24 % 16)=8 的最大公约数；

因为 b=8＞0，

所以求 a=16 与 b= 8 的最大公约数转换为求 a=8 与 b=(16 % 8)=0 的最大公约数；

因为 b=0，

所以 a=8 与 b=0 的最大公约数为 8，即 24 和 16 的最大公约数是 8。

按上述递归公式编写程序如下：

```cpp
#include<iostream>
using namespace std;
int gcd(int, int);
int main()
{   int a, b;
    cout << "input a (>=0) : ";
    cin >> a;
    cout << "input b (>=0) : ";
    cin >> b;
    cout << "gcd (" << a << ", " << b << ") = " << gcd(a, b) << endl;
}
int gcd(int a, int b)
{   int g;
    if(b==0)   g = a;
    else   g = gcd(b, a%b);
    return g;
}
```

【例 3-21】Fibonacci 数列。

Fibonacci 数列的第 1 项为 0，第 2 项为 1，后续的每项是前面两项的和。该数列两项的比例趋于一个常量：1.618…，称为黄金分割。Fibonacci 数列形如：

0, 1, 1, 2, 3, 5, 8, 13, 21, 34, 55…

Fibonacci 数列可以用递归定义：

Fibonacci(0) = 0
Fibonacci(1) = 1
Fibonacci(n) = Fibonacci(n-1) + Fibonacci(n-2)

根据递归定义，可以直接写出求 Fibonacci 数列第 n 项的函数：

```
#include<iostream>
using namespace std;
long fibonacci(long);
int main()
{   long value, n;
    cout << "Enter an integer : ";
    cin >> n;
    value = fibonacci(n);
    cout << "Fibonacci(" << n << ") = " << value << endl;
}
long fibonacci(long n)
{   if (n==0 || n == 1)    return n;
    else     return fibonacci(n-1) + fibonacci(n-2);
}
```

在 main 函数中调用 fibonacci 函数不是递归调用，但后续所有调用 fibonacci 函数都是递归的。每次调用 fibonacci 函数时，立即测试递归条件（n 等于 0 或等于 1）。如果是基本情况，则返回 n。如果 n>1，则递归步骤产生两个递归调用，分别解决原先调用 fibonacci 问题的一个简化问题。如图 3-8 所示为用 fibonacci 函数求 fibonacci(3)的值的递归调用过程，图中将 fibonacci 缩写为 fib。

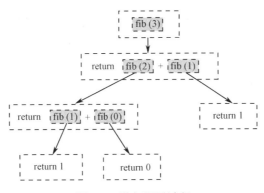

图 3-8 递归调用过程

前面几个例子，都可以用迭代方式来改写函数。但有一些算法只能用递归方式描述，不能简单地改写成迭代方式。函数的递归调用为这类问题提供了代码的简捷设计方式。汉诺塔问题就是一个递归算法的经典问题。

【例 3-22】汉诺塔问题。

传说印度的主神梵天在一个黄铜板上插了 3 根宝石针，并在其中一根针上从上到下按从小到大的顺序串上了 64 个金片。梵天要求僧侣们把金片全部移动到另一根针上去，规定每次只能移动一个金片，且不许将大金片压在小金片上。移动时可以借助第三根针暂时存放金片。梵天说，当这 64 个金片全部移至另一根针上时，世界就会在一声霹雳之中毁灭。这就是汉诺塔。如图 3-9 所示为 8 个金片的汉诺塔示意。

如何让计算机模拟这个游戏呢？为了便于说明，下面用精确的语言加以表述。我们称移动 n 个金片的问题为 n 阶汉诺塔问题。以 A、B、C 代表 3 根宝石针，把金片从小到大按顺序编号为 1～n，并引入记号：

      Move(n,A,B,C)

表示 n 个金片从 A 移到 C，以 B 为过渡。

注意，要把 n 个金片从 A 移到 C，必须把最大的金片 n 从 A 移到 C。为此，首先要把金片 1～n-1 移到 B。

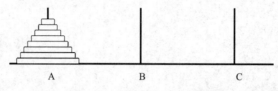

图 3-9　8 个金片的汉诺塔示意

金片 n 移到 C 后就不必再移动了。显然，一阶汉诺塔问题可以表述为：

      Move(1,A,B,C)

即把一个金片直接从 A 移到 C，这是一个可以直接解决的问题，可以表述为：

      A→C

剩下的问题是把 n-1 个金片从 B 移到 C（以 A 为过渡）。

于是，求解 n 阶汉诺塔问题变成了求解两个 n-1 阶汉诺塔问题，问题降了一阶。

由此可以看到，这是一个典型的递归问题。为了解决 n 阶汉诺塔问题 Move(n,A,B,C)，问题可表述为：

      Move(n-1, A, C, B);
      A →C;   //Move(1，A, B, C)
      Move(n-1, B, A, C);

递归终止条件为 n=1。遵循降阶的步骤，经过有限步后必定能达到 n=1。这样就可以使用递归函数来求解此问题了。

```cpp
#include<iostream>
using namespace std;
void Move (int n, char a,   char b,   char c)
{   if(n==1)                              //只有一个金片
        cout << a << " --> " << c << endl;
    else                                  //否则
        {   Move(n-1, a, c, b);           //把 n-1 个金片从 a 移到 b，以 c 为过渡
            cout << a << " --> " << c << endl;    //从 a 移一个金片到 c
            Move(n-1,   b,   a,   c);     //把 n-1 个金片从 b 移到 c，以 a 为过渡
        }
}
int main()
{   int   m;
    cout << "Input the number of disks: " << endl;
    cin >> m;
    Move(m, 'A', 'B', 'C');
}
```

【例 3-23】在 Visual C++中，允许递归调用主函数。当执行例 3-19 的程序时，输入一个正整

数，计算得到这个数的阶乘结果后，程序就结束了。若要输入其他数据并计算阶乘值就必须重新启动程序。我们可以在 main 函数中增加一个递归调用语句，使程序自动重复执行，直至手工关闭窗口，由操作系统终止这个 C++应用程序。

```cpp
#include<iostream>
using namespace std;
long fact(int n)
{
    if (n == 0)   return 1;
    else   return n * fact(n - 1);
}
int main()
{
    int n;
    cout << "Enter n (>=0) : ";
    cin >> n;
    cout << n << "! = " << fact(n) << endl;
    main();              //递归调用 main 函数
}
```

此程序也可以用循环语句代替 main 函数递归，能达到相同的运行效果。请读者试一试。

3.4   函数地址与函数指针

函数、应用程序是编译器处理的对象。每个函数体中的语句序列经过编译之后，生成的都是二进制代码。这些代码要调入内存才能够运行。每条指令、每个函数都有一个首地址。函数的首地址称为函数的入口地址，或函数指针。

一个已经定义的函数，它的名字就是函数的入口地址。我们已经熟悉了用名字调用函数的方式，本节将更深入地讨论有关调用函数的问题。

3.4.1   函数地址

为了弄清楚函数地址的表示，下面考察一个简单的程序。

【例 3-24】用不同方式调用函数。

```cpp
#include<iostream>
using namespace std;
void simple()
{   cout << "It is a simple program.\n";   }
int main()
{   cout << "Call function…\n";
    simple();                     //名方式调用
    (& simple)();                 //地址方式调用
    (* & simple)();               //间址调用
    cout << "Address of function :\n";
    cout << simple << endl;       //函数名是地址
    cout << & simple << endl;     //取函数地址
    cout << *&simple << endl;     //函数地址所指对象
}
```

程序运行结果：

```
Call function…
It is a simple program.
It is a simple program.
```

It is a simple program.
Address of function :
0040104B
0040104B
0040104B

下面分析上述例程。

① 函数名、函数地址都是函数的入口地址。对于：

simple
&simple
*&simple

它们在形式上看起来很不相同，但实际上，在 C++中，它们都是 simple 函数在内存中的入口地址，称为函数地址。

但是，对于一个数据对象：

double x = 1.414;

如果有输出语句：cout << &x << x;

其中，第一个输出项&x 是地址表达式，将显示变量 x 在内存中的地址；第二个输出项 x 是对变量的名访问，将显示 x 的值 1.414。

程序设计语言对数据对象的地址和名加以区别。采用名访问数据对象时，编译器能够根据数据的类型解释存储单元的值。"函数"这种代码对象和普通数据对象性质不同。对函数的访问（调用）一旦找到入口地址，将按照指令的规则执行。编译器调用函数不需要区分地址和名。对于一个已经定义的函数，函数名、函数地址（指针）、函数指针所指对象都是同一样东西，表示函数的入口地址。

② 函数调用指令要做的事情是：找到函数入口地址，传递参数。因此，调用函数的语句（或表达式）由两部分组成：

函数地址 (实参表)

其中，"函数地址"实质上是一个地址表达式，可以是函数名，或者是能够表示函数入口地址的式子。以下调用都可以达到相同的效果：

simple()
(& simple)()
(* & simple)()

注意，在后两种调用方式中，第一个括号不能省略，因为地址表达式的计算要优先于参数结合。

3.4.2　函数指针

函数定义后，函数名表示函数代码在内存中的直接地址。可以用一个指针变量获取函数的地址，通过指针变量的间址方式调用函数。指向函数的指针变量简称为函数指针。

1. 函数的类型

要定义函数指针，首先要明确什么是函数的类型。

函数的类型（注意，不是函数的返回值类型）是指函数的接口，包括函数的参数定义和返回类型。例如，以下是类型相同的函数：

double max(double, double);
double min(double, double);
double average(double, double);

这些函数都有两个 double 型参数，返回值为 double 型，它们的类型（接口）为：

double (double, double)

一般地，表示函数类型的形式为：

类型 (形参表)

函数类型的表示比较烦琐。C++中，关键字 typedef 用一个标识符命名类型。函数类型名定义的一般形式为：

typedef 类型　函数类型名 (形参表);

其中，"函数类型名"是用户定义标识符。例如：

typedef double functionType (double, double);

函数类型名 functionType 定义了一类接口相同的函数的抽象，即抽象了两个 double 参数，返回 double 型的相同类型的函数。此时：

functionType max, min, average;

等价于前面的三个函数原型声明。

typedef 也可以用于定义标准类型的别名。例如：

typedef int integer;

这时，integer 就是标准类型 int 的别名，因此：

integer a, b;

等价于：int a, b;

2．函数指针

要定义指向某一类函数的指针变量，可以用以下两种说明语句：

类型(* 指针变量名) (形参表);

或　　　**函数类型　* 指针变量名;**

在第一种说明语句中，因为"()"的优先级比"*"高，所以"(*指针变量名)"中的圆括号不能省略；否则，就会变成一个返回指针值的函数原型。例如：

double * f (double, double);

是函数原型声明，f 是函数名，具有两个 double 参数，返回 double 类型指针。

对于上述已经定义的 functionType，如果要定义指向这一类函数的指针变量，可以用说明语句：

double (*fp)(double, double);

或　　　functionType　* fp;

有了函数类型定义，便可以同时定义多个类型相同的函数指针：

functionType　*fp1, *fp2;

还可以用关键字 typedef 定义指针类型。函数指针类型定义的一般形式为：

typedef 类型(* 指针类型) (形参表);

或　　　**typedef 函数类型　* 指针类型;**

其中，"指针类型"是用户定义的类型名。例如：

typedef double (*pType)(double,double);

或　　　typedef functionType * pType;

定义了一个函数指针类型 pType。

又如：　　pType pf1, pf2;

定义了两个 pType 类型的指针变量 pf1 和 pf2，分别指向不同的函数：

pf1 = max;　　　　　　　//pf1 指向函数 max
pf2 = min;　　　　　　　//pf2 指向函数 min

3．用函数指针调用函数

一个已经定义的函数指针，赋给函数地址后就可以调用函数了。使用函数指针调用函数的一般形式为：

(* 指针变量名) (实参表)

或　　　**指针变量名 (实参表)**

例如，向 fp 赋予不同函数的地址，通过 fp 调用不同函数：

```
fp = max;                   //获取 max 函数地址
x = fp(0.5, 3.92);          //相当于 x=max(0.5,3.92);
fp = min;                   //获取 min 函数地址
x = fp(0.5, 3.92);          //相当于 x=min(0.5,3.92);
fp = average;               //获取 average 函数地址
x = fp(0.5, 3.92);          //相当于 x=average(0.5,3.92);
```

从函数调用性质可知：(*fp) (0.5, 3.92)与 fp(0.5, 3.92)是等价的调用方式。

但是(&fp) (0.5, 3.92)是错误的。fp 是指针变量，它的地址不是函数的地址，它的值才是函数的地址。

【例 3-25】用函数指针调用不同函数。

程序定义了 4 个接口相同的函数，分别是：计算圆周长的 circlePerimeter 函数、计算圆面积的 circleArea 函数、计算球面积的 ballArea 函数和计算球体积的 ballVolume 函数，它们都有一个 double 参数，返回类型为 double 型。随着代码执行，函数指针 pf 指向不同函数，实现不同的计算。

```
#include<iostream>
using namespace std;
const double PI = 3.14159;
double circlePerimeter(double radius)
{   return 2 * PI * radius;   }
double circleArea(double radius)
{   return PI * radius * radius;   }
double ballArea(double radius)
{   return 4 * PI * radius * radius;   }
double ballVolume(double radius)
{   return 4.0 / 3 * PI * pow(radius, 3);   }
int main()
{   double (*pf)(double);              //定义函数指针
    double r, cP, cA, bA, bV;
    cout << "enter the radius of a circle : ";
    cin >> r;
    pf = circlePerimeter;             //获取函数地址
    cP = pf(r);                       //等价于 circlePerimeter(r)
    pf = circleArea;                  //获取函数地址
    cA = pf(r);                       //等价于 circleArea(r)
    cout << "the perimeter of circle is : "<< cP << endl;
    cout << "the area of circle is : "<< cA << endl;
    cout << "enter the radius of a ball : ";
    cin >> r;
    pf = ballArea;                    //获取函数地址
    bA = pf(r);                       //等价于 ballArea(r)
    pf = ballVolume;                  //获取函数地址
    bV = pf(r);                       //等价于 ballVolume(r)
    cout << "the area of ball is : "<< bA << endl;
    cout << "the volume of ball is : "<< bV << endl;
}
```

程序运行结果：

```
enter the radius of a circle : 3.5
the perimeter of circle is : 21.9911
the area of circle is : 38.4845
enter the radius of a ball : 4.2
```

the area of ball is : 221.671

the volume of ball is : 310.339

当函数指针作为函数参数时，可以传递函数的地址，通过参数调用不同函数。

【例 3-26】 使用函数指针参数调用函数。本程序与例 3-25 的功能相同。

```cpp
#include<iostream>
using namespace std;
typedef double funType(double);        //定义函数类型
funType circlePerimeter;               //用函数类型名定义函数原型
funType circleArea;
funType ballArea;
funType ballVolume;
double callFun(funType *, double);     //第一个参数是函数指针参数
int main()
{   double r;
    cout << "enter the radius : ";
    cin >> r;
    //用函数地址作为实参调用函数 callFun
    cout << "the perimeter of circle is : " << callFun(circlePerimeter, r)<< endl;
    cout << "the area of circle is : "<< callFun(circleArea, r) << endl;
    cout << "enter the radius of a ball : ";
    cin >> r;
    cout << "the area of ball is : "<< callFun(ballArea, r) << endl;
    cout << "the volume of ball is : "<< callFun(ballVolume, r) << endl;
}
const double PI = 3.14159;
double circlePerimeter(double radius)
{   return PI * radius * radius;   }
double circleArea(double radius)
{   return 2 * PI * radius;   }
double ballArea(double radius)
{   return 4 * PI * radius * radius;   }
double ballVolume(double radius)
{   return 4.0 / 3 * PI * pow(radius, 3);   }
double callFun(funType * qf, double r)
{   return qf(r);   }
```

程序中定义了函数类型 funType，抽象接口为

double (double)

的一类函数。类型名 funType 可以用于说明函数原型：

funType circlePerimeter;

等价于：double circlePerimeter(double);

还可用于 callFun 函数的参数说明：

double callFun(funType * qf, double r)
{   return qf(r);   }

其中，qf 是 funType 类型的指针。main 函数调用 callFun 函数时，用函数名（函数地址）作为实参，传递给形参指针 qf，调用所指的函数：

callFun(circlePerimeter, r)

callFun(circleArea, r)

callFun(ballArea, r)

callFun(ballVolume, r)

上面 4 次调用，实参为不同函数的地址，使得执行 callFun 函数时调用不同的函数。

函数指针不仅可以调用自定义函数，还可以调用库函数。例如，正弦函数和余弦函数原型分别为：

```
double sin(double);
double cos(double);
```

它们是接口一样的同类型函数。以下例子用函数参数调用这两个库函数。

【例 3-27】使用函数名作为函数参数，调用库函数 sin(x) 和 cos(x)，计算指定范围内间隔为 0.1 的函数值之和。

```cpp
#include<iostream>
using namespace std;
typedef double fType (double);              //定义函数类型
double func(fType *f, double l,double u)     //f 是函数指针参数
{   double d,s=0.0;
    for(d = l; d <= u; d += 0.1)
        s += f (d);
    return s;
}
int main()
{   double sum;
    sum = func(sin, 0.0, 1.0);              //库函数 sin 作为实参
    cout << "the sum of sin from 0.0 to 1.0 is: " << sum << endl;
    sum = func(cos, 0.0, 1.0);              //库函数 cos 作为实参
    cout << "the sum of cos from 0.0 to 1.0 is: " << sum << endl;
}
```

程序运行结果为：

```
the sum of sin from 0.0 to 1.0 is: 5.01388
the sum of cos from 0.0 to 1.0 is: 9.17785
```

3.5 内联函数与重载函数

内联函数是 C++语言为降低小程序调用开销而采取的一种机制。

函数重载是指以同一个名字命名多个函数实现版本。重载函数是一种简单的多态形式。

3.5.1 内联函数

函数调用时，需要建立堆栈空间来保存调用时的现场状态和返回地址，并且进行参数传送，产生程序转移。系统完成这些工作都需要时间和空间方面的开销。因此，C++提供内联函数机制，定义一些功能比较简单、代码比较短的函数。编译时，系统把内联函数的函数体嵌入每个函数调用处，节省了程序运行时的调用开销。

定义内联函数的方法是，在函数名第一次出现时，在函数名之前冠以关键字 inline，通常在函数原型中指定。若已在函数原型中指定 inline，则函数定义时不能重复给出。

内联函数原型为：

inline 类型 函数名 (形参表);

内联函数的调用方法与其他普通函数相同。

【例 3-28】从键盘输入一串字符，以回车结束，统计其中数字字符的个数。

```cpp
#include<iostream>
using namespace std;
inline int isnumber(char);
int main()
{   char c;
    int n;
```

```
        n = 0;
        while((c = getchar()) != '\n')
            if(isnumber(c))    n++;
        cout << "n = " << n << endl;
    }
    int isnumber(char ch)
    {   return(ch >= '0' && ch <= '9') ? 1 : 0;    }
```

对内联函数的使用需要说明如下三点。

① 若 inline 不在函数名第一次出现时指定，则编译器把它作为普通函数处理。

例如，若例 3-28 的 isnumber 函数写成：

```
    int isnumber(char);
    //···
    inline int isnumber(char ch)
    {   return(ch >= '0' && ch <= '9') ? 1 : 0;    }
```

则 isnumber 函数是普通函数，编译器不进行嵌入处理。

② 一般内联函数只适用于 1～5 行的小程序。在内联函数中，不能含有复杂的流程控制语句。例如，不能含有多分支语句和循环语句，否则，inline 无效。

③ 递归函数不能说明为内联函数。

3.5.2 重载函数

为函数命名时，程序员总希望"见名知义"。但有时"义"相同的任务处理的数据对象类型、数量不同，实现的代码也有区别。C++语言允许定义多个同名函数，各个函数有不同的参数集，这些函数称为重载函数。编译器根据不同参数的类型和个数产生调用匹配。函数重载常用于生成几个类似任务而处理不同数据个数、类型的同名函数。

【例 3-29】编写重载函数，求两个或三个整数的最大值。

```
    #include<iostream>
    using namespace std;
    int max(int, int);
    int max(int, int, int);
    int main()
    {   cout << max(5, 3) << endl;
        cout << max(4, 8, 3) << endl;
    }
    int max(int a, int b)
    {   return a > b ? a : b;    }
    int max(int a, int b, int c)
    {   int t;
        t = max(a, b);
        return max(t, c);
    }
```

C++编译器只根据函数参数表（参数类型和个数）进行重载版本的调用匹配，函数返回值的内容不起作用。例如：

```
    int average(int, int);
    double average(int, int);
```

这两个不是重载函数，C++编译器认为函数重复说明。

另外，要注意重载函数中使用默认参数时可能产生的二义性。例如，若 max 重载函数定义为：

```
    int max(int, int);
```

```
        int max(int, int, int = 0);
```
则调用：
```
        max(5, 3)
```
无法选择调用版本。

3.6 变量存储特性与标识符作用域

一个被说明的变量，除名字、类型和值的基本特性外，还有其他特性，包括存储、作用域、可见性和连接等特性。

标识符存储特性确定了标识符在内存中的生存时间和连接特性。

标识符作用域是指在程序正文中能够引用这个标识符的那部分区域。

如果一个标识符在作用域的某部分程序正文区域中能够被直接引用，则称标识符在这个区域中可见。

C++的一个应用程序称为一个项目。一个项目可以由多个文件组成。标识符的连接特性决定标识符能否被工程中的其他文件引用。

3.6.1 存储特性

C++有两类存储特性：自动存储和静态存储。

1. 自动存储

自动存储用关键字 auto 和 register 说明。只有变量具有自动存储特性。这种变量在进入说明的语句块时生成，在结束语句块时删除。例如，以下语句显式地说明变量 x 和 y 为自动变量：
```
        auto double x, y;
```
函数的参数和局部变量都是自动存储的。C++默认自动存储变量，所以关键字 auto 很少用。

关键字 register 说明把变量存放在寄存器中。如今，C++的优化编译器能够识别经常使用的变量，决定是否将其存放在寄存器中，而不需要程序员进行 register 说明。

由此可见，自动存储是变量的默认状态。

2. 静态存储

关键字 extern 和 static 说明静态存储变量和函数标识符。全局说明的标识符默认为 extern。

如果这两个关键字用于说明变量，程序在开始执行时就会分配和初始化存储空间；如果用于说明函数，表示从程序执行开始就存在这个函数名。

尽管标识符被说明为静态时，程序一开始执行就存在，但不等于它们在整个程序中可用。用 static 说明的局部变量只能在定义该变量的函数体中使用。与自动变量不同的是，static 变量在第一次使用时进行初始化（默认初始化值为 0）；函数退出时，系统保持其存储空间和数值；下次调用这个函数时，static 变量还是上次退出函数时的值。

【例 3-30】 静态变量与自动变量的测试。
```
        #include<iostream>
        using namespace std;
        int func();
        int main()
        {   cout << func() << endl;
            cout << func() << endl;
        }
        int func()
        {   int a = 0;                //自动变量 a，再次调用时重新分配存储空间
            static int b = 1;         //静态变量 b，再次调用时保留原值
```

```
        a++;
        b++;
        cout << "auto a = " << a << endl;
        cout << "static b = " << b << endl;
        return a + b;
    }
```
程序运行后，输出结果为：
```
auto a = 1
static b = 2
3
auto a = 1
static b = 3
4
```

【例 3-31】测试密码输入。本程序用静态变量记录用户输入密码的次数，若连续三次输入错误，则显示错误信息，并结束程序。

```
#include<iostream>
using namespace std;
int password(const int & key);
int main()
{   //调用函数，测试用户输入密码
    if(password(123456))    cout << "Welcome!" << endl;
    else    cout << "Sorry,you are wrong!" << endl;
}
int password(const int & key)
{   static int n = 0;                    //静态变量
    int k;
    cout<< "Please input your password: ";
    cin >> k;                           //输入密码
    n++;                                //记录输入次数，即函数调用次数
    if(n<3)                             //输入次数合法
        if(k==key)    return 1;          //密码正确
        else    password(key);           //递归，重新输入
    else                               //连续输入 3 次错误
        if(k!=key)        return 0;
}
```

上述程序中，password 函数用递归调用方式接收用户输入，用静态变量 n 记录输入的次数，即函数被调用的次数。函数使用常引用参数，相当于传值参数，可以适应实参的不同形式，例如，可以用变量、常量、表达式等形式的实参。在应用中，根据 password 函数返回值可以有不同的处理方式，这里的主函数仅以输出信息表示。

3.6.2 标识符的作用域与可见性

程序中常用的标识符有变量、常量、函数、类型等命名符。作用域是指一个已说明的标识符在程序正文中有效的那部分区域。若一个标识符在某部分程序正文能够被直接引用，则称这个标识符在这部分程序正文内可见。在一般情况下，一个标识符在作用域内可见，但在嵌套或层次结构程序模块中，如果定义了同名标识符，它们的可见性和作用域就不一定等价。

C++的标识符有 5 种作用域：函数原型、块、函数、类和文件作用域。类成员的作用域和可见性将在第 6 章和第 8 章中讨论。

1. 函数原型作用域

只有函数原型形参表中使用的标识符才具有函数原型作用域。因为函数原型是一个独立的声明语句，形参名不需要使用，所以，函数原型不要求形参表中使用标识符名称，只要求类型。如果函数原型形参表中使用名称，将被编译器忽略。

例如，C++编译器认为以下函数原型是相同的：

```
double funPrototype (double, double);
double funPrototype (double a, double b);
double funPrototype (double x, double y);
```

2. 块作用域

块是指在函数定义中由一对花括号相括的一段程序单元。一个块内允许嵌套另外一个块。在块中说明的标识符具有块作用域，其作用域从说明点开始，直到结束块的右花括号处为止。

【例3-32】一个有错误的程序。

```
#include<iostream>
using namespace std;
int main()
{   double a;
    cin >> a;
    while(a > 0)
    {   double sum = 0;         //sum 的作用域从这里开始
        sum += a--;
        cin >> a;
    }                          //sum 的作用域在这里结束
    //cout << sum << endl;      //错误，sum 无定义
}
```

上述程序把变量 sum 放在 while 语句内说明，循环结束后，sum 的作用域也结束了。sum 不能正确地累加和输出数据。正确的程序应该是：

```
#include<iostream>
using namespace std;
int main()
{   double a;                  //a 的作用域开始
    double sum = 0;            //sum 的作用域开始
    cin >> a;
    while(a > 0)
    {   sum += a;
        cin >> a;
    }
    cout << sum << endl;
}                              //a 和 sum 的作用域结束
```

如果嵌套的内层块与外层块有同名的变量，则内层块的内部变量将覆盖外层块的同名变量。对于作用域不同的变量，系统将分配不同的存储空间，它们的生存期也不相同。

【例3-33】同名变量的演示。

```
#include<iostream>
using namespace std;
int main()
{   int a = 1;                 //外层的 a
    {   int a = 1;             //内层的 a
        a++;
        cout << "inside a = " << a << endl;
    }                          //内层的 a 作用域结束
```

```
        cout << "outside a = " << a << endl;
    }                                    //外层的 a 作用域结束
```
程序运行结果：
```
    inside a = 2
    outside a = 1
```
在例程的内层块中，外层定义的变量 a 被内层块的 a 所覆盖，即不可见，也失去了作用，直到内层块结束，外层块的 a 重新恢复作用，可以访问。

3. 函数作用域

语句标号（后面带冒号的标识符）是唯一具有函数作用域的标识符。语句标号一般用于 switch 结构中的 case 标号，以及 goto 语句转向入口的语句标号。标号可以在函数体中任何地方使用，但不能在函数体外引用。

实际上，函数体是一个特殊的块。

4. 文件作用域

任何在函数之外说明的标识符都具有文件作用域。这种标识符对于从说明处起至文件尾的任何函数都是可见的。

【**例 3-34**】使用文件作用域变量的例程。
```
    #include<iostream>
    using namespace std;
    int a = 1, b = 1;            //a 和 b 的作用域从这里开始
    void f1(int x)               //f1 函数可以访问 a 和 b
    {   a = x * x;
        b = a * x;
        return;
    }
    int c;                       //c 的作用域从这里开始，默认初值为 0
    void f2(int x, int y)        //f2 函数可以访问 a,b,c
    {   a = x > y ? x : y;
        b = x < y ? x : y;
        c = x + y;
        return;
    }
    int main()
    {   f1(4);                   //main 函数可以访问 a,b,c
        cout << "call function f1 :\n";
        cout << "a = " << a << ", b = " << b << endl;
        f2 (10, 23);
        cout << "call function f2 :\n";
        cout << "a = " << a << ", b = " << b << ", c = " << c << endl;
    }
```
程序运行结果：
```
    call function f1 :
    a = 16, b = 64
    call function f2 :
    a = 23, b = 10, c = 33
```

5. 全局变量和局部变量

具有文件作用域的变量称为全局变量，具有块作用域的变量称为局部变量。全局变量说明时默认初值为 0。当局部变量与全局变量同名时，在块内，全局变量被屏蔽。要在块内访问全局变量，可以使用作用域运算符 "::"。

【例 3-35】 在函数体内访问全局变量。

```
#include<iostream>
using namespace std;
int x;
int main()
{   int x = 256;
    cout << "global variable x = " << ::x <<endl;        //输出全局变量 x 的值
    cout << "local variable x = " << x <<endl;           //输出局部变量 x 的值
}
```

程序运行结果：

```
global variable x = 0
local variable x = 256
```

在主函数模块内，局部变量 x 屏蔽了全局变量 x，但不是覆盖，虽然全局变量 x 不可见（不能直接引用），但依然有作用，所以可以用作用域运算符指定访问。全局变量的作用域不会因为同名局部变量而被覆盖。而外层块与内层块有同名变量时，在内层块不能通过作用域运算符访问外层块的同名变量。这是块作用域变量与全局变量不同的地方。

从例 3-33、例 3-34 和例 3-35 可以看到，内层块可以说明与外层块同名的变量，函数可以通过非局部变量返回运算结果。但将变量说明为全局变量可能会发生意想不到的副作用。有时，不需要访问该变量的函数可能会意外地修改了它，产生难以查找的错误。除非有特殊的要求，否则，程序中一般不应该使用全局变量。当函数的数据传输只使用参数而不需要全局变量时，程序模块更便于调试、便于重用。

3.7　多文件程序

一个 C++程序称为一个项目。一个项目由一个或多个文件组成。采用多文件结构便于按逻辑功能划分程序，便于测试程序。

一个文件可以包含多个函数定义，但一个函数的定义必须完整地存在于一个文件中。

多文件程序的上机操作过程参见附录 A。

3.7.1　多文件结构

程序员经常使用两类文件：扩展名为.h 的头文件和扩展名为.cpp 源程序文件。

一个能够表达特定程序功能的模块由两部分构成：规范说明和实现部分。规范说明描述一个模块与其他模块的接口，一般包括函数原型、类说明、类型说明、全局变量说明、包含指令、宏定义、注释等。规范说明通常集中在头文件中，各模块通过头文件的接口产生引用；实现部分则放在.cpp 文件中，通常称为实现文件。

一个好的软件系统，应该分解为各种同构文件，其多文件结构如图 3-10 所示。

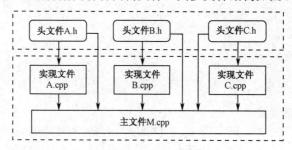

图 3-10　多文件结构

下面以一个简单例子说明如何构造一个项目。

【例 3-36】计算圆面积和矩形面积。

本例程序由 4 个文件组成：myArea.h 包含两个函数原型，myArea.cpp 是计算圆面积的实现函数，myRect.cpp 是计算矩形面积的实现函数，myMain.cpp 包含启动应用程序的 main 函数。本例的文件结构如图 3-11 所示。

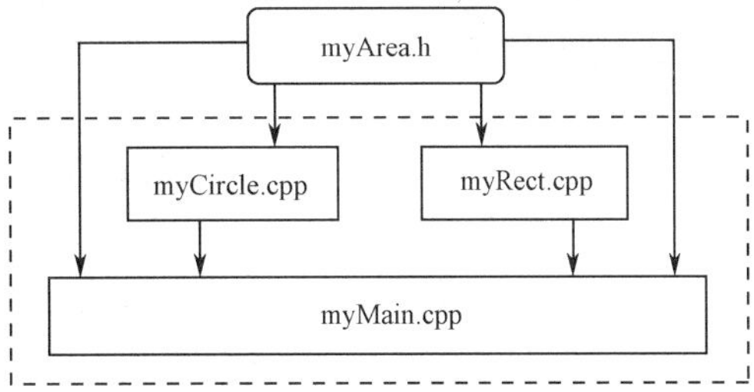

各文件的代码如下：

```
//myArea.h
double circle(double radius);
double rect(double width, double length);
//myCircle.cpp
const double PI = 3.14;
double circle (double radius)
{   return PI * radius * radius;   }
//myRect.cpp
double rect (double with, double length)
{   return with * length;   }
//myMain.cpp
#include<iostream>
using namespace std;
#include "myArea.h"
int main()
{   double width, length;
    cout<<"Please enter the width and length of a rectangle: \n";
    cin>>width >> length;
    cout<<"Area of rectangle is: "<<rect(width, length)<<endl;
    double radius;
    cout<<"Please enter the radius of a circle:\n";
    cin>>radius;
    cout<<"Area of circle is: "<<circle(radius)<<endl;
}
```

图 3-11　例 3-36 的文件结构

3.7.2　预处理指令

C++语言中，不论是.h 文件还是.cpp 文件，都是可以阅读的文本文件。要把它们翻译成可执行文件，主要经过三个步骤：预处理、编译和连接。

预处理器的功能是，阅读源程序，执行预处理指令，嵌入指定源文件。预处理器生成新的临时文件，提供给编译器进行语法分析、语义分析，生成目标代码。最后，连接器连接标准库，生成可执行文件。

预处理指令不是 C++的语句，但它们可以改善程序的组织和管理，是程序员常用的工具。预处理指令以"#"号开始，每条指令独占一行。预处理指令可以根据需要出现在程序的任何位置。

1. 文件包含

#include 指令实现文件包含，在编译之前把指定文件的文本抄到该指令所在位置，用于支持多文件形式组织的 C++程序。其形式为：

#include <文件名>

或　　　**#include "文件名"**

其中，include 为关键字。文件名是被包含文件的全名，按操作系统的要求定义，可以给定盘符和目录路径。

第一种形式用尖括号相括文件名，用于 C++提供的系统标准头文件。这些文件存放在 C++系统目录的 include 子目录下。C++编译器识别这条指令后，直接从 include 子目录中查找尖括号相括的文件，将其嵌入指令所在的文件。

例如，前面程序经常使用的文件包含指令：

#include <iostream>

它的作用是把 C++标准头文件 iostream 包含到程序中。使用 C++的标准头文件还需指定命名空间或对特定组件指定所属的命名空间。具体见 3.8.1 节。又如：

#include <cmath>

它的作用是把 C 标准头文件 cmath 包含到程序中。

第二种形式用双引号相括文件名，一般用于包含程序员自己建立的头文件。C++编译器识别这条指令后，首先搜索当前子目录，如果没有找到，再去搜索 C++的系统子目录。自定义头文件需要用.h 作为扩展名。

例如，在例 3-36 中，include 指令包含用户自定义的头文件：

#include "myArea.h"

文件包含指令一般放在程序的开头。

2. 宏定义

宏定义指令#define 用来指定正文替换程序中出现的标识符。其形式为：

#define 标识符 文本

在 C 语言中，不带参数的#define 常用于定义常量，带参数的#define 则用于定义简单函数。

【例 3-37】用宏指令定义常量和函数。

```
#include<iostream>
using namespace std;
//不带参数的宏替换。在程序正文中，用 3.1415926 代替 PI
#define PI   3.1415926
//带参数的宏替换。在程序正文中，用 PI*r*r 代替 area(x)，x 是参数
#define area(r)   PI*r*r
int main()
{   double x, s;
    x=3.6;
    s=area(x);
    cout<<"s="<<s<<endl;
}
```

由于宏定义指令是在程序正式编译之前执行的，所以不能对替换内容进行语法检查。C++的关键字 const 定义的常量和 inline 定义的内联函数代替了#define 定义常量和函数的作用。例 3-36 的程序如果改为用 const 定义常量和用 inline 定义内联函数，则得到例 3-37 的程序。宏定义指令便于程序员处理 C 语言的代码。

【例 3-38】定义常量和内联函数。

```
#include<iostream>
using namespace std;
//在 C++中定义常量
const double PI=3.1415926;
//在 C++中定义内联函数
inline double area(double r) {return PI*r*r;}
int main()
{   double x, s;
```

```
        x=3.6;
        s=area(x);
        cout<<"s="<<s<<endl;

    }
```

3．条件编译

条件编译指令可以用一个常量的值作为判断条件，决定源程序中某一段代码是否参加编译。条件编译指令的结构与 if 选择结构非常相似。下面介绍三种常用的形式。

（1）第 1 种形式

> **#if**　常量表达式
>>   程序文本
> **#endif**

若"常量表达式"的值为真（非 0），则"程序文本"参与编译。

（2）第 2 种形式

> **#if**　常量表达式
>>   程序文本 **1**
> **#else**
>>   程序文本 **2**
> **#endif**

若"常量表达式"为真（非 0），则"程序文本 1"参与编译；否则，"程序文本 2"参与编译。

条件编译指令中的"常量表达式"必须在编译时（程序执行之前）就有确定值。不能在"常量表达式"中进行强制类型转换，或进行 sizeof 计算。"常量表达式"也不能是枚举常量。

（3）第 3 种形式

> **#ifndef** 标识符
>>   **#define** 标识符
>>>   程序文本
>>   **#endif**

若"标识符"没有定义，则"程序文本"被编译；若"标识符"已经定义，则"程序文本"被忽略。

第 1 种和第 2 种形式的条件编译指令通常用于在程序调试阶段注释掉一大段待调试的代码，其作用相当于/*…*/，但显得更为清晰。例如：

```
        /*
            待调试代码段
        */
```

可以写成以下结构：

```
        #if 0
            待调试代码段
        #endif
```

当需要这段代码时，把"#if 0"改为"#if 1"就可以了。

第 3 种形式的条件编译指令通常用于多文件结构的头文件，避免 include 指令嵌入文本导致联编时出现重定义的错误。例如，为了方便起见，头文件会有一些变量说明、函数代码的定义。如果一个.cpp 文件中已经有了这些定义，则直接包含头文件会产生重定义错误。在头文件中使用条件编译指令，可以起编译时阻隔作用。

声明语句可以在同一个文件中重复出现。

【例 3-39】#define 和条件编译指令在多文件程序中的应用。

```
        //ex3_39.cpp
        #include<iostream>
```

```cpp
using namespace std;
#include"calculate.h"
#include"calculate_1.h"
int main()
{   double r, h;
    cout << "input radius :\n";
    cin >> r;
    cout << "input height :\n";
    cin >> h;
    cout << "circle area : " << circle(r) << endl
            << "cylinder volume : " << cylinder(r, h) << endl
            << "cone volume : " << cone(r, h) << endl;
}
//cylinder.cpp
//计算圆柱体体积
#include"calculate_2.h"
double cylinder(double radius, double height)
{   return circle(radius) * height;    }
//cone.cpp
//计算圆锥体体积
#include"calculate_2.h"
double cone(double radius, double height)
{   return cylinder(radius, height) / 3;    }
//calculate.h
#ifndef CIRCLE_FUN
//条件编译，若标识符 CALCULATE_FUN 未定义，则执行下一条定义宏指令
#define CIRCLE_FUN          //用后续 4 行正文代替标识符 CALCULATE_FUN
double circle(double radius)
{    const double PI = 3.14159;
    return PI * radius * radius;
}
#endif
double cone(double radius, double height);
//calculate_1.h
#ifndef CIRCLE_FUN
#define CIRCLE_FUN
double circle(double radius)
{    const double PI = 3.14159;
    return PI * radius * radius;
}
#endif
double cone(double radius, double height);
double cylinder(double radius, double height);
//calculate_2.h
double circle(double radius);
double cone(double radius, double height);
double cylinder(double radius, double height);
```

程序运行结果：

```
input radius :
12
input height :
7
```

circle area : 452.389

cylinder volume : 3166.72

cone volume : 1055.57

该程序由三个.cpp文件和三个头文件构成。在 calculate.h 和 calculate_1.h 两个文件中，都有 circle 函数的定义。而 ex_39.cpp 中有两条包含指令：

#include"calculate.h"

#include"calculate_1.h"

如果无条件地把 circle 函数的定义抄入两次，将出现重定义的错误。所以，在 calculate.h 和 calculate_1.h 文件中，对 circle 函数的文本以标识符 CIRCLE_FUN 使用宏定义指令和条件编译指令配合定义。当 ex_39.cpp 执行第一条包含指令，抄入了函数定义后，执行第二条包含指令，由于标识符 CIRCLE_FUN 已经定义，#ifndef 指令阻挡了再次企图嵌入的函数定义内容。CALCULATE_FUN 是用户自定义标识符。

为避免多文件结构的重定义错误，除了在头文件中使用条件编译指令，还应该尽量做到声明和定义分离，在头文件中只写数据类型、函数原型声明，把变量的定义和函数定义放在.cpp 文件中，养成良好的程序书写习惯。

3.7.3 多文件程序使用全局变量

从 3.6 节的讨论可知，在所有函数之外定义的全局变量在默认情况下具有静态存储特性。全局变量可以被同一个文件中该变量说明之后的所有函数访问。程序的其他文件也能够访问全局变量，但必须在使用该全局变量的每个文件中用关键字 extern 予以声明。

例如，在 file1.cpp 中说明了全局变量 global：

//file1.cpp

…

int global;

…

若要在 file2.cpp 中使用它，则要求有声明：

//file2.cpp

…

extern int global;

…

存储说明符 extern 告诉编译器，变量 global 或者在同一个文件中稍后定义，或者在另一个文件中定义。编译器会通知连接程序去查找 global 的说明位置，从而解决对该变量的引用。

因为全局变量可以被所有函数访问，所以使用全局变量会降低函数之间传递数据的开销。但这样做违背了程序结构化和信息隐蔽的原则。因此，若不是在应用程序执行效率至关重要的情况下，不应该使用全局变量。

函数原型默认为 extern，即一个文件中只要声明了函数原型，函数定义就可以放在同一个文件或另外的文件中。例如，用 include 指令把函数原型嵌入当前文件之后，程序员就不需去关心函数定义的位置了。

如果希望全局变量或函数的作用范围限制在定义它的文件中，可以使用存储说明符 static。例如：

//f.cpp

…

static int max = 10000;

static int fun (int, int);

…

变量 max 和 fun 函数产生内部连接，其他文件不能访问 max 和调用 fun 函数。

3.8 命名空间

3.8.1 标准命名空间

命名空间是 C++语言的新特性。命名空间可以帮助程序员在开发新的软件组件时不会与已有的软件组件产生命名冲突。命名空间是类、函数、对象、类型和其他名字声明的集合。std 是 C++语言的标准命名空间，包含了标准头文件中各种名字的声明。

C++语言标准头文件有：

  iostream iomanip limit fstream string typeinfo stdexcept

C++语言标准头文件没有扩展名。使用标准类库的组件时，需要指定命名空间。例如：

```
#include<iostream>
using namespace std;
```

其中，namespace 是 C++的关键字，用于说明命名空间（或称为名字作用域）。声明之后，程序中就可以直接使用 iostream 中的元素（组件名），如 cin、cout 等。

如果不用 using 声明命名空间，则需要在使用时指定组件的命名空间。

若包含标准命名空间没有定义的头文件，则不能省略扩展名，例如：

```
#include <conio.h>
```

【例 3-40】使用标准命名空间。以下简单例程演示了使用 C++标准组件的方法。

方法 1：

```
#include<iostream>
using namespace std;              //使用标准命名空间 std
int main()
{   int a, b;
    cin>>a;                       //使用 std 的元素 cin
    cin>>b;                       //使用 std 的元素 cin
    cout<<"a+b="<<a+b<<'\n';      //使用 std 的元素 cout
}
```

方法 2：

```
#include<iostream>
using std::cin;                   //指定使用 std 的元素 cin
using std::cout;                  //指定使用 std 的元素 cout
int main()
{   int a, b;
    cin>>a;                       //使用 std 的元素 cin
    cin>>b;                       //使用 std 的元素 cin
    cout<<"a+b="<<a+b<<'\n';      //使用 std 的元素 cout
}
```

方法 3：

```
#include<iostream>
int main()
{   int a, b;
    std::cin>>a;                  //指定使用 std 的元素 cin
    std::cin>>b;                  //指定使用 std 的元素 cin
    std::cout<<"a+b="<<a+b<<'\n'; //指定使用 std 的元素 cout
}
```

方法 1 允许程序使用全部 std 的名字，相当于在当前程序中抄入一批命名符，但程序中没有使用的标识符会被编译器忽略，不影响运行效率。使用这种方法的代码比较简捷。方法 2 和方

3 使用命名空间的特定名字，不会抄入全部命名符。本教材为了方便初学者阅读，在例程中采用方法 1，即使用标准命名空间。

对于 C 语言的标准头文件，如：

        stdlib.h math.h asser.h string.h ctype.h

在 VC.NET 程序中包含这些头文件时，可以在头文件名前加上前缀 c，同时去掉文件扩展名。例如：

        #include<stdio.h>
        #include<math.h>
        #include<string.h>

等价于：

        #include<cstdio>
        #include<cmath>
        #include<cstring>

在 C++语言中，还有：

        #include<string>

注意头文件 cstring 和 string 的区别。包含前者是为了调用 C 的串处理函数，如 strcpy、strlen 等函数；包含后者是为了使用标准类库中的 string 类及其操作。

3.8.2　定义命名空间

C++可以识别不同作用域的名字。例如，一个文件中的全局变量和局部变量可能有相同的名字，或不同类有同名的成员，系统可以根据作用域明确地区分开来。

开发一个应用程序常常需要多个库，它们源自不同的文件，这些文件通常用 include 指令包含进来，而不同的文件可能定义了相同名字的类或函数。例如，有以下两个头文件：

        //lib1.h
        class SameName
        { /*…*/ };
        //lib2.h
        class SameName
        { /*…*/ };

其中，class 关键字用于定义类类型，详见第 6 章。当用户要在一个程序文件中使用这两个库中的类时，编写以下代码：

        #include " lib1.h "
        #include " lib2.h "
        void UseSameName()
        {   SameName one;   //使用哪个库中定义的类
            SameName two;   //使用哪个库中定义的类
            //…
        }

由于 include 指令在编译之前执行，因此编译器将无法识别 one 和 two 是 lib1.h 还是 lib2.h 中定义的 SameName 类的对象。而且，lib1 和 lib2 是操作系统识别的文件名，不是 C++编译器可以识别的"名字"，因此，不能用作用域运算符加以区分。以下是错误的：

        lib1::SameName   //错误，lib1 不是程序命名符
        lib2::SameName   //错误，lib2 不是程序命名符

为此，标准 C++引入了 namespace 和 using 机制。命名空间用于创建程序包，其中所有定义的名字都是命名空间的元素，可以用作用域运算符指明，从而防止意义模糊。

定义命名空间的语法很简单：

        namespace 标识符
        { 语句序列 }

其中，namespace 是关键字；"标识符"是用户定义的命名空间的名字；"语句序列"可以包含类、函数、对象、类型和其他命名空间的说明与定义。

现在，用命名空间重新定义 lib1 和 lib2 库。

```
//lib1.h
namespace lib1
{   class SameName
    { /*…*/ };
}
//lib2.h
namespace lib2
{   class SameName
    { /*…*/ };
}
```

UseSameName 函数可以明确识别不同命名空间的 SameName 类。

```
#include " lib1.h "
#include " lib2.h "
void UseSameName()
{   lib1::SameName one;    //正确，lib1 命名空间定义的类
    lib2::SameName two;    //正确，lib2 命名空间定义的类
    //…
}
```

这里的 lib1、lib2 不是头文件名，而是命名空间的名字。程序员也可以为命名空间定义另外一个名字，例如，可以把类名作为命名空间名的一部分：

Lib1SameNameClass

而命名规则与普通标识符相同。

命名空间可以追加定义和说明，命名空间也可以嵌套，例如：

```
namespace A
{   void f();
    void g();
}
namespace B
{   void h();
    namespace C            //嵌套命名空间
    {   void i();  }
}
namespace A                //为 namespace A 追加说明
{   void j();  }
```

命名空间同样遵循先说明再使用的原则。例如，f 函数和 g 函数不能使用命名空间 B 的成分，因为命名空间 B 还没有说明。同样，f 函数和 g 函数也不能使用命名空间 A 追加的 j 函数。

3.8.3 使用命名空间

用 using 语句可以指定使用的命名空间。using 语句有两种形式：

using namespace 命名空间；

或　　　　**using 命名空间::元素；**

其中，"命名空间"为命名空间的名字；"元素"表示命名空间中的元素名，例如，类、函数、常量等的名字。

using 语句指定的命名空间（或元素）的名字是当前作用域的一部分。

【例 3-41】演示命名空间的使用。

```
#include<iostream>
using namespace std;
namespace A
{   void f()
    {   cout << "f() : from namespace A" << endl;   }
    void g()
    {   cout << "g() : from namespace A" << endl;   }
    namespace B
    {   void f()
        {   cout << "f() : from namespace B" << endl;   }
        namespace C
        {   void f()
            {   cout << "f() : from namespace C" << endl;   }
        }
    }
}
void g()
{   cout << "g() : from global namespace" << endl;   }
int main()
{   g();                        //调用非命名空间函数 g()
    using namespace A;          //使用命名空间
    f();                        //调用 A::f()
    B::f();                     //调用 A::B::f()
    B::C::f();                  //调用 A::B::C::f()
    A::g();                     //调用 A::g()
}
```

程序运行结果：

```
g() : from global namespace
f() : from namespace A
f() : from namespace B
f() : from namespace C
g() : from namespace A
```

命名空间 A 中嵌套定义命名空间 B，B 中又定义了命名空间 C。main 函数在 using 语句之后，其中的作用域运算符就可以正确界定所使用的名字了。

程序在使用命名空间之前的调用：

```
g();
```

没有歧义。因为没有当前作用域的名字冲突。using 语句启用命令空间 A 的名字：

```
f();
```

也没有歧义，因为此时能直接看到的是函数名 f、g 和命名空间名 B。要调用命名空间 B 内的 f 函数和命名空间 C 内的 g 函数，必须用作用域运算符加以区别：

```
B::f();
B::C::f();
```

但是，为什么 using 之后调用命名空间 A 的 g 函数还要用：

```
A::g();
```

因为此时编译器把非命名空间的 g 函数和命名空间的 g 函数都看成当前的有效名字了，它们是一种平等关系，是同名的重载函数而已。如果它们可以根据参数区分调用版本，就可以不指定命名空间名，否则还需要用作用域运算符指定命名空间名。同样，若有：

```
using namespace A::B;
```

为了调用命名空间 B 的相同原型的 f 函数，还要用：

      B::f();

原因就是，using 语句仅仅把命名空间的代码纳入当前作用域，效果和 include 指令类似。可见，命名空间的概念和程序中全局变量、局部变量的概念是不相同的。

3.9　终止程序执行

return 语句可以终止函数的执行。此外，C++提供了多种终止程序执行的方式。这里介绍几个常用的函数。

1. abort 函数

函数原型：**void abort(void);**

功能：中断程序的执行，返回 C++系统的主窗口。该函数在 iostream 和 cstdlib 头文件中声明。

【例 3-42】abort 函数测试。

```cpp
#include<iostream>
using namespace std;
int main()
{
    int a, b;
    cout << "a = ";   cin >> a;
    cout << "b = ";   cin >> b;
    if (b == 0)
    {
        cout << "除数为零！" << endl;
        abort();
    }
    else    cout << a<<'/'<<b<<" = "<< a / b << endl;
}
```

2. assert 函数

函数原型：**void assert(int expression);**

功能：计算表达式 expression 的值，若该值为 false，则中断程序的执行，显示中断执行所在文件和程序行，返回 C++系统的主窗口。该函数在 cassert 头文件中声明。

【例 3-43】assert 函数测试。

```cpp
#include<iostream>
using namespace std;
#include<cassert>
void analyzeScore(int s);
int main()
{   const int max = 100;
    const int min = 0;
    int score;
    cout << "input a score : ";
    cin >> score;
    analyzeScore(score);
    cout << "the score is effective.\n";
}
//测试，当 score<0 或 score>100 时终止程序，并报告出错位置
void analyzeScore(int s)
{   assert(s >= 0);          //score<0 时终止程序
    assert(s <= 100);        //score>100 时终止程序
```

```
}
```

3. exit 函数

函数原型：**void exit(int status);**

功能：中断程序的执行，返回退出代码，回到 C++ 系统的主窗口。该函数在 iostream 和 cstdlib 头文件中声明。其中，参数 status 是整型常量，终止程序时把它作为退出代码返回操作系统，C++ 看不到 exit 的返回值。status 通常为 0 或 1。该参数可以省略。

程序中使用了文本窗口输出_cputs 函数和文本窗口输入_getch 函数，它们在 conio.h 头文件声明。

【例 3-44】 exit 函数测试。

```
#include<iostream>
using namespace std;
#include <conio.h>
int main()
{   int ch;
    _cputs("Yes or no? ");
    ch = _getch();
    _cputs("\n");
    if (toupper(ch) == 'Y')
        {   _cputs("Yes.\n");
            cxit(1);
        }
    else
        {   _cputs("No.\n");
            exit(0);
        }
}
```

abort、assert、exit 这些函数都会直接退出整个应用程序，通常用于处理系统的异常错误。C++ 还有一套处理异常的结构化方法，具体见第 12 章。

习题

一、思考题

1．函数的作用是什么？如何定义函数？什么叫函数原型？

2．什么叫函数值的返回类型？什么叫函数的类型？如何通过指向函数的指针调用一个已经定义的函数？编写一个验证程序进行说明。

3．什么叫形式参数？什么叫实际参数？C++函数参数有什么不同的传递方式？编写一个验证程序进行说明。

4．C++函数通过什么方式传递返回值？当一个函数返回指针类型时，对返回表达式有什么要求？若返回引用类型时，是否可以返回一个算术表达式？为什么？

5．变量的生存期和变量作用域有什么区别？请举例说明。

6．静态局部变量有什么特点？编写一个应用程序，说明静态局部变量的作用。

7．在一个语句块中能否访问一个外层的同名局部变量？能否访问一个同名的全局变量？如果可以，应该如何访问？编写一个验证程序进行说明。

8．有函数原型：

```
void f (int & n) ;
```

和函数调用：

```
int a;
//…
```

```
        f(a);
```
有人说，因为 n 是 a 的引用，在函数 f 中访问 n 相当于访问 a，所以，可以在 f 的函数体内直接使用变量名 a。这种说法正确吗？为什么？编写一个验证程序。

9．有函数原型：
```
        double function(int,double);
```
function 函数的返回值类型是什么？函数的类型是什么？请用 typedef 定义函数的类型。

若有函数调用语句：
```
        x=function(10,(2*(0.314+5)));
```
其中的括号"()"与函数原型中括号有什么语义区别？

10．请分析以下各语句的意义：
```
        int * fun() ;
        int * (*pf)() ;
        fun() ;
        pf = fun ;
        pf() ;
```

二、程序设计

1．已知 $y = \dfrac{\mathrm{sh}(1+\mathrm{sh}x)}{\mathrm{sh}(2x)+\mathrm{sh}(3x)}$。$\mathrm{sh}(t)$ 为双曲正弦函数，即 $\mathrm{sh}(t)=\dfrac{\mathrm{e}^{t}-\mathrm{e}^{-t}}{2}$。编写一个程序，输入 x 的值，求 y 的值。

2．输入 m、n 和 p 的值，求 $s=\dfrac{1+2+\cdots+m+1^{3}+2^{3}+\cdots+n^{3}}{1^{5}+2^{5}+\cdots+p^{5}}$ 的值。注意判断运算中的溢出。

3．输入 a、b 和 c 的值，编写一个程序求这三个数中的最大值和最小值。要求：把求最大值和最小值操作分别编写成一个函数，并使用指针或引用作为形式参数把结果返回 main 函数。

4．用线性同余法生成随机数序列的公式为：
$$r_k = (\text{multiplier} \times r_{k-1} + \text{increment}) \% \text{modulus}$$
序列中的每个数 r_k 都可以由它的前一个数 r_{k-1} 计算出来。例如，如果有：
$$r_k = (25\,173 \times r_{k-1} + 13\,849) \% 65\,536$$
则可以产生 65 536 个各不相同的整型随机数。设计一个函数作为随机数生成器，生成 1 位或 2 位的随   机数。

利用这个随机数生成器，编写一个小学生学习四则运算的练习程序，要求：

① 可以进行难度选择，一级难度只用 1 位数，二级难度用 2 位数；

② 可以选择运算类型，包括加、减、乘、除等；

③ 给出错误提示；

④ 可以统计成绩。

5．已知勒让德多项式为：
$$p_n(x)=\begin{cases}1 & n=0\\ x & n=1\\ ((2n-1)p_{n-1}(x)-(n-1)p_{n-2}(x))/n & n>1\end{cases}$$
编写程序，从键盘输入 x 和 n 的值，使用递归函数求 $p_n(x)$ 的值。

6．把以下程序中的 print() 改写为等价的递归函数。
```
        #include <iostream>
        using namespace std;
        void print( int w )
        {   for( int i = 1 ; i <= w ; i++ )
                { for( int j = 1 ; j <= i ; j++ )
                        cout << i << " " ;
```

```
                cout << endl ;
            }
    }
    int main()
    {   print( 5 ) ;   }
```

7. 已知用梯形法求积分的公式为：$T_n = \dfrac{h(f(a)+f(b))}{2} + h\displaystyle\sum_{i=1}^{n-1} f(a+ih)$，式中，$h = (b-a)/n$，$n$ 为积分区间的等分数。编程求如下积分的值。要求：把求积分公式编写成一个函数，并使用函数指针作为形式参数。调用该函数时，给出不同的被积函数作为实际参数求不同的积分。

① $\displaystyle\int_{0}^{1} \dfrac{4}{1+x^2}\mathrm{d}x$ ② $\displaystyle\int_{1}^{2}\sqrt{1+x^2}\,\mathrm{d}x$ ③ $\displaystyle\int_{0}^{\frac{\pi}{2}}\sin x\mathrm{d}x$

8. 使用重载函数编程序分别把两个数和三个数从大到小排列。

9. 猜数游戏。玩家想好了一个 1～1000 之内的整数，由计算机来猜这个数。如果计算机猜出的数比玩家想的数大，则玩家输入 1；如果计算机猜出的数比玩家想的数小，则玩家输入 -1；这个过程一直进行到计算机猜中为止，玩家输入 0。

10. 给定求组合数公式为：$C_m^n = \dfrac{m!}{n!(m-n)!}$，编写程序，输入 m 和 n 的值，求 C_m^n 的值。注意优化算法，降低溢出可能。要求：

主函数调用以下函数求组合数：

    int Fabricate(int m, int n);　　　　　　　//返回 C_m^n 的值

在 Fabricate 函数内需调用 Multi 函数：

    int Multi(int m, int n);　　　　　　　　//返回 $m \times (m-1) \times \cdots \times n$

程序由 4 个文件组成。头文件用于存放函数原型，作为调用接口；其他三个.cpp 文件分别是 main、Fabricate 和 Multi 函数的定义。

第4章 数　　组

到目前为止，我们用到的数据类型，如整型、浮点型、字符型、指针型，都属于简单类型。尽管这些类型的数据在内存中占有的存储单元长度不同，但都只能够表示一个大小或精度不同的数值，每个值都是不能分解的。

在实际应用中，常常遇到要处理相同类型的成批相关数据的情况。例如，为了处理 100 个学生某门课程的考试成绩，而在程序中定义 100 个简单变量来记录这批数值，这显然是一个十分笨拙的方法。程序设计语言为组织这类数据提供了一种有效的类型——数组。本章介绍数组的概念和应用。

4.1　一维数组

数组是由一定数目的同类元素顺序排列而成的结构类型数据。在计算机中，一个数组在内存中占有一片连续的存储区域，C++的数组名就是这块存储空间的地址。数组中的每个元素都用下标变量标识。数组要求先定义后使用。

4.1.1　一维数组的定义与初始化

一维数组的说明格式为：

类型　标识符[下标表达式];

其中，"标识符"是用户自定义的数组名；"[]"是数组类型符，用于说明"标识符"的类型；"类型"说明数组元素的类型，可以是系统提供的基本类型，也可以是用户定义的数据类型；"下标表达式"为整型表达式，用于指定数组元素的个数，即数组长度。一维数组只有一个下标表达式，对应于一个数学向量。

例如，有以下说明：

```
int a[10];          //长度为 10 的整型数组
double b[5];         //长度为 5 的浮点型数组
char s['a'];         //长度为 97 的字符型数组
```

其中，a 是整型数组，每个元素占 4 字节，10 元素共占 40 字节。b 是浮点型数组，每个元素占 8 字节，5 个元素共占 40 字节。而 s 是字符型数组，每个元素占 1 字节。下标表达式是字符常量'a'，即整型值 97，数组 s 共占 97 字节。

C++的数组下标从 0 开始。长度为 n 的数组，下标从 0 到 $n-1$。以上举例说明的数组，其内存排列如图 4-1 所示。

数组说明的作用是在程序运行前分配内存空间。编译程序要确定数组的大小，所以类型必须已经定义，下标表达式也必须有确定值，不能为变量名，也不能为浮点型表达式。例如：

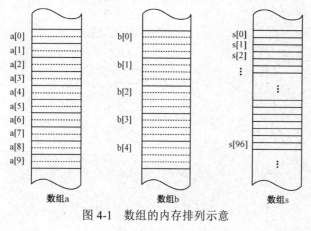

图 4-1　数组的内存排列示意

```
long int    array1[3.2];        //错误，下标表达式不能为浮点数
```

```
int    max = 100;
const   int    SIZE = 100;
doble   array2 [max];              //错误，下标表达式不能为变量
int    array3 [SIZE];              //正确
```

在数组 array1 的说明中，下标表达式为浮点数，C++不会对它取整，因而无法决定数组长度。对于数组 array2，虽然从语句序列上看变量 max 在数组说明语句之前已经赋值，但编译器认为，变量是无约束存储单元，可以随时赋值修改，不能由此决定数组 array2 的长度。而常量定义在编译阶段就被确定下来，约束为只读的存储单元，所以数组 array3 的说明是合法的。

说明一个数组变量后，C++数组元素的值是内存的随机状态值。数组可以在定义的同时进行初始化。形式为：以一对花括号给出由常数组成的初始化值表，系统按下标顺序（存储顺序）对数组元素进行初始化。给定初始化值表中常数的个数不能超过数组定义的长度。如果给定常数的个数不足，则系统将其余元素初始化为 0 值。例如，有说明：

```
int array4[3] = { 1, 2, 3 };
int array5[3] = { 2 };
int array6[10] = { 0 };
int array7[3] = { 1, 2, 3, 4 };            //错误，初值太多
static int array8[6];
const int array9[5] = { 0, 2, 4, 6, 8 };
```

数组 array4 定义后，有 array[0] = 1，array[1] = 2，array[2] = 3。

数组 array5 定义后，有 array[0] = 2，array[1] = 0，array[2] = 0。

数组 array6 定义后，将全部元素初始化为 0。

数组 array7 定义错误，因为初始化值表中的常数个数超过数组定义的长度。

只有定义静态数组，C++才会自动把各数组元素的值初始化为 0。因此，对 array8 的定义，与以下说明是等价的：

```
static int array8[6] = { 0 };
static int array8[6] = { 0, 0, 0, 0, 0, 0 };
```

数组 array9 由关键字 const 约束为常量，所以必须在定义时对其进行初始化，并且不能在程序代码中对它的元素重新赋值。

数组变量使用的作用域、访问特性等说明形式和性质与普通变量相同。

利用初始化值表，可以省略数组长度说明。例如：

```
double d[] = { 0.0, 0.1, 0.2, 0.3, 0.4, 0.5, 0.6, 0.7, 0.8, 0.9 };
```

C++认为数组 d 长度为 10，等价于：

```
double d[10] = { 0.0, 0.1, 0.2, 0.3, 0.4, 0.5, 0.6, 0.7, 0.8, 0.9 };
```

【例 4-1】数组初始化测试。

```
#include<iostream>
using namespace std;
int main()
{   int a[5] = { 1, 3, 5, 7, 9 };
    int i;
    for(i=0; i<5; i++)
        cout << a[i] << "   ";
    cout << endl;
    static int b[5] = { 1, 2, 3 };
    for(i=0; i<5; i++)
        cout << b[i] << "   ";
    cout << endl;
    int c[ ] = { 1, 2, 3, 4, 5, 6, 7 };
```

```
        for(i=0; i<sizeof(c) / sizeof(int); i++)
            cout << c[i] << "      ";
        cout << endl;
    }
```

程序运行结果：

```
1    3    5    7    9
1    2    3    0    0
1    2    3    4    5    6    7
```

程序在说明数组 a 的同时进行初始化。数组 b 是静态数组，将 b[0]、b[1] 和 b[2] 分别初始化为 1、2 和 3，b[3] 和 b[4] 则初始化为 0。数组 c 定义时没有显式说明长度，由于初始化值表中有 7 个常数，因此数组 c 被默认定义长度为 7。在 for 循环语句中，表达式 sizeof(c)/sizeof(int) 用于计算数组元素个数。

4.1.2 一维数组的访问

一个数组变量定义后，因为它占有一片连续的存储空间，并且每个元素的类型相同，存储规格一致，所以，只需要知道数组的首地址和元素的类型就可以方便地访问到每个元素。程序访问数组时，数组名是数组的首地址。

C++提供两种方式访问数组：下标方式和间址方式。

1. 以下标方式访问数组

用下标方式表示的数组元素，也称为下标变量。其常用形式为：

数组名[下标表达式]

其中，"[]" 是下标运算符。下标运算符的左操作数是指针，右操作数是偏移值。下标运算通过指针的地址、指针的关联类型和偏移值计算地址，并以名方式访问对象。

数组名作为下标运算符的左操作数是访问数组元素的最常用的方式。右操作数的"下标表达式"指定数组元素的下标，要求为整型表达式。

例如，在以下说明语句中：

```
int a[100];
```

"[]" 是数组类型说明符，表示 a 是一个有 100 个 int 型元素的数组。而在执行代码中若有：

```
a[5]=100;
```

则 a[5] 表示数组 a 的第 6 个元素。a 是数组的首地址，第 6 个元素的地址是首地址加上偏移值：

```
a + 5 * sizeof(int)          //每个元素的长度都是 sizeof(int)
```

这种偏移计算和访问是由下标运算符 "[]" 完成的。下标变量的访问方式与普通变量的相同。例如：

```
cin >> a[1];                //输入数组元素
a[3] = a[1] * 2;            //对数组元素运算
cout << a[3] + a[1];        //输出数组元素值
```

程序员经常要在程序中成批地处理数组的元素。数组元素的下标表达式可以在程序运行时动态地进行计算，灵活地控制访问元素。例如：

```
int i;
for(i = 0; i<10; i++)    a[i] = i;
```

由循环控制变量 i 控制对数组 a 的不同元素的引用。当 i==0 时，a[0]=0；当 i==1 时，a[1]=1；……；当 i==9 时，a[9]==9。

C++不会对数组元素的下标表达式进行界限检查，操作出界时可能会引起意想不到的错误，这是值得程序员注意的。例如，若输出数组 a 的各元素值：

```
for(i = 0; i<=10; i++)    cout << a[i] << '\t';
```

当 i==10 时，继续执行循环体，输出 a[9] 之后一个内存字的值，但这个值不是程序处理范围的数据，例如，可能会有以下输出：

0 1 2 3 4 5 6 7 8 9 -858993460

【例 4-2】 计算数组元素之和。

```cpp
#include<iostream>
using namespace std;
int main()
{   int i, total = 0;
    int intary[10];
    for(i = 0; i<10; i++)
    {   intary[i] = i;
        cout << intary[i] << "    ";
    }
    cout << endl;
    for(i = 0; i<10; i++)
        total += intary[i];
    cout << "total =   " << total << endl;
}
```

2. 以指针方式访问数组

对于一个已经定义的数组，数组名是数组的指针，即数组占有的内存空间的首地址。

例如，说明数组：

int a[5];

若内存分配如图 4-2 所示，则 a 的值是地址 00B4（十六进制数）。a 的偏移量以数组元素类型长度为单位，a+1 的值是 00B8，a+2 的值是 00BC，等等。可见：

a == &a[0]
a+1 == &a[1]
a+i == &a[i]

因为数组被定义为整型，a 是整型指针，所以 *a 表示地址 00B4 所指的对象，即 a[0]，同样，*(a+1) 即 a[1]，* (a+2) 即 a[2]，*(a+i) 即 a[i]。

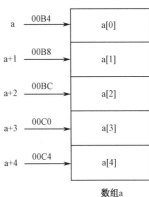

数组a

图 4-2 数组的地址

*(a+i) 是访问数组的指针方式。

【例 4-3】 用不同方式访问数组。

```cpp
#include<iostream>
using namespace std;
int main()
{   int a[] = { 1, 3, 5, 7, 9 }, i, *p;
    for(i = 0; i<5; i++)              //①用下标方式访问数组
        cout << "a[" << i << "]=" << a[i] << '\t';
    cout << endl;
    for(p = a, i = 0; i<5; i++)       //②用指针作为下标访问数组
        cout << "a[" << i << "]=" << p[i] << '\t';
    cout << endl;
    for(i = 0; i<5; i++)             //③用指针方式访问数组
        cout << "a[" << i << "]=" << * (a+i) << '\t';
    cout << endl;
    for(p = a; p<a+5; p++)           //④用指针间址方式访问数组
        cout << "a[" << p-a << "]=" << *p << '\t';
```

```
        cout << endl;
    }
```

程序中，用 4 个 for 循环语句输出同一个数组的元素。方法①直接用下标方式访问数组。方法②的 for 循环首先执行 p=a，整型指针变量 p 获取数组 a 的地址，因此可以用 p 作为下标访问数组。方法③和方法④都是以指针方式访问数组，但它们的效率不同。方法③用 a+i 计算元素地址，访问效率和下标方式访问一样，都要先通过数组首地址计算偏移值，然后才能找到相应元素。但方法④中，指针变量进行 p++ 运算，不必每次计算数组元素的地址，处理速度比较快。

值得注意的是，如果有：

```
for(i = 0; i<5; a++)
    cout << "a[" << i << "]=" << *a << '\t';
```

程序就会出错。因为 a 的值是内存分配的直接地址，它是在编译时确定的一个常指针，企图执行 a++，即把 a 作为左值修改是错误的。

与下标方式访问数组一样，C++对指针方式访问数组也不会进行界限检查。在第 4 个 for 语句执行结束后，指针 p 将指向数组界外的存储单元。如图 4-3 所示，循环结束后，p 的值为 00C8，如果继续输出*p，它将是后面存储单元的状态值。如果对出界的存储单元赋值，则可能会导致严重后果。

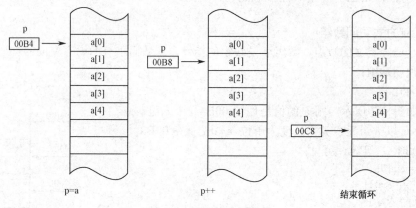

图 4-3 用指针访问数组

程序中的 a+i 和 p++ 计算的偏移单位是一个整型数据的长度，即 4 字节，而不是 1 字节，因为 a 和 p 都是整型指针。如果有：

```
double b[10], *q;
```

那么，用 b 和 q 计算偏移值时，它们的偏移单位是一个双精度浮点型数据的长度，即 8 字节。

程序中，方法④的语句可以改为：

```
for(p = a; p < a+5;)
{   cout << "a[" << p-a << "]=";
    cout<< *(p++) << '\t';
}
```

其中，*(p++) 相当于：先读 *p 输出，然后执行 p++。

请读者想一想，如果把输出语句中的表达式 *(p++) 改为以下几种形式：

```
    *p++      * (++p)        *++p      (*p)++       ++(*p)
```

程序是否有问题？输出结果有什么变化？为什么？

4.2 指针数组

一个数组的元素可以是各种已定义的数据类型。当数组元素的类型为指针类型时，称为指针数组。使用指针数组便于对一组相关对象的地址进行管理。

指针数组说明形式为：

  类型　*标识符[下标表达式];

其中，"类型"表示数组元素存放的指针的关联类型，可以为各种 C++系统允许的数据类型，包括函数类型。"标识符"是数组名。例如：

```
int * pi[3];          //数组元素是关联类型为整型的指针
double * pf[5];       //数组元素是关联类型为浮点型的指针
char * ps[10];        //数组元素是关联类型为字符型的指针
```

注意，在上述语句中，每个标识符都用了三个类型符说明。例如，说明 pi 的有：整型符"int"、指针类型符"*"和数组类型符"[]"。可以根据运算符优先关系进行分析：

"[]"优先级最高，pi 首先与"[]"结合，pi 是数组。

对于一个数组，还要定义数组元素的类型。整型指针类型符"int*"说明了数组元素的类型，所以，pi 是元素类型为整型指针的数组。

4.2.1　指向基本数据类型的指针数组

对于一些互不相关的变量，系统分配的内存空间往往是离散的，在程序中只能逐个访问它们。若希望对类型相同的变量进行统一处理，可以使用指针数组管理它们的地址，通过指针数组对这些变量进行地址访问。

【例 4-4】测试指针数组。

```
#include<iostream>
using namespace std;
int main()
{   int a = 11, b = 22, c = 33;
    int *pi[3];
    pi[0] = &a;
    pi[1] = &b;
    pi[2] = &c;
    for(int i = 0; i<3; i++)
        cout << *pi[i] << "   ";
    cout<<endl;
}
```

程序运行结果：

  11　22　33

例程中，整型变量 a、b 和 c 的地址分别赋给了整型指针数组的元素，因此，*pi[0]、*pi[1]和*pi[2]分别是 a、b 和 c 的值。指针数组与变量的关系如图 4-4 所示。

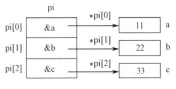

图 4-4　指向变量的指针数组

4.2.2　指向数组的指针数组

当指针数组元素存放数组地址时，可以通过这个指针数组访问这些数组的元素。

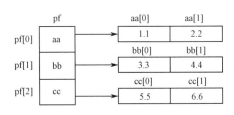

图 4-5　指向数组的指针数组

【例 4-5】本例测试用指针数组管理几个类型相同的数组。pf 是一个长度为 3 的 double*型数组，其中每个元素分别存放三个不同的 double 型数组的地址，如图 4-5 所示。

```
#include<iostream>
using namespace std;
int main()
{   double aa[2] = { 1.1, 2.2 },
            bb[2] = { 3.3, 4.4 },
```

```
            cc[2] = { 5.5, 6.6 };
        double *pf[3];                          //定义指针数组
        pf[0] = aa;                             //取数组地址
        pf[1] = bb;
        pf[2] = cc;
        for(int i=0; i<3; i++)
          {   for(int j=0; j<2; j++)
                    cout<<*(pf[i]+j)<<"   ";     //输出各数组元素
              cout<<endl;
          }
    }
```

程序运行结果：

```
1.1    2.2
3.3    4.4
5.5    6.6
```

上述例程中，数组 aa、bb 和 cc 的长度都一样，指针数组 pf 通过变量 i 和 j 控制对这三个数组中元素的访问。实际上，这些数组的长度可以不相同，即利用指针数组可以管理长度不同的数组，前提是指针的关联类型和数组的元素类型应该相同。

4.2.3 指向函数的指针数组

我们已经知道，函数可以用名调用，也可以用指针调用。那么，同类型的函数就可以用指针数组管理。例如，有一个函数原型：

```
    int func();
```

这个函数的类型是：

```
    int ()
```

表示返回整型值的无参函数类型。例如，int f1(), int f2(),…都是相同类型的函数。指向该类型函数的指针类型是：

```
    int (*)()
```

指向该类型函数的指针数组类型是：

```
    int (*[])()
```

定义一个上述类型的指针数组是：

```
    int (*pfun[3])()
```

数组 pfun 的每个元素都可以存放一个函数的入口地址，这些函数都是无参函数，而且返回整型值。

可以用关键字 typedef 定义函数类型，然后说明指针数组：

```
    typedef int fType();
    fType *pfun[3];
```

【例 4-6】用指针数组调用函数。

```
//func.h
#ifndef FUNC_H
#define FUNC_H
const double PI = 3.1415;
double Square_Girth(double l)
{   return 4*l;   }
double Square_Area(double l)
{   return l*l;   }
double Round_Girth(double r)
{   return 2*PI*r;   }
```

```
double Round_Area(double r)
{   return PI*r*r;   }
#endif


//ex4-6.cpp
#include<iostream>
using namespace std;
#include "func.h"
int main()
{   int i;   double x = 1.23;
    double (*pfun[4])(double);                    //说明指向函数的指针数组
    pfun[0] = Square_Girth;                       //获取函数入口地址
    pfun[1] = Square_Area;
    pfun[2] = Round_Girth;
    pfun[3] = Round_Area;
    for(i = 0; i<4; i++)
        cout << (*pfun[i])(x) << endl;            //调用不同函数
}
```

上述例程中，数组 pfun 长度为 4，元素指向返回类型为 double 型，且具有一个 double 型参数的函数。pfun 的每个元素获取了不同函数的入口地址。在 for 语句中，随着 i 值的变化，由 cout 语句调用了不同的函数。

程序中，表达式：

    (*pfun[i])(x)

用指针调用函数，可以写成：

    pfun[i](x)

4.3   二维数组

首先以文字编辑为例，了解高维数组的概念。以一个简单变量表示一个字符，每行可容纳的字符数相等，一行字符是一个向量，每个字符在行中有自己的列号。每页由若干行构成，一个字符在页中的位置由行号和列号确定。而一本书是由多页构成的，字符在书中定位需要页号、行号和列号。可以把一本书看成一个三维数组，因为它的每个字符都要由三个下标定位。如果把若干本书放到书架上，对这些书加以编号，那么这个书架对于字符便是一个四维数组了。

从另一角度，可以认为一本书是一个一维数组，元素是页；每页都是一个一维数组，元素是行；每行也都是一个一维数组，元素是字符。所以，一个 n 维数组的每个元素都是同构的 $n-1$ 维数组。所谓"同构"，指的是元素类型和个数相同。

例如，一本书可以用以下形式定义：

    char   book [Page] [Row] [Col];

下面以二维数组为典型进行讨论。高维数组的应用可以举一反三。并且，在实际程序设计中，通常只会用到一维和二维数组。

4.3.1   二维数组的定义与初始化

二维数组的说明形式为：

    类型   数组名 [下标表达式 $_1$][下标表达式 $_2$];

其中，"下标表达式 $_1$"指定数组第一维的长度；"下标表达式 $_2$"指定数组第二维的长度，即每行的元素个数。

二维数组有两个下标表达式，对应于数学的矩阵，第一维是行，第二维是列。

例如，有以下说明：

```
int    a[3][4];            //3 行 4 列的整型数组 a
double b[10][10];          //10 行 10 列的浮点型数组 b
char   s[40][40];          //40 行 40 列的字符型数组 s
```

数组 a 可以看成一个有三个元素的一维数组：a[0]、a[1]和 a[2]，每个元素都是长度为 4 的一维整型数组。

C++的高维数组在内存中以高维优先的方式存放。例如，数组 a 的存放次序是：a[0][0], a[0][1], a[0][2], a[0][3], a[1][0], a[1][1], …, a[2][2], a[2][3]。具体情况如图 4-6 所示。了解高维数组的存储方式很重要，它是操作 C++数组的关键。

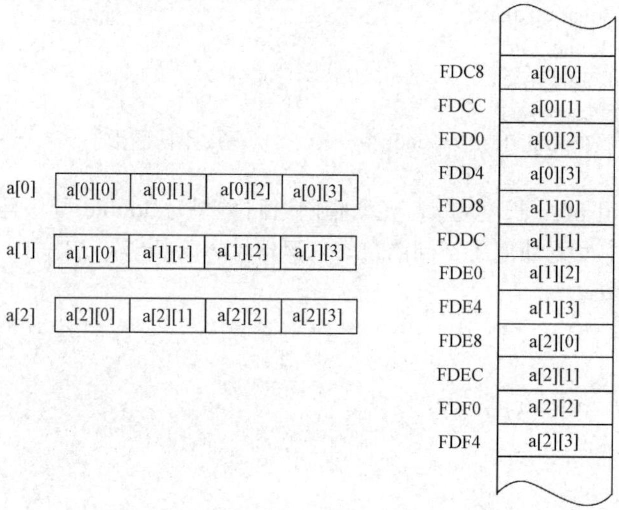

图 4-6 二维数组

高维数组可以按照两种方式进行初始化：第一，可以在定义时按维给出初始化值表；第二，可以像一维数组那样给出初始化值表，C++按数组的存储顺序对元素赋初值。例如：

```
int am[2][3] = { { 1, 2, 3 }, { 4, 5, 6 } };        //按维给出初始化值表
或    int am[2][3] = { 1, 2, 3, 4, 5, 6 };             //像一维数组一样给出初始化值表
```

以上两种初始化方式是等价的。

也可以只对部分元素进行初始化，例如：

```
int x[2][3] = { { 1, 2 }, { 3 } };
int y[2][3] = { 1, 2, 3, 4, 5, 6 };
```

利用初始化值表，可以省略高维数组的最高维长度说明，例如：

```
int ad[][3] = { 1, 2, 3, 4, 5, 6 };
int at[][2][3] = { 1, 2, 3, 4, 5, 6, 7, 8, 9, 10, 11, 12 };
```

但不能写成：

```
int ad[2][] = { 1, 2, 3, 4, 5, 6 };
int at[2][][3] = { 1, 2, 3, 4, 5, 6, 7, 8, 9, 10, 11, 12 };
```

4.3.2 二维数组的访问

与一维数组相同，二维数组也可以用下标方式和指针方式访问。

1. 以下标方式访问二维数组

二维数组元素带有两个下标表达式：

数组名 **[下标表达式₁][下标表达式₂]**

通常，用嵌套的循环语句操作高维数组。

【**例 4-7**】输入和输出二维数组。

```cpp
#include<iostream>
#include<iomanip>
using namespace std;
int main()
{   int a[3][4];
    int i, j;
    for(i = 0; i < 3; i++)
        for(j = 0; j < 4; j++)
            cin >> a[i][j];
    for(i = 0; i < 3; i++)
    {   for(j = 0; j < 4; j++)
            cout << setw(5) << a[i][j];
        cout << endl;
    }
}
```

2. 以指针方式访问二维数组

以指针方式访问二维数组，可以从一维数组的结构推导出来。下面还是以 int a[2][3]为例进行说明。从图 4-7 可以看到，a 是由元素 a[0]、a[1]和 a[2]组成的一维数组，所以，a 是 a[0]、a[1]和 a[2]的首地址（指针），即

a == &a[0]　　　a+1 == &a[1]　　　a+2 == &a[2]
*a == a[0]　　　*(a+1) == a[1]　　　*(a+2) == a[2]

a[0]是一维数组，有 4 个整型元素：a[0][0]、a[0][1]、a[0][2]和 a[0][3]。a[0]是这个一维数组的指针，即

a[0]==&a[0][0]　　　a[0]+1==&a[0][1]　　　a[0]+2==&a[0][2]　　　a[0]+3==&a[0][3]
*a[0]==a[0][0]　　　*(a[0]+1)==a[0][1]　　　*(a[0]+2)==a[0][2]　　　*(a[0]+3)==a[0][3]

同理：

a[1]==&a[1][0]　　　a[1]+1==&a[1][1]　　　a[1]+2==&a[1][2]　　　a[1]+3==&a[1][3]
*a[1]==a[1][0]　　　*(a[1]+1)==a[1][1]　　　*(a[1]+2)==a[1][2]　　　*(a[1]+3)==a[1][3]
a[2]==&a[2][0]　　　a[2]+1==&a[2][1]　　　a[2]+2==&a[2][2]　　　a[2]+3==&a[2][3]
*a[2]==a[2][0]　　　*(a[2]+1)==a[2][1]　　　*(a[2]+2)==a[2][2]　　　*(a[2]+3)==a[2][3]

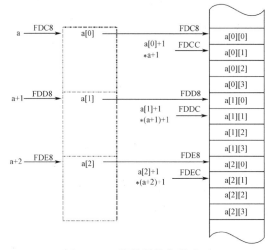

图 4-7　二维数组的指针表示

可见，对于二维数组，不带下标的数组名是一个逻辑上的二级指针，所指对象是行向量，偏移量是一行元素的存储长度。带一个下标的数组名是一级指针，偏移量是一个元素的长度，它所指的对象是数组元素。

【例4-8】测试数组地址。

```
#include<iostream>
using namespace std;
int main()
{   int a[3][4] = { 1, 2, 3, 4, 5, 6, 7, 8, 9, 10, 11, 12 };
    int i, *p;
    for(p = a[0], i = 1; p<a[0]+12; p++, i++)
    {   cout << p << "   ";
        if(i%4 == 0)   cout << endl;
    }
    for(i = 0; i < 3; i++)
        cout << a[i] << "   ";
    cout << endl;
}
```

程序运行结果是数组元素的地址，可能是：

```
0065FDC8   0065FDCC   0065FDD0   0065FDD4
0065FDD8   0065FDDC   0065FDE0   0065FDE4
0065FDE8   0065FDEC   0065FDF0   0065FDF4
0065FDC8   0065FDD8   0065FDE8
```

只带一个下标的二维数组下标变量 a[i]是第 i 行元素的首地址，它是一级整型指针，可以用一级指针 p 获取 a[0]，即数组元素 a[0][0]的地址（&a[0][0]）。p 的一个偏移量是一个整型元素的长度。二维数组名 a 是逻辑上的二级指针，不能企图执行 p=a，把数组名赋给一级指针 p。

如果定义一个二维数组和二级指针变量：

```
int a[3][4], **pp;
```

不可以用：

```
pp=a;            //错误
```

因为 pp 的定义可以解读为：

```
int    *(*pp);
```

即指针 pp 的关联类型是 int*型。而数组 a 的定义可以解读为：

```
int    (a[3])[4];
```

a 是关联类型为 int[4]的一维数组。可见 pp 与 a 的关联类型不相同，不可以用 pp 去操作数组 a。例如，若有：

```
pp+i
```

则地址偏移量是：

```
pp+sizeof(int*)*i
```

而   a+i

的偏移量是：

```
a+sizeof(int[4])*i
```

可见，二级指针变量与二维数组名是有区别的。由此可知，只有定义一个指向一维数组的指针，才可以操作逻辑上为二级指针的二维数组名。

【例4-9】用指向数组的指针访问二维数组。

```
#include<iostream>
#include<iomanip>
```

```
using namespace std;
int main()
{   int a[3][4] = { 1, 2, 3, 4, 5, 6, 7, 8, 9, 10, 11, 12 };
    int i, j, total = 0;
    int *p, (*pary)[4];                    //pary 是指向一维数组的指针
    for(p=a[0]; p<a[0]+12; p++)            //以一维数组形式访问二维数组
        total += *p ;
    cout << "total = " << total << endl;
    for(i=0; i<3; i++)
    {   pary=a+i ;
        for(j=0; j<4; j++)
            cout << setw(4) << *(*pary+j);  //以指向数组的指针访问二维数组
        cout << endl;
    }
}
```

程序运行结果：

```
total = 78
1    2    3    4
5    6    7    8
9   10   11   12
```

程序中，pary 是一个指向长度为 4 的一维数组的指针，执行

        pary=a+i ;

语句时，它指向了二维数组第 i 行，而

        *pary+j

是第 i 行第 j 列元素的地址，即&a[i][j]，所以

        *(*pary+j)

就是访问元素 a[i][j]。

4.4 数组作为函数参数

数组可以像普通变量一样，作为函数的参数。当数组元素作为参数时，它的性质与简单变量相同；当数组名作为参数时，实现地址传送。数组元素和数组名都可以作为引用参数。

4.4.1 向函数传送数组元素

数组元素是下标变量，用传值方式调用函数时，形参的临时存储单元接收数组元素的值。函数体内对形参单元进行操作，不影响实参数组元素。若使用引用参数或指针参数，则形参通过别名或间址方式访问实参，可以修改数组元素。

【例 4-10】数组元素作为传值参数。

```
#include<iostream>
using namespace std;
void fun(int, int, int);
int main()
{   int i, a[3] = { 1, 2, 3 };
    cout << "one:";
    for(i = 0; i<3; i++)
        cout << '\t' << a[i];
    cout << endl;
    fun(a[0], a[1], a[2]);                //传递数组元素值
    cout << "three:";
```

```
            for(i = 0; i<3; i++)
                cout << '\t' << a[i];
            cout << endl;
        }
        void fun(int a, int b, int c)            //传值参数
        {   a++;
            b++;
            c++;
            cout << "two:";
            cout << '\t' << a << '\t' << b << '\t' << c << endl;
            return;
        }
```
程序运行结果：
```
        one:    1    2    3
        two:    2    3    4
        three:  1    2    3
```
【例 4-11】数组元素作为引用参数。
```
        #include<iostream>
        using namespace std;
        void fun(int &, int &, int &);           //定义引用参数
        int main()
        {   int i, a[3] = { 1, 2, 3 };
            cout << "one:";
            for(i = 0; i<3; i++)
                cout << '\t' << a[i];
            cout << endl;
            fun(a[0], a[1], a[2]);               //传名
            cout << "three:";
            for(i = 0; i<3; i++)
                cout << '\t' << a[i];
            cout << endl;
        }
        void fun(int &a, int &b, int &c)         //引用参数
        {   a++;
            b++;
            c++;
            cout << "two:";
            cout << '\t' << a << '\t' << b << '\t' << c << endl;
            return;
        }
```
程序运行结果：
```
        one:    1    2    3
        two:    2    3    4
        three:  2    3    4
```
函数使用数组元素指针参数的情形，请读者自行验证。

4.4.2　数组名作为函数参数

当数组名作为函数参数时，C++进行传地址处理。调用函数时，形参数组名接收实参数组的地址，函数通过形参指针对实参数组进行间接访问。

【例 4-12】数组名作为函数参数。

```
#include<iostream>
using namespace std;
void fun(int [], int);              //函数原型，第 1 个形参是数组类型
int main()
{   int i, a[] = { 1, 2, 3 };
    cout << "one:";
    for(i = 0; i<3; i++)
        cout << '\t' << a[i];
    cout << endl;
    fun(a, sizeof(a)/sizeof(int));  //数组名 a 作为实参，传地址
    cout << "three:";
    for(i = 0; i<3; i++)
        cout << '\t' << a[i];
    cout << endl;
}
void fun(int x[], int num)          //一维形参数组，可以省略数组长度
{   int i;
    for(i = 0; i<num; i++)
        x[i]++;
    cout << "two:";
    for(i = 0; i<num; i++)
        cout << '\t' << x[i];
    cout << endl;
    return;
}
```

程序运行结果：

```
one:    1    2    3
two:    2    3    4
three:  2    3    4
```

在 main 函数中，调用 fun 函数时，表达式：

    sizeof(a)/sizeof(int)

用于求数组元素的个数，作为实参传送给形参 num。在 fun 函数内，却无法用表达式：

    sizeof(x)/sizeof(int)

求得数组的元素个数。这是因为，实参 a 是编译时建立的数组，类型为：

    int [3]   //长度为 3 的整型数组

sizeof(a)求这个整型数组的字节数。a 是内存直接地址，是一个常指针。

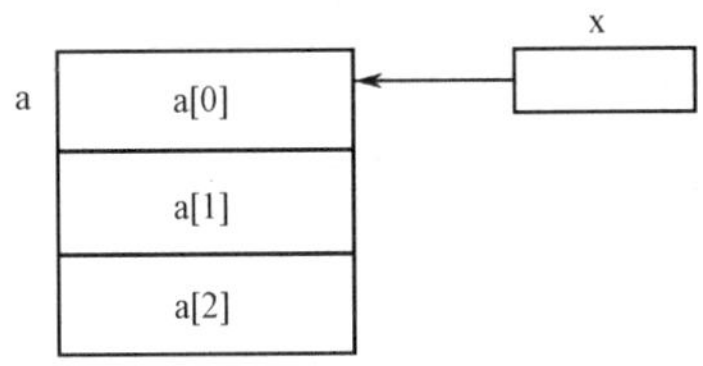

形参 x 虽然说明为：

    int x[]

图 4-8　实参数组和形参数组

但它不是一个真正的数组，而是一个指针类型的临时变量，用于存放实参组 a 的地址（如图 4-8 所示）。sizeof(x)的值仅仅是一个指针变量的字节数。所以将一维数组形参 x 说明为整型指针是等价的，即

    int * x

可见，在 fun 函数内是允许修改指针 x 的。例如，可以在函数体内用指针 x 移动方式访问数组。

【例 4-13】修改形参数组指针。

```
void fun(int x[], int num)
{   int i;
    for(i = 0; i< num; i++)
```

```
        (*x)++, x++;                          //循环体是逗号表达式
    cout << "two:";
    x = x-num;                                //指针返回起始位置
    for(i = 0; i < num; i++)
        cout << '\t' << *x++;                 //移动形参指针 x
    cout << endl;
    return;
}
```

调用函数时，指针 x 获得了数组的地址。函数中的第一个 for 语句以指针访问形式对数组赋值。循环结束后，指针 x 已经指向了 a[2]之后的存储单元，执行语句 x=x-num;的目的是把指针复位，以便第二个 for 语句得到正确的输出。

请读者想一想，如果把 x=x-num;改为 x=&x[0];，行不行？改为 x=&a[0];呢？为什么？

【例 4-14】 数组的降维处理。

在例 4-9 中，我们已经看到，使用指针以访问一维数组的形式访问二维数组。同样道理，函数参数接收高维数组的地址后，完全可以用不同方式进行处理，其关键是，不同维数的数组名代表不同逻辑级别的指针，不同逻辑级别的指针移动时具有不同的偏移量。本例演示二维数组的降维处理，使用函数求第 i 行到第 j 行数组元素的和。

```
#include<iostream>
using namespace std;
const int M = 4, N = 3;
int sum(int *, int, int, int);
int main()
{   int total, a[M][N] = { 1, 2, 3, 4, 5, 6, 7, 8, 9, 10, 11, 12 };
    total = sum(a[0], 3, 1, 3);               //向函数传送数组第一个元素地址
    cout << "total row 1-3 : " << total << endl;
}
int sum(int *pa, int col, int i, int j)       //pa 是一级指针
{   int t = 0, *p;
    for(p = pa+col*i; p<pa+col*(j+1); p++)     //计算地址偏移
        t = t+*p;
    return t;
}
```

程序中，形参 int *pa 是整型指针，所以对应的实参要求为一级指针，即数组元素的地址。实参 a[0]是元素 a[0][0]的地址，也可以用&a[0][0]作为实参。在函数体的 for 语句中，pa+col*i 是实参数组第 i 行元素的首地址，pa+col*(j+1)是第 j+1 行元素的首地址。

4.4.3　应用举例

排序是计算机程序设计中的一种重要算法。关键值按从小到大排列称为升序，按从大到小排列称为降序。排序后的数据给处理带来很大方便。排序方法有很多，这里仅介绍两种简单排序法：选择排序法和冒泡排序法。以下两个例子对一组整数按从小到大的顺序进行排列。

【例 4-15】 选择排序法。

若一组 n 个整数放在数组 a[0], a[1], a[2], …, a[n−1]中，选择排序的思路是：第一趟，在 a[0]～a[n−1]中找出一个最小元素，设它是 a[t]，则把 a[t]与 a[0]交换，使得 a[0]最小；第二趟，在 a[1]～a[n−1]中找最小元素 a[t]，把它与 a[1]交换；其余类推，直到在 a[n−2]和 a[n−1]之中找到最小值。

算法可以描述为：

```
for (i=0; i < n-1; i++)
{   从 a[i]到 a[n-1]找最小元素 a[t]
```

把 a[t]与 a[i]交换
　　　}
　　下面细化寻找最小元素算法。在每趟寻找中，设一个变量 t，用于记录当前最小元素的下标：
　　　for(j = i+1; j<n; j++)
　　　　if(a[j]<a[t]) t=j;
　　对数组一趟搜索完成后，找到当前最小元素 a[t]，然后执行 a[i]与 a[t]的交换。
　　以下程序用随机函数初始化数组。

```
//ex4-15.cpp
#include<iostream>
#include<ctime>
using namespace std;
void sort(int [], int);
int main()
{   int i, a[10];
    srand(int(time(0)));                    //调用种子函数
    for(i=0; i<10; i++)                     //用随机函数初始化数组
        a[i] = rand() % 100;
    for(i=0; i<10; i++)                     //输出原始序列
        cout << a[i] << "    ";
    cout << endl;
    sort(a, 10);                            //调用排序函数
    cout << "Order1:" << endl;
    for(i = 0; i<10; i++)                   //输出排序后序列
        cout << a[i] << "    ";
    cout << endl;
}
//sort.cpp
void sort(int x[], int n)
{   int min, t;
    for(int i=0; i < n-1; i++)              //对数组排序
    {   t = i;
        for (int j = i+1; j<n; j++)         //寻找最小元素
            if (x[j]<x[t])    t = j;
        if (t != i)                         //交换数组元素
        {   min = x[i];
            x[i] = x[t];
            x[t] = min;
        }
    }
    return;
}
```

　　在程序中，用随机数对数组进行初始化。随机数经常用于产生测试、模拟数据。在实际应用中，有许多生成随机数的方法，程序设计语言使用最简单的随机数生成法，称为线性同余法。随机数序列中的每个数 r_k，可以按下列公式由它的前一个数 r_{k-1} 计算出来：

$$r_k = (\text{multiplier} \times r_{k-1} + \text{increment}) \% \text{modulus}$$

　　例如，如果有：

$$r_k = (25173 \times r_{k-1} + 13849) \% 65536$$

可以产生 65 536 个各不相同的整型随机数。对这个公式稍做修改，还可以得到其他形式的随机数。
　　可见，参数 multiplier、increment 和 modulus 的值不同，将产生不同的随机数序列。计算

机系统的随机函数使用该公式产生随机数时，参数 multiplier、increment 和 modulus 的值都是经过仔细选择的，通常是一些大的素数。

另外，上述公式产生序列并不是真正的随机数，只能称为伪随机数，因为给定 r_0 的值后，总能预知 r_k 的值。若把公式写成：

$$rand = (multiplier \times number + increment)\ \%\ modulus$$

则 number 称为"种子"。当种子值不等于 r_k，即随机数序列不依赖于 r_k 时，就可以产生比较真实的随机数了。

C 的标准库（cstdlib，也包含在 iostream 中）提供两个用于产生随机数的函数。

- rand()随机函数，返回 0~32 767 的随机值。该函数没有参数。
- srand(number)种子函数，要求一个无符号整型参数为随机数生成器的启动值。

为了使种子值可变，通常用系统时间 time 作为 srand 函数的参数。

time(0)为时间函数，用 0 作为参数时，返回用整型数表示的系统当前时间。该函数在 ctime 头文件中定义。

【例 4-16】冒泡排序法。

冒泡排序法的排序过程就是对相邻元素进行比较调整。例如，对有 n 个元素的数组 a 的元素按升序排序的方法是，首先将 a[0]和 a[1] 进行比较，如果为逆序（a[0]>a[1]），则 a[0] 与 a[1]交换，然后，比较 a[1]和 a[2]。其余类推，直到 a[n-2]和 a[n-1]进行过比较为止。这个过程称为一趟冒泡排序，其结果使得最大值放在最后一个位置 a[n-1]上，而相对较小的值上升了一个位置。然后进行第 2 趟冒泡排序，对 a[0]~a[n-2]进行同样操作，其结果使次大值放在 a[n-2]的位置上。整个过程就像烧开水一样，较小值像水中的气泡一样逐趟往上冒，每趟都有一块"最大"的石头沉到水底。图 4-9 展示了一个冒泡排序示例。

从以上分析可知，冒泡排序的比较方式与选择排序不同，但它们的排序效率一样。冒泡排序算法可以做改进，以减少不必要的排序趟次。容易看出，如果在某一趟排序中，数组元素没有进行过交换，则说明序列已经是正序，不需要继续进行排序了。由此，我们可以设一个辅助变量，监视交换操作，若没有交换过，则退出循环，结束排序。

以下函数对数组 a 按升序排序。

```cpp
//bubble.cpp
void bubble(int a[], int size)
{   int i, temp, work;
    for (int pass = 1; pass < size; pass++)     //对数组排序
    {   work = 1;
        for (i = 0; i<size-pass; i++)
            if (a[i]>a[i+1])                     //相邻元素比较
            {   temp = a[i];
                a[i] = a[i+1];
                a[i+1] = temp;
                work = 0;
            }
        if(work) break;
    }
}
```

49	38	38	38	38	13	13
38	49	49	49	13	27	27
65	65	65	13	27	38	38
97	76	13	27	49	49	
76	13	27	49	49		
13	27	49	65			
27	49	76				
49	97					
初始状态	第1趟排序	第2趟排序	第3趟排序	第4趟排序	第5趟排序	第6趟排序

图 4-9 冒泡排序示例

在 bubble 函数中，work 是辅助工作变量，在进入每趟排序的内循环之前赋值 1，而在内循环体内赋值 0，表示进行过元素交换。若执行完内循环之后，work 的值依然为 1，则说明不需要继续排序，用 break 语句结束外循环。

【例 4-17】矩阵相乘。

求两矩阵的乘积 $C = A \cdot B$。设 A、B 分别为 $m \times p$ 阶和 $p \times n$ 阶矩阵，则 C 是 $m \times n$ 阶矩阵。按矩阵乘法的定义有：

$$C_{ij} = \sum_{k=1}^{p} A_{ik} \cdot B_{kj} \quad (i = 1,2,\cdots,m; j = 1,2,\cdots,n)$$

在程序中，以二维数组表示矩阵。若有一个 3×3 的数组 A（矩阵 A）乘以一个 3×2 的数组 B（矩阵 B），将得到一个 3×2 的数组 C（矩阵 C）。

$$A = \begin{bmatrix} 1 & 1 & 1 \\ 2 & 2 & 2 \\ 3 & 3 & 3 \end{bmatrix} \qquad B = \begin{bmatrix} 1 & 1 \\ 2 & 2 \\ 3 & 3 \end{bmatrix} \qquad C = A \cdot B = \begin{bmatrix} 6 & 6 \\ 12 & 12 \\ 18 & 18 \end{bmatrix}$$

```cpp
#include<iostream>
#include<iomanip>
using namespace std;
const int M = 3, P = 3, N = 2;
int a[M][P], b[P][N], c[M][N] = { 0 };
bool multimatrix(const int a[M][P], int arow, int acol,
                 const int b[P][N], int brow, int bcol, int c[M][N], int crow, int ccol);
int main()
{   int i, j;
    cout << "Please input A:\n";        //输入矩阵 A 的元素
    for(i = 0; i<M; i++)
        for(j = 0; j<P; j++)
            cin >> a[i][j];
    cout << "\nPlease input B:\n";       //输入矩阵 B 的元素
    for(i = 0; i<P; i++)
        for(j = 0; j<N; j++)
            cin >> b[i][j];
    if(multimatrix(a,M,P,b,P,N,c,M,N))//调用函数计算矩阵乘积
        for(i = 0; i<M; i++)
        {   for(j = 0; j<N; j++)
                cout << setw(5) << c[i][j];
            cout << endl;
        }
    else
        cout << "illegal matrix multiply.\n";
}
bool multimatrix(const int a[M][P], int arow, int acol,
                 const int b[P][N], int brow, int bcol, int c[M][N], int crow, int ccol)
{   if (acol!=brow) return false;            //判断参数合法性
    if (crow!=arow) return false;
    if (ccol!=bcol) return false;
    for (int i = 0; i<crow; i++)              //矩阵相乘
        for (int j = 0; j<ccol; j++)
        {   for(int k = 0; k<acol; k++)
                c[i][j] += a[i][k]*b[k][j];
        }
    return true;
}
```

4.5 动态存储

一旦定义一个变量后，编译时，系统就会分配相应的存储空间，而且这块空间在程序的生存期都不能由系统再分配。但是，程序设计的要求是千变万化的，存储空间往往需要根据进程中要处理的数据量和对数据处理的变化而改变。为此，C++提供了程序运行时的动态存储分配机制。

4.5.1 new 与 delete 操作符

C++使用 new 与 delete 操作符动态分配存储空间和动态释放已分配的存储空间。new 与 delete 的一般语法形式为：

指针变量 = new 类型
delete 指针变量

new 按照指定类型的长度分配存储空间，并返回所分配空间的首地址。"类型"可以是任意类型，例如，基本数据类型、数组类型、结构类型、类类型，包括函数指针类型等，但不允许是函数类型。

```
int *p1 = new int(0);        //动态分配一个整型单元，并置初值
char *p2 = new char;         //动态分配一个字符型单元
float *p3 = new float;       //动态分配一个浮点型单元
//…
delete p1;                   //释放 p1 所指的存储空间
delete p2;                   //释放 p2 所指的存储空间
delete p3;                   //释放 p3 所指的存储空间
```

如果需要申请动态数组，new 的"类型"使用数组类型，释放存储空间使用 delete[]。例如：

```
int *p4 = new int [4];       //动态分配长度为 4 的整型数组
//…
delete []p4;                 //释放 p4 所指的存储空间
```

以上语句申请存储空间的情况如图 4-10 所示。

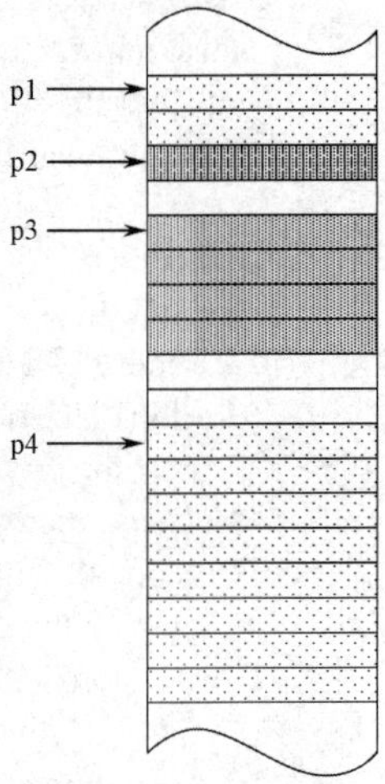

delete 释放了指针变量所指的空间，并没有删除指针变量本身的存储单元和清除指针变量原来的值。p1, p2, p3, p4 这些指针变量的地址值虽然还存在，但已经没有意义。一个好的编程习惯是，在 delete 之后，对指针变量赋 NULL，清除其无意义的地址值。

图 4-10　动态分配

由 new 分配的堆空间与普通变量不同，它没有名字，只能通过指针对堆空间进行间址方式访问。

4.5.2 动态存储的应用

本节举例介绍 new 和 delete 的典型用法。我们将会在后续章节看到，new 还可以为类对象动态分配存储空间。

【例 4-18】动态分配和释放存储空间。

```
#include<iostream>
using namespace std;
int main()
{   int *p = NULL;                //指针变量 p 初值置为空值
    p = new int;                  //申请一个整型空间，地址写入指针 p
    if(p == NULL)                 //判断内存是否申请成功
       {  cout << "allocation faiure\n";
          return 0;
       }
    *p = 20;                      //通过指针 p 间址访问存储空间
```

```
        cout << *p << endl;
        delete p;                          //释放 p 所指存储空间
        p = NULL;                          //对指针 p 赋空值
        return 1;
    }
```

程序在说明指针变量后初始化为 NULL，所以 if 语句用 p==NULL 作为判断内存分配失败的条件。

【例 4-19】用 new 申请基本类型空间时，可以用括号"()"对存储单元赋初值。

```
        #include<iostream>
        using namespace std;
        int main()
    {   int *p = NULL;
        p = new int(89);               //初始化存储单元
        if(p == NULL)
        {   cout << "allocation faiure\n";
            return 0;
        }
        cout << *p << endl;
        delete p;
        p = NULL;
        return 1;
    }
```

【例 4-20】编写函数，申请动态数组。

```
        #include<iostream>
        using namespace std;
        void App(int * & pa, int n);
        int main()
    {   int *ary = NULL, *t;
        int i, n;
        cout<<"n= ";
        cin>>n;
        App(ary,n);                         //调用函数，动态分配数组
        for(t = ary; t<ary+n; t++)
            cout << *t << "    ";
        cout<<endl;
        for(i = 0; i<n; i++)
            ary[i] = 10 + i;                //对动态数组元素赋值
        for(i = 0; i<n; i++)
            cout<<ary[i]<<"    ";
        cout << endl;
        delete []ary;
        ary = NULL;
    }
        void App(int * & pa, int len)        //pa 是指针引用参数
    {   pa = new int[len];                  //动态分配数组
        if(pa == NULL)
        {   cout << "allocation faiure\n";
            return;
        }
        for(int i = 0; i<len; i++)          //赋初值
            pa[i] = 0;
```

```
}
```

一个动态分配的数组，既可以用下标形式访问，也可以用指针形式访问。在上述例程中，main 函数第 1 个 for 循环用指针 t 跟踪输出动态数组元素。ary 的值是通过 new 获取到的地址，它不是常指针，ary 可以作为左值进行修改。若把输出语句改为：

```
for(i = 0; i<n; i++, ary++) cout << *ary << "   ";
```

则输出元素值后，指针 ary 离开了动态分配的存储空间，系统报告一个"Null pointer assignment"的错误。如果继续执行：

```
delete []ary;
```

系统将无法释放已分配的内存。这就是所谓"内存泄漏"问题，是一个十分严重的错误。

程序中的 App 函数用于申请指定长度的动态数组。注意，该函数的第一个形参：

```
int * &pa
```

是指针引用参数。调用函数后，pa 是 ary 的别名，new 申请的内存地址写入 pa，即写入 ary。

请读者考虑，若 App 函数不使用引用参数，即函数原型改为：

```
void App(int * pa, int n);
```

程序会出现编译错误吗？将会出现什么问题？

【例 4-21】输出二项式系数表。

二项式 $(a+b)^n$ 展开式的系数个数由幂 n 决定，n 次幂有 $n+1$ 个系数。n 次幂系数表的特点是，第一项和最后一项等于 1，其余各项可以从 $n-1$ 次幂的系数表递推计算出来：

$$yh_i^n = yh_{i-1}^{n-1} + yh_i^{n-1}$$

把从 $n=0$ 至 $n=k$ 次幂的二项式展开式系数表排列在一起的数据阵列称为杨辉三角形：

```
1
1  1
1  2  1
1  3  3  1
1  4  6  4  1
1  5  10 10 5   1
...
```

由于每行元素都是在上一行的基础上计算出来的，因此可以用一维数组进行迭代。数组长度是根据二项式展开式的幂决定的，所以在程序中使用动态数组。以下程序输出二项式展开式 n 次幂的系数表。

```
#include<iostream>
using namespace std;
void yhtriangle(int * const, int);
int main()
{   int n, *yh;
    do                              //保证输入合法数据
    {   cout << "Please input power:\nn=";
        cin >> n;
    } while(n<0 || n>20);
    yh = new int[n+1];              //创建动态数组
    yhtriangle(yh, n);              //调用函数，输出 n 次幂的系数表
    delete []yh;                    //释放动态数组
    yh = NULL;
}
void yhtriangle(int * const py, int pn)
{   int i, j, k;
    py[0] = 1;                      //对第一项赋 1
```

```
        cout<<py[0]<<endl;                    //输出 0 次幂系数表
        for(i=1; i<pn+1; i++)
        {   py[i] = 1;                         //每行的最后一项赋 1
            for(j = i−1; j>0; j−−)             //迭代计算当前行各项值
                py[j] = py[j−1]+py[j];
            for(k = 0; k<=i; k++)              //输出 i 次幂系数表
                cout << py[k] << "   ";
            cout<<endl;
        }
    }
```

在 yhtriangle 函数中，const 约束形参 py 为指针常量，在函数体内不能修改形参的值，以确保通过形参指针对实参数组进行操作。

注意迭代算法中的循环参数设置。如果改为：

```
        for(j=1; j<i; j++)
            py[j] = py[j−1] + py[j];
```

可以吗？会有什么问题？

4.6 vector 类

vector 类是 C++标准库（STL，Standard Template Library）中定义的一个向量模板类（详见第 10 章）。向量模板类不但具有数组的一般操作方式，还可以动态改变大小、进行边界检查，其封装了强大的功能。使用 vector 类需要包含 vector 头文件。

1. vector 变量的声明和初始化

vector 变量声明形式为：

    vector <类型> 名称 (长度) ;

向量声明可以省略长度。向量元素默认初值为 0。

例如：

```
    vector <int> a1;                //声明 int 型向量 a1
    vector <int> a2(10) ;           //声明长度为 10 的向量 a2，默认初值为 0
    vector <int> a3(10,1) ;         //声明一个长度为 10 的向量 a3，且初值都为 1
    vector <int> b1(a3);            //声明并用向量 a3 初始化向量 b1
    int n[]={1,2,3,4,5};
    vector <int> a4(n, n+5);        //声明向量 a4，将数组 n 的前 5 个元素作为初值
```

若声明向量时省略长度，例如上述的 a1，它仅是一个指针，表示一个空向量。vector 的成员函数 push_back、insert 都可以为空向量插入新元素。

2. 向量的基本操作

向量重载了数组的输出/输入、下标操作，可以像已经熟悉的数组方式一样访问向量元素。重载了赋值、比较等运算符用于向量的整体操作。STL 中的序列容器接口、迭代器、算法提供了对向量等数据结构的强大操作功能，详见第 10 章 10.4 节标准模板。

表 4-1 列出了一些向量的常用简单操作。其中插入、删除、复制操作都将动态修改向量的长度。

表 4-1　向量的常用简单操作

操 作	说 明
a.push_back	在向量 a 末尾添加元素
a.pop_back	删除向量 a 末尾的元素
a.insert	插入元素
erase	删除指定元素
a.clear()	清空向量 a 中的元素
b.swap(a)	向量 a 与向量 b 进行交换
a = b	复制。将向量 b 复制到向量 a 中
==, !=, >, >=, <, <=	向量比较。保持惯有含义
a.size()	获取向量 a 中的元素个数
a.empty()	判断向量 a 是否为空

（1）push_back 函数在向量末尾添加元素，pop_back 函数删除向量末尾的元素。

```
a.push_back(e)          //在向量 a 末尾添加元素 e，a 可以为空向量
a.pop_back()            //删除向量 a 末尾的元素
```

例如：

```
a1.push_back(10);
a1.push_back(20);
```

在向量 a1 末尾添加了两个元素。

（2）insert 函数把指定个数的元素插入向量的指定位置。例如：

```
a.insert(a.begin(), 1000);              //将 1000 插入向量 a 的起始位置前
a.insert(a.begin(), 3, 1000) ;          //在向量 a 前插入 3 个值为 1000 的元素
a.insert(a.begin()+3, 3, 1000) ;        //在向量元素 a[3]之前插入 3 个值为 1000 的元素
b.insert(b.begin(), a.begin(), a.end()) ; //将 a.begin()和 a.end()之间的全部元素插入 b.begin()之前
```

（3）erase 函数用于删除向量中的指定元素，clear 函数用于清空向量并删除所有元素。

例如：

```
a.erase(a.begin()) ;                    //删除向量 a 起始位置的元素
a.erase(a.begin(), a.begin()+3) ;       //删除(a.begin(), a.begin()+3)之间的元素
a.clear();                              //清空向量 a
```

（4）swap 函数用于交换两个长度相等、元素类型相同的向量的元素。例如：

```
vector<int> a(10, 1);
vector<int> b(10, 20);
a.swap(b);                              //向量 a 与向量 b 交换数据
```

（5）重载赋值运算符 "=" 可以用于两个长度不同、元素类型相同的向量之间的数据覆盖，并自动修改被赋值向量的长度。例如：

```
vector <int> a(5,10);
vector <int>b(10, 5);
a=b;
```

完成操作之后，a 是长度为 10，每个元素值均为 5 的向量。

（6）重载关系运算符 ==、!=、>、>=、<、<= 用于比较两个元素类型相同的向量。例如：

```
vector <int> a(5,10);
vector <int>b(10, 5);
a>b;                                    //结果为 0，false
```

【例 4-22】向量简单操作演示。

```
#include<iostream>
#include<vector>
using namespace std;
int main()
{    vector<int> a(10, 0);           //声明大小为 10，元素初值为 0 的向量 a
     vector<int> b;                  //声明向量 b
     int i;
     for (i = 0; i < a.size(); i++)  //对向量元素赋值
        a[i] = i + 1;
     for (i = 0; i < a.size(); i++)  //输出向量元素值
        cout << a[i] << " ";
     cout << endl;
     b = a;                          //向量整体赋值
     for (i = 0; i < b.size(); i++)
        cout << b[i] << " ";
     cout << endl;
     //向量比较
```

```
        cout <<"a==b   "<<(a==b)   << endl;
        cout << "a>b    " << (a>b) << endl;
        cout << "a!=b   " << (a!=b) << endl;
    }
```

【例 4-23】构造二维向量。当定义一个向量的元素为同构的向量时，它就是一个二维数组。

```
    #include<iostream>
    #include<vector>
    using namespace std;
    int main()
    {   vector< vector<int> > b(3, vector<int>(4, 0));          //声明 3*4 的二维向量，初值为 0
        int m, n;
        for (m = 0; m<b.size(); m++)                            //b.size()获取行数量
        {   for (n = 0; n<b[m].size(); n++)                     //b[m].size()获取列元素数量
               b[m][n]=m+n;
        }
        for (m = 0; m<b.size(); m++)
        {   for (n = 0; n<b[m].size(); n++)
               cout << b[m][n] << " ";
            cout << "\n";
        }
    }
```

4.7　字符串

　　字符是计算机程序经常要处理的数据。字符在计算机中一般以 ASCII 码值的形式存放，每个字符占 1 字节的空间。对于一个语言系统，字符串是指若干有效字符的序列。C++的"有效字符"就是在第 1 章中介绍的字符集。串常量由双引号相括的字符序列表示。例如：

　　　　"CHINA"　　　"Student"　　　　"x+y=100"　　　"\a\n"　　　　" "　　　　""

都是合法的字符串。以空格组成的字符串不是空串，空格也是字符，有 ASCII 码值。

　　C++中，可以直接处理用数组形式存放的字符串，也可以使用标准类库定义的 string 类安全高效地处理字符串。

4.7.1　C 字符串

1．字符串的表示

　　字符串（也称为串）存放在字符型数组中，并添加一个'\0'作为其结束标记。'\0'是指 ASCII 码值为 0 的字符，它不是一个普通的可显示字符，而是代表一个"空操作"，称为串结束符。

　　例如：

```
    char str1[10] = { 'S', 't', 'u', 'd', 'e', 'n', 't', '\0'};
    char str2[] = { "Student" };
    char str3[] = "Student";
    char *str4 = "Student";
```

表示了 4 个初值相同的字符串。以串常量对串变量进行初始化时，系统将自动添加串结束符'\0'。

　　注意，str4 被定义为字符型指针，实际上是一个内置字符数组。

2．字符串的访问

　　用 cin 或 cout 输入、输出字符串时，字符数组名和字符指针可以像一个"串变量名"那样使用。用 cin 输入时，以空格符或回车符作为字符串的结束符，而用 cout 输出一个字符串时，以'\0'识别字符串的结束。

【例 4-24】字符串的输入/输出。

```
#include<iostream>
using namespace std;
int main()
{
        char s1[80];
        cout << "input string1:\t"; cin >> s1;
        cout << "output string1:\t"; cout << s1<< endl;
        char *s2 = new char[80];
        cout << "input string2:\t"; cin >> s2;
        cout << "output string1:\t"; cout << s2 << endl;
        delete[]s2;
        s2 = NULL;
}
```

程序运行后，要求输入字符串的长度小于定义的长度，此例输入字符串的长度小于 80。原因是，串结束符'\0'需占 1 字节的空间。

那么，要访问字符串中的某个字符怎么办？本质上，字符串是一个字符数组，用下标方式或指针方式都可以灵活地访问字符串中的各个字符，方便地进行编辑操作。

【例 4-25】测试字符输出。

```
#include<iostream>
using namespace std;
int main()
{       char *s = "Hello world!";
        int i;
        for (i = 0; i < 6; i++)
            cout << s[i];
        for (int i = 6; i<12; i++)
            cout << *(s + i);
        cout << endl;
}
```

3. 常用串处理函数

C++标准库提供一系列用于字符串操作的相关函数。表 4-2 介绍常用的串处理函数。串处理函数的原型在 cstring 和 iostream 头文件中声明，全部资料可以从 MSDN 中查阅。

表 4-2 cstring 中常用串处理函数

函　　数	说　　明
strlen (str)	求串长。返回 str 的长度，只计算有效字符个数，空字符不包括在内
strcpy_s(des, src)	串复制。将 src 复制到 des 中。若 des 为字符数组引用参数，则 des 的长度应大于或等于 strlen(src)
strcpy_s(des, desSize, src)	若 des 为字符指针参数，则由 desSize 指定 des 的长度，应有：strlen(des)≥desSize≥strlen(src)
strcat_s(des, src) strcat_s(des, desSize, src)	串连接。将 src 添加到 des 之后，des 的串结束符被 src 的第 1 个字符所改写。若 des 为字符指针，则 desSize 指定 des 的长度。为了使 des 能容纳 src 中的所有字符，des 的定义长度应大于或等于 strlen(des)+strlen(src)+1 或 desSize≥strlen(des)+strlen(src) +1
strncat_s(des, src, count) strncat_s(des, desSize, src, count)	串连接。把 src 前面由参数 count 指定字符数的子串添加到 des 之后。其余参数的意义与 strcat_s()的相同
strcmp(str1, str2) strncmp(str1, str2, maxCount)	串比较。以字典顺序方式比较两个字符串是否相等。若相等，则返回值为 0；若 str1 大于 str2，则返回正数；若 str1 小于 str2，则返回负数。strcmp()用于对两个字符串进行完全比较；strncmp()用于比较两个字符串的前端，maxCount 用于指定子串的长度

【例 4-26】测试字符串长度。

```
#include<iostream>
using namespace std;
int main()
{   char str1[] = "How do you do !";
    char *str2 = "We write ";
    cout << "The string1 length is : " << strlen(str1) << endl;
    cout << "The string2 length is : " << strlen(str2) << endl;
    cout << "The string3 length is : " << strlen("C++ program") << endl;
}
```

程序运行结果：

```
The string1 length is : 15
The string2 length is : 9
The string3 length is : 11
```

调用 strlen 函数的实参为串常量时，cout 创建一个临时串对象，把这个对象的地址传送给形参。

【例 4-27】复制字符串。

```
#include<iostream>
using namespace std;
int main()
{   char str1[20], *str2;
    str2=new char[20];
    strcpy_s(str1, "computer world");   //把串常量复制到字符数组 str1 中
    strcpy_s(str2, 15, str1);            //把 str1 复制到 str2 中，要求长度为 15
    cout << str1 << endl << str2 << endl << endl;
}
```

程序运行结果：

```
computer world
computer world
```

【例 4-28】字符串连接。

```
#include<iostream>
using namespace std;
int main()
{   char str1[30], str2[10];
    char *str3 = new char[30];
    strcpy_s(str1, 30,"computer_");
    strcpy_s(str2, "world_");
    strcat_s(str1, "world_");            //把串常量添加到字符数组 str1 之后
    cout << str1 << endl;
    strncat_s(str1,str2, 3);             //把 str2 的 3 个字符添加到 str1 之后
    cout << str1 << endl;
    str3[0]='\0';
    strncat_s(str3,30,str1,10);          //把 str1 的 10 个字符添加到 str3 中
    cout << str3 << endl;
}
```

程序运行结果：

```
computer_world_
computer_world_wor
computer_w
```

【例 4-29】用串比较函数查找指定字符串。

```
#include<iostream>
using namespace std;
int main()
{   char *name[5]={"LiHua","HeXiaoMing","ZhangLi","SunFei", "ChenBao" };
    char in_name[20];
    int i, flag = 0;
    cout << "Enter your name: ";
    cin >> in_name;
    for(i = 0; i<5; i++)
        if (strcmp(name[i], in_name) == 0)
            {   flag = 1;
                break;
            }
    if (flag == 1)   cout << in_name << " is in our class.\n";
    else    cout << in_name << " is not in our class.\n";
}
```

语句：

```
char *name[5] ={"LiHua","HeXiaoMing","ZhangLi","SunFei", "ChenBao" };
```

其中，name 是一个长度为 5 的字符指针数组，5 个字符串分别对每个字符指针表示的串变量进行初始化。

【例 4-30】字符串排序。

本例程用选择排序法对字符串做升序排列。在排序过程中，对指针数组 name[i]和 name[j]的交换是地址交换，存放字符的存储单元没有变化。显然，这比交换串值的处理效率更高。

```
#include<iostream>
using namespace std;
int main()
{   char *name[5] = { "Li Hua", "He Xiao Ming", "Zhang Li", "Sun Fei", "Chen Bao" };
    char *pt;
    int i, j, k;
    for(i = 0; i<4; i++)
    {   k = i;
        for (j = i+1; j<5; j++)
            if(strcmp(name[i], name[j])>0)    k = j;
        if(k!=i)
        {   pt = name[k];
            name[k] = name[i];
            name[i] = pt;
        }
    }
    for(i = 0;i<5; i++)
        cout << "name[" << i << "]= " << name[i] << endl;
}
```

用 cin 流输入字符串时，C++把键盘操作的空格符或回车符都视为串结束符，因此无法输入带空格的字符串。例如：

```
char *s = new char[20];
cin>>s;
cout<<s;
```

cin 不能识别包含空格的字符串，把空格符和回车符都视为串结束符。若输入：

```
My name
```

则输出显示为：

My

但在很多情况下，需要识别包含空格的字符串。要解决这个问题可以使用控制台程序的 I/O 函数。输入字符串的函数原型为：

char *gets_s(char * _Buf, size_t _Size);

该函数的第 1 个参数_Buf 用于接收输入字符，第 2 个参数用于指定输入字符串的长度。当输入字符串用回车符结束时，自动添加'\0'。因此，最大允许输入的字符个数要求小于_Size。函数同时返回输入字符串。

对应的输出字符串函数原型为：

int puts(const char * _Str);

输出字符串_Str。正确执行则返回 0 值，否则返回非 0 值。

以上两个函数在 iostream 和 cstdio 头文件中声明。

【例 4-31】包含空格的字符串输入/输出。

```
#include<iostream>
int main()
{   char *s = new char[128];
    gets_s(s,10);          //输入字符串长度小于 10
    puts(s);
    delete []s;
    s = NULL;
}
```

此时，若输入：

My name

则输出为：

My name

在系统的 cstdio 和 conio.h 文件中，有一批适用于控制台程序 I/O 操作的函数，有兴趣的读者可以自行查阅。另外，iostream 也有相应的 get 和 put 函数，支持控制台程序的字符输入和输出，具体见 11.2 节。

4.7.2 string 类

C++标准库 STL 中定义了一个 string 类，封装了字符串的基本特性和对字符串的各种典型操作，并重载了一批运算符，使得字符串操作变得更直接、简捷。各种操作都设置了下标范围和长度检查，提高了安全性。表 4-3 列出了主要操作。

string 类在 string 头文件中声明，全部特性可以通过 MSDN 查找。

表 4-3 string 类的主要操作

操 作	说 明
构造 string 对象	
string s	默认构造空串
string s2(s1)	由 s1 复制构造 s2
string s(cstr)	以 cstr 为初值构造 s
string s(n,ch)	以 n 个 char 型字符 ch 为初值构造 s
string s(cstr,beg,len)	以 cstr 中从 cstr[beg]开始且长度为 len 的子串构造 s
返回 string 属性	
s.size()	返回串长
s.length()	返回串长

操　作	说　明
s.capacity()	返回容量
s.max_size()	返回最大允许串长
s.empty()	判断空串
string 对象赋值	
s2=s1	把 s1 赋给 s2
s2.assign(s1)	把 s1 赋给 s2
s=cstr	把 cstr 赋给 s
s.assign(cstr)	把 cstr 赋给 s
s=c	把字符 c 赋给 s
s.assign(num,c)	把由 num 个字符 c 组成的串赋给 s
存取元素	
s[idx]	返回 s 中下标为 idx 的字符，不检查下标合法性
s.at[idx]	返回 s 中下标为 idx 的字符，检查下标合法性
s.data()	返回 s 中 C_string 形式的字符串
s.c_str	返回 s 中 C_string 形式的字符串
插入	
s2.insert(idx,s1)	把 s1 插到 s2[idx]之前
s.insert(idx,cstr)	把 cstr 插到 s[idx]之前
s2+=s1	把 s1 追加到 s2 之后
s2.append(s1)	把 s1 追加到 s2 之后
s+=cstr	把 cstr 追加到 s 之后
s.append(cstr)	把 cstr 追加到 s 之后
s+=c	把字符 c 追加到 s 之后
截取子串	
s.substr()	返回 s 的副本
s.substr(idx)	返回从 s[idx]开始的子串副本
s.substr(idx,len)	返回从 s[idx]开始且长度为 len 的子串副本
串连接	
s1+s2	返回把 s2 连接到 s1 之后的字符串
s+cstr	返回把 cstr 连接到 s 之后的字符串
cstr+s	返回把 s 连接到 cstr 之后的字符串
s+c	返回把字符 c 连接到 s 之后的字符串
c+s	返回把 s 连接到 c 之后的字符串
删除	
s.clear()	删除 s 的所有字符，无返回值
s.erase()	删除 s 的所有字符，返回当前对象
s.erase(idx)	删除 s 中从 s[idx]开始的所有字符，返回当前对象
s.erase(idx,len)	删除 s 中从 s[idx]开始最多 len 个字符，返回当前对象
替换	
s2.replace(idx,len,s1)	把 s2 中从 idx 开始的最多 len 个字符替换为 s1
s2.replace(beg,end,s1)	把 s2 中位于区间[beg,end]内的子串替换为 s1
s.replace(beg,end,newBeg,newEnd)	把 s 中位于区间[beg,end]内的子串替换为 s 中位于区间[newBeg,newEnd]内的子串
查找	
s.find(c)	在 s 中查找字符 c，查找成功则返回第一次出现的下标
s.find(c,idx)	从 s[idx]开始查找字符 c，查找成功则返回第一次出现的下标
s.find(sub)	在 s 中查找子串 sub，查找成功则返回第一次出现的下标

操　作	说　明
s.find(cstr)	在 s 中查找 cstr 串，查找成功则返回第一次出现的下标
s.find_first_of(sub)	在 s 中查找第一个与 sub 中某个字符相同的字符，查找成功则返回第一次出现的下标
s.find_first_of(cstr)	在 s 中查找第一个与 cstr 中某个字符相同的字符，查找成功则返回第一次出现的下标
s.find_first_of(c)	在 s 中查找第一个与 c 相同的字符，查找成功则返回第一次出现的下标
	以上查找函数在查找不成功时均返回错误信息 string::npos
串比较	
s2 < | <= | > | >= | == | != s1	s2 与 s1 比较，返回 true 或 false
s < | <= | > | >= | == | != cstr	s2 与 cstr 比较，返回 true 或 false
s2.compare(s1)	比较 s2 和 s1，返回 0（相等），正数（s2 大于 s1）或负数（s2 小于 s1）
s.compare(cstr)	比较 s 和 cstr，返回 0（相等），正数（s 大于 cstr）或负数（s 小于 cstr）

注：参数 cstr 为 C_string，即用 char[]或 char*表示的 C 字符串。

以下通过一些简单的例程演示 string 类的基本操作。

【例 4-32】测试 string 对象的特性。

```
#include<iostream>
#include<string>
using namespace std;
void PrintAttribute(const string &str);
int main()
{   string s1, s2;
    PrintAttribute(s1);
    s1 = "My string object";
    PrintAttribute(s1);
    s2 = "new string";
    PrintAttribute(s2);
}
void PrintAttribute(const string &str)
{   cout << "size: " << str.size() << endl;
    cout << "length: " << str.length() << endl;
    cout << "capacity: " << str.capacity() << endl;
    cout << "max size: " << str.max_size() << endl;
}
```

程序运行结果：

```
size: 0
length: 0
capacity: 15
max size: 4294967294
size: 16
length: 16
capacity: 31
max size: 4294967294
size: 10
length: 10
capacity: 15
max size: 4294967294
```

【例 4-33】串对象的赋值和连接。

```
#include<iostream>
#include<string>
```

```
using namespace std;
int main()
{   string s1("cat "), s2, s3;
    s2 = s1;                              //赋值
    s3.assign("jump ");                   //赋值, s3 = "jump "
    cout << s2 << s3 << endl;
    s1+=s3;                               //连接
    cout << s1 << endl;
    s1.append("and yell");                //连接, s1+="and yell"
    cout << s1 << endl;
    s1[0] = 'h';                          //使用 operator[]，修改第 1 个字符
    cout << s1 << endl;
}
```

程序运行结果：

```
cat jump
cat jump
cat jump and yell
hat jump and yell
```

【例 4-34】用 string 类重写例 4-30 中的字符串排序程序。

```
#include<iostream>
#include<string>
using namespace std;
int main()
{   //定义 string 类数组
    string name[5] = { "Li Hua", "He Xiao Ming", "Zhang Li", "Sun Fei","Chen Bao" };
    string s;
    int i, j, k;
    for(i=0; i<4; i++)
    {   k = i;
        for(j=i+1; j<5; j++)
            if(name[i]>name[j])           //(name[i].compare(name[j]))>0
                k = j;
        if(k!=i)
        {   s = name[k];
            name[k] = name[i];
            name[i] = s;
        }
    }
    for(i=0; i<5; i++)
        cout << "name[" << i << "]= " << name[i] << endl;
}
```

【例 4-35】把字母表中的逗号 "," 全部替换为分号 ";"。

```
#include<iostream>
#include<string>
using namespace std;
int main()
{   string   alphabet = "A,B,C,D,E,F,G,H,I,J,K,L,M,N,O,P,Q,R,S,T,U,V,W,X,Y,Z";
    int x = alphabet.find(",");
    while(x<string::npos)
    {   alphabet.replace(x, 1, ";");
        x = alphabet.find(",", x+1);
```

```
            }
        cout << alphabet << endl;
    }
```

【例 4-36】把美国格式的日期转换为国际格式的日期。

```
#include <iostream>
#include <string>
using namespace std;
int main()
{   cout << "Enter the date in American format " << "(e.g., December 25, 2001) :\n";
    string Date;
    getline(cin, Date, '\n');                        //输入 1 行字符
    int i = Date.find(" ");                          //查找月份之后的第 1 个空格
    string Month = Date.substr(0, i);
    int k = Date.find(",");                          //查找日期之后的分隔符
    string Day = Date.substr(i+1, k-i-1);
    string Year = Date.substr(k, Date.size()-1);
    string NewDate = Day + " " + Month + " " + Year;  //组成新格式的字符串
    cout << "Original date: " << Date << endl;
    cout << "Converted date: " << NewDate << endl;
    return 0;
}
```

程序运行结果：

```
Enter the date in American format " << "(e.g., December 25, 2001) :
October 1, 2020
Original date: October 1, 2020
Converted date: 1 October, 2020
```

【例 4-37】把 string 对象转换成 C 字符串。

```
#include<iostream>
#include<string>
using namespace std;
int main()
{   string s("StringObject");
    int len = s.length();                            //获取 s 的长度
    char *ptr1 = new char[len+1];
    strcpy_s(ptr1,len+1,s.data());                   //把 s 转换成 C_string 形式，复制到 ptr1 中
    char *ptr2 = new char[len+1];
    strcpy_s(ptr2,len+1,s.c_str());                  //把 s 转换成 C_string 形式，复制到 ptr2 中
    cout << "string s is: " << s << endl;
    cout << "ptr1 is: " << ptr1 << endl;;
    cout << "ptr2 is: " << ptr2 << endl;;
    delete []ptr1;
    delete []ptr2;
}
```

程序运行结果：

```
string s is: StringObject
ptr1 is: StringObject
ptr2 is: StringObject
```

习题

一、思考题

1. 数组说明语句要向编译器提供什么信息？请写出一维数组、二维数组说明语句的形式。

2. 数组名、数组元素的区别是什么？归纳一维数组元素地址、元素值不同的表示形式。若有说明：

   int aa [3], *pa=aa;

请使用 aa 或 pa，写出三个以上与 aa[2]等价的表达式。

3. 要把一维数组 int a[m*n] 的元素传送到二维数组 int b[m][n]中，即在程序中要执行：

   b[i][j]=a[k];

请写出 k→i, j 的下标变换公式，并用程序进行验证。

4. 有以下函数：

```
void query()
{   int *p;
    p=new int[3];
    //…
    delete []p;
    p=new double[5];
    //…
    delete []p;
}
```

出现了编译错误。请分析错误的原因，并把上述程序补充完整，上机验证你的判断。

5. 有以下程序，设计功能是调用 create 函数建立并初始化动态数组，令 a[i]=i。但该程序运行后不能得到期望结果，请分析程序的错误原因并进行修改。

```
#include <iostream>
using namespace std;
void create(int *, int);
int main()
{   int *a = NULL, len;
    cin>>len;
    create(a,len);
    for( int i = 0; i<len; i++ )
    cout << a[i] << "     ";
    cout << endl;
    delete []a;
    a = NULL;
}
void create(int *ap, int n)
{   ap=new int[n];
    for(int i=0; i<n; i++) ap[i]=i;
}
```

二、程序设计

1. 已知计算成绩的平均值和均方差公式分别为：$\text{ave} = \dfrac{\sum\limits_{i=1}^{n} s_i}{n}$ 和 $\text{dev} = \sqrt{\dfrac{\sum\limits_{i=1}^{n} (s_i - \text{ave})^2}{n}}$，式中，$n$ 为学生人数，s_i 为第 i 个学生的成绩。求某班学生的平均成绩和均方差。

2. 用随机函数产生 10 个互不相同的两位整数存放到一维数组中，并输出其中的素数。

3. 将一组数据从大到小排列后输出，要求显示每个元素及它们在原数组中的下标。

4. 从键盘输入一个正整数，判别它是否为回文数。所谓回文数，是指正读和反读都一样的数。例如，

123321 是回文数。

5．写一个合并函数，把两个升序排列的数组合并为一个升序数组。用随机数生成两个不等长有序数组测试合并函数。请分别用数组和 vector 类实现。

6．输入一个表示星期几的数，然后输出相应的英文单词。要求：使用指针数组实现。

7．编写以下函数：

（1）在一个二维数组中形成以下形式的 n 阶方阵：

$$
\begin{pmatrix}
1 & 1 & 1 & 1 & 1 \\
2 & 1 & 1 & 1 & 1 \\
3 & 2 & 1 & 1 & 1 \\
4 & 3 & 2 & 1 & 1 \\
5 & 4 & 3 & 2 & 1
\end{pmatrix}
$$

（2）去掉靠边的元素，生成新的 $n-2$ 阶方阵；

（3）求矩阵主对角线以下元素之和；

（4）以方阵形式输出数组。

在 main 函数中调用以上函数进行测试。

8．设某城市三个百货公司某个季度销售电视机的情况和价格如下所示。编写程序，将表数据用数组存放，求各百货公司的电视机营业额。

公司＼牌号	康佳	TCL	长虹
第一百货公司	300	250	150
第二百货公司	200	240	200
第三百货公司	280	210	180

牌号	价格
康佳	3500
TCL	3300
长虹	3800

9．设计函数求一个整型数组的最小元素及其下标。在主函数中定义和初始化该整型数组，调用该函数，并显示最小元素值和下标值。

10．假设将从小到大排列的一组数据存放在一个数组中，在主函数中从键盘输入一个在该数组的最小值和最大值之间的数，并调用一个函数把输入的数插入原有的数组中，保持从小到大的顺序，并把最大值挤出。然后在主函数中输出改变后的数组。

11．一个整型数组的每个元素占 4 字节。编写一个压缩函数 pack，把一个无符号小整数（0~255）数组进行压缩存储，只存放低 8 位；再编写一个解压函数 unpack，把压缩数组展开，以整数形式存放。主函数用随机函数生成数据以初始化数组，测试 pack 和 unpack 函数。

12．编写程序，按照指定长度生成动态数组，用随机数对数组元素进行赋值，然后逆置该数组元素。例如，数组 A 的初值为{6, 3, 7, 8, 2}，逆置后的值为{2, 8, 7, 3, 6}。要求：输出逆置前、后的数组元素序列。

13．把某班学生的姓名和学号分别存放到两个数组中，从键盘输入某位学生的学号，查找该学生是否在该班中，若找到该学生，则显示出相应的姓名。

14．将一组 C++关键字存放到一个 string 数组中，并找出这些关键字中的最小者。

15．使用 string 类，编写一个简单的文本编辑程序，能够实现基本的插入、删除、查找、替换等功能。

第 5 章　集合与结构

在程序设计中，被处理数据对象的数据元素之间通常有不同的逻辑关系。

集合是具有某种相同属性数据元素的整体，例如，字符集、整数集、学生集等。在离散数学中，专门讨论集合的性质和运算。C++语言没有直接表示集合的数据类型。本章首先介绍 C++语言的位元素，然后讨论用无符号整数表示集合，利用位运算实现集合的基本操作。

由不同类型的数据元素组成的数据类型称为结构。例如，一个学生信息可以由姓名、性别、出生日期等项目构成，它们将表示为字符串、字符、整数等不同的数据类型。C++语言可以把这些不同类型数据项构成的数据对象封装起来，作为整体处理。本章将介绍讨论结构类型的定义与应用，以及动态链表的基本操作。

5.1　位运算

计算机的存储器采用二进制位表示数据。绝大多数计算机系统中的存储器用每 8 位（bit）为 1 字节（Byte）编址，不同类型的数据用不同字节长度存储。而每一位的取值，只有两个可能值：0 或者 1。计算机的低级语言（机器语言或汇编语言）能够直接处理数据中的每一位和访问内存。在系统程序、工业控制程序以及一些需要高速处理数据的程序的设计中，都要用到这样的操作。

C++语言提供了内存地址操作（指针运算）和位运算功能，便于灵活高效地处理数据，编写不同类型的应用程序。我们将在 5.2 节中以集合为例讨论位运算的应用。

位运算的操作数为整型（如 char、short、int、long 型等）数据，通常是无符号整型数据。位运算需要涉及数据的二进制位表示方式，本教材对数制系统不进行详细讨论，需要了解的读者请参阅其他相关资料。

在不同的计算机系统中，存储不同类型的数据有不同的字节长度。例如，在字长 32 位的计算机系统中，int 型的存储长度是 32 位，4 字节。我们可以用 sizeof 运算符测试数据的存储字节。为了方便起见，本节叙述中用 1 字节表示一个无符号整数。

C++语言的位运算符有 6 个：按位与（&），按位或（|），按位异或（^），左移（<<），右移（>>）。还有 5 个按位复合赋值运算符。位运算符说明如表 5-1 所示。

表 5-1　位运算符

运　算　符	说　　　明
&	按位与。当左、右操作数相应的位都是 1 时，结果的相应位才被置 1
|	按位或。当左、右操作数相应的位中有一个是 1（或者两个都为 1）时，结果的相应位被置 1
^	按位异或。当且仅当左、右操作数相应的位中有一个是 1 时，结果的相应位才被置 1
<<	左移。将左操作数按位向左移动，移动后腾空的位补 0。移动的位数由右操作数指定
>>	右移。将左操作数按位向右移动，最高位（符号位）不变，其余腾空的位补 0。移动的位数由右操作数指定
~	按位取反。将操作数中所有为 0 的位置 1，所有为 1 的位置 0
&=	按位与赋值
|=	按位或赋值
^=	按位异或赋值
<<=	按位左移赋值
>>=	按位右移赋值

1．按位与运算

按位与运算把左、右操作数对应的每位分别进行逻辑与运算。按位与运算的规则是：

    0 & 0 → 0

    0 & 1 → 0

    1 & 0 → 0

    1 & 1 → 1

例如，整数 10 的二进制数表示为 00001010，整数 29 的二进制数表示为 00011101，则：

    10&29   即   00001010&00011101

结果为：8   即   00001000

若有语句：

    cout<<"10&29="<<(10&29)<<endl;

则显示结果为：

    10&29=8

2．按位或运算

按位或运算把左、右操作数对应的每一位分别进行逻辑或运算。按位或运算的规则是：

    0 | 0 → 0

    0 | 1 → 1

    1 | 0 → 1

    1 | 1 → 1

例如：

    10 | 29   即   00001010 | 00011101

结果为：31   即   00011111

若有语句：

    cout<<"10|29="<<(10|29)<<endl;

则显示结果为：

    10|29=31

3．按位异或运算

按位异或运算当左、右操作数对应的位不相同时，即当且仅当其中一个为 1 时，位操作的结果才为 1。按位异与运算的规则是：

    0 ^ 0 → 0

    0 ^ 1 → 1

    1 ^ 0 → 1

    1 ^ 1 → 0

例如：

    10 ^ 29   即   00001010 ^ 00011101

结果为：23   即   00010111

若有语句：

    cout<<"10^29="<<(10^29)<<endl;

则显示结果为：

    10^29=23

4．左移

左移运算按右操作数指定的位数将左操作数按位向左移动，移动后腾空的位补 0。对于一个整数，每左移一位就相当于乘以 2（若结果不溢出）。

例如，把整数 10 向左移动 2 位：

    10<<2   即   00001010<<2

结果为：40   即   00101000

若有语句：

    cout<<"10<<2="<<(10<<2)<<endl;   //输出 10*4 的结果

则显示结果为：

    10<<2=40

C++进行算术左移时，不会移动符号位，所以若有语句：

    cout<<"-10<<2="<<(-10<<2)<<endl;   //输出-10*4 的结果

则显示结果为：

    -10<<2=-40

5．右移

右移运算按右操作数指定的位数将左操作数按位向右移动。对于一个整数，每右移一位就相当于整除以 2。

例如，把整数 12 向右移动 2 位相当于 12/4：

    12>>2   即   00001100>>2

结果为：3   即   00000011

若有语句：

    cout<<"12>>2="<<(12>>2)<<endl;   //输出 12/4 的结果

则显示结果为：

    12>>2=3

C++进行算术右移时，不会移动符号位，所以若有语句：

    cout<<"-12>>2="<<(-12>>2)<<endl;   //输出-12/4 的结果

则显示结果为：

    -12>>2=-3

6．按位取反

按位取反是单目运算，对操作数按位进行逻辑非运算，即把所有为 0 的位置 1，所有为 1 的位置 0。例如，把整数 10 按位取反：

    ~10   即   ~00001010

结果为：-11   即   11110101

若有语句：

    cout<<"~10="<<(~10)<<endl;

则显示结果为：

    ~10=-11

注意，负数在计算机中用补码表示。11110101 是-11 的补码。

7．按位复合赋值运算符

位运算的 5 个复合赋值运算符与其他复合赋值运算符的操作形式一致。例如，若有：

    int a, b;

则：

    a&=b   //等价于 a=a&b
    a|=b   //等价于 a=a|b
    a^=b   //等价于 a=a^b
    a<<=b   //等价于 a=a<<b
    a>>=b   //等价于 a=a>>b

8．掩码

当一个整数（二进制串）中只有一位为 1 时，称之为掩码。程序中通常借助掩码对数据按位进行测试。

【例5-1】按二进制位串形式输出无符号整数的值。

```cpp
#include<iostream>
using namespace std;
void bitDisplay(unsigned value);
int main()
{   unsigned x;
    cout << "Enter an unsigned integer: ";
    cin >> x;
    bitDisplay(x);
}
void bitDisplay(unsigned value)
{   unsigned c;
    unsigned bitMask = 1<<31;                //掩码，最高位置1
    cout << value << '=';
    for( c=1; c<=32; c++ )
    {   cout << ( value&bitMask ? '1' : '0' ); //输出value的最高位
    value <<= 1;                              //value左移1位
    if( c%8 == 0 )
        cout << ' ';
    }
    cout << endl;
}
```

程序运行结果：

```
Enter an unsigned integer: 13
13=00000000 00000000 00000000 00001101
```

函数 bitDisplay 中，bitMask 是一个掩码，执行：

```
bitMask=1<<31
```

使得 bitMask 的值为：

```
10000000 00000000 00000000 00000000
```

当 value&bitMask 进行按位与运算时，只能表示出 value 最高位的状态，把其他位"掩盖"掉了。在循环体中，语句：

```
value<<=1;
```

把 value 的值

```
00000000 00000000 00000000 00001101
```

逐位向左移动，从而能够从高位到低位输出每个二进制位的值。

【例5-2】位运算测试。

```cpp
#include<iostream>
using namespace std;
void bitDisplay(unsigned value);
int main()
{   unsigned n1,n2;
    n1 = 214;
    n2 = 5;
    cout << n1 << "=\t";
    bitDisplay( n1 );
    cout << n2 << "=\t";
    bitDisplay( n2 );
    cout << n1 << '&' << n2 << "=\t";
    bitDisplay( n1&n2 );
    cout << n1 << '|' << n2 << "=\t";
```

```
        bitDisplay( n1|n2 );
        cout << n1 << '^' << n2 << "=\t";
        bitDisplay( n1^n2 );
        cout << n1 << "<<" << n2 << "=\t";
        bitDisplay( n1<<n2 );
        cout << n1 << ">>" << n2 << "=\t";
        bitDisplay( n1>>n2 );
        cout << '~' << n1 << "=\t";
        bitDisplay( ~n1 );
    }
    void bitDisplay( unsigned value )
    {   unsigned c;
        unsigned bitMask=1<<31;
        for( c=1; c<=32; c++ )
        {   cout << ( value&bitMask ? '1' : '0' );
            value <<= 1;
            if( c%8 == 0 )
                cout<<' ';
        }
        cout << endl;
    }
```

程序运行结果：

```
214=        00000000 00000000 00000000 11010110
5=          00000000 00000000 00000000 00000101
214&5=      00000000 00000000 00000000 00000100
214|5=      00000000 00000000 00000000 11010111
214^5=      00000000 00000000 00000000 11010011
214<<5=     00000000 00000000 00011010 11000000
214>>5=     00000000 00000000 00000000 00000110
~214=       11111111 11111111 11111111 00101001
```

用异或运算真值表可以进行验证：

a	b	a=a^b	a=a^b
1	0	1	1
0	1	1	0
1	1	0	1
0	0	0	0

即变量 a 用 b 进行两次异或运算，不会改变原来的值。

【例 5-3】验证数据恢复。

```
    #include<iostream>
    using namespace std;
    void main()
    {   int a=123, b=456;
        cout<<"a="<<a<<"\tb="<<b<<endl;
        a=a^b;
        cout<<"a=a^b\t"<<a<<endl;
        a=a^b;
        cout<<"a=a^b\t"<<a<<endl;
    }
```

程序运行结果：

```
    a=123       b=456
```

```
a=a^b      435
a=a^b      123
```

利用异或运算的这个特点，可以很方便地进行两个变量值的快速交换而无须借助第三方辅助变量。

【例 5-4】 整型变量值交换。

```
#include<iostream>
using namespace std;
void main()
{   int a=123, b=456;
    cout<<"a="<<a<<"\tb="<<b<<endl;
    a=a^b;
    b=a^b;
    a=a^b;
    cout<<"a="<<a<<"\tb="<<b<<endl;
}
```

程序运行结果：

```
a=123      b=456
a=456      b=123
```

位运算要求的操作数类型为整型，实际上，C++按位操作数据，不会用类型解释存储单元中的数据值。若要交换浮点型变量的数据，可以用指针方式分段处理数据。这个思路同样适用于快速处理大批量数据。

【例 5-5】 浮点型变量值交换。

```
#include<iostream>
using namespace std;
int main()
{   double a=123.456, b=456.789;
    int*ap,*bp;
    ap = (int*)(&a);
    bp = (int*)(&b);
    cout<<"a="<<a<<"\tb="<<b<<endl;
    *ap=(*ap)^*(bp);    *bp=(*ap)^(*bp);    *ap=(*ap)^(*bp);
    ap++;     bp++;
    *ap=(*ap)^*(bp);    *bp=(*ap)^(*bp);    *ap=(*ap)^(*bp);
    cout<<"a="<<a<<"\tb="<<b<<endl;
}
```

程序运行结果：

```
a=123.456      b=456.789
a=456.789      b=123.456
```

5.2 集合

集合是不能精确定义的基本数学概念。一般认为，当一些事物是可以按照某种性质（属性）分辨的，这种事物构成的整体就称为集合。根据这种属性，可以断定某个特定的事物是否属于这个集合。如果属于，就称它为这个集合的元素。

5.2.1 集合的基本运算

集合通常用大写字母标记，集合元素用小写字母标记。若 A、B 是全集 E 中的两个集合，x 表示元素，则集合最主要的运算有：

并集 $A \cup B$ 由 A 和 B 中的全部元素组成

交集 $A \cap B$ 由 A 和 B 中的公共元素组成

差集 $A-B$ 由属于 A 但不属于 B 的元素组成

包含 $A \subseteq B$ A 中的每个元素都在 B 中，称为 A 被 B 包含，或 B 包含 A

补集 $\sim A$ 由全集中不在 A 的元素组成

属于 $x \in A$ 元素 x 在 A 中

空集 $\varnothing$ 集合中没有元素

集合的基本运算可以直观地用文氏图（John Venn）表示，如图 5-1 所示。关于集合的详细论述，请参阅有关离散数学的教材。

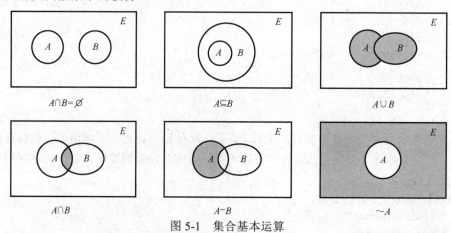

图 5-1   集合基本运算

5.2.2 集合运算的实现

程序设计中，可以用一个无符号整数表示集合，每一位的取值表示对应的元素是否在集合中。某位的值为 1 时，表示对应的元素在集合中，否则表示对应的元素不在集合中。利用 C++的位运算功能，可以实现集合的相关运算。

1. 集合的数据表示

一个无符号整数有 32 位，可以表示有 32 个元素的集合。二进制位串从低位到高位（从右向左）表示 $2^0 \sim 2^{31}$，对应的位序为 0～31。如果全集是 $\{1, 2, \cdots, 32\}$ 的整数集，则当位序为 i 的位其值等于 1 时，表示元素 $i+1$ 在集合中。

例如，有：

    unsigned A;

要用 A 表示集合 $\{1,3,6\}$，此时其二进制位串表示为：

    00000000 00000000 00000000 00100101

从右向左，第 0 位、第 2 位和第 5 位的值等于 1，表示元素 1、3、6 在集合中；其余位等于 0，表示那些元素不在集合中。使用掩码，测试对应位序的值就可以得到集合中的元素。

2. 集合基本运算的实现

当用无符号整数表示集合的时候，位运算可以实现各种基本运算。

设有：

    unsigned A, B;   //表示两个集合

    unsigned x;   //表示集合元素

集合基本运算对应的 C++位运算实现如表 5-2 所示。

表 5-2　用 C++位运算实现集合运算

集 合 运 算	对应的位运算
并集 $A \cup B$	A|B
交集 $A \cap B$	A&B
差集 $A-B$	A&(~(A&B))
包含 $A \subseteq B$	A|B==B
补集 $\sim A$	~A
属于 $x \in A$	1<<(x-1)&A==1<<(x-1)
空集 $A=\varnothing$	A==0

【例 5-6】用无符号整数和位运算实现集合的基本运算。

```
//setH.h
#include<iostream>
using namespace std;
void setPut( unsigned &S );              //输入集合 S 中的元素
void setDisplay( unsigned S );           //输出集合 S 中的全部元素
unsigned putX( unsigned &S, unsigned x );  //元素 x 并入集合 S 中
unsigned Com( unsigned A, unsigned B );    //求并集
unsigned setInt( unsigned A, unsigned B );  //求交集
unsigned setDiff( unsigned A, unsigned B );  //求差集
bool Inc( unsigned A, unsigned B );        //判包含，A 被 B 包含
bool In( unsigned S, unsigned x );         //判属于，x 属于 S
bool Null( unsigned S );                   //判空集

//steOperate.cpp
#include"setH.h"
//输入集合元素
void setPut(unsigned & S)
{   unsigned x;
    cin >> x;
    while( x )
    {   putX( S, x );                     //把输入元素并入集合 S 中
        cin >> x;
    }
}
//输出集合 S 中的全部元素
void setDisplay( unsigned S )
{   unsigned c;
    unsigned bitMask = 1;                 //掩码
    if( Null( S ) )
    {   cout<<"{      }\n";
        return;
    }
    cout << "{ ";
    for( c=1; c<=32; c++ )                //按位处理
    {   if( S&bitMask )                   //输出元素
            cout << c << ", ";
        bitMask <<= 1;
    }
    cout << "\b\b }\n";                   //擦除最后的逗号
    return;
```

```
}
//元素 x 并入集合 S 中
unsigned putX( unsigned &S, unsigned x )
{   unsigned bitMask = 1;
    bitMask <<= x-1;
    S |= bitMask;
    return S;
}
//求并集
unsigned Com( unsigned A, unsigned B )
{   return A|B;   }
//求交集
unsigned setInt( unsigned A, unsigned B )
{   return A&B;   }
//求差集
unsigned setDiff( unsigned A, unsigned B )
{   return A&( ~( A&B ) );   }
//判包含，A 被 B 包含时返回 true
bool Inc( unsigned A, unsigned B )
{   if( ( A|B ) == B )   return true;
    return false;
}
//判属于，x 属于 S 时返回 true
bool In( unsigned S, unsigned x )
{   unsigned bitMask = 1;
    bitMask <<= x-1;
    if( S&bitMask )   return true;
    return false;
}
//判空集，S 为空集时返回 true
bool Null( unsigned S )
{   if( S )   return false;
    return true;
}

//test.cpp
#include"setH.h"
int main()
{   unsigned A=0, B=0;
    unsigned x;
    cout << "Input the elements of set A, 1-32, until input 0 :\n";
    setPut( A );
    cout << "Input the elements of set B, 1-32, until input 0 :\n";
    setPut( B );
    cout<<"A = ";
    setDisplay( A );
    cout<<"B = ";
    setDisplay( B );
    cout << "Input x: ";
    cin>>x;
    cout << "Put " << x << " in A = ";
    setDisplay( putX( A, x) );
```

```
            cout << "A+B = ";
            setDisplay( Com( A, B ) );
            cout << "A*B = ";
            setDisplay( setInt( A, B ) );
            cout << "A-B = ";
            setDisplay( setDiff( A, B ) );
            if( Inc( A, B ) )
                cout << "A <= B\n";
            else
                cout << "not A <= B\n";
            cout << "Input x: ";
            cin >> x;
            if( In( A, x ) )
                cout << x << " in A\n";
            else
                cout << x << " not in A\n";
        }
```

程序运行结果：

```
        Input the elements of set A, 1-32, until input 0 :
        1 2 3 4 5 0
        Input the elements of set B, 1-32, until input 0 :
        1 2 3 4 5 6 8 9 23 0
        A = { 1, 2, 3, 4, 5 }
        B = { 1, 2, 3, 4, 5, 6, 8, 9,13, 23}
        Input x: 6
        Put 6 in A = { 1, 2, 3, 4, 5, 6 }
        C = A+B = { 1, 2, 3, 4, 5, 6, 8, 9, 13, 23 }
        C = A*B = { 1, 2, 3, 4, 5, 6 }
        C = A-B = {    }
        A <= B
        Input x: 3
        3 in A
```

当需要表示的集合元素个数大于 32 个时，可以使用数组。长度为 N 的整型数组，可以表示 $32N$ 个元素的集合。设有说明：

        unsigned Set[N];   //N 为常量

若元素 $x \in$ Set，可以用以下方式确定 x 所在的位置：

数组下标： $(x-1)/32$

数位位序： $(x-1)\%32$

即 Set[$(x-1)/32$]的第$(x-1)\%32$位的值等于 1。例如，当元素 $85 \in$ Set 时，有：

$$(85-1)/32 = 2 \text{ 和}(85-1)\%32 = 20$$

即 Set[2]的第 20 位的值为 1。

【例 5-7】用数组和位运算实现集合的基本运算。用长度为 N，元素为无符号整数的数组表示全集为 $\{1, 2, \cdots, 32N\}$ 的整数集合。

```
        //setH.h
        #include<iostream>
        using namespace std;
        const unsigned N=4;                         //数组长度
        typedef unsigned setType[N];                //用数组存放长度的集合
        void setPut( setType S );                   //输入集合 S 中的元素
        void setDisplay( const setType S );         //输出集合 S 中的全部元素
```

```cpp
void putX( setType S, unsigned x );                         //元素 x 并入集合 S 中
void Com(setType C, const setType A, const setType B);      //C 为 A 与 B 的并集
void setInt(setType C, const setType A, const setType);     //C 为 A 与 B 的交集
void setDiff(setType C, const setType A, const setType B);  //C 为 A 与 B 的差集
bool Inc( const setType A, const setType B );               //判 A 被 B 包含
bool In( const setType S, unsigned x );                     //判 x 属于 S
bool Null( const setType S );                               //判空集，空集返回 true


//steOperate.cpp
#include"setH.h"
//输入集合元素
void setPut( setType S)
{   unsigned x;
    cin >> x;
    while( x )
    {   putX( S, x );                                       //把输入元素 x 并入集合 S 中
        cin >> x;
    }
}
//输出集合 S 中的全部元素
void setDisplay( const setType S )
{   unsigned c,i;
    unsigned bitMask;
    if( Null( S ) )
    {   cout<<"{      }\n";
        return;
    }
    cout << "{ ";
    for( i=0; i<N; i++ )                                    //处理每个数组元素
    {   bitMask = 1;                                        //掩码
        for( c=1; c<=32; c++ )                              //按位处理
        {   if( S[i] & bitMask )                            //输出元素
            cout << i*32+c << ", ";
            bitMask <<= 1;
        }
    }
    cout << "\b\b }\n";                                     //擦除最后的逗号
}
//元素 x 并入集合 S 中
void putX( setType S, unsigned x )
{   unsigned bitMask = 1;
    bitMask <<= ((x-1)%32 );
    S[(x-1)/32] |= bitMask;
}
//求并集
void Com( setType C, const setType A, const setType B )
{   for( int i=0; i<N; i++ )    C[i] = A[i] | B[i];    }
//求交集
void setInt( setType C, const setType A, const setType B )
{   for( int i=0; i<N; i++ )    C[i] = A[i] & B[i];    }
//求差集
void setDiff( setType C, const setType A, const setType B )
```

```
{    for( int i=0; i<N; i++ )    C[i] = A[i] & ( ~( A[i] & B[i] ) );    }
```
//判 A 被 B 包含
```
bool Inc( const setType A, const setType B )
{    bool t = true;
     for( int i=0; i<N; i++ )
     {    if( ( A[i] | B[i] ) != B[i] )    t = false;    }
     return t;
}
```
//判 x 属于 S
```
bool In( const setType S, unsigned x )
{    unsigned bitMask = 1;
     bitMask <<= ((x−1)%32   );
     if ( S[(x−1)/32] & bitMask )    return true;
     return false;
}
```
//判空集
```
bool Null( const setType S )
{    bool t = true;
     for( int i=0; i<N; i++ )
     {    if( S[i] )    t = false;    }
     return t;
}


//test.cpp
#include"setH.h"
int main()
{    setType A = { 0 }, B = { 0 }, C = { 0 };
     unsigned x;
     cout << "Input the elements of set A, 1-"<<32*N<<", until input 0 :\n";
     setPut( A );
     cout << "Input the elements of set B, 1-"<<32*N<<", until input 0 :\n";
     setPut( B );
     cout << "A = ";
     setDisplay( A );
     cout << "B = ";
     setDisplay( B );
     cout << "Input x: ";
     cin >> x;
     putX( A, x);
     cout << "Put " << x << " in A = ";
     setDisplay( A );
     cout << "C = A+B = ";
     Com( C, A, B );
     setDisplay( C );
     cout << "C = A*B = ";
     setInt( C, A, B );
     setDisplay( C );
     cout << "C = A−B = ";
     setDiff( C, A, B );
     setDisplay( C );
     if( Inc( A, B ) )    cout << "A <= B\n";
     else    cout << "not A <= B\n";
```

```
        cout << "Input x: ";
        cin >> x;
        if( In( A, x ) )   cout << x << " in A\n";
        else    cout << x << " not in A\n";
    }
```

5.3 结构

结构由数目固定的成员（又称域、项目或元素）构成，各成员可以具有不同的数据类型，包括基本数据类型和非基本数据类型。一个结构变量在内存中占有一片连续的存储空间，但是，因为各数据成员的类型不相同，所以具有特定的定义和访问形式。

5.3.1 定义结构

结构类型是用户自定义数据类型，以关键字 struct 标识，由类型标识符及各成员的名称和类型定义。

定义结构类型的说明语句形式为：

struct 类型   标识符
{ 类型   成员 1;
**   类型   成员 2;**
**   …**
**   类型   成员 *n*;**
};

其中，关键字 struct 之后的类型标识符是用户自定义的类型名，花括号"{ }"中为结构的成员列表。例如，定义职工档案的结构类型如下：

```
struct Employee1
{   char name[10];
    long code;
    double salary;
    char *address;
    char phone[20];
};
```

其中，Employee1 是类型标识符，它的性质与 int、double 型等一样，表示一种数据类型的构造方式。封装在结构中的数据成员表示了组织数据的项目。

一个结构成员的类型可以是已定义的结构类型。例如，要为职工档案增加出生日期信息，有以下定义：

```
struct    Date
{   int month;
    int day;
    int year;
};
…
struct Employee2
{   char name[10];
    Date birthday;
    long code;
    double salary;
    char *address;
    char phone[20];
};
```

可以用两种方式说明结构变量：在定义类型的同时说明变量，或者在类型定义之后说明变量。例如：

```
struct Employee1
{   char name[10];
    long code;
    double salary;
    char *address;
    char phone[20];
} worker1, worker2, *Emp;
```

worker1 和 worker2 是两个 Employee 类型的变量，*Emp 是 Employee 类型的指针变量。也可以在结构定义之后，使用类型标识符说明变量：

```
Employee1worker1, worker2, *Emp;
```

语法原则是首先定义类型，然后说明变量。通常可以把类型定义放在一个头文件中，使用时用 include 指令嵌入（详见第 3 章）。

说明结构变量的同时可以进行初始化，例如：

```
Employee worker={"Wang Li",991083456,1200.5, "Guang_Zhou", "87111111"};
```

5.3.2 访问结构

在一个结构类型内定义的数据成员，例如上述的：

```
char name[10];
long code;
double salary;
char* address;
char phone[20];
```

从形式上看，与普通变量说明没有什么两样，而一旦被 struct 封装之后，就有了本质区别。普通变量说明时就开辟内存空间，而结构类型中说明的成员仅仅描述了数据的组织形式，这就是"类型"的概念。例如，worker1 和 worker2 都是 Employee1 类型的变量，它们都有 name、code、salary 等成员。当说明结构变量之后，系统分别为 worker1 和 worker2 建立各自的存储空间。所以，把结构的成员看作普通变量是错误的。成员必须在结构变量说明后才有存储意义。

访问结构变量成员使用圆点运算符：

结构变量名.成员

例如：

```
Employee2 secretary;
```

则变量 secretary 的各成员表示为：

```
secretary.name
secretary.birthday.month
secretary.birthday.day
secretary.birthday.year
secretary.code
secretary.salary
secretary.address
secretary.phone
```

【例 5-8】访问结构变量。

```
#include<iostream>
using namespace std;
struct Weather                          //说明结构类型
{   double temp;
```

```
        double wind;
    };
    int main()
    {   Weather today;                          //说明结构类型变量
        today.temp = 10.5;                      //对结构变量成员赋值
        today.wind = 3.1;
        cout << "Temp = " << today.temp << endl;   //按成员输出
        cout << "Wind = " << today.wind << endl;

    }
```

如果用指针访问结构，所指对象包含了结构的成员，则访问形式为：

    *(指针). 成员

或   **指针 –>成员**

例如，有说明：

    Employee2 secretary, *pp = & secretary;

pp 的值是结构变量 secretary 的地址。用指针 pp 访问结构各成员的形式为：

    (*pp).name   (*pp).birthday.month   (*pp).birthday.day   (*pp).birthday.year

或   pp–>name   pp–>birthday.month   pp–>birthday.day   pp–>birthday.year

【例 5-9】用指针访问结构。

```
        #include<cstring>
        #include<iostream>
        using namespace std;
        struct Person
        {   char name[20];
            unsigned long id;
            double salary;
        };
        int main()
        {   Person pr1;
            Person *pp;                          //定义结构指针
            pp = &pr1;                           //取结构变量地址
            strcpy_s( pp->name, "Zhang hua" );   // pp->name 等价于(*pp).name
            pp->id = 987654321;                  //pp->id  等价于(*pp).id
            pp->salary = 335.0;                  //pp->salary  等价于(*pp).salary
            cout << pp->name << '\t'<< pp->id << '\t'<< pp->salary << endl;

        }
```

pp 是结构类型指针，若执行 pp++，则偏移量是一个结构的长度。而结构的各成员具有不同的类型，因此，要访问结构变量里的各成员不能用指针偏移方式而只能用“.”运算符。这与数组元素操作不同。

类型相同的结构变量可以使用赋值运算。所谓“类型相同的变量”，是指用同一个类型标识符说明的变量。若有：

```
        struct Weather1
        {   double temp;
            double wind;
        } yesterday;
        struct Weather2
        {   double temp;
            double wind;
        } today;
```

尽管 yesterday 和 today 成员的结构相同，但是，因为不是同类型的变量，所以它们之间不可以整体赋值。

【例 5-10】结构变量赋值。

```
#include<iostream>
using namespace std;
struct Weather
{   double temp;
    double wind;
} yesterday;
int main()
{   Weather today;                    //说明同类型的变量
    yesterday.temp = 10.5;
    yesterday.wind = 3.1;
    today = yesterday;                //结构变量整体赋值
    cout << "Temp = " << today.temp << endl;
    cout << "Wind = " << today.wind << endl;
}
```

5.3.3 结构参数

结构类型变量和基本数据类型变量一样，当作为函数参数的时候，既可以作为传值参数，也可以作为指针参数和引用参数。

【例 5-11】测试结构类型传值参数。

```
#include <iostream>
using namespace std ;
struct   point
{   double   x;       double   y;   } ;
void change( point p1, point p2);
int main ( )
{   point p1, p2 ;
    p1.x = 10.5 ; p1.y=3.1;
    p2.x = 23.7 ; p2.y=6.5;
    cout << " main1: \n\tp1.x = " << p1.x <<"\tp1.y = "<<p1.y<< endl ;
    cout << "\tp2.x = " << p2.x <<"\tp2.y"<<p2.y<< endl ;
    change( p1, p2);
    cout << " main2:\n\tp1.x = " << p1.x <<"\tp1.y = "<<p1.y<< endl ;
    cout << "\tp2.x = " << p2.x <<"\tp2.y"<<p2.y<< endl ;
}
void change( point p1, point p2)
{   point p;
    p=p1;   p1=p2;   p2=p;
    cout << " change:\n\tp1.x = " << p1.x <<"\tp1.y = "<<p1.y<< endl ;
    cout << "\tp2.x = " << p2.x <<"\tp2.y = "<<p2.y<< endl ;
}
```

程序运行结果：

```
main1:
    p1.x = 10.5          p1.y = 3.1
    p2.x = 23.7          p2.y = 6.5
change:
```

```
        p1.x = 23.7          p1.y = 6.5
        p2.x = 10.5          p2.y = 3.1
    main2:
        p1.x = 10.5          p1.y = 3.1
        p2.x = 23.7          p2.y = 6.5
```
当把 change 函数的参数改写为指针参数时，函数的形参将会通过间址方式操作实参。

【例 5-12】测试结构类型指针参数。

```cpp
# include <iostream>
using namespace std ;
struct   point
{   double   x;      double   y;   } ;
void change( point *pt1, point *pt2);
int main ( )
{   point p1, p2 ;
    p1.x = 10.5 ; p1.y=3.1;
    p2.x = 23.7 ; p2.y=6.5;
    cout << " main1: \n\tp1.x = " << p1.x <<"\tp1.y = "<<p1.y<< endl ;
    cout << "\tp2.x = " << p2.x <<"\tp2.y = "<<p2.y<< endl ;
    change( &p1, &p2);
    cout << " main2: \n\tp1.x = " << p1.x <<"\tp1.y = "<<p1.y<< endl ;
    cout << "\tp2.x = " << p2.x <<"\tp2.y = "<<p2.y<< endl ;
}
void change( point *pt1, point *pt2)
{   point p;
    p=*pt1;   *pt1=*pt2;   *pt2=p;
    cout << " change: \n\tpt1->x = " << pt1->x <<"\tpt1->y = "<<pt1->y<< endl ;
    cout << "\tpt2->x = " << pt2->x <<"\tpt2->y = "<<pt2->y<< endl ;
}
```

程序运行结果：

```
    main1:
        p1.x = 10.5          p1.y = 3.1
        p2.x = 23.7          p2.y = 6.5
    change:
        p1->x = 23.7         p1->y = 6.5
        p2->x = 10.5         p2->y = 3.1
    main2:
        p1.x = 23.7          p1.y = 6.5
        p2.x = 10.5          p2.y = 3.1
```
当把函数 change 的参数改写为引用参数时，函数的形参将会通过别名方式操作实参。

【例 5-13】测试结构类型引用参数。

```cpp
# include <iostream>
using namespace std ;
struct   point
{   double   x;      double   y;   } ;
void change( point &pr1, point &pr2);
int main ( )
{   point p1, p2 ;
    p1.x = 10.5 ; p1.y=3.1;
    p2.x = 23.7 ; p2.y=6.5;
```

```
        cout << " main1: \n\tp1.x = " << p1.x <<"\tp1.y = "<<p1.y<< endl ;
        cout << "\tp2.x = " << p2.x <<"\tp2.y = "<<p2.y<< endl ;
        change( p1, p2);
        cout << " main2: \n\tp1.x = " << p1.x <<"\tp1.y = "<<p1.y<< endl ;
        cout << "\tp2.x = " << p2.x <<"\tp2.y = "<<p2.y<< endl ;
    }
    void change( point &pr1, point &pr2)
    {    point p;
         p=pr1;   pr1=pr2;   pr2=p;
         cout << " change: \n\tpr1.x = " << pr1.x <<"\tpr1.y = "<<pr1.y<< endl ;
         cout << "\tpr2.x = " << pr2.x <<"\tpr2.y = "<<pr2.y<< endl ;
    }
```

程序运行结果：

```
main1:
    p1.x = 10.5          p1.y = 3.1
    p2.x = 23.7          p2.y = 6.5
change:
    pr1.x = 23.7         pr1.y = 6.5
    pr2.x = 10.5         pr2.y = 3.1
main2:
    p1.x = 23.7          p1.y = 6.5
    p2.x = 10.5          p2.y = 3.1
```

5.4   结构数组

数组元素类型可以是基本数据类型，也可以是已经定义的构造类型。当数组的元素类型为结构类型时，称为结构数组。其定义和访问的方式遵循数组和结构的语法规则。例如，定义以下结构数组：

```
        struct S_type
        {
            int a;
            double x;
        };
        S_type S_ary[10];
```

S_ary 是一个有 10 个元素的数组，元素类型是结构类型 S_type，即数组中的每一个元素均包含两个成员。

```
        S_ary[0].a      S_ary[0].x
        S_ary[1].a      S_ary[1].x
        ...
        S_ary[9].a      S_ary[9].x
```

【例 5-14】本例程序存储一个简单的职工登记表，每个职工记录均包含姓名、号码和工资。allone 是一个可以存储 100 个职工信息的记录数组。程序中的 Input、Sort 和 Output 函数分别完成输入数据、对数组按关键字 salary 排序和输出数组全部数据的功能。

```
        #include<iostream>
        using namespace std;
        struct person                      //说明结构类型
        {   char name[10];
            unsigned int id;
            double salary;
        };
```

```cpp
void Input( person[], const int );
void Sort( person[], const int );
void Output( const person[], const int );
int main()
{    person allone[100];          //说明结构数组
     int total;
     cout << "输入职工人数：";
     cin >> total;
     cout << "输入职工信息：\n";
     Input(allone,total);
     cout << "以工资作为关键字排序\n";
     Sort(allone,total);
     cout << "输出排序后信息：\n";
     Output(allone,total);
}
void Input( person all[], const int n)
{    int i;
     for( i=0; i<n; i++ )          //输入数据
     {    cout << i << ": 姓名: ";
          cin >> all[i].name;
          cout << "编号: ";
          cin >> all[i].id;
          cout << "工资: ";
          cin >> all[i].salary;
     }
}
void Sort(person all[], const int n)
{    int i,j;
     person temp;                 //说明结构变量
     for( i=1; i<n; i++ )         //以成员 salary 作为关键字排序
     {    for(j=0; j<=n-1-i; j++)
              if(all[j].salary>all[j+1].salary)
              {    temp=all[j];        //交换结构数组元素
                   all[j]=all[j+1];
                   all[j+1]=temp;
              }
     }
}
void Output(const person all[], const int n)
{    for( int i=0; i<n; i++ )          //输出排序后数据
         cout<<all[i].name<<'\t'<<all[i].id<<'\t'<<all[i].salary<<endl;
}
```

注意，在 Sort 函数中，结构数组元素通过结构变量 temp 进行交换。在实际应用中，数据对象的信息量可能比较大，如果一个结构定义的成员比较多、数组很大，这种数据交换效率就会变低。并且，一个数据表通常需要按多个关键字排序，若要保存多个有序表，占用的存储空间就很大。

这时，可以利用一个辅助数组，存放结构数组元素的地址（或下标），生成一个索引表。在排序过程中，根据比较结果调整索引表的值，令其成为一个有序映像。结构数组本身的数据不进行调整，从而减少了结构数组元素整体交换和有序表存储的开销。

这种索引技术经常用在文件管理上，读者可以参考数据结构、操作系统等相关资料。

【例 5-15】用辅助数组对结构数组中的数据进行关键字排序。

```cpp
#include<iostream>
using namespace std;
struct person                       //说明结构类型
{   char name[10];
    unsigned int id;
    double salary;
};
void Input( person[], const int );
void Sort( person*[], const int );
void Output( person*[],const int );
int main()
{   person allone[100];            //说明结构数组
    person *index[100];            //说明索引数组
    int total;
    for( int i=0; i<100; i++ )     //索引数组元素值初始化为结构数组元素地址
        index[i] = allone+i;
    cout << "输入职工人数：";
    cin >> total;
    cout << "输入职工信息：\n";
    Input( allone, total );
    cout << "以工资作为关键字排序\n";
    Sort( index, total );
    cout << "输出排序后信息：\n";
    Output( index, total );
}
void Input( person all[], const int n )
{   int i;
    for( i=0; i<n; i++ )           //输入数据
    {   cout<<i<<": 姓名: ";
        cin>>all[i].name;
        cout<<"编号: ";
        cin >> all[i].id;
        cout<<"工资: ";
        cin >> all[i].salary;
    }
}
void Sort( person *pi[], const int n )
{   int i,j;
    person *temp;                         //说明结构指针
    for( i=1; i<n; i++ )                  //以成员 salary 进行关键字排序
    {   for(j=0; j<=n-1-i; j++)
        if( pi[j] ->salary > pi[j+1]->salary )   //通过索引数组访问结构数组元素
        {   temp = pi[j];                         //交换索引数组元素值
            pi[j] = pi[j+1];
            pi[j+1] = temp;
        }
    }
}
void Output( person *pi[], const int n )
{   for( int i=0; i<n; i++ )                      //输出排序后数据
        cout<<pi[i]->name<<'\t'<<pi[i]->id<<'\t'<<pi[i]->salary<<endl;
}
```

上述 main 函数中说明的 index 是一个指针数组，循环语句：

```
for(int i=0; i<100; i++) index[i]=allone+i;
```

把数据 index 中的元素值初始化为结构数组 allone 中对应元素的地址，如图 5-2 所示。

index			allone	name	id	salary
[0]	&allone[0]		[0]	陈小华	0010	2500
[1]	&allone[1]		[1]	李向东	0020	3200
[2]	&allone[2]		[2]	张力扬	0030	2800
[3]	&allone[3]		[3]	黄山	0040	4100
[4]	&allone[4]		[4]	何解	0050	1800

图 5-2　索引数组初始化为结构数组元素地址

Sort 函数通过 index 访问 allone，对 pi[j]–>salary 与 pi[j+1]–>salary 进行关键字比较，排列逆序时，pi[j]与 pi[j+1]进行值交换。

```
if( pi[j]->salary > pi[j+1]->salary )      //通过索引数组访问结构数组元素
{   temp = pi[j];                          //交换索引数组元素值
    pi[j] = pi[j+1];
    pi[j+1] = temp;
}
```

完成排序后，调整了数组 index 中的元素值，形成了以 salary 关键字排序的顺序映像，如图 5-3 所示。Output 函数通过数组 index 访问数组 allone，按 salary 的升序显示数组 allone 中各元素的值。

index			allone	name	id	salary
[0]	&allone[4]		[0]	陈小华	0010	2500
[1]	&allone[0]		[1]	李向东	0020	3200
[2]	&allone[2]		[2]	张力扬	0030	2800
[3]	&allone[1]		[3]	黄山	0040	4100
[4]	&allone[3]		[4]	何解	0050	1800

图 5-3　排序后的索引表是 salary 的顺序映像

5.5　链表

在程序设计中，处理的数据对象往往由许多元素构成。例如，一个班由一个个学生组成，一个国家的行政机构由各级部门组成，一个计算机网络由各个结点组成，等等。而数据对象的每个元素之间通常存在某种逻辑关系，或者根据数据的处理需要按特定的逻辑关系进行组织存储。这要求计算机在数据表示方式上，不能只存放数据元素本身的信息，例如，在交通图中不仅要有一个城市的概况，还要表示与其他城市的连接情况。有关数据组织及算法，可以参考数据结构方面的书籍。本节仅通过单向链表，从程序设计语言的角度讨论动态结构中对数据元素、元素之间关系的存储和基本操作。

1．动态链表存储

程序设计中，最简单和最常用的数据组织形式是线性表。表中除第一个和最后一个元素，每个元素都有一个前驱元素和一个后继元素。如果这个表在建表之后不需要进行插入和删除元素操作，则用数组表示是适当的选择。数组元素的值表示了元素的内容，存储地址（下标）表示了元素之间的关系。在程序运行时如果需要频繁地插入或删除元素，那么，用数组表示的表操作就很不方便。问题如何解决呢？

new 和 delete 操作可以随时生成、撤销元素。但是，因为每个元素都是独立创建的，存储地址不能表示元素之间的关系，所以，构成这种动态链表的每个结点除存放元素的自身信息，还应该存放与之关联的元素的地址。在线性表中，每个结点只需要存放后继结点的地址，让一个个元素串联起来，就能够形成一个"单向链表"，如图 5-4 所示。

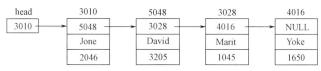

图 5-4　单向链表

在单向链表中，可以从第一个结点开始遍历全部元素，要访问第 i 个元素，必须首先访问第 $i-1$ 个元素，取出第 i 个元素的地址。

从上述分析可知，单向链表的数据元素是一个结构，例如：

```
struct Node
{   datatype data;
    Node * next;
};
```

其中，成员 next 是指向自身结构类型的指针；成员 data 的类型 datatype 可以是任意 C++允许的数据类型，但不能是自身的结构类型。当结构成员为自身结构类型时，是一种系统不能实现的无限递归结构。

可见，结构成员可以是指向自身结构类型的指针，但不能是自身结构类型的变量。

例如，图 5-4 的单向链表可用以下的结构类型存放数据：

```
struct Node
{   char name[20];
    double salary;
    Node * next;
};
```

2．建立和遍历链表

设有说明：

```
struct Node
{   int data;
    Node * next;
};
Node *head, *p;
```

建立链表的过程可以描述为：

```
生成头结点；
while（未结束）
{ 生成新结点；
   把新结点插入链表；
}
```

建立第一个结点，如图 5-5 所示。

然后建立后继结点。把生成结点插入表尾，如图 5-6 所示。

一旦生成头结点，头指针就不应再移动。如果改变头指针，将使得整个链表无法被找到，所以用一个跟踪指针指向表尾结点。注意跟踪指针的操作，p=p->next 让后续结点的地址覆盖指针 p 原来的值，使得跟踪指针前移一个结点。在这里，这个语句可以换成 p=s。特别地，最后一个结点的指针域赋空值（NULL）。它不但表示链表结束，还是防止误操作的关键。如果一个指针值是一个随机值，即指向未知单元，那么，对所指对象赋值可能会产生严重的后果。

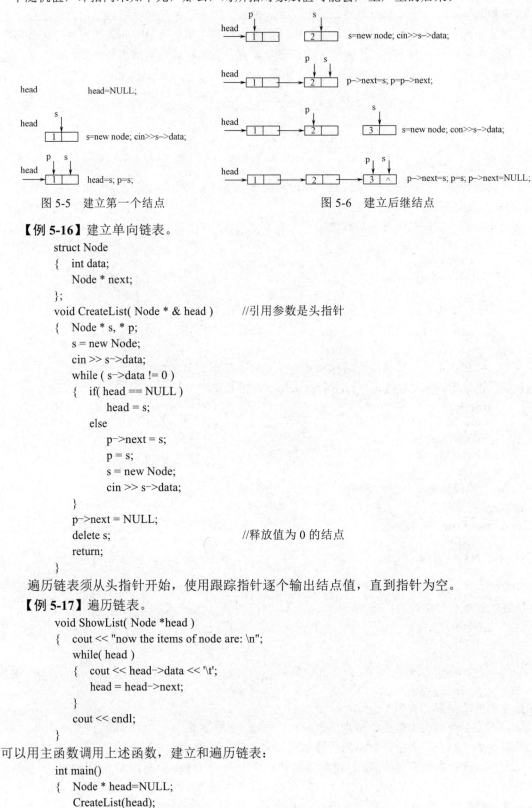

图 5-5 建立第一个结点   图 5-6 建立后继结点

【例 5-16】建立单向链表。

```cpp
struct Node
{   int data;
    Node * next;
};
void CreateList( Node * & head )          //引用参数是头指针
{   Node * s, * p;
    s = new Node;
    cin >> s->data;
    while ( s->data != 0 )
    {   if( head == NULL )
            head = s;
        else
            p->next = s;
        p = s;
        s = new Node;
        cin >> s->data;
    }
    p->next = NULL;
    delete s;                              //释放值为 0 的结点
    return;
}
```

遍历链表须从头指针开始，使用跟踪指针逐个输出结点值，直到指针为空。

【例 5-17】遍历链表。

```cpp
void ShowList( Node *head )
{   cout << "now the items of node are: \n";
    while( head )
    {   cout << head->data << '\t';
        head = head->next;
    }
    cout << endl;
}
```

可以用主函数调用上述函数，建立和遍历链表：

```cpp
int main()
{   Node * head=NULL;
    CreateList(head);
```

```
        ShowList(head);
    }
```

请读者思考，为什么在 CreateList 函数中，链表头指针需要使用指针类型的引用参数，而 ShowList 函数不需要使用引用参数。

3．插入结点

链表便于实现插入和删除结点的动态操作，关键是正确修改结点的指针。要插入或删除的结点，首先要进行查找，确定操作位置，然后按位置不同分别进行处理。

以下讨论各种插入情况。

（1）在表头插入结点

在表头插入结点就是使被插入结点成为第一个结点，步骤如下：

① 生成新结点；

② 把新结点连接到链表上；

③ 修改头指针。

具体操作如图 5-7 所示。

（2）在*p 之后插入*s

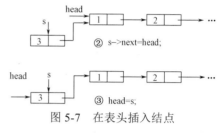

图 5-7 在表头插入结点

在*p 之后插入结点与在表头插入结点的操作相似，不过首先要查找指针 p 的位置（见图 5-8）。

（3）在*p 之前插入*s

要在*p 之前插入*s，需要先找到*p 的前驱结点的地址，所以查找过程要定位于*p 的前驱结点。图 5-9 的操作假设指针 q 指向*p 的前驱结点。

如果指针 p 已经定位，为避免重新搜索它的前驱结点，可以用另外一种方式完成操作：首先把*s 插入*p 之后，然后交换两个结点的数据域。程序如下：

```
s->next = p->next;          //后插
p->next = s;
temp = p->data;             //交换数据域
p->data = p->next->data;    //p->data=s->data
p->next->data = temp;       //s->data=temp
```

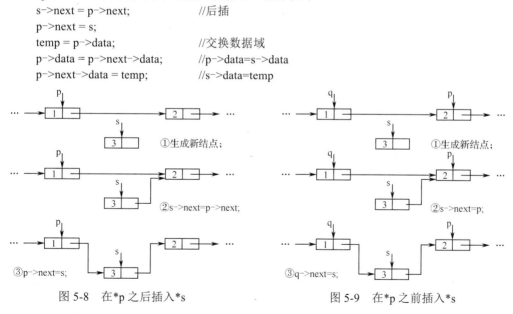

图 5-8 在*p 之后插入*s   图 5-9 在*p 之前插入*s

【例 5-18】用插入法生成一个有序链表。

insert 函数通过参数 num 接收一个整型值，在链表中寻找适当的插入位置，形成从小到大排列的线性表。在函数中，对链表的不同情况分别进行处理：

```
if(表空)
    生成链表的第一个结点;
else
    if( num < head->data )            //此时 num 是最小值
        把 num 插入头结点之前;
    else
    {   从表中找第一个大于 num 的结点*p;
        if(找到)
            把 num 插入*p 之前;
        else                          //此时 num 是最大值
            把 num 插入表尾;
    }
```

为了在找到第一个大于 num 的结点时完成前插，程序用双跟踪指针实现查找。q 是 p 的前驱指针，开始查找时，指针的初始状态如图 5-10 所示。

图 5-10　开始查找

若在链表中找不到大于 num 的结点，则说明 num 是当前最大值，应该插入表尾。这时，指针的状态如图 5-11 所示。

图 5-11　查找结束

程序如下：

```
#include<iostream>
using namespace std;
struct List
{   int data;
    List * next;
};
//把数据插入有序链表
void insert( List * &head, int num )
{   List * s, *p, *q;
    s = new List;
    s->data = num;
    s->next = NULL;
    if ( head == NULL )               //若表空，则建立一个结点的链表
    {   head = s;
        return;
    }
    if ( head->data > s->data )       //被插数据最小，插入表头
    {   s->next = head;
        head = s;
        return;
    }
    for( q=head, p=head->next; p; q=p, p=p->next )//搜索插入
        if ( p->data > s->data )
        {   s->next = p;
```

```
                q->next = s;
                return;
            }
        q->next = s;                        //被插数据最大，插入表尾
        return;
    }
//输出链表数据
void ShowList( const List * head )
{   cout << "now the items of list are: \n";
    while( head )
    {   cout << head->data << '\t';
        head = head->next;
    }
    cout << endl;
}
int main()
{   int k;
    List * head = NULL;
    cout << "Input data,until 0:\n";
    cin >> k;
    while( k != 0 )                         //建立有序链表
    {   insert( head, k);
        cin >> k;
    }
    ShowList( head );                       //输出链表数据
}
```

4．删除结点

删除结点也要根据结点的位置进行不同处理，还要注意释放被删结点。

（1）删除头结点

操作如图 5-12 所示。

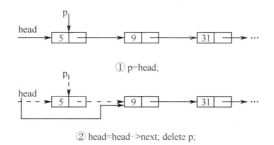

图 5-12　删除头结点

（2）删除*p

要删除*p，需要知道其前驱结点指针。操作如图 5-13 所示。

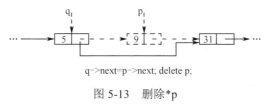

图 5-13　删除*p

【例 5-19】从头指针为 head 的链表中删除值等于 key 的结点。

```
struct List
{   int date;
    List * next;
};
void del( List * & head, int key )
{   List *p;
    if ( !head )
    {   cout << "List null! \n";    return;   }
    if ( head->data == key )                    //被删结点是头结点
    {   p = head;
        head = head->next;
        delete p;
        p = NULL;
        cout << key << " the head of list have been deleted.\n";
        return;
    }
    for( List * pg = head; pg->next; pg = pg->next )    //查找并删除结点
    {   if ( pg->next->data == key )
        {   p = pg->next;
            pg->next = p->next;
            delete p;
            p = NULL;
            cout << key << " have been deleted.\n";
            return;
        }
    }
    cout << " there is not key:" << key << endl;    //链表中不存在 key 结点
    return;
}
```

注意，该例程的 for 语句没有用两个跟踪指针查找 key。指针 pg 进入循环的初始指向与 head 相同，循环终止条件是 pg->next==NULL，在循环体内用 pg->next->date 与 key 进行比较。这样的操作与使用双跟踪指针是等价的。

【例 5-20】Josephus 环问题。

如图 5-14 所示，n 个人围成一个环，从第 i 个人开始，由 1 至 interval 不断报数，凡报到 interval 的出列，直到环空为止。出列的人按先后顺序构成一个新的序列。例如，n=8，i=2，interval=3，则输出序列为：

4   7   2   6   3   1   5   8

编程模拟这个游戏。

```
#include <iostream>
#include <iomanip>
using namespace std;
struct Jonse
{   int code;
    Jonse *next;
};
Jonse * Create( int );
void ShowList( Jonse * );
```

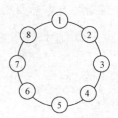

图 5-14   Josephus 环

```cpp
void Out( Jonse *, int, int );
int main()
{   Jonse * head;
    int num, val, beg;
    cout << "\nPlease input the number of total:\n";
    cin >> num;
    head = Create( num );                    //创建链环
    ShowList( head );                        //输出链环序号
    cout << "\nPlease input the code of begin:\n";
    cin >> beg;                              //输入开始报数的位置
    cout << "\nPlease input interval of counting:\n";
    cin >> val;                              //输入报数间隔
    cout << "the new list is:\n";
    Out( head, beg, val );                   //输出新序列并删除链环
}
Jonse * Create(int n)
{   Jonse *h, *p;
    int i;
    h = new Jonse;    p = h;
    for( i = 1; i<=n; i++ )
    {   p->code = i;                         //赋给每个结点顺序号
        if( i<n )
        {   p->next = new Jonse;
            p = p->next;
        }
    }
    p->next = h;                             //构成链环
    return h;
}
void ShowList( Jonse *h )
{   Jonse *p;
    p = h;
    do                                       //输出链环
    {   cout << p->code << '\t';
        p = p->next;
    } while(p!=h);                           //注意循环条件
}
void Out(Jonse *h, int i, int d)
{   Jonse *p, *q;
    int k;
    p = h;
    //q 是 p 的前驱指针，指向最后建立的结点
    for( q=h; q->next!=h; q=q->next );
        for( k = 1; k < i; k ++ )            //寻找开始报数的位置
        {   q = p;
            p = p->next;
        }
    while( p != p->next )                     //处理链环，直至剩下一个结点
    {   for( k = 1; k<d; k++ )               //报数
```

```
        {   q = p;
            p = p->next;
        }
        cout << p->code << '\t';              //输出报到 d 的结点
        q->next = p->next;                    //删除结点
        delete p;
        p = NULL;
        p = q->next;
    }
    cout << p->code << endl;                  //处理最后一个结点
    delete p;
    p = NULL;
}
```

程序的运行情况如图 5-15 所示。建立链环的方式与前面建立单向链表稍有不同，建立最后一个结点时，让链表最后一个结点的指针成员指向链表的第一个结点（与 head 同一指向）就构成链环了。为了正确删除已报数的结点，需要设置两个跟踪指针 p 和 q。p 指向当前报数的结点，q 指向 p 的前驱结点，所以在开始报数的初始状态时，p 与 head 指向同一个结点，q 指向最后一个结点。报数时，q 随着 p 移动。当 p 指向被报数的结点时，利用前驱指针 q 删除 p 所指向的结点。直到当 p==p->next 时，说明链环中只剩下一个结点。最后删除这个结点，完成操作。

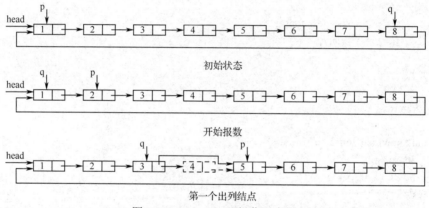

图 5-15　Josephus 环操作示意图

习题

一、思考题

1. 判断一个整数 n 的奇偶性，可以利用位运算吗？请你试一试。

2. 长度为 N 的数组可以表示 N 个元素的集合，若有 S[i]==1，表示对应元素在集合中，如何实现集合的基本运算？请你试一试。并从内存和处理要求方面与 5.2.2 节中集合运算的实现方法进行比较。

3. 分析以下说明结构的语句：
```
    struct Node
    {   int data;
        Node error;           //错误
        Node * ok;            //正确
    };
```
error 和 ok 分别属于什么数据类型？有什么存储要求？error 出错的原因是什么？

4．例 5-15 中用辅助数组对结构数组进行关键字排序，有定义：

person *index[100];

数组 index 用于存放结构数组元素的地址。如果把 index 的定义改为：

int index[100];

用于存放结构数组元素的下标，可以实现对结构数组的索引排序吗？如何修改程序？请你试一试。

5．有以下结构说明和遍历单向链表的函数。函数内有错误吗？是什么性质的错误？请上机验证你的分析。

```
struct Node
{   int data;
    Node * next;
};
void ShowList( Node *head )
{   while( head )
    {   cout << head->date << '\n';
        head++;
    }
}
```

二、程序设计

1．编写程序，将一个整型变量右移 4 位，并以二进制数形式输出该整数在移位前和移位后的数值。观察系统填补空缺位的情况。

2．整数左移一位相当于将该数乘以 2。编写一个函数：

unsigned power2(unsigned number, unsigned pow);

使用移位运算计算 number×2^{pow}，并以整数形式输出计算结果。注意考虑数据的溢出。

3．设计重载函数，使用按位异或（^）运算，实现快速交换两个整型变量和浮点型变量的值。

4．设计函数，不使用辅助数组，实现两个 int 型或 double 型数组中数据的快速交换。

5．集合中的元素通常是字符。设计程序，用无符号整数表示 ASCII 码表中的字符集合，用位运算实现各种基本集合运算。

6．使用结构类型表示复数。设计程序，输入两个复数，可以选择进行复数的＋、－、×或÷运算，并输出结果。

7．把一个班的学生姓名和成绩存放到一个结构数组中，寻找并输出最高分者。

8．使用结构表示 X-Y 平面直角坐标系上的点，编写程序，顺序读入一个四边形的 4 个顶点坐标，判别由这个顶点的连线构成的图形是否为正方形、矩形或其他四边形。要求：定义求两个点距离的函数使用结构参数。

9．建立一个结点包括职工的编号、年龄和性别信息的单向链表，分别定义函数完成以下功能：

（1）遍历该链表输出全部职工信息；

（2）分别统计男、女职工的人数；

（3）在链表尾部插入新职工结点；

（4）删除指定编号的职工结点；

（5）删除年龄在 60 岁以上的男性职工或 55 岁以上的女性职工结点，并保存在另一个链表中。

要求：用主函数建立简单菜单选择，并测试程序。

10．输入一行字符，按输入字符的反序建立一个字符结点的单向链表，并输出该链表中的字符。

11．设有说明语句：

struct List { int data;   List * next; };

List *head;

head 是有序单向链表的头指针。请编写函数：

void Count(List * head);

计算并输出链表中有相同值的结点及其个数。例如，若数据序列为：

2 3 3 3 4 5 5 6 6 6 6 7 8 9 9

则输出结果为：

data	number
3	3
5	2
6	4
9	2

可以用例 5-18 的程序生成有序链表，测试 Count 函数。

12. 用带头结点的有序单向链表可以存放集合，如图 5-16 所示。头结点不存放集合元素，仅为操作方便而设置。使用这种数据结构，设计集合的输入、输出和各种基本运算的函数。

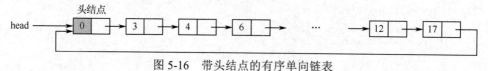

图 5-16　带头结点的有序单向链表

第6章 类 与 对 象

类（Class）是面向对象程序设计（Object-Oriented Programming，OOP）实现信息封装的基础。类是一种用户定义类型，也称为类类型。每个类均包含数据说明和一组操作数据或传递消息的函数。类的实例称为对象，正如基本数据类型的实例称为变量一样，在程序设计中，"变量"与"对象"两个术语常常可以互换使用。

本章介绍类和对象的定义，以及类的各种成员性质和访问方式。

6.1 类与对象的定义和访问

类是在结构的基础上发展而来的。

数组、结构描述了对基本数据类型的组织。在过程化程序设计中，程序的基本单位是函数。函数之间通过参数传递数据，使用语言系统提供的对基本数据类型的操作。在面向对象程序设计中，程序的基本单位是类。类是用户定义的数据和操作这些数据的函数的封装。类的对象使用自己的方法完成对数据的操作。

例如，一个整型数组的输入/输出都要按照对整型数据的访问形式进行处理。要设计一个数组排序函数，形参和实参要分别定义，操作对象仅通过参数传送，不能把排序表示为数组类型固有的操作。如果设计一个"数组类"类型，把数组类型的定义和对数组排序等特定操作封装在一起，"排序"就成了所有数组类对象自己做的事情。

例如，设定一个数组，对数组的操作包括：排序和两个同类型数组相加。

方式 1：面向过程方法

```
    void Sort(int [], int);                        //数组排序函数原型
    void Add(int [], int [], int);                 //数组相加函数原型
    //…
    int main()
    {   int A [10], B [10];                        //数据说明
        //…
        Sort(A, 10);                               //调用函数，使用数组参数
        Sort(B, 10);
        Add(A, B, 10);
        //…
    }
```

方式 2：面向对象方法

```
    class Array                                    //定义数组类
    {    int * Ap;   int len;
        public:
            Array(int size)                        //构造函数，建立数组
            {   len = size;   Ap = new int[size];
                //…
            }
            void Sort();                           //成员函数，排序
            Array operator + (const Array & other);  //成员函数，重载运算符+，进行数组相加
    };
    //…
    int main()
```

```
{   Array A(10), B(10);              //说明对象
    //···
    A.Sort();   B.Sort();            //数组排序
    A = A + B;                       //数组相加
    //···
}
```

从上面例子可以看出，是否定义类的封装，好像不过是把函数放在什么地方的问题。对于简单程序，这并没有带来什么优越性。但是，通过结构类型生成新的数据类型存在一定的缺陷。首先，结构类型的数据成员和普通数据类型的一样，在建立变量时没有初始化机制；另外，由于数据（类型定义）和对数据处理（函数定义）的分离，修改数据或修改函数都可能引起程序错误，不能保证数据的正确性和保持对数据处理的一致性（当然，这种分离方式在解决某些问题上是有效的）。类定义解决了对数据和操作的封装及对对象的初始化问题。除此之外，面向对象方法的还支持继承、多态机制，为大型软件的复杂性和可重用性提供了有效的途径。

6.1.1　定义类与对象

对于具有相同性质和功能的东西构成的集合，通常归为一"类"。例如，"人"是类的概念。为了描述人的特点，有姓名、性别、年龄、身高、体重等特征，称为"属性"。人还有各种生活技能和工作技能，称为"方法"。类是抽象的，当属性赋给具体的值，方法有具体的内容时，才成为对象，如具体的张三、李四。对象是某个类的能动实体。

面向对象程序设计技术模仿人类描述事物的逻辑思维来构建程序。C++中，属性用数据的存储结构实现，称为类的数据成员；方法用函数实现，称为成员函数。它们都是类的成员。

C++中，类定义说明语句的一般形式为：

```
class <类名>
{
    public:
        公有段数据成员和成员函数;
    protected:
        保护段数据成员和成员函数;
    private:
        私有段数据成员和成员函数;
};
```

其中，class 是定义类的关键字。"类名"是用户自定义的标识符，用于标识类型的名字。一对花括号相括用于说明类的成员，以分号结束类定义语句。

类成员用关键字指定不同的访问特性，决定其在类体系中或类外的可见性。

关键字 private 用于声明私有成员。私有成员只能在类中可见，不能在类外或派生类中使用。如果私有成员放在第一段中，则可以省略关键字 private。

protected 声明保护成员。保护成员在类和它的派生类中可见。

public 声明公有成员。公有成员是类的接口，在类中和类外均可见。

各种不同访问性质的成员说明段在类定义中没有顺序规定，也可以重复出现。为了便于了解接口，往往把公有段成员放在开始位置。也有许多程序员习惯于先定义数据成员，再定义对数据操作的函数。

除了 class，关键字 struct 也可以用于定义类。用 struct 定义类时，若不特别指出，则所有成员都是公有的。

例如，一个日期类的说明如下：

```
class Date
```

```
{   public:
        void SetDate(int y, int m, int d);
        int IsLeapYear();
        void PrintDate();
    private:
        int year, month, day;
};
```

Date 类有三个私有数据成员：year、month 和 day。

另外，Date 还有三个公有成员函数：SetDate 函数，用于获取对象的值，设置日期；IsLeapYear 函数，用于判断是否闰年；PrintDate 函数，用于输出日期。在类的说明语句中没有给出函数的实现。

成员函数在类外定义使用作用域运算符进行说明，此时函数首部的形式为：

返回类型　类名::函数名(参数表)

其中，作用域运算符由两个冒号构成，它用于标识成员属于什么类。

Date 类的成员函数 SetDate 定义在类外写为：

```
void Date:: SetDate(int y, int m, int d)
{   year = y;
    month = m;
    day = d;
}
int Date::IsLeapYear()
{   return(year%4==0 && year%100!=0)||(year%400==0);    }
void Date::PrintDate()
{   cout << year << "." << month << "." << day;    }
```

简单的成员函数实现可以在类中定义，此时，编译器作为内联函数处理。例如，成员函数 SetDate 定义在类中写为：

```
//···
public:
    void SetDate(int y, int m, int d)
    {   year = y;
        month = m;
        day = d;
    }
//···
```

成员函数有两个作用：一是操作数据成员，包括访问和修改数据成员；二是用于协同不同的对象操作，称为传递消息。成员函数通过参数与其他对象协同操作。

对象是类类型的变量，说明方法与普通变量的相同。说明一个类类型的对象后，编译器为每个对象的数据成员分配内存。对象没有成员函数的副本，类成员函数可以被对象调用。

以下说明 workday 和 holiday 都是 Date 的对象，而 pDate 是 Date 类型的指针：

```
Date    workday, holiday, *pDate;
```

类的数据成员除了可以是基本类型，还可以是数组、结构、类等自定义的数据类型。如果一个类的成员是一个已经定义的类类型，则称为类的包含（或组合）。例如，定义 Student 类：

```
class Student
{   public:
        char name[10];
        Date birthday;          //类类型成员
        long code;
        char *address;
```

```
            char phone[20];
        //…
    };
```

对类成员的使用方式与结构相同。如果有说明：

```
    Student stu;
```

则   stu.birthday.SetDate(1985, 1, 15);

调用了 Date 类的成员函数。

另外，也可以用数组组织对象。例如，有说明：

```
    Student students[100];
```

其中 students 是一个有 100 个元素的类类型数组，它的每个元素 students[i]都是类类型对象，students[i].birthday 表示第 i 个学生的生日，对第 i 个学生的生日置值的形式为：

```
    student[i].birthday.SetDate(1982, 6, 6);
```

6.1.2　访问对象成员

使用对象包括访问对象的数据成员和调用成员函数。类中的成员函数可以使用自身不同性质的数据成员和调用成员函数。公有成员是提供给外部的接口，即，只有公有成员在类外可见。对象成员的访问形式与访问结构的形式相同，运算符"."和"–>"用于访问对象成员。

【例 6-1】访问对象的公有成员。

```
    #include <iostream>
    using namespace std;
    class Tclass
    {  public:
            int x,y;
            void print()
            {  cout << x << "," << y << endl;   };
    };
    int main()
    {  Tclass test;
       test.x = 100;                          //访问公有段数据成员
       test.y = 200;
       test.print();                          //调用公有段成员函数
    }
```

【例 6-2】用指针访问对象成员。

```
    #include <iostream>
    using namespace std;
    class   Tclass
    {  public :
            int    x,y;
            void   print()
            {  cout << x << "," << y << endl;   };
    };
    int add(Tclass * ptf)
    {  return (ptf–>x + ptf–>y);   }
    int main()
    {  Tclass test, *pt=&test;              //说明一个对象 test 和一个对象指针 pt
       pt–>x = 100;                          //用对象指针访问数据成员
       pt–>y = 200;
       pt–>print();                          //用对象指针调用成员函数
```

```
            test.x = 150;
            test.y = 450;
            test.print();
            cout<<"x+y="<< add(&test)<<endl;        //把对象地址传给指针参数
        }
```

6.1.3 this 指针

C++中，同一类的各个对象都有自己的数据成员的存储空间，但系统不会为每个类的对象建立成员函数副本，类的成员函数可以被各个对象调用。例如，说明一个 Tclass 类的对象 test，函数调用：

        test.print()

表示在对象 test 上进行操作。同样，若说明一个指向 Tclass 的指针：

        Tclass *p;

则函数调用：

        p–>print()

表示在*p 上进行操作。

但从成员函数的参数上看：

        void   Tclass::print();

并不知道它正在哪个对象上操作。其实，C++为成员函数提供了一个称为 this 的隐含指针参数，所以，我们常常称成员函数拥有 this 指针。

当一个对象调用类的成员函数时，对象的地址被传递给 this 指针，即 this 指针指向了该对象。this 是一个隐含指针，不能显式说明，但可以在成员函数中显式使用。

Tclass 的成员函数 print 可以这样书写：

        void   Tclass::print()
        {   cout << this–>x << "," << this–>y << endl;   };

this 指针的显式使用场合主要有运算符重载、自引用等。

this 指针是一个常指针，相当于：

        class_Type * const this

其中，class_Type 是用户定义的类类型标识符。这里，this 指针一旦被初始化（成员函数被调用）之后，获取了对象的地址，指针值就不能再进行修改和赋值，以保证其不会指向其他对象。

6.2 构造函数与析构函数

数据类型总是与存储结构相联系的。例如，整型数在 32 位机上用 32bit 存储。在程序中说明一个变量：

        int a;

这意味着在内存中分配了以标识符 a 命名的一个字长的空间，可以通过&a 查看地址。另外，可以在说明变量的同时对存储单元赋初值：

        int a = 0;   //用常量初始化变量
        int b = a;   //用已有变量的值初始化当前说明变量

当一个变量的生存期结束时，系统将自动回收这个存储单元。对于一般数据类型，这种分配内存、数据初始化和内存回收工作，编译程序能够很轻易完成。

当建立一个用户定义的类类型对象时，也需要做类似的工作。C++提供了类对象的基本构造和析构功能。由于类体系结构的复杂性，建立对象的初始化工作和释放对象资源的变化很大，因此，通常需要用户自定义构造函数和析构函数。

6.2.1　简单构造函数与析构函数

构造函数与析构函数是类的特殊成员函数。

构造函数名与类名相同。构造函数可以有任意类型的参数，但不能有返回类型。构造函数在建立类对象时自动调用。

与构造函数对应的是析构函数。析构函数名就是在类名之前冠以一个波浪号"~"。析构函数没有参数，也没有返回类型。析构函数在类对象作用域结束时自动调用。

构造函数和析构函数的原型为：

　　类名::类名(参数表);
　　类名::~ 类名();

构造函数和析构函数不应该定义在私有部分。原因很明显，对象必须在类说明之外被创建和撤销。

【例 6-3】重写日期类。

```
#include <iostream>
using namespace std;
class Date
{   public:
        Date();
        ~Date();
        void SetDate(int y, int m, int d);
        int IsLeapYear() const;          //常成员函数
        void PrintDate() const;          //常成员函数
    private:
        int year, month, day;
};
Date:: Date()                            //构造函数
{   cout << "Date object initialized.\n";   }
Date:: ~Date()                           //析构函数
{   cout << "Date object destroyed.\n";   }
void Date:: SetDate(int y, int m, int d)
{   year = y;   month = m;   day = d;   }
int Date::IsLeapYear() const
{   return (year%4==0 && year%100!=0)||(year%400==0);   }
void Date::PrintDate() const
{   cout << year << "/" << month << "/" << day << endl;   }
int main()
{   Date d;
    d.SetDate(2020,5,1);
    d.PrintDate();
    if(d.IsLeapYear())   cout<<"Is leap year."<<endl;
    else   cout<<"Is not leap year."<<endl;
}
```

程序运行结果：

```
Date object initialized.
2020/5/1
Is leap year.
Date object destroyed.
```

在类的定义中，增加了构造函数和析构函数。构造函数在说明对象 d 的时候调用。main 函数运行结束，撤销对象 d，自动调用析构函数~Date()。

```
        int IsLeapYear() const;
        void PrintDate() const;
```
以 const 作为函数原型的后缀，称为常成员函数，详见 6.3.1 节。

6.2.2 带参数的构造函数

带参数的构造函数可以在建立一个对象时用指定的数据初始化对象的数据成员。以下通过修改例 6-3 的构造函数加以说明。

【例 6-4】带参数的构造函数。

```
#include <iostream>
using namespace std;
class Date
{   public:
        Date(int,int,int);
        ~Date();
        void SetDate(int y, int m, int d);
        void IsLeapYear() const;
        void PrintDate() const;
    private:
        int year, month, day;
};
Date:: Date(int y, int m, int d)
{   year = y;
    month = m;
    day = d;
    cout<<year<<"/"<<month<<"/"<<day<<":Date object initialized."<<"\n";
}
Date:: ~Date()
{   cout<<year<<"/"<<month<<"/"<<day<<": Date object destroyed."<<"\n";   }
void Date:: SetDate(int y, int m, int d)
{   year = y;
    month = m;
    day = d;
}
void Date::IsLeapYear() const
{   if (year%4 == 0 && year%100 != 0 || year%400 == 0)
        cout << "Is leap year.\n";
    else
        cout << "Is not leap year.\n";
}
void Date::PrintDate() const
{   cout << year << "/" << month << "/" << day << endl;   }
int main()
{   Date d1(2019, 5, 1);
    Date d2(2020, 10, 1);
    d1.SetDate(1998, 6, 15);
    d1.PrintDate();
    d1.IsLeapYear();
    d2.SetDate(2000, 9, 23);
    d2.PrintDate();
    d2.IsLeapYear();
}
```

程序运行结果：

    2019/5/1: Date object initialized.

    2020/10/1: Date object initialized.

    1998/6/15

    Is not leap year.

    2000/9/23

    Is leap year.

    2000/9/23: Date object destroyed.

    1998/6/15: Date object destroyed.

在 main 函数中，说明语句：

    Date d1(2019, 5, 1), d2(2020, 10, 1);

调用参数化的构造函数，创建了两个对象。构造函数 Date::Date()与成员函数 Date::SetDate()的作用和调用时机不相同。我们看到，通过成员函数 SetDate，可以多次重置数据成员的值，但构造函数不能通过对象显式调用，它仅用于创建对象和数据初始化。另外还要注意，对象的构造次序和析构次序是相反的，首先创建的对象将最后析构。

如果对象是由 new 运算符动态创建的，delete 运算会自动调用析构函数。

【例 6-5】改写例 6-4 的 main 函数。

```
int main()
{   Date * pd;
    pd = new Date(1982, 6, 6);
    pd –> PrintDate();
    delete (pd);            //调用析构函数
}
```

程序运行结果：

    1982/6/6: Date object initialized.

    1982/6/6

    1982/6/6: Date object destroyed.

用 new 动态创建的对象如果不用 delete 释放，那么，即使建立对象的函数执行结束，系统也不会调用析构函数，这样会导致内存泄漏。

6.2.3　重载构造函数

构造函数与普通函数一样，允许重载。如果 Date 类具有多个构造函数，创建对象时，将根据参数匹配调用其中的一个。例如：

```
class Date
{   public:
        Date();
        Date(int);
        Date(int,int);
        Date(int,int,int);
        ~Date();
    //…
};
//…
void f()
{   Date d;                 //调用  Date();
    Date d1(2000);          //调用  Date(int);
    Date d1(2000,1);        //调用  Date(int,int);
    Date d1(2000,1,1);      //调用  Date(int,int,int);
}
```

像所有 C++函数一样，构造函数可以具有默认参数。但是，定义默认参数构造函数时，要注意调用时可能产生的二义性。例如：

```
class X
{   public:
        X();
        X(int i = 0);
    //…
};
void f()
{   X one(10);              //正确
    X two;                  //错误
}
```

上述程序在说明 X 类对象 one 时，调用构造函数 X::X(int i=0)；但在说明 two 时，系统无法判断是调用 X::X()还是调用 X::X(int i=0)，因此会出现匹配二义性。

6.2.4 拷贝构造函数

创建对象时，有时希望用一个已有的同类型对象的数据对它进行初始化。C++可以完成类对象数据的简单复制。用户自定义的拷贝构造函数用于完成更为复杂的操作。

拷贝构造函数要求有一个类类型的引用参数，形式如下：

类名::类名(const 类名 & 引用名, …);

为了保证所引用对象不被修改，通常把引用参数说明为 const 参数。例如：

```
class   A
{   public :
        A(int);
        A(const A &, int =1);      //拷贝构造函数
    //…
};
//…
A a(1);                           //①创建对象 a，调用  A(int)
A b(a, 0);                        //②创建对象 b，调用  A(const A &, int=1)
A c = b;                          //③创建对象 c，调用  A(const A &, int=1)
```

第①条语句创建对象 a，调用一般的构造函数 A(int)。第②条和第③条语句都调用了拷贝构造函数，复制对象 a 创建 b，复制对象 b 创建 c，展示了调用拷贝构造函数的两种典型方法。

1．调用拷贝构造函数的时机

当说明语句建立对象时，可以调用拷贝构造函数进行数据初始化。另外，当函数具有类类型传值参数或者函数返回类类型值时，都需要调用拷贝构造函数，完成局部对象的初始化工作。

【例 6-6】用已有对象初始化新创建的对象。

```
#include <iostream>
using namespace std;
class   Location
{   public :
        Location (int xx = 0, int yy = 0)
          { X = xx;   Y = yy; }
        Location (const Location   & p);
        int GetX() const { return   X; }
        int GetY() const { return   Y; }
    private :
        int X, Y;
```

```
            };
            Location::Location(const Location & p)          //拷贝构造函数
            {   X = p.X;                                     //数据复制
                Y = p.Y;
                cout << "Copy_constructor called." << endl;
            }
            int main()
            {   Location A(1,2);
                Location B(A);                               //说明对象 B，用 A 作为初值，调用拷贝构造函数
                cout << "B: " << B.GetX() << ", " << B.GetY() << endl;
            }
```

程序运行结果：

```
        Copy_constructor called.
        B: 1, 2
```

如果函数具有类类型传值参数，那么，调用该函数时，首先要调用拷贝构造函数，用实参对象的值初始化形参对象。

【例 6-7】使用类类型传值参数的函数。

```
            #include <iostream>
            using namespace std;
            class Location
            {   public:
                    Location(int xx = 0, int yy = 0);
                    Location(const Location & p);
                    ~Location();
                    int GetX() const
                    {   return X;   }
                    int GetY() const
                    {   return Y;   }
                private :
                    int X, Y;
            };
            Location ::Location(int xx, int yy)
            {   X = xx;
                Y = yy;
                cout << "Constructor Object.\n";
            }
            Location::Location(const Location & p)          //拷贝构造函数
            {   X = p.X;
                Y = p.Y;
                cout << "Copy_constructor called." << endl;
            }
            Location ::~Location()
            {   cout << X << "," << Y << " Object destroyed." << endl;   }
            void f(Location p)          //形参 p 是 Location 类的传值参数
            {   cout << "Function:" << p.GetX() << "," << p.GetY() << endl;   }
            int main()
            {   Location A(1,2);
                f(A);                   //调用函数，传 A 的值
            }
```

程序运行结果：

```
        Constructor Object.
```

Copy_constructor called.
Function: 1, 2
1, 2 Object destroyed.
1, 2 Object destroyed.

在主函数创建对象 A 时，调用了构造函数：

Location::Location(int xx=0, int yy=0);

调用普通函数 f(A)时，实参 A 以传值方式初始化形参 p，调用拷贝构造函数：

Location::Location(Location & p);

函数 f 返回时，为删除形参对象 p，需要执行析构函数。主函数执行结束时，为删除对象 A，需要执行析构函数。

类似地，当函数返回类类型时，也要通过拷贝构造函数建立临时对象。

【例 6-8】返回类类型的函数。

```
#include <iostream>
using namespace std;
class   Location
{   public :
        Location(int xx = 0, int yy = 0)
        {   X = xx;
            Y = yy;
            cout << "Object constructed." << endl;
        }
        Location(const Location & p);
        ~Location()
        {   cout << X << "," << Y << " Object destroyed." << endl;   }
        int GetX() const { return X; }
        int GetY() const { return Y; }
    private :
        int X, Y;
};
Location::Location(const Location & p)
{   X = p.X;
    Y = p.Y;
    cout << "Copy_constructor called." << endl;
}
Location g()                    // g 函数返回 Location 类型
{   Location A(1,2);
    return A;
}
int main()
{   Location   B;
    B = g();
}
```

程序运行结果：   说明：
Object constructed.   创建对象 B
Object constructed.   创建局部对象 A
Copy_constructor call.   复制初始化返回值的匿名对象
1,2 Object destroyed.   删除匿名对象
1,2 Object destroyed.   删除局部对象 A
1,2 Object destroyed.   删除对象 B

2．浅复制和深复制

当类的数据成员是简单数据类型时，创建对象时的数据复制系统机制工作得很好。但是，如果数据成员资源是由指针指示的堆，系统复制对象数据时只进行指针（地址）复制，而不会重新分配内存空间。这样，程序运行时会产生对象操作异常；另外，当对象作用域结束后，又会错误地重复释放堆。这种情况下，需要使用用户自定义的拷贝构造函数。

【例 6-9】 一个有问题的程序。

```cpp
#include<iostream>
#include<cstring>
using namespace std;
class Name
{   public :
        Name(char *pn);
        ~ Name();
        void setName(char *);
        void showName();
    protected :
        char *pName;
        int size;
};
Name::Name(char *pn)
{   cout <<"Constructing" << pn << endl;
    pName = new char[strlen(pn)+1];
    if(pName != 0)   strcpy_s(pName, strlen(pn)+1, pn);
    size = strlen(pn);
}
Name::~ Name()
{   cout << "Destructing" << pName << endl;
    delete   []pName;
    pName = NULL;
    size = 0;
}
void Name::setName(char *pn)
{   delete []pName;
    pName = new char[strlen(pn)+1];
    if(pName!=0)   strcpy_s(pName, strlen(pn)+1, pn);
    size = strlen(pn);
}
void Name::showName()
{   cout << pName << endl;   }
int main()
{   Name Obj1("NoName");
    Name Obj2 = Obj1;                     //系统实现数据复制
    Obj1.setName("ZhangSan");
    Obj2.showName();                      //将显示"ZhangSan"
}
```

运行程序，调用构造函数创建对象 Obj1 时，数据成员 Obj1.pName 由 new 申请的内存地址，Obj1.size 是字符串长度。创建 Obj2 时，语句：

```cpp
Name Obj2 = Obj1;
```

由系统完成数据成员复制，自动执行：

```cpp
Obj2.pName = Obj1.pName;       //地址赋值
```

Obj2.size = Obj1.size;

执行效果如图 6-1 所示。

系统构造对象 Obj1 和对象 Obj2 产生的数据成员复制导致它们将共享内存空间，对象数据不能独立。因此程序执行语句：

Obj1.setName("ZhangSan");

修改了内存空间，之后执行：

Obj2.showName();

将显示 Obj2 的数据成员与 Obj1 具有相同的值。而且，在主函数结束时，系统按先 Obj2 后 Obj1 的顺序析构对象，当析构 Obj1 时，指针所指内存空间已释放，产生"释放空指针"的错误。

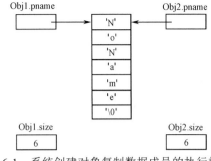

图 6-1 系统创建对象复制数据成员的执行效果

因此，应该定义用户版本的拷贝构造函数。

【例 6-10】使用自定义的拷贝构造函数。

```cpp
#include<iostream>
#include<cstring>
using namespace std;
class Name
{   public :
        Name(char *pn);
        Name(const Name &Obj);
        ~Name();
        void setName(char *);
        void showName();
    protected :
        char *pName;
        int size;
};
Name::Name(char *pn)
{   cout <<"Constructing " << pn << endl;
    pName = new char[strlen(pn)+1];
    if(pName!=0)    strcpy_s(pName, strlen(pn)+1, pn);
    size = strlen(pn);
}
Name::Name(const Name &Obj)         //定义拷贝构造函数
{   cout << "Copying " << Obj.pName << " into its own block\n";
    pName = new char[strlen(Obj.pName)+1];
    if(pName!=0)    strcpy_s(pName, strlen(Obj.pName)+1, Obj.pName);
    size = Obj.size;
}
Name::~ Name()
{   cout << "Destructing " << pName << endl;
    pName[0] = '\0';
    delete    []pName;
    pName = NULL;
    size = 0;
}
void Name::setName(char *pn)
{   delete []pName;
    pName = new char[strlen(pn)+1];
```

```
        if (pName!=0)   strcpy_s(pName, strlen(pn)+1, pn);
        size = strlen(pn);
    }
    void Name::showName()
    {   cout << pName << endl;    }
    int main()
    {   Name Obj1("NoName");
        Name Obj2 = Obj1;                //调用拷贝构造函数
        Obj1.showName();
        Obj2.showName();
        Obj1.setName("SuDondpo");        //对 Obj1 置值
        Obj2.setName("DuFu");            //对 Obj2 置值
        Obj1.showName();
        Obj2.showName();
    }
```

程序运行结果：
```
Constructing NoName
Copying NoName into its own block
NoName
NoName
SuDondpo
DuFu
Destructing DuFu
Destructing SuDondpo
```

调用自定义拷贝构造函数创建对象 Obj2 的情形如图 6-2 所示。拷贝构造函数避免了不同对象共享内存的错误。这种复制方式称为"深复制"（也称深拷贝）。对应于系统做的数据简单复制，称为"浅复制"（也称浅拷贝）。

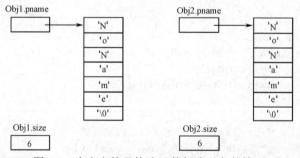

图 6-2　自定义拷贝构造函数创建对象的情形

6.3 类的其他成员

在类定义中，除了可以指定成员的访问权限，还可以定义各种特殊用途的成员。本节讨论约束为只读的常成员、类对象共享的静态成员及具有最高访问权限的友元。

6.3.1 常成员

在类中，定义常成员用 const 约束。常数据成员是指数据成员在实例化被初始化后约束为只读；常成员函数是指成员函数的 this 指针被约束为指向常量的常指针，在函数体内不能修改数据成员的值。

1. 常数据成员

在 C++的类定义中，const 可以约束基本类型的数据成员为常数据成员。因为类对象要通过执行构造函数才能建立存储空间，所以，用构造函数实现常数据成员值的初始化是必需的。在 C++语言中，使用构造函数参数初始式对常数据成员进行初始化（参数初始式语法详见 6.4 节）。

（1）常数据成员可以在构造函数中直接用常量进行初始化，这样，每个对象建立的常数据成员都有相同的值。

【例 6-11】由构造函数直接用常量初始化常数据成员。

```cpp
#include<iostream>
using namespace std;
class Mclass
{   public:
        int k;
        const int M;                    //说明常数据成员
        Mclass(): M(5){}                //用参数初始式对常数据成员赋值
        void testFun()
        {   //M++;                       //错误，不能在成员函数中修改常数据成员
            k++;                         //可以修改一般数据成员
        }
};
int main()
{   Mclass t1, t2;
    t1.k=100;
    //t1.M=123;                         //错误，不能在类外修改常数据成员
    cout<<"t1.k="<<t1.k<<'\t'<<"t1.M="<<t1.M<<endl;
    t2.k=200;
    t2.testFun();
    cout << "&t1.M=" << &t1.M << endl;
    cout << "t2.k=" << t2.k << '\t' << "t2.M=" << t2.M <<endl;
    cout << "&t2.M=" << &t2.M << endl;
}
```

程序运行结果：

```
t1.k=100        t1.M=5
&t1.M=0012FF4C
t2.k=201        t2.M=5
&t2.M=0012FF3C
```

（2）另外一种对常数据成员进行初始化的方法是，使用带参数的构造函数，创建对象时，用实参对常数据成员赋值。这样，每个对象的常数据成员就可以有不同的初值。

【例 6-12】用带参数的构造函数初始化常数据成员。

```cpp
#include<iostream>
#include<cstring>
using namespace std;
struct Date
{   int year, month, day;   };
class Student
{   public:
        Student (int y,int m,int d, int num=0, char *pname="no name");
        void PrintStudent() const;      //常成员函数
    private:
        const int code;                 //常数据成员
```

```
        char name[20];
        Date birthday;                    //结构数据成员
    };
    void Student::PrintStudent() const
    {   cout<<"序号："<<code<<"\t 姓名："<<name<<"\t" <<"出生日期："
            <<birthday.year<<"–"<<birthday.month<<"–" <<birthday.day;
        cout<<endl;
    }
    //用带参数构造函数完成数据成员初始化
    Student::Student(int y,int m,int d,int num,char *pname):code(num)
    {   strcpy_s(name, pname);
        name[sizeof(name) –1] = '\0';
        birthday.year = y;
        birthday.month = m;
        birthday.day = d;
    }
    int main()
    {   Student stu1(1990,3,21,1001,"陈春");
        stu1.PrintStudent();
        Student stu2(1985,10,1,1002,"张庆华");
        stu2.PrintStudent();
    }
```

程序运行结果：

序号：1001　　　　姓名：陈春　　　　出生日期：1990-3-21
序号：1002　　　　姓名：张庆华　　　出生日期：1985-10-1

在上述程序中，Student 类有三个数据成员，其中，birthday 是 Date 结构类型成员， code 是常数据成员。在带参数的构造函数中，特别地用参数初始式 code(num)对 this->code 赋初值。这个值在建立对象后被约束为只读。

2．常对象

若在定义对象的说明语句以 const 作为前缀，则称该对象为常对象。这个对象的全部数据成员在作用域中约束为只读。

【例6-13】常对象测试。

```
    #include<iostream>
    using namespace std;
    class T_class
    {   public:
            int a,b;
            T_class(int i, int j)
            {   a=i;    b=j;    }
    };
    int main()
    {   const T_class t1(1,2);             //t1 是常对象
        T_class t2(3,4);
        //t1.a=5;                          //错误，不能修改常对象的数据成员
        //t1.b=6;                          //错误，不能修改常对象的数据成员
        t2.a=7;
        t2.b=8;
        cout<<"t1.a="<<t1.a<<'\t'<<"t1.b="<<t1.b<<endl;
        cout<<"t2.a="<<t2.a<<'\t'<<"t2.b="<<t2.b<<endl;
    }
```

程序运行结果：

```
t1.a=1        t1.b=2
t2.a=7        t2.b=8
```

3．常成员函数

常成员函数的 this 指针被约束为指向常量的常指针。由于 this 指针隐含定义，因此常成员函数在函数首部以关键字 const 作为后缀。例如：

```
class X
{   int a;
    int f()                         //成员函数
    {   return a++;   }             //合法
    int g() const                   //常成员函数
    {   return a++;   }             //错误，不能修改数据成员
};
```

在类 X 中，成员函数 g 首部以关键字 const 作为后缀，称为"常成员函数"，其相当于常成员函数的 this 指针类型为：

```
const X * const this
```

const 成员函数的函数体代码不能修改 this 所指对象的成员，因此在 X::g 中，表达式 a++企图修改 this 所指对象的数据成员 a 是不允许的。而在一般成员函数 X::f 中，修改 a 完全合法。

在例 6-12 中，常成员函数：

```
void Student::PrintStudent() const;
```

用 const 作为函数原型的后缀，表示该函数不能修改 this–>code、this–>name、this–>Date 等全部数据成员。

6.3.2　静态成员

当类成员冠以 static 声明时，称为静态成员。"静态"是指它的作用域局部于类。一个类可以创建多个对象，因此，静态成员提供了一种同类对象的共享机制；"成员"是指它与普通类成员一样受不同访问特性的约束。

1．静态数据成员

静态数据成员要求在类中声明，在类外定义。尽管 static 数据成员从存储性质上是全局变量，但其作用域是类。static 数据成员在类外可以用"类名::"作为限定词，或通过对象访问它。

在类中，声明 static 数据成员和其他数据成员一样，不会建立存储空间。一般数据成员在说明对象时建立存储空间，但 static 数据成员存储空间的建立不依赖于对象，即不论创建多少个对象，都不会创建 static 数据成员的存储空间。所以，在类声明之外要有一个 static 数据成员的说明语句，让它在编译时建立存储空间并进行一次文件范围初始化。若不指定初值，则系统自动将其初始化为 0。

【例 6-14】静态数据成员的声明和初始化。

```
#include<iostream>
using namespace std;
class   Counter
{       static int num;                 //声明私有静态数据成员
    public :
        void setnum(int i)
        {   num = i;   }                 //成员函数访问静态数据成员
        void   shownum()
        {   cout << num << '\t';   }     //成员函数访问静态数据成员
};
```

```
            int    Counter::num = 0;              //定义静态数据成员,置初值 0
            int main ()
            {   Counter a, b;
                a.shownum();
                b.shownum();
                a.setnum(10);
                a.shownum();
                b.shownum();
            }
```

程序运行结果:

            0   0   10   10

在类说明中,静态数据成员的声明不是定义,因此必须在类外定义,用以分配存储空间并进行初始化。上例中,类 Counter 中声明了一个私有静态数据成员:

            static   int   num;

在类外定义并初始化:

            int Counter :: num = 0;

但 num 是私有成员,不能在主函数中直接访问,只能通过成员函数访问它。

【例 6-15】使用公有静态数据成员。

```
            #include<iostream>
            using namespace std;
            class Counter
            {   public :
                Counter(int a)   {   mem = a;   }
                int mem;                         //公有数据成员
                static int Smem;                 //公有静态数据成员
            };
            int Counter::Smem = 1;               //初值为 1
            int main()
            {   Counter c(5);
                int i;
                for(i = 0; i < 5; i++)
                {   Counter::Smem += i;
                    cout << Counter::Smem << '\t';
                }
                cout<<endl;
                cout<<"c.Smem = "<<c.Smem<<endl;
                cout<<"c.mem = "<<c.mem<<endl;
            }
```

程序运行结果:

            1   2   4   7   11
            c.Smem = 11
            c.mem = 5

本例程把静态成员 Smem 声明为 public,定义时置初值为 1。在主函数中,使用:

            Counter:: Smem   或   c.Smem

都可以访问静态数据成员。

可见,静态成员独立于对象存在,可以通过类或对象使用它。在类中声明的关键字 public、private 或 protected 起访问约束作用。

2．静态成员函数

当一个成员函数冠以 static 声明时，称为静态成员函数。静态成员函数提供了一个不依赖于类数据结构的共同操作，它没有 this 指针。因为静态成员函数只能访问类的静态数据成员，所以设计静态成员函数与静态数据成员可协同操作。

静态成员函数在类外可以用"类名::"作为限定词，或通过对象调用。例如：

```
class X
{   int    DatMem;
    public :
        static void   StaFun();
};
```

调用静态成员函数：

```
void   g()
{   X obj;
    X::StaFun();                    //正确
    obj.StaFun();                   //正确，StaFun 由 obj 激活
}
```

对于：

```
X::StaFun
obj.StaFun
```

C++语言认为它们都表示静态成员函数的入口地址。

【例 6-16】某商店经销一种货物。货物购进和卖出时以箱为单位，各箱的重量（质量）不一样，因此，商店需要记录目前库存的总重量。现在编程模拟商店货物购进和卖出的情况。

定义货物类 Goods，数据成员包括一箱货物的重量 weight 和记录货物总重量的静态数据成员 total_weight。建立一个对象表示购进一箱货物，total_weight 增加 w ；删除一个对象表示卖出一箱货物，total_weight 减少 w。静态成员函数 TotalWeight 返回当前 total_weight 的值。为了模拟动态销售情况，Goods 类中包含一个 Goods 类指针 next，用于组成队列，以先进先出方式管理货物。每购进一箱货物，从表尾插入一个结点；每售出一箱货物，从表头删除一个结点。

```
#include<iostream>
using namespace std;
class Goods
{   public :
        Goods(int    w)
        {   weight = w;
            total_weight += w;
        }
        ~ Goods()
        {   total_weight -= weight;   }
            int Weight()
            {   return    weight;   }
            static int TotalWeight()            //静态成员函数，返回货物总重量
            {   return    total_weight;   }
            Goods *next;
    private :
        int weight;
        static int total_weight;                //静态数据成员，记录货物总重量
};
int    Goods::total_weight = 0;
void purchase(Goods * &f, Goods *& r, int w)    //购进货物，从表尾插入结点
```

```
    {   Goods *p = new Goods(w);
        p->next = NULL;
        if(f == NULL)    f = r = p;
        else    {   r->next = p;
                    r = r->next;
                }
    }
    void sale(Goods * & f, Goods * & r)                //售出货物，从表头删除结点
    {   if(f == NULL)
        {   cout << "No any goods!\n";
            return;
        }
        Goods *q = f;
        f = f->next;
        delete q;
        q = NULL;
        cout << "sold.\n";
    }
    int main()
    {   Goods *front = NULL, *rear = NULL;
        int w;
        int choice;
        do
        {   cout << "Please choice:\n";
            cout<< "Key in 1 is purchase,\nKey in 2 is sale,\nKey in 0 is over.\n";
            cin >> choice;
            switch (choice)                            //操作选择
            {   case 1 :                               //输入，购进一箱货物
                {   cout << "Input weight: ";          //输入一箱货物的重量
                    cin >> w;
                    purchase(front, rear, w);          //从表尾插入结点
                    break;
                }
                case 2 :                               //输入，售出一箱货物
                {   sale(front, rear);                 //从表头删除结点
                    break;
                }
                case 0 :                               //输入，结束
                    break;
            }
            cout << "Now total weight is:" << Goods::TotalWeight() << endl;
        } while (choice);
    }
```

6.3.3 友元

　　一个对象的私有数据，只能通过成员函数访问，这种限制使得不同对象协同操作开销较大，而定义公有数据又破坏了信息的隐蔽性。如例 6-16 中，为了构成链表，对象的指针声明为公有数据成员，以便外部函数操作链表。

　　C++语言提供了一种辅助手段——定义类的友元。友元可以访问类的所有成员，包括私有成员。友元可以是一个普通函数、成员函数或者另一个类。

　　友元关系是非对称的，非传递的。除非特别声明，否则：

F 是 A 的友元，但 A 不是 F 的友元；

B 是 A 的友元，C 是 B 的友元，但 C 不是 A 的友元。

1．友元函数

在一个类 A 中，如果将关键字 friend 冠于一个函数原型或类名之前，则该函数或类成为类 A 的友元。友元不受在类中声明位置（private、protected 或 public）的影响，它仅仅声明类 A 的一个友元。例如：

```
class   A
{   private:
        int   i;
        void MemberFun(int);
        friend void FriendFun(A *, int);        //FriendFun 是类 A 的友元
};
…
void FriendFun(A * ptr, int x )
{   ptr -> i = x;   };                          //友元函数通过参数访问类的私有数据成员
void A:: MemberFun(int x)
{   i = x;   };                                 //成员函数通过 this 指针访问类的私有数据成员
```

在类 A 中，数据成员 i 和成员函数 MemberFun 都是私有成员，FriendFun 仅进行友元声明。成员函数和友元函数的功能相同，但参数和实现代码有区别。友元函数不是类的成员，它通过参数访问对象的私有成员。调用方法也有差别，例如：

```
A Aobj;
FriendFun(&Aobj, 5);
Aobj.MemberFun(5);
```

友元函数 FriendFun 必须在参数表中显式地指明要访问的对象 Aobj，而成员函数 MemberFun 则在它的对象 Aobj 上操作。

【例 6-17】用友元函数计算两点之间的距离。

```
#include<cmath>
#include<iostream>
using namespace std;
class Point
{   public:
        Point(double xi, double yi)    { X = xi; Y = yi; }
        double GetX()    { return X; }
        double GetY() { return Y; }
        friend double Distance(Point &a, Point &b);        //声明友元
    private:
        double X, Y;
};
double Distance(Point & a, Point & b)                      //定义友元函数
{   double dx = a.X-b.X;                                   //通过参数访问对象成员
    double dy = a.Y-b.Y;
    return sqrt(dx * dx + dy * dy);
}
int main()
{   Point p1(3.0,5.0), p2(4.0,6.0);
    double d = Distance(p1,p2);                            //调用友元函数
    cout << "This distance is " << d << endl;
}
```

2．友元类

若 F 类是 A 类的友元类，则 F 类的所有成员函数都是 A 类的友元函数。在程序中，友元类通常设计为一种对数据操作或类之间传递消息的辅助类。

【例 6-18】 演示友元类。

```cpp
#include<iostream>
using namespace std;
class A
{    friend class B;              //声明类 B 是类 A 的友元
     public:
         void    Display() { cout << x << endl; };
     private :
         int    x;
};
class B
{
     public:
         void Set(int i)
         {    Aobject.x = i; }      //使用类 A 对象 Aobject 的私有数据成员
         void Display()
         {    Aobject.Display();}    //调用 A 类的成员函数
     private:
         A Aobject;                 //类 A 对象 Aobject 是私有数据成员
};
int main()
{    B    Bobject;
     Bobject.Set(100);
     Bobject.Display();
}
```

程序中，声明类 B 是类 A 的友元，并且，类 B 的数据成员 Aobject 是 A 类的对象，所以 B 类中能直接使用 A 类的所有成员。

注意，组合类成员的访问受成员特性的制约。如果在本例的主函数中有语句：

```cpp
cout<<Bobject.Aobject.x<<endl;
```

则会出现编译错误。因为 Aobject 是 B 类的私有数据成员，不能在主函数中访问它。但如果在 B 类中声明 Aobject 为公有成员：

```cpp
public: A Aobject;
```

则上述输出语句合法，Bobject 作为友元可以访问 Aobject 的私有数据成员 x。

B 类的函数也可以通过参数形式获取 A 类对象参数，达到访问 A 类成员的目的。

【例 6-19】 修改例 6-18。

```cpp
#include<iostream>
using namespace std;
class A
{    friend class B;
     public:
         void    Display() {    cout << x << endl;    };
     private :
         int    x;
};
class    B
{    public:
```

```
            void Set(A & Aobject, int i)    {    Aobject.x = i;    }
            void Display(A & Aobject)    {    Aobject.Display();    }
        };
        int main()
        {    B Bobject;
            A Aobject;
            Bobject.Set(Aobject, 100);
            Bobject.Display(Aobject);
        }
```

B 类没有自己的数据成员，它的成员函数是对 A 类的操作。从编译程序的角度看，类、对象只是一个程序模块，或者说是一个运行实体，它可以只有数据成员或只有成员函数，这主要取决于程序员的设计需要。

6.4 类的包含

在 6.1.1 节中，讨论了当类的数据成员是另外一个已经定义的类对象时数据成员的访问形式。这种类的包含（称为 has-a）是程序设计中一种软件重用技术。在定义一个新的类时，通过编译器把另一个类"抄写"进来，程序员不用再编写一模一样的代码，只要添加新的功能代码即可。

一个类中含有已经定义的类类型成员，建立对象时，若希望通过带参数的构造函数对数据成员进行初始化，则必须使用特定的语法形式。首先要调用成员类的构造函数，然后执行自身的构造函数完成初始化操作。

【例 6-20】简单对象成员初始化。

```
        #include<iostream>
        using namespace std;
        class A
        {    public:
                A(int x):a(x) { }
                int a;
        };
        class B
        {    public:
                B(int x, int y) : aa(x)            //用参数初始式调用成员类构造函数
                {    b = y;    }
                void out() { cout<<"aa = "<<aa.a<<endl<<"b = "<<b<<endl; }
            private:
                int b;
                A aa;                            //类类型成员
        };
        int main()
        {    B objB(3,5);
            objB.out();
        }
```

程序运行结果：

```
        aa = 3
        b = 5
```

程序中，类 B 的成员 aa 是已经定义的 A 类类型。对象 objB 的数据成员有 objB.b 和 objB.aa.a。

注意，B 类的构造函数用参数初始式：

```
        aa(x)
```

调用 A 类构造函数，对 aa.a 进行初始化。在这种情况下，用参数初始式调用成员类构造函数是必

需的。以下函数错误：

        B(int x, int y) { aa.a = x; b = y; }   //赋值形式不能调用成员类的构造函数

但可以写成：

        B(int x, int y) : aa(x), b(y) { }

带参数的构造函数使用参数初始式调用类成员的构造函数（或基类构造函数，参见第 8 章）对数据成员置初值，也可以对自身数据成员赋值。其形式为：

构造函数名 (变元表): 数据成员 $_1$ (变元表), …, 数据成员 $_n$ (变元表)

{ /*…*/ }

参数初始式列表就是在构造函数的参数表之后加一个冒号，冒号后面用逗号分隔，以括号指定每个数据成员对应的初始化变元。

【例 6-21】 使用 Date 类定义 Student 类。

```
//StudentHead.h
#include<iostream>
#include<cstring>
using namespace std;
class Date
{   public:
        Date(int y=2000, int m=1, int d=1);
        void SetDate(int y, int m, int d);
        void PrintDate() const;
    private:
        int year, month, day;
};
class Student
{   public:
        Student(int y,int m,int d, int num, char *pname="no name");
        void SetStudent(int y,int m,int d, int num, char *pname);
        void PrintStudent() const;
    private:
        int code;
        char name[20];
        Date birthday;                  //定义类成员
};

//Date.cpp
#include"StudentHead.h"
Date:: Date(int y, int m, int d)
{   year = y;   month = m;   day = d;   }
void Date:: SetDate(int y, int m, int d)
{   year = y;   month = m;   day = d;   }
void Date::PrintDate() const
{   cout << year << "/" << month << "/" << day << endl;   }
//Student.cpp
#include"StudentHead.h"
//带参数构造函数完成类成员和自身数据成员的初始化
Student::Student(int y,int m,int d,int num,char *pname):birthday(y,m,d)
{   code=num;
    strncpy_s(name, pname, sizeof(name));
    name[sizeof(name) −1]='\0';
}
```

```
void Student::SetStudent(int y,int m,int d, int num, char *pname)
{   code=num;
    strncpy_s(name, pname, sizeof(name));
    name[sizeof(name) −1]='\0';
    cout<<name<<'\n';
}
void Student::PrintStudent() const
{   cout<<"序号："<<code<<"\t 姓名："<<name<<"\t 出生日期：";
    birthday.PrintDate();                    //调用类成员的成员函数
    cout<<endl;
}


//Main.cpp
#include"StudentHead.h"
int main()
{   Student stu(1985,10,1,1001,"张庆华");
    stu.PrintStudent();
}
```

程序由一个简单的工程构成。其中，头文件 StudentHead.h 包含了两个类的声明。Student 类的数据成员 birthday 的类型是已经定义的 Date 类类型，即在 Student 类中通过数据成员方式使用 Date 类。Date.cpp 和 Student.cpp 是两个类的成员函数定义。注意，Student 类的构造函数用参数初始式的形式调用成员类的构造函数，实现 Student 类对象的全部数据成员的初始化。而在 Student::PrintStudent 函数中，语句 birthday.PrintDate();调用了类成员的成员函数,输出日期数据值。Main.cpp 是一个简单的测试函数。

程序设计用于解决实际问题时，往往可以采用不同的方案。在例 6-17 中，用友元函数计算两点之间的距离。现在用类包含的方法重写这个程序。

【例 6-22】定义 Distance 类，计算两点之间的距离。Distance 类定义了两个 Point 类的数据成员，构造函数用于计算距离。主函数首先建立两个 Point 类对象 mp1 和 mp2，然后用它们建立 Distance 类对象，函数调用 mdist.GetDis()得到两点之间的距离。

```
#include<iostream>
using namespace std;
class  Point
{   public:
        Point(int xi=0, int yi=0)    { x = xi;   y = yi; }
        int GetX()   {   return x;   }
        int GetY()   {   return y;   }
    private:
        int x;
        int y;
};
class Distance
{   public:
        Distance(Point xp1, Point xp2);
        double GetDis()   {   return dist;   }
    private:
        Point p1, p2;                                  //Point 类数据成员
        double dist;                                   //记录距离的数据成员
};
Distance::Distance(Point xp1, Point xp2): p1(xp1), p2(xp2)    //构造函数计算距离
{   double x = double(p1.GetX() − p2.GetX());
```

```
        double y = double(p1.GetY() - p2.GetY());
        dist = sqrt(x * x + y * y);
    }
    int main()
    {   Point mp1(5,10), mp2(20,30);
        Distance mdist(mp1,mp2);
        cout<<"The distance is "<<mdist.GetDis()<<endl;
    }
```

习题

一、思考题

1. 结构与类有什么区别？如果把程序中定义结构的关键字 struct 直接改成 class，会有什么问题？用教材中的一个例程试试看，想一想做什么修改能使程序正确运行？

2. 有说明：

```
        class A
        {
            int a;
            double x;
        public:
            funMember();
        };
        A a1, a2, a3;
```

编译器为对象 a1、a2 和 a3 开辟了什么内存空间？它们有各自的 funMember 函数的副本吗？C++通过什么机制调用类的成员函数？

3. C++提供了系统版本的构造函数，为什么还需要用户自定义构造函数？编写一个验证程序，说明自定义构造函数的必要性。

4. 试从定义方式、访问方式、存储性质和作用域 4 个方面来分析类的一般数据成员和静态数据成员的区别，并编写一个简单程序验证它。

5. 试从定义方式、调用方式两个方面来分析常成员函数、静态成员函数和友元函数的区别。考察例 6-16，若 class Goods 的指针域：

```
        Goods * next;
```

被声明为私有（private）成员，程序会出现什么错误？做什么最小修改能使程序正确运行？

6. 设有：

```
        class M
        {   public: int a;
        };
        class N
        {   public:
            M m;
            int b;
            void fun()
            {   /*…*/   }
        };
        int main()
        {   N n;
            N *p = &n;
            /*…*/
        }
```

在 N::fun 中如何访问 M 类的数据成员 a？在 main 函数中又如何访问对象 n 的全部数据成员？

二、程序设计

1. 定义一个 Book（图书）类，在该类定义中包括以下数据成员和成员函数。

数据成员：bookname（书名）、price（价格）和 number（存书数量）。

成员函数：display 函数显示图书的情况；borrow 函数将存书数量减 1，并显示当前存书数量；restore 函数将存书数量加 1，并显示当前存书数量。

在 main 函数中，要求创建某一种图书对象，并对该图书进行简单的显示、借阅和归还管理。

2. 定义一个 Box（盒子）类，在该类定义中包括以下数据成员和成员函数。

数据成员：length（长）、width（宽）和 height（高）。

成员函数：构造函数 Box，设置盒子的长、宽和高三个初始数据；成员函数 setBox 对数据成员置值；成员函数 volume 计算盒子的体积。

在 main 函数中，要求创建 Box 对象，输入长、宽、高，输出盒子的体积。

3. 定义一个 student 类，在该类定义中包括：一个数据成员（分数 score）及两个静态数据成员（总分 total 和学生人数 count）；成员函数 scoretotalcount 用于设置分数、求总分和累计学生人数；静态成员函数 sum 用于返回总分；静态成员函数 average 用于求平均值。

在 main 函数中，输入某班学生的成绩，并调用上述函数求全班学生的总分和平均分。

4. 定义一个表示点的结构类型 Point 和一个由直线方程 $y = ax + b$ 确定的直线类 Line。结构类型 Point 有两个成员 x 和 y，分别表示点的横坐标和纵坐标。Line 类有两个数据成员 a 和 b，分别表示直线方程中的系数。Line 类有一个成员函数 print 用于显示直线方程。友元函数 setPoint(Line &l1,Line &l2)用于求两条直线的交点。在 main 函数中，建立两个直线对象，分别调用 print 函数显示两条直线的方程，并调用函数 setPoint 求这两条直线的交点。

5. 用类成员结构修改第 4 题的程序，使其实现相同的功能。定义 Point 类和 Line 类，表示点和线；定义 setPoint 类，包含两个 Line 类成员和一个表示直线交点的 Point 成员，并定义类中求直线交点的成员函数。编写每个类相应的成员函数和测试用的主函数。

第7章　运算符重载

数据类型总是与相关操作联系在一起的。C++为预定义数据类型提供了丰富的运算符集，以简捷、明确的方式操作数据。程序员也可以重载运算符函数，将运算符用于操作自定义的数据类型。

本章讨论运算符重载的语法和使用，还讨论与运算符函数较为相似的类型转换函数。

7.1　运算符重载规则

C++具有简单的运算符重载功能。例如，"+""-""*""/"等算术运算对整数、单精度数和双精度数的操作是大不相同的。由于 C++已经为基本类型重载了这些运算符，因此在程序中会不知不觉地使用不同的重载版本。

当程序员定义和使用重载运算符函数时，必须遵守 C++有关语法规则。

7.1.1　重载运算符的限制

C++语言中大部分预定义的运算符都可以重载。以下列出可以重载的运算符：

+	–	*	/	%	^	&	|	~
!	=	<	>	+=	–=	*=	/=	%=
^=	&=	|=	<<	>>	>>=	<<=	==	!=
<=	>=	&&	||	++	––	–>*	'	–>
[]	()	new	delete					

以下运算符不能重载：

.	.*	::	?:	sizeof

重载运算符函数可以对运算符做出新的解释，即定义用户所需的各种操作。但运算符重载后，原有的基本语义不变，包括：

- 不改变运算符的优先级；
- 不改变运算符的结合性；
- 不改变运算符所需要操作数的个数。

优先级和结合性主要体现在重载运算符的使用上，而操作数的个数不但体现在重载运算符的使用上，更关系到函数定义时的参数设定。例如，一元运算符重载函数不能有两个参数，调用时也不能作用于两个对象。

不能创建新的运算符，只有系统预定义的运算符才能被重载。

7.1.2　重载运算符的语法

运算符函数是一种特殊的成员函数或友元函数。成员函数的语法格式为：

```
类型  类名::operator op(参数表)
{
    //相对于该类定义的操作
}
```

其中，"类型"是函数的返回类型。"类名"是要重载该运算符的类。"op"表示要重载的运算符。函数名是"operator op"，由关键字 operator 和被重载的运算符 op 组成。"参数表"列出该运算符所需要的操作数。

【例 7-1】设计一个安全计数器。

```cpp
#include<iostream>
using namespace std;
class Calculator
{   public:
        Calculator() { value = 0; };
        void operator++();                      //重载自增运算符
        void operator--();                      //重载自减运算符
        unsigned int operator()() const;        //重载括号运算符
    private:
        unsigned int value;
};
void Calculator::operator++()
{   if( value<65535 )
        ++value;                                //使用语言预定义版本
    else                                        //溢出处理
        {   cout << "\nData overflow !" << endl;
            abort();                            //退出程序
        }
}
void Calculator::operator--()
{   if( value>0 )   --value;                    //使用语言预定义版本
    else    {   cout << "\n Data overflow !" << endl;
                abort();
            }
}
unsigned int Calculator::operator()() const
{   return value;       }

int main()
{   Calculator Counter;
    int i;
    for( i=0; i<5; i++ )
    {   ++Counter ;                             //Counter.operator++()
        cout << "\n Counter = " << Counter();
    }
    for( i=0; i<=5; i++ )
    {   --Counter ;                             //Counter.operator--()
        cout << "\n Counter = " << Counter();
    }
}
```

程序运行结果：

```
Counter = 1
Counter = 2
Counter = 3
Counter = 4
Counter = 5
Counter = 4
Counter = 3
Counter = 2
Counter = 1
```

Counter = 0

Data overflow！

并弹出错误信息窗口。

程序中重载了三个运算符："++"、"−−"和"()"。在 operator++和 operator−−函数中，使用了系统预定义版本的整型自增自减操作，并对溢出进行判断和处理。operator()函数用于返回数据成员 value 的值。

重载运算符之后，可以用运算符的简洁方式调用重载版本。系统会根据参数和类型来寻找匹配版本。程序中：

++Counter，−−Counter，Counter()

都是调用重载函数的方式。当然，还可以用函数名的方式（编译器的解释方式）调用运算符重载函数：

Counter.operator++()，Counter.operator−−()，Counter.operator()()

这个例程对++、−−运算符的重载处理是很简陋的。例如，若有：

Calculator C1, C2;

则表达式语句：

C1 = C1 + C2++;

可以执行吗？另外，++、−−的前置、后置运算又如何区分呢？这些问题将在后面详细讨论。

值得注意的是，重载函数可以对运算符定义新的操作，甚至编写与原来版本意思完全不同的代码。例如，重载++运算符作为对象的乘法运算，程序员将会面临违反习惯逻辑思维的问题。所以，运算符重载主要用于数学类模仿运算符的习惯用法。例如，复数、向量、矩阵类等，通常会重载一组运算符进行操作。

用于类运算的运算符通常都要进行重载。但有两个运算符系统提供默认重载版本：

- 赋值运算符"="，系统默认重载为对象数据成员的复制；
- 地址运算符"&"，系统默认重载为返回任何类对象的地址。

当然，程序员也可以根据需要进行重载。

7.2 用成员或友元函数重载运算符

运算符函数既可以重载为成员函数，也可以重载为友元函数或普通函数。使用非成员、非友元的普通函数重载访问 private 和 protected 数据成员时，必须通过 public 接口提供的函数实现，这样会增加程序的开销。所以，通常重载运算符使用成员函数或友元函数。它们的关键区别在于，成员函数具有 this 指针，而友元函数没有 this 指针。

1．一元运算符

一元运算符不论前置或后置，都要求有一个操作数：

Object op   或   op Object

当重载为成员函数时，编译器解释为：

Object.operator op()

operator op 函数所需的操作数由对象 Object 通过 this 指针隐含传递，所以参数表为空。

当重载为友元函数时，编译器解释为：

operator op(Object)

operator op 函数所需的操作数由参数表的参数 Object 提供。

2．二元运算符

任何二元运算符都要求有左、右操作数：

ObjectL op ObjectR

当重载为成员函数时，编译器解释为：

    ObjectL.operator op(ObjectR)

左操作数由对象 ObjectL 通过 this 指针传递，右操作数由参数 ObjectR 传递。

重载为友元函数时，编译器解释为：

    operator op(ObjectL,ObjectR)

左、右操作数都由参数传递。

不管是成员函数还是友元函数重载，运算符的使用方法都相同。但由于它们传递参数的方法不同，因此导致实现的代码不同，应用场合也不同。

7.2.1　用成员函数重载运算符

当一元运算符的操作数，或者二元运算符的左操作数是该类的一个对象时，重载运算符函数一般定义为成员函数。

【例 7-2】建立一个描述三维坐标的类 TriCoor，重载运算符 "+"、"++" 和 "="，实现简单的算术运算。

```cpp
#include<iostream>
using namespace std;
class TriCoor
{   public:
        TriCoor( int mx = 0, int my = 0, int mz = 0 );
        TriCoor operator+( TriCoor t );
        TriCoor & operator++();
        TriCoor & operator=( TriCoor t );
        void show();
        void assign( int mx, int my, int mz );
    private:
        int x, y, z;            //三维坐标值
};
TriCoor::TriCoor( int mx, int my, int mz )
{   x = mx;
    y = my;
    z = mz;
}
TriCoor TriCoor::operator+ ( TriCoor t )
{   TriCoor temp;
    temp.x = x + t.x;
    temp.y = y + t.y;
    temp.z = z + t.z;
    return temp;
}
TriCoor & TriCoor::operator++ ()
{   x++;
    y++;
    z++;
    return *this;
}
TriCoor & TriCoor::operator= ( TriCoor t )
{   x = t.x;
    y = t.y;
```

```
                z = t.z;
                return * this;
            }
        void TriCoor :: show()
        {   cout << x << ", " << y << ", " << z << "\n";   }
        void TriCoor::assign( int mx, int my, int mz )
        {    x = mx;
             y = my;
             z = mz;
        }

        int main()
        {   TriCoor a( 1, 2, 3 ), b, c;
            a.show();
            b.show();
            c.show();
            for( int i=0;   i<5;   i++ )
                ++b ;
            b.show();
            c.assign( 3, 3, 3 );
            c = a + b + c;
            c.show();
            c = b = a;
            c.show();
        }
```

程序运行结果：

    1, 2, 3

    0, 0, 0

    0, 0, 0

    5, 5, 5

    9, 10, 11

    1, 2, 3

程序中，重载运算符"+"的成员函数参数表中只有一个参数，另一个操作数由 this 指针隐含传递。语句：

    temp.x = x + t.x;

相当于： temp.x = this->x + t.x;

*this 是引起调用函数的对象，它是运算符的左操作数。例如，表达式：

    a + b

激活函数的是对象 a，运算符右边的对象被作为参数传递给函数。因此，该表达式解释为：

    a.operator+(b)

重载运算符函数像其他函数一样，可以返回其他 C++合法类型。在该程序中，重载"+"运算符函数返回类类型 TriCoor，重载"++"和"="运算符函数返回类类型的引用 TriCoor&。"++"和"="的运算可以作为左值表达式，函数返回类引用既符合运算符原来的语义，又减少了函数返回时对匿名对象数据复制的开销。

重载运算符函数中的语句：

    return *this;

返回调用函数的对象，复杂表达式：

    a + b + c   和   c = b = a

分别被解释为：

    (a + b) + c   和   c = (b = a)

它符合系统版本运算符的操作方式，使表达式能够正确执行。

  "++"是一元运算符，由调用对象的 this 指针隐含传递一个参数，所以参数表为空。表达式：

    b++

被解释为：b.operator++()

  "++"运算符有前置和后置方式，它们的实现代码有区别，这将在后面专门讨论。

7.2.2 用友元函数重载运算符

  有时，运算符的左、右操作数类型不同，用成员函数重载运算符会碰到麻烦。例如，定义如下复数类：

```
class Complex
{   public:
        Complex(int a)
        {   Real = a;   Image = 0;   }
        Complex(int a, int b)
        {   Real = a;   Image = b;   }
        Complex operator+(Complex);
    Private:
        int Real;
        int Image;
    //…
};
int   f()
{   Complex   z(1, 2), k(3, 4);
    z = z + 25;        //正确
    z = 25 + z;        //错误
    //…
}
```

  在 f 函数中，表达式：

    z + 25

被解释为：

    z.operator+(25)

它引起调用重载运算符函数的是左操作数对象 z，右操作数 25 通过 Complex 类型参数调用类的构造函数 Complex(int a)，建立临时对象执行函数。

  但表达式：

    25 + z

被解释为系统预定义版本时，z 无法转换成基本数据类型，而是被解释为重载版本：

    25.operator+(z)

其中，整型值 25 不是 Complex 类对象，无法驱动函数进行运算。在此，用成员函数重载的"+"运算符不具备运算交换性。

  如果用友元函数重载运算符，左、右操作数都由参数传递，则 C++语言可以通过构造函数实现数据类型隐式转换。若重载形式为：

    friend Complex operator+ (Complex, Complex);

则表达式：25 + z

被解释为：operator+(25, z)

完全正确。整型常量通过参数调用构造函数实现类型转换。

【例 7-3】复数运算。

```
#include<iostream>
using namespace std;
class Complex
{ public:
        Complex( double r=0, double i=0 );
        Complex(int a)
        {   Real = a;
            Image = 0;
        }
        void print() const;
        friend Complex operator+( const Complex &c1, const Complex &c2 );
        friend Complex operator−( const Complex &c1, const Complex &c2 );
        friend Complex operator−( const Complex &c );
    private:
        double    Real, Image;
};
Complex::Complex( double r, double i )
{   Real = r;
    Image = i;
}
Complex operator+( const Complex &c1, const Complex &c2 )
{   double r = c1.Real + c2.Real;
    double i = c1.Image+c2.Image;
    return Complex( r, i );
}
Complex operator− ( const Complex &c1, const Complex &c2 )
{   double r = c1.Real − c2.Real;
    double i = c1.Image − c2.Image;
    return Complex( r, i );
}
Complex operator− ( const Complex & c )
{   return Complex(−c.Real, −c.Image );   }
void Complex::print() const
{   cout << '(' << Real << ", " << Image << ')' << endl;   }

int main()
{   Complex    c1( 2.5,3.7 ), c2( 4.2, 6.5 );
    Complex c;
    c = c1 − c2;        //operator− (c1,c2)
    c.print();
    c = 25 + c2;        //operator+(25,c2)
    c.print();
    c = c2 + 25;        //operator+(c2,25)
    c.print();
    c = − c1;           //operator− (c1)
    c.print();
}
```

程序运行结果：

· 198 ·

(–1.7, –2.8)
(29.2, 6.5)
(29.2, 6.5)
(–2.5, –3.7)

上述程序有两个"–"运算符的重载版本，一个是二元运算符，另一个是一元运算符。用 const 约束参数，可以确保对实参的只读性。

当一个运算符的操作需要修改类对象状态时，应该以成员函数重载。例如，需要左值操作数的运算符（如"="" *="" ++"等）应该用成员函数重载。如果以友元函数重载，则可以使用引用参数修改对象。

如果希望运算符的操作数（尤其是第一个操作数）有隐式转换，则重载运算符时必须用友元函数或普通函数。

C++中不能用友元函数重载的运算符有：
    =   ()   []   ->

7.3　几个典型运算符的重载

本节讨论在数学类中常用的几个运算符的重载特点和应用。

7.3.1　重载++与--运算符

自增和自减运算符有前置和后置两种形式。每个重载运算符的函数都必须有明确的特征，使编译器确定要使用的版本。C++规定，前置形式重载为一元运算符函数，后置形式重载为二元运算符函数。

例如，设有类 A 的对象 Aobject，其前置自增表达式和后置自增表达式说明如下。

（1）前置自增表达式

++Aobject

若用成员函数重载，则编译器解释为：

Aobject.operator++()

对应的函数原型为：

A & A::operator++();

若用友元函数重载，则编译器解释为：

operator++(Aobject)

对应的函数原型为：

friend A & operator++(A &);

（2）后置自增表达式

Aobject++

成员函数重载的解释为：

Aobject.operator++(0)

对应的函数原型为：

A & A::operator++(int);

友元函数重载的解释为：

operator++(Aobject, 0)

对应的函数原型为：

friend A & operator++(A &, int);

在此，参数 0 是一个伪值，用于与前置形式重载相区别。另外，友元重载函数返回类类型的引用是为了减少函数返回时对象复制的开销，可以根据需要选择是否返回类类型的引用。

【例7-4】在例 7-1 中使用成员函数重载++和--运算符。本例用友元函数重载++运算符。

设有简单类定义：

```
class Increase
{   public :
        Increase();
        //…
        friend Increase operator++( Increase & );
        friend Increase operator++( Increase &, int );
    private :
        unsigned value;
};
```

则前置形式重载的实现为：

```
Increase operator++( Increase & a )
{   a.value++;
    return a;
}
```

后置形式重载的实现为：

```
Increase operator++( Increase & a, int )
{   Increase temp(a);
    a.value++;
    return temp;
}
```

它们的实现区别是，后置操作中使用了临时变量 temp，保存对象 a 的原值作为函数的返回值，然后对 a 进行自增运算。

函数体中不应该使用伪参数，否则会引起调用的二义性。

例如，可以把后置++运算符重载函数改写为：

```
Increase Increase::operator++(int x)
{   Increase temp;
    temp.value = value;
    value += x;
    return temp;
}
```

由上面分析可知，重载运算符函数可以用两种方式调用：

```
Aobject++                      //隐式调用
Aobject.operator++(0)          //显式调用
```

不使用伪参数时，它们的效果是相同的。若使用伪参数：

```
Aobject++ 3                    //非法
```

则调用非法。因为编译系统用语义对++运算符进行语法分析，所以为非法操作。但

```
Aobject.operator++(3)
```

是正确调用，从运行效果看，它等价于：

```
Aobject += 3
```

所以，这种情况应该用重载+=运算符函数实现，而不要使用伪参数运算。

重载--运算符函数的原理与++运算符的相同，不再赘述。

7.3.2 重载赋值运算符

赋值运算符重载用于对象数据的复制，只能用成员函数重载。重载函数原型为：

　　类名 & 类名::operator= (类名);

【例 7-5】定义 Name 类的重载赋值函数。

```
#include<iostream>
using namespace std;
class   Name
{   public :
        Name( char * pN = "\0" );
        Name( const Name & );
        Name & operator=( Name );
        ~ Name();
    protected :
        char * pName;
        int size;
};
Name::Name( char * pN )
{   cout <<" Constructing " << pN << endl;
    size = strlen( pN );
    pName = new char[ size+1 ];
    if( pName != 0 ) strcpy_s( pName, size+1, pN );
}
Name::Name( const Name & Obj )                //定义拷贝构造函数
{   cout << " Copying " << Obj.pName << " into its own block\n";
    size = Obj.size;
    pName = new char[ size+1 ];
    if( pName != 0 ) strcpy_s( pName, size+1, Obj.pName );
}
Name & Name::operator=( Name Obj )            //重载赋值运算符
{   delete[] pName;
    size = Obj.size;
    pName = new char[ size+1 ];
    if( pName != 0 ) strcpy_s( pName, size+1, Obj.pName );
    return *this;
}
Name::~ Name()
{   cout << " Destructing " << pName << endl;
    pName[0] = '\0';
    delete[] pName;
    pName = NULL;
    size = 0;
}

int main()
{   Name Obj1( "ZhangSan" );
    Name Obj2 = Obj1;                        //调用拷贝构造函数
    Name Obj3( "NoName" );
    Obj3 = Obj2 = Obj1;                      //调用重载赋值运算符函数
}
```

注意，重载赋值运算符函数和拷贝构造函数的实现十分相似。不同的是，重载函数返回*this，以符合语言版本的原有赋值语义。

拷贝构造函数和重载赋值运算符函数虽然都是实现数据成员的复制，但执行时机不同。前者用于对象的初始化，后者用于程序运行时修改对象的数据。

C++提供系统版本的重载赋值运算，实现数据成员的简单复制。这一点和浅复制的操作一样。所以，对于用指针管理堆的数据对象，以及绝大多数重要的类，系统的赋值运算符操作往往不够，需要程序员自己进行重载。

运算符函数 operator=必须重载为成员函数，而且不能被继承。

7.3.3 重载[ ]与()运算符

[]与()运算符只能用成员函数重载，不能用友元函数重载。

1. 重载下标运算符[ ]

下标运算符[]是二元运算符，用于访问数据对象的元素。其重载函数调用的一般形式为：

　　　　对象 [表达式]

例如，类 X 有重载函数：

　　　　int & X::operator[] (int);

其中，x 是 X 类的对象，则调用函数的表达式：

　　　　x[k]

被解释为：x.operator[](k)

2. 重载函数调用运算符()

函数调用运算符()可以看成一个二元运算符。其重载函数调用的一般形式为：

　　　　对象 (表达式表)

其中，"表达式表"可以为空。

例如，类 A 有重载函数：

　　　　int A::operator()(int,int);

若 a 是 A 类对象，则调用函数的表达式：

　　　　a(x, y)

被解释为：a.operator()(x, y)

【**例 7-6**】定义一个向量类，用重载[]运算符函数访问向量元素，用重载()运算符函数返回向量长度。

```
#include<iostream>
using namespace std;
class Vector
{   public :
        Vector( int size = 1 );
        ~Vector();
        int & operator[]( int i ) const;
        int operator()() const;
    private :
        int * v;
        int len;
};
Vector::Vector( int size )
{   if( size<=0 || size>100 )
        {   cout << "The size of " << size << " is null !\n";
            exit( 0 );
        }
```

```
            v = new int[ size ];
            len = size;
        }
        Vector::~Vector()
        {   delete[] v;
            v = NULL;
            len = 0;
        }
        int &Vector::operator[]( int i ) const          //重载运算符[]，返回元素引用
        {   if( i>=0 && i<len )    return v[i];
            cout << "The subscript " << i << " is outside !\n";
            exit( 0 );
        }
        int Vector::operator()() const                  //重载运算符()，返回向量长度
        {   return len;    }

        int main()
        {   int   k, i;
            cin >> k;
            Vector A( k );                               //构造对象
            for ( i = 0; i < k; i++ )                    //对元素赋值
                A[i] = i + 1;
            for ( i = 0; i < k; i++ )                    //输出元素值
                cout << A[i] << "   ";
            cout << endl;
            cout<<"The size of Vector a is "<<A()<<endl;  //输出向量长度
        }
```

注意，程序中重载运算符函数：

```
        int & operator[]( int i ) const;
```

返回 int&，原因是，需要函数调用作为左值，以符合下标运算的语义，在赋值表达式：

```
        A[i] = i + 1
```

中，A[i]作为左值操作合法。所以，当重载运算符函数调用需要作为左值时，应该返回引用。

7.3.4 重载流插入与流提取运算符

<<和>>运算符在 C++的流类库中重载为流插入和流提取操作，分别用于输出和输入标准类型的数据和字符串。程序员也可以重载这两个运算符，通常用于传输用户自定义类型的数据。

【例 7-7】设计一个功能更强的 Vector 类，其中，重载流插入运算符<<和流提取运算符>>，分别用于输出和输入数据；重载+运算符用于向量相加，重载=运算符用于向量赋值；重载==和!=运算符用于判断向量是否相等。

```
        #include<iostream>
        using namespace std;
        class Vector
        {   public :
            Vector( int =1 );                           //默认长度构造函数
            Vector( const int*, int );                  //使用数组参数构造函数
            Vector( const Vector& );                    //拷贝构造函数
            ~Vector();                                  //析构函数
            //重载运算符
            int & operator[]( int i ) const;
```

```
            int operator()() const;
            Vector & operator=( const Vector & );
            bool operator==( const Vector & ) const;
            bool operator!=( const Vector & ) const;
            friend Vector operator+( const Vector &, const Vector & );
            friend ostream & operator<<( ostream &output, const Vector & );
            friend istream & operator>>( istream &input, Vector & );
    private :
            int * v;
            int len;
};
//构造指定长度向量，并初始化数据元素为 0
Vector::Vector( int size )
{   if(size<= 0 || size>100)
        {   cout << "The size of "<<size<< " is fail !\n";
            exit(0);
        }
    v = new int[size];
    for(int i=0; i<size; i++)
        v[i] = 0;
    len = size;
}
//用整型数组构造向量
Vector::Vector( const int * B, int size )
{   if( size<= 0 || size>100 )
        {   cout << "The size of "<<size<<" is fail !\n";
            exit(0);
        }
    v = new int[ size ];
    len = size;
    for( int i=0; i<size; i++ )
        v[i] = B[i];
}
//用已有对象复制构造向量
Vector::Vector( const Vector& A )
{   len = A();
    v = new int[len];
    for( int i=0; i<len; i++ )
        v[i]=A[i];
}
//析构
Vector::~Vector()
{   delete[] v;
    len = 0;
}
//返回向量元素
int & Vector::operator [] ( int i ) const
{   if( i >=0 && i < len )   return v[i];
    cout << "The subscript " << i << " is outside !\n";
    exit( 0 );
}
//返回向量长度
```

```cpp
int Vector::operator()() const
{   return len;   }
//向量赋值
Vector & Vector:: operator=(const Vector & B)
{   if( len == B() )
        {   for( int i=0; i<len; i++ )
                v[i] = B.v[i];
            return *this;
        }
    else
        {   cout << "Operator= fail!\n";
            exit(0);
        }
}
//判断两个向量相等
bool Vector::operator==(const Vector & B) const
{   if( len==B.len )
        {   for( int i=0; i<len; i++)
            {   if( v[i]!=B.v[i] )
                    return false;
            }
        }
    else
        return false;
    return true;
}
//判断两个向量不相等
bool Vector::operator!=( const Vector & B) const
{   return !( *this==B );                           //调用(*this).operator==(B)
}
//向量相加
Vector operator+ ( const Vector & A, const Vector & B )
{   int size = A();
    int *T = new int[size];
    if( size == B() )                               //调用 B.operator()()返回 B.len
        {   for( int i=0; i<size; i++ )
                T[i] = A.v[i] + B.v[i];
            return Vector( T,size );                 //用数组构造返回对象
        }
    else
        {   cout << "Operator+ fail!\n";
            exit( 0 );
        }
}
//输出向量
ostream & operator<< ( ostream & output, const Vector & A )
{   for( int i=0; i<A.len; i++ )
        output << A.v[i] << "   ";                   //使用系统版的<<运算符
    return output;
}
istream & operator>> ( istream & input, Vector & A )    //输入向量
{   for( int i=0; i<A(); i++ )
```

```
            input >> A.v[i];                          //使用系统版的>>运算符
        return    input;
    }

    int main()
    {   int k;
        cout << "Input the length of Vector :\n";
        cin >> k;
        Vector A(k), B(k), C(k);                      //构造指定长度向量
        cout << "Input the elements of Vector A :\n";
        cin >> A;                                     //调用 operator>>(cin,A)
        cout << "Input the elements of Vector B:\n";
        cin >> B;                                     //调用 operator<<(cin,B)
        if( A == B )                                  //调用 A.operator==(B)
            {   for(int i=0; i<A(); i++)
                    C[i] = A[i] * 2;                  //调用 C.operator[](i)和 A.operator[](i)
            }
        else   C = A + B;                             //调用 operator+(A,B)和 C.operator=(A+B)
        //调用 operator<<(cout,A)、operator<<(cout,B)和 operator<<(cout,C)
        cout<<"   [ "<<A<<"] \n+ [ "<<B<<"] \n= [ "<<C<<"]"<<'\n';
    }
```

程序运行结果：

```
Input the length of Vector :
6
Input the elements of Vector A :
12 35 76 28 91 74
Input the elements of Vector B :
42 15 30 61 3 5
    [ 12 35 76 28 91 74 ]
+ [ 42 15 30 61 3 5 ]
= [ 54 50 106 89 94 79 ]
```

在 Vector 类中，定义了三个重载构造函数。

第 1 个构造函数构造指定长度的向量，默认长度为 1，并且将向量的全部元素置 0：

```
Vector( int =1 );
```

第 2 个构造函数用普通数组构造向量，函数通过实数提供数组的长度和元素：

```
Vector( const int*, int );
```

第 3 个是拷贝构造函数，用实参对象初始化构建向量：

```
Vector( const Vector& );
```

本例程的主函数虽然没有使用拷贝构造函数，但 Vector 类的数据是用指针管理的堆，对这样的类定义拷贝构造函数是必需的。

类中定义了 8 个运算符重载函数：

```
int & Vector::operator[] ( int i ) const;
int Vector::operator()() const;
Vector & Vector::operator= ( const Vector & );
bool Vector::operator== ( const Vector & ) const;
bool Vector::operator!= ( const Vector & ) const;
friend Vector operator+ ( const Vector &, const Vector & );
friend ostream & operator<< ( ostream & output, const Vector & );
friend istream & operator>> ( istream & input, Vector & );
```

其中，5 个是成员函数，三个是友元函数，分别用于向量的不同操作。

主函数对类的测试中展示了重载运算符函数的调用和对向量不同的操作方式：

```
if( A == B )                        //调用 A.operator==(B)
    {   for( int i=0; i<A(); i++ )  //调用 A.operator()()返回 A.len
            C[i] = A[i] * 2;        //调用 C.operator[](i)和 A.operator[](i)
    }
else   C = A + B;                   //调用 operator+(A,B)和 C.operator=(A+B)
```

下面分析重载流插入和流提取运算符。

cout 是 C++输出流 ostream 的预定义对象，用于连接显示器；cin 是输入流 istream 的预定义对象，用于连接键盘。"流"是 C++基本类库中定义的类，这将在第 11 章中详细讨论。

考察重载流提取运算符函数：

```
istream & operator>>( istream & input, Vector & A )
{   for( int i=0; i<A(); i++ )
        input >> A.v[i];
    return    input;
}
```

重载函数的参数表有两个参数：一个是 istream 流的引用，另一个是用户自定义的 Vector 类的引用。主函数中调用：

```
cin >> A;
```

编译器解释为：

```
operator>>( cin, A );
```

引用参数 input 成为 cin 的别名。函数返回一个对 istream 的引用，以便流插入运算符的连续调用。例如，在主函数中有：

```
Vector V1( 5 ), V2( 10 );
cin >> V1 >> V2;
```

输入两个 Vector 类的对象 V1 和 V2，表达式首先产生如下调用：

```
operator>>( cin, V1 );
```

该调用返回 cin。然后，表达式的其余部分被简单解释为：

```
cin >> V2;
```

调用执行：

```
operator>>( cin, V2 );
```

这与流提取操作原语义相同。

重载流插入运算符的操作和以上分析的原理一致。

注意， operator<<函数和 operator>>函数被声明为 Vector 类的友元，是因为要把 Vector 类对象作为运算符的右操作数，即引起调用函数的是流类对象 cin 或 cout，而不是 Vector 类的对象。所以，这两个运算符的重载函数必须为非成员函数。

【例7-8】设计一个集合类，用无符号整数数组表示集合，重载运算符实现集合的基本运算，以及集合元素的输入、输出。本例程在 5.2 节集合运算的基础上实现了类的封装。

```
//setTypeHead.h
#include<iostream>
using namespace std;
class setType                       //集合类
{   public:
        setType( unsigned e=128 );       //构造函数
        setType( const setType & B );    //拷贝构造函数
        ~setType();                      //析构函数
```

```cpp
        setType operator+=( unsigned x );      //重载+=，把元素x并入集合中
        setType operator=( setType B );        //重载=，集合变量赋值
        setType operator()(unsigned x=0);      //重载()，集合置元素x，默认参数置空
        setType operator+( setType B );        //重载+，求并集
        setType operator*( setType B );        //重载*，求交集
        setType operator−( setType B );        //重载−，求差集
        bool operator<=( setType B );          //重载<=，判包含
        bool operator!();                      //重载!，判空集。集合空返回true，否则返回false
        friend bool operator<( unsigned x, setType A );          //重载<，判元素属于集合
        friend istream & operator>>( istream &input, setType &A );//重载>>，输入集合元素
        friend ostream & operator<<( ostream &output, setType &A );//重载<<，输出集合的全部元素
    private:
        unsigned *set;                         //建立动态数组指针
        unsigned n;                            //数组长度
        unsigned e;                            //全集元素个数
};


//steOperate.cpp
#include"setTypeHead.h"
setType::setType( unsigned e )         //构造函数
{   n = (e+31)/32;
    set = new unsigned[n];
    for( unsigned i=0; i<n; i++ )
        set[i] = 0;
}
setType::setType( const setType & B )  //拷贝构造函数
{   n = B.n;
    e = 32*n;
    set = new unsigned[n];
    for( unsigned i=0; i<n; i++ )
        set[i] = B.set[i];
}
setType::~setType()                    //析构函数
{   delete []set;
    n=0;
    e=0;
}
setType setType::operator+=( unsigned x )  //重载+=，把元素x并入集合中
{   unsigned bitMask = 1;
    bitMask <<= ( (x−1)%32 );
    set[(x−1)/32] |= bitMask;
    return *this;
}
setType setType::operator= ( setType B )   //重载=，集合变量赋值
{   for( unsigned i=0; i<n; i++ )
        set[i] = B.set[i];
    return *this;
}
setType setType::operator()( unsigned x )  //重载()，集合置元素x，默认参数置空
{   unsigned bitMask = 1;
    for( unsigned i=0; i<n; i++ )
        set[i] = 0;
```

```
        if(x)
            {   bitMask <<= ( (x−1)%32    );
                set[(x−1)/32] |= bitMask;
            }
        return *this;
    }
    setType setType::operator+ ( setType B )          //重载+，求并集
    {   setType T( 32*n );
        for( unsigned i=0; i<n; i++)
            T.set[i] = set[i] | B.set[i];
        return T;
    }
    setType setType::operator* ( setType B )          //重载*，求交集
    {   setType T( 32*n );
        for( unsigned   i=0; i<n; i++ )
            T.set[i] = set[i] & B.set[i];
        return T;
    }
    setType setType::operator− ( setType B )          //重载−，求差集
    {   setType T( 32*n );
        for( unsigned   i=0; i<n; i++ )
            T.set[i] = set[i] & ( ~( set[i] & B.set[i] ) );
        return T;
    }
    bool setType::operator<= ( setType B )            //重载<=，判包含
    {   bool t = true;
        for( unsigned   i=0; i<n; i++ )
            if( ( set[i] | B.set[i] ) != B.set[i] )
                t = false;
        return t;
    }
    bool setType::operator!()                         //重载!，判空集。集合空返回true，否则返回false
    {   bool t = true;
        for( unsigned   i=0; i<n; i++ )
            if( set[i] )
                {   t = false;
                    break;
                }
        return t;
    }
    bool operator< ( unsigned x, setType A )          //重载<，判元素属于集合
    {   unsigned bitMask = 1;
        bitMask <<= ( (x−1)%32    );
        if( A.set[(x−1)/32] & bitMask )
            return true;
        return false;
    }
    istream & operator>>( istream & input, setType & A )   //重载>>，输入集合元素
    {   unsigned x;
        input >> x;
        while( x )
        {   A += x;                                   //把元素x并入集合A中
```

```
            input >> x;
        }
        return input;
    }
    ostream & operator<<( ostream & output, setType & A )          //重载<<，输出集合的全部元素
    {   unsigned c,i;
        unsigned bitMask;
        if( !A )
            {   output<<"{   }";
                return output;
            }
        output << "{ ";
        for( i=0; i<A.n; i++ )                                     //处理每个数组元素
        {   bitMask = 1;                                           //掩码
            for( c=1; c<=32; c++ )                                 //按位处理
            {   if( A.set[i] & bitMask )
                    output << i*32+c << ", ";
                bitMask <<= 1;
            }
        }
        output << "\b\b }";                                        //擦除最后一个元素之后的逗号
        return output;
    }


    //test.cpp
    #include"setTypeHead.h"
    int main()
    {   setType setA, setB, setC;
        unsigned x;
        cout << "Input the elements of setA, 1-128, until input 0 :\n";
        cin >> setA;                                              //输入setA的元素
        cout << "Input the elements of setB, 1-128, until input 0 :\n";
        cin >> setB;                                              //输入setB的元素
        cout << "setA = " << setA << endl;                        //输出setA的元素
        cout << "setB = "<<setB << endl;                          //输出setB的元素
        cout << "Input x: ";
        cin >> x;
        setA += x;                                                //把元素x并入setA中
        cout << "Put " << x << " in setA = " << setA << endl;
        setC = setA + setB;                                       //求并集
        cout << "setC = setA+setB = " << setC << endl;
        setC = setA * setB;                                       //求交集
        cout << "setC = setA*setB = " << setC << endl;
        setC = setA - setB;                                       //求差集
        cout << "setC = setA-setB = " << setC << endl;
        if( setA <= setB )                                        //判断setA是否包含于setB
            cout << "setA <= setB\n";
        else
            cout << "not setA <= setB\n";
        cout << "Input x: ";
        cin >> x;
        if( x < setA )                                            //判断元素x是否属于setA
```

```
            cout << x << " in " << setA << "\n";
        else
            cout << x << " not in " << setA << "\n";
        setC = setA + setB + setC;                              //多个集合变量运算
        cout << "setC = setA+setB+setC = " << setC << endl;
        setC();                                                 //置setC为空集
        cout<<"setC = " << setC << endl;
    }
```

7.4　类类型转换

　　数据类型转换是指在程序编译或运行时，将数据的某种类型转换成另外一种类型。C++中，类是用户自定义的类型，类之间、类与基本数据类型之间可以像系统预定义的基本数据类型一样进行类型转换。

　　实现这种转换可以使用构造函数和类型转换函数。与基本数据类型的转换相同，有隐式调用和显式调用两种方式。

7.4.1　使用构造函数

　　具有一个非默认参数的构造函数实现从参数类型到该类类型的转换。构造函数的形式为：

　　　　ClassX :: ClassX (arg, $arg_1 = E_1$, $\cdots$, $arg_n = E_n$);

其中，ClassX 为用户定义的类类型名；arg 为基本类型或类类型参数，是将被转换成 ClassX 类的参数；$arg_1 \sim arg_n$ 为默认参数；$E_1 \sim E_n$ 为默认参数的默认值。

　　我们再考察一下复数类。在例 7-3 中，有复数与整数的混合运算：

　　　　c = 25 + c2;　　　　　　　　和　　　　　　　　c = c2 + 25;

为使 C++对上述运算做出正确的语义解释，需要完成以下步骤。

　　第 1 步，把重载运算符函数定义为友元函数：

　　　　friend Complex operator+ (const Complex &, const Complex &);

使得调用被解释为：

　　　　operator+(25, c2)　　　　　和　　　　　　　　operator+(c2, 25)

满足加法交换率。

　　第 2 步，为了实现整型实参转换成形参指定的 Complex 类类型，定义拥有一个非默认参数的构造函数：

　　　　Complex(int a) { Real = a;　Image = 0; }

其中，a 是被转换的参数。程序调用运算符重载函数时，发现参数类型不匹配，隐式调用构造函数，用整型常量建立临时对象，以 a 对数据成员 Real 赋初值，Image 则指定为 0 值，把整型常量转换为类类型常量。在这个具体例子中，构造的临时对象是实部等于 25，虚部等于 0 的复数常量。

　　这种类型转换是隐式的。它与基本数据类型值运算时的类型转换情况相仿，转换可以发生在算术运算、赋值运算及函数参数传递中。例如：

　　　　void funx(Complex);　　　　　//函数原型
　　　　Complex x = Complex(3);　　　//显式把整型 3 转换成 Complex 对象
　　　　Complex y = 5;　　　　　　　　//对 5 进行类型转换，作为 y 的初值
　　　　x = 12;　　　　　　　　　　　 //赋值的类型转换
　　　　funx(27);　　　　　　　　　 //参数传递的类型转换

从类型转换语句的语法形式上看，它们很不一样，但实际上都是调用带参数的构造函数实现了类型转换。

7.4.2 使用类型转换函数

具有一个非默认参数的构造函数能够把某种类型对象转换成指定类对象，但不能将一个类对象转换为基本数据类型值。为此，C++引入一种特殊的成员函数——类型转换函数。

类型转换函数的形式为：

ClassX::operator Type()
{
　　//…
　　return Type_Value;
}

其中，ClassX 为类类型标识符；Type 为类型标识符，可以是基本数据类型、复合数据类型或类类型；Type_Value 为 Type 类型的表达式。

这个函数的功能是把 ClassX 类型的对象转换成 Type 类型的对象。类型转换函数没有参数，没有返回类型，但必须有一个返回 Type 类型值的语句。

类型转换函数只能定义为一个类的成员函数，不能定义为类的友元的函数。

例如，为例 7-1 的 Calculator 类定义一个类型转换函数如下：

```
class Calculator
{   public :
        //…
        operator int();
        //…
    private :
        unsigned int value;
};
Calculator::operator int()                    //定义类型转换函数
{   int a;
    a = value;                                //基本数据类型转换
    return a;
}
```

则主函数中使用类型转换函数为：

```
int main()
{   Calculator Counter;
    int i;
    for( i = 0; i < 5; i++ )
    {   Counter++;
        cout<<"\n Counter="<<int(Counter);        //把 Counter 转换为 int 型值
    }
}
```

注意输出语句：

```
cout << "\n Counter=" << int( Counter );          //可以写为(int)Counter
```

其中，调用类型转换函数将 Counter 对象转换为 int 型值，以适应 cout 对基本数据类型的要求。

而例 7-1 原来版本的输出语句使用的是另一种处理方法：

```
cout << "\n Counter=" << Counter();
```

其中，为了输出对象的数据成员，调用 operator()函数返回 Counter.value 的值。

类型转换函数可以用编译器解释的显式调用，如：

```
int a = Counter.operator int();
```

但程序中通常使用隐式调用。由于 Calculator 定义了转换成 int 型的函数，因此，Calculator 的对象可以出现在任何可以出现整数的场合。例如：

```
        void fun( Calculator c1, Calculator c2 )
        {   int d;
            d = c1>c2 ? c1-c2 : c2-c1;                    //在表达式中调用类型转换函数
            cout<<"c1="<<c1<<"\tc2="<<c2<<endl;          //在标准输出流中调用类型转换函数
            cout << "difference=" << d << endl;
        }
```

当 Calculator 类对象出现在 int 型变量应出现的场合时，系统会尝试将其转换为 int 型。所以，语句：

```
        cout << "\n Counter=" << int(Counter);
```

也可以写为：

```
        cout << "\n Counter=" << Counter;
```

当然，它在没有定义类型转换函数之前是错误的。

【例 7-9】简单串类与字符串之间的类型转换。

```
        #include<iostream>
        using namespace std;
        class String
        {       char *data;
                int size;
            public:
                String( char* s )
                {   size=strlen(s);
                    data = new char(size+1);
                    strcpy_s(data,size+1,s);
                }
                operator char* () const          //类型转换函数
                {   return data;    }
        };
        void main()
        {   String sobj = "hell";
            char * svar = sobj;                  //把String型对象赋给字符串变量，进行了类型转换
            cout<<svar<<endl;
        }
```

上述程序中，构造函数用一个字符串建立对象，即把 char*型转换成 String 对象。成员函数

```
        String::operator char* () const;
```

把一个 String 型对象*this 转换成字符串 char*型变量，实际上返回了数据成员 this->data。注意，以下函数名中：

```
        operator char*
```

类型标识符是 char*，表示字符指针，是由两个单词组成的复合类型符。

【例 7-10】实现简单有理数计算。

有理数类 Rational 定义了两个数据成员：分子 Numerator 和分母 Denominator。有三个构造函数可以用不同形式的初值构造对象：构造一个初值为 0 的有理数，用分子、分母构造有理数，以及用实数构造有理数。带参数构造函数同时具备把基本数据类型参数转换成 Rational 类型的功能。一个类型转换的成员函数可以把 Rational 类对象转换为 double 型数据。还有两个友元函数：重载运算符"+"用于两个有理数的求和，重载运算符"<<"用于输出有理数。gcd 函数求最大公约数，用于对有理数进行约分。

```
        #include<iostream>
        using namespace std;
        class Rational
        {   public :
```

```cpp
        Rational();                //构造函数
        Rational(int n, int d=1);  //构造函数
        Rational(double x);        //构造函数
        operator double();         //类型转换函数，把 Rational 转换成 double 型
        friend Rational operator+(const Rational &,const Rational &);    //重载+
        friend ostream & operator<<(ostream &,const Rational &);         //重载<<
    private :
        int   Numerator, Denominator;
};
int gcd( int a, int b );          //函数原型，求最大公约数
Rational::Rational()              //构造等于 0 的对象
{   Numerator=0; Denominator=0;   }
Rational::Rational(int n,int d)   //用分子、分母构造对象
{   int g;
    if( d==1 )                    //分母等于 1
        {   Numerator = n;        //分子
            Denominator = d;      //分母
        }
    else                          //分母不等于 1 的有理数
        {   g = gcd( n,d );       //求分子、分母的最大公约数
            Numerator = n/g;      //约分
            Denominator = d/g;
        };
}
Rational::Rational(double x)      //用实数构造对象
{   int a, b, g;
    a = int( x*1e5 );             //分子
    b = int( 1e5 );               //分母
    g = gcd( a,b );               //求分子、分母的最大公约数
    Numerator = a/g;              //约分
    Denominator = b/g;
}
Rational::operator double()       //把 Rational 类型转换成 double 型
{   return double( Numerator ) / double( Denominator );   }
//重载运算符 " + "
Rational operator+( const Rational & r1, const Rational & r2 )
{   int n, d;
    n = r1.Numerator*r2.Denominator+r1.Denominator*r2.Numerator;
    d = r1.Denominator * r2.Denominator;
    return   Rational( n, d );
}
ostream & operator<<(ostream & output, const Rational & x)        //重载运算符<<
{   output << x.Numerator;
    if( x.Denominator!=1 )   output<< "/" << x.Denominator;
    return output;
}
int gcd( int a, int b )          //求最大公约数
{   int g;
    if( b==0 )   g = a;
    else   g = gcd( b, a%b );
    return g;
}
```

```
    int main()
{   Rational a( 2, 4 );
    Rational b = 0.3;
    Rational c = a + b;              //调用友元重载运算符+和默认重载运算符=
    //调用类型转换 operator double 函数，以实数形式显示
    cout << double(a) << " + " << double(b) << " = " << double(c) << endl;
    //调用重载 operator<<函数，以分数形式显示
    cout << a << " + " << b << " = " << c << endl;
    double x = b;                    //用 operator double 函数对 b 进行类型转换
    c = x + 1 + 0.6;                 //用 Rational(double)对表达式进行类型转换
    cout<<x<<" + "<<1<<" + "<<0.6<<" = "<<double(c)<<endl;
    cout<<Rational(x)<<"+"<<Rational(1)<<"+"<<Rational(0.6)<<"="<<c<<endl;
}
```

程序运行结果：

```
0.5 + 0.3 = 0.8
1/2 + 3/10 = 4/5
0.3 + 1 + 0.6 = 1.9
3/10 + 1 +3/5 = 19/10
```

上述程序既有用于类型转换的构造函数，又有类型转换函数，系统在不同情况下调用不同函数完成类型转换，例如：

```
Rational b = 0.3;                //用构造函数进行类型转换
double x = b;                    //用类型转换函数进行类型转换
```

有时，类型转换会出现二义性。若有：

```
int i;
```

则系统对以下表达式：

```
b + i
```

如何解释？

可以用类型转换函数解释为：

```
b.operator double() + i
```

这是将对象 b 转换为一个 double 型数据，然后与 i 相加得到一个 double 型数据。

也可以解释为：

```
b + Rational(i)
```

调用构造函数把 i 转换为类对象，然后调用重载运算符函数进行类对象相加，结果为 Rational 类型。

此时，C++编译器不能确定解释方式。程序员在这种情况下必须显式地使用类型转换。可以把表达式写为：

```
double(b) + i
```

或者

```
b + Rational(i)
```

可见，用户定义的类型转换函数只能在无二义性的情况下才能够隐式使用。类型转换函数没有参数，所以不能被重载。但它可以被继承，可以是虚的。有关继承的概念，参见第 8 章。

习题

一、思考题

1. 一个运算符重载函数被定义为成员函数或友元函数后，在定义方式、解释方式和调用方式上有何区别？可能会出现什么问题？请用一个实例说明之。

2．类类型对象之间、类类型和基本类型对象之间用什么函数进行类型转换？归纳进行类型转换的构造函数和类型转换函数的定义形式、调用形式和调用时机。

二、程序设计

1．定义一个整数计算类 Integer，实现短整数的+、−、*和/基本算术运算。要求：可以进行数据范围检查（−32 768～32 767，或自行设定），数据溢出时显示错误信息并中断程序运行。

2．定义一个实数计算类 Real，实现单精度浮点数的+、−、*和/基本算术运算。要求：可以进行数据范围（−3.4×10^{38}～3.4×10^{38}，或自行设定）检查，数据溢出时显示错误信息并中断程序运行。

3．假设有向量 $X = (x_1, x_2, \cdots, x_n)$ 和 $Y = (y_1, y_2, \cdots, y_n)$，它们之间的加、减、乘运算分别定义为：
$$X + Y = (x_1 + y_1, x_2 + y_2, \cdots, x_n + y_n)$$
$$X - Y = (x_1 - y_1, x_2 - y_2, \cdots, x_n - y_n)$$
$$X \cdot Y = x_1 \cdot y_1 + x_2 \cdot y_2 + \cdots + x_n \cdot y_n$$

编写程序定义向量类 Vector，重载运算符+、−、*和=，实现向量之间的加、减、乘和赋值运算；重载运算符>>、<<实现向量的输入、输出功能。注意检测运算的合法性。

提示：向量类的声明可以是：

```
class Vector
{   private:
        double *v;
        int len;
    public:
        Vector(int size);
        Vector(double *,int);
        ~Vector();
        double &operator[](int i);
        Vector & operator =(Vector &);
        friend Vector operator +(Vector &,Vector &);
        friend Vector operator − (Vector &,Vector &);
        friend double operator *(Vector &,Vector &);
        friend ostream & operator <<(ostream &output,Vector &);
        friend istream & operator >>(istream &input,Vector &);
};
```

4．定义一个类 nauticalmile_kilometer，它包含两个数据成员 kilometer（千米）和 meter（米）；还包含一个构造函数对数据成员进行初始化；成员函数 print，用于输出数据成员 kilometer 和 meter 的值；类型转换函数 operator double，实现把千米和米转换为海里（1 海里=1.852 千米）的功能。编写 main 函数，测试类 nauticalmile_kilometer。

5．定义一个集合类 setColour，要求元素为枚举类型值。例如：

  enum colour { red, yellow, blue, white, black };

集合类实现交集、并集、差集、属于、包含、输入、输出等各种基本运算。设计 main 函数测试 setColour 类的功能。

6．为例 7-9 的 String 类增加定义两个类型转换函数：

  String::operator int() const;
  String::operator double() const;

把数值形式的字符串转换成 int 型或 double 型数据，并在 main 函数中进行测试。

第8章 继 承

继承（Inheritance）是面向对象程序设计中软件重用的关键技术。继承机制使用已经定义的类作为基础建立新的类定义，新的类是原有类的数据及操作与新类所增加的数据及操作的组合。新的类把原有类作为基类引用，而不需要修改原有类的定义。新定义的类作为派生类引用。这种可扩充、可重用技术大大降低了大型软件的开发难度。

本章讨论面向对象程序设计中关于继承的概念及其在 C++中的实现方法。

8.1 类之间的关系

一个大的应用程序，通常由多个类构成，类与类之间互相协同工作。在面向对象技术中，类是数据和操作的集合，它们之间有三种主要关系：has-a、uses-a 和 is-a。

has-a 表示类的包含关系，用于描述一个类由多个"部件类"构成。例如，一辆汽车包含发动机、轮子、电池和喇叭等部件，一台计算机由主机、显示器、键盘等部件组成。C++实现 has-a 的关系用类成员表示，即一个类中的数据成员是另一个已经定义的类。

uses-a 表示一个类部分地使用另一个类。例如，装配计算机时，可以从显示器生产厂家提取不同型号的显示器。又如，操作系统有一个时钟对象，用于保存当前的日期和时间。时钟对象有返回当前日期和时间的成员函数。其他对象可以通过调用时钟对象的函数获取系统日期或时间。在面向对象的技术中，这种关系通过类之间成员函数的相互联系，定义友元或对象参数传递来实现。

is-a 表示一种分类方式，描述类的抽象和层次关系。例如，植物分类系统如图 8-1 所示。

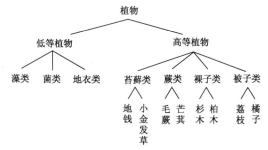

图 8-1 植物分类系统

is-a 关系具有传递性。例如，高等植物、蕨类、芒萁都是植物，具有植物的共同特征；而每种植物都有与其他植物不同的特征。is-a 关系不具有对称性。例如，不是所有植物都属于蕨类。

is-a 机制称为"继承"。继承是我们常用的一种思维或工作模式。例如，一个服装设计师通常保留许多服装式样（类），每款式样都有自身的特点（属性）。当设计师要设计一种新的款式时，他不需要重新进行设计，只需要找出一种接近的式样进行修改就可以。例如，改变布料，为领子、袖子添加装饰等。这种在原有类的基础上生成（派生）新类的方式就是继承。设计师还可以根据不同款式，如结合旗袍和西式裙的不同特点，设计一种中西结合的裙装。这种由多个类派生一个新的类的方法，称为"多继承"。

面向对象程序设计支持用继承方式组织类体系。例如，汽车类 Vehicle 和小车类 Car 的定义如下：

```
class Vehicle
{      int wheels;                    //车轮数
```

```
        double weight;                    //汽车重量
        double loading;                   //汽车载重量
    public:
        void initialize(int in_wheels,double in_weight); //初始化数据成员
        int get_wheels();                 //获取车轮数
        double get_weight();              //获取汽车重量
        double get_loading();             //获取汽车载重量
    };
    class Car:public Vehicle              //声明 Car 类继承 Vehicle 类
    {       int passenger_load;           //载客量
        public:
        void initialize(int in_wheels, double in_weight, int people=4);
        int   passengers();               //返回载客数
    };
```

在上述定义中，Car 类由 Vehicle 类派生，即 Car 类具有 Vehicle 类的属性和方法：车轮数、汽车重量和汽车载重量，以及获取属性值的方法。这些属性、方法无须在派生类 Car 中重新说明。除此之外，Car 类增加了自己的属性：载客量和返回载客数的方法。Vehicle 类是基类，其属性和方法体现了共性；Car 派生类的属性和方法体现了差别。在程序中可以分别建立基类或派生类的对象。

类之间的关系可以用一张有向无环图（Directed Acyclic Graph，DAG）表示，称为"类格"。图中的每个结点是一个类定义，它的前驱结点称为基类（或父类，超类），它的后继结点称为派生类（或子类）。如图 8-1 所示为一张省略了箭头的有向无环图。

8.2 基类与派生类

C++中，描述类继承关系的语句格式为：

class 派生类名 ：基类名表
{
    数据成员和成员函数说明
};

其中，"基类名表"的语句格式如下：

访问控制　基类名$_1$，访问控制　基类名$_2$，…，访问控制　基类名$_n$

用于表示当前定义的派生类的各个基类。如果一个"基类名表"中只有一个基类，则表示定义的派生类只有一个基类，称为单继承；如果一个"基类名表"中有多个基类，则称为多继承。

"访问控制"是表示继承权限的关键字，称为访问描述符。可以是：

● public 公有继承

● private 私有继承

● protected 保护继承

如果省略访问描述符，则 C++认为是私有继承。如果用关键字 struct（而不是 class）定义类，则省略访问描述符时认为是公有继承。派生类不同的继承方式对基类成员有不同的访问权限。

8.2.1 访问控制

一个派生类的成员由两部分组成，一部分从基类继承过来，另一部分自己定义，即创建一个派生类对象时，系统会建立所有继承的和自身定义的成员。但派生类不一定能直接使用（可见）这些成员。派生类对基类成员的使用，除了与类定义的继承访问控制有关，还与基类中的成员性质有关。

当一个派生类公有继承一个基类时，基类中所有公有成员（由 public 定义的数据成员或成员

函数）成为派生类的公有（public）成员，基类中所有保护成员（由 protected 定义的数据成员或成员函数）成为派生类的保护（protected）成员。

当一个派生类私有继承一个基类时，基类中所有公有成员和保护成员同时成为派生类的私有（private）成员。

当一个派生类保护继承一个基类时，基类中所有公有成员和保护成员同时成为派生类的保护（protected）成员。

不论派生类以何种方式继承基类，都不能直接使用基类的私有（private）成员。

图 8-2 表示了不同继承方式派生类成员的访问特性。

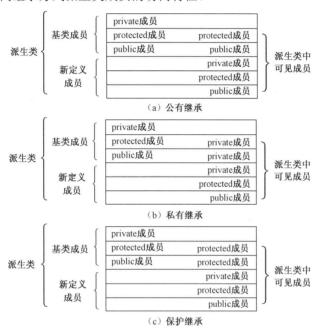

图 8-2　不同继承方式派生类成员的访问特性

1．公有继承

以公有方式继承的派生类，基类的 public 和 protected 成员在派生类中的性质不变，即派生类中可以使用基类中定义的 public 和 protected 成员；并且，基类的公有成员也是派生类对象的接口，可以在类外被访问。

【例 8-1】公有继承的测试。程序定义了三个类：从类 A 派生类 B，又从类 B 派生类 C。类 A 称为类 C 的间接基类。其类格如图 8-3 所示。
程序如下：

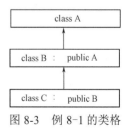

图 8-3　例 8-1 的类格

```
#include <iostream>
using namespace std;
class A
{  public :
        void    get_XY()
        {  cout << "Enter two numbers of x, y : ";
            cin >> x >> y;
        }
        void    put_XY()
        {  cout << "x = "<< x << ", y = " << y << '\n';   }
    protected :
        int x,y;
```

```
        };
        class B:public A
        {   public :
                int    get_S()
                {   return s;   }
                void    make_S()
                {   s = x * y; }              //使用基类数据成员 x，y
            protected :
                int s;
        };
        class C:public B
        {
            public :
                void    get_H()
                {   cout << "Enter a number of h : ";
                    cin >> h;
                }
                int    get_V()
                {   return v;   };
                void    make_V()
                {   make_S();            //使用基类成员函数
                    v = get_S()* h;      //使用基类成员函数
                }
            protected :
                int h, v;
        };
        int main()
        {   A objA;    B objB;    C objC;
            cout << "It is object_A :\n";
            objA.get_XY();
            objA.put_XY();
            cout << "It is object_B :\n";
            objB.get_XY();
            objB.make_S();
            cout << "S = " << objB.get_S() << endl;
            cout << "It is object_C :\n";
            objC.get_XY();
            objC.get_H();
            objC.make_V();
            cout << "V = " << objC.get_V() << endl;
        }
```

程序运行结果：

```
    It is object_A :
    Enter two numbers of x and y : 1    2
    x = 1 , y = 2
    It is object_B :
    Enter two numbers of x and y : 3    4
    S = 12
    It is object_C :
    Enter two numbers of x and y : 4    5
    Enter a number of h : 6
    V = 120
```

程序中，各类都定义了保护数据成员。类 A 有 x 和 y，类 B 有 s，类 C 有 h 和 v。由于公有继承，它们都成为派生类的保护数据成员。在 main 函数建立对象时，系统会建立不同的存储空间。

objA 的数据成员有： objA.x objA.y

objB 的数据成员有： objB.x objB.y objB.s

objC 的数据成员有： objC.x objC.y objC.s objC.h objC.v

各类中定义的成员函数都是公有的，既可以在派生类中使用，也可以作为外部的接口。在 main 函数中，通过对象调用成员函数操作数据，例如：

```
objA.get_XY();                    //读 objA.x, objA.y
objB.get_XY();                    //读 objB.x, objB.y
objC.get_XY();                    //读 objC.x, objC.y
```

在派生类中，通过 this 指针调用基类的成员函数。类 C 的成员函数 make_V 为：

```
void   make_V()
{   make_S();                     //this->make_S()
    v = get_S()* h;               //this->get_S()
}
```

两次调用基类 B 定义的成员函数。当 main 函数执行语句：

```
objC.make_V();
```

时，this 指针指向对象 objC，使得 make_S 函数和 get_S 函数分别操作数据 objC.x、objC.y 和 objC.s。

保护成员的作用是显而易见的，它专门为继承机制而设置，使其屏蔽在类层次体系之中，在派生类中可见，而在类外不可见。

基类的私有成员在派生类中不可见，但并不是说在建立派生类对象时，就不需要创建从基类继承的私有数据成员。

【例 8-2】测试派生类对象继承基类的私有数据成员。

```
#include <iostream>
using namespace std;
class A
{   public :
        A()                       //类 A 的构造函数
        {   x = 1;   }
        int out()                 //类 A 成员函数，返回 this->x 的值
        {   return x;   }
        void addX()
        {   x++;   }
    private :
        int x;
};
class B : public A
{   public :
        B()                       //类 B 构造函数
        {   y = 1;   }
        int out()                 //类 B 成员函数
        {   return y;   }         //返回 this->y 的值
        void addY()
        {   y++;   }
    private :
        int y;
};
int main()
```

```
{   A a;
    cout<<"构造了对象 a:\n";
    cout << "a.x=" << a.out() << endl;
    B b;
    cout << "构造了对象 b:\n";
    cout << "b.x=" << b.A::out() << endl;        //输出 b.x
    cout << "b.y=" << b.out() << endl;            //输出 b.y
    cout<<"对象 b 的数据成员+1:\n";
    b.addX();                                      //b.x++
    b.addY();                                      //b.y++
    cout << "b.x=" << b.A::out() << endl;         //输出 b.x
    cout << "b.y=" << b.out() << endl;            //输出 b.y
}
```

程序运行结果：

```
构造了对象 a:
a.x=1
构造了对象 b:
b.x=1
b.y=1
对象 b 的数据成员+1:
b.x=2
b.y=2
```

由于 x 是基类 A 的私有数据成员，因此在派生类 B 中不可见，当然也不能在 main 函数中直接访问它。但是，类 A 的公有成员函数 out 和 addX 可以操作 x。在 main 函数中建立派生类对象 b 时，首先调用基类的构造函数，开辟内存，建立 b.x，然后调用自身的构造函数，建立 b.y。为了输出 b.x，需要调用基类的成员函数 out，并让 this 指针指向派生类对象，所以有调用：

    b.A::out()

这个例程告诉我们一个重要的事实，基类成员在所有派生类中具有作用域，被派生类屏蔽的基类数据成员不可见，但不等于不存在。建立一个派生类对象时，不管类层次有多深，都必须从最高层（根）的基类开始进行初始化，建立所有数据成员。程序员在设计类体系时，应该使基类尽量抽象，表达共性的东西，减少程序运行的时间和空间等不必要的开销。

2．私有继承

以私有方式继承的派生类，基类的 public 和 protected 成员会成为派生类的私有成员，即基类中定义的 public 和 protected 成员只能在私有继承的派生类中可见，而不能在类外使用。

【例 8-3】私有继承的测试。把例 8-1 修改为类 B 私有继承类 A。

```cpp
#include <iostream>
using namespace std;
class A
{   public :
        void get_XY()
        {   cout << "Enter two numbers of x and y : ";
            cin >> x >> y;
        };
        void put_XY()
        {   cout << "x = "<< x << ", y = " << y << '\n';   };
    protected :
        int x, y;
};
class B : private A
```

```
{   public :
        int get_S()
        {   return s;   };
        void make_S()
        {   get_XY();            //调用基类成员函数
            s = x * y;
        };
    private :
        int s;
};
int main()
{   B objB;
    cout << "It is object_B :\n";
    objB.make_S();
    cout << "S = " << objB.get_S() << endl;
}
```

因为类 B 是私有继承的，所以类 A 中定义的所有公有的、保护的成员函数和数据成员成为类 B 的私有成员。类 B 具有从类 A 继承的私有数据成员 x 和 y，还有自己定义的私有数据成员 s。get_XY 是 B 的私有成员函数，在类外不可见。因此，建立对象 objB 之后，对 objB.x 和 objB.y 赋值时就不能直接在 main 函数中调用 get_XY 函数了。这个任务交给 make_S 函数完成。在类中，通过 this 指针，调用基类定义的成员函数 get_XY，从而实现对私有数据成员 x、y 的输入。

3. 保护继承

保护继承把基类的公有成员和保护成员作为派生类的保护成员，使其在派生类中被屏蔽。保护继承和私有继承方式在程序设计中应用较少。原因是，继承的目的是软件重用，如果有需要屏蔽的成员，通常在类中被定义为私有的或保护的成员。

4. 访问声明

C++提供一种访问调节机制，使一些本来在派生类中不可见的成员变为可访问的，称为访问声明。在例 8-3 中，为了保持 get_XY 函数在类 B 中依然是公有的，可以修改声明如下：

```
class B:private A
{   public:
        A::get_XY;              //声明继承的成员函数名
        int get_S()
        {   return s;   };
        void make_S()
        {   s = x * y;   };
    private:
        int s;
};
```

在类 B 的公有段中提升声明了类 A 定义的 get_XY 函数，使其成为类 B 的公有成员，作为接口使用。main 函数可以改写为：

```
int main()
{   B objB;
    cout << "It is object_B :\n";
    objB.get_XY();              //调用调整后的成员函数
    objB.make_S();
    cout << "S = " << objB.get_S() << endl;
}
```

访问声明的格式为：

基类名::成员

注意事项如下。

（1）访问声明仅调整名字的访问权限

当被声明对象是数据成员时，不可被说明为任何类型；当被声明对象为成员函数时，只能是函数名本身，不能带参数和返回类型说明。例如：

```
class B
{   public:
        int c;
        /*…*/
};
class D:private B
{     int d;
    public:
        int B::c;           //错误，带类型
};
```

（2）访问声明不允许在派生类中降低或提升基类成员的可访问性

例如：

```
class B
{   public:   int a;
        private: int b;
        protect: int c;
};
class D:private   B
{   public:
        B::a;               //正确
        B::b;               //错误，私有成员不能用于访问声明
    protected :
        B::c;               //正确
        B::a;               //错误，不能降低基类成员的可访问性
};
```

（3）对重载函数名的访问声明将调整基类所有同名函数的访问域

① 调整同名的重载函数

```
class X
{   public:
        f();
        f(int);
};
class Y:private X
{   public:
        X::f;               //使 X::f()和 X::f(int)在 Y 中都是公有的
};
```

② 不同访问域的重载函数名不能用于访问声明

```
class X
{   private:
        f(int);
    public:
        f();
};
class Y:private X
{   public:
```

```
            X::f;                 //错误，访问声明具有二义性，不能调整其访问性
        };
```

③ 派生类中与基类名字相同的成员不可调整访问权限

```
        class X
        {   public:
                f();
        };
        class Y:private X
        {   public:
                void f(int);
                X::f;             //错误，f 有两次说明，不能调整其访问权限
        };
```

8.2.2　重名成员

C++允许派生类的成员与基类成员重名。在派生类中访问重名成员时，屏蔽基类的同名成员。如果要在派生类中使用基类的同名成员，可以显式地使用作用域运算符指定，格式如下：

　　　　类名::成员

1.　重名数据成员

如果在派生类中定义了与基类相同名字的数据成员，根据继承规则，在建立派生类对象时，系统会分别建立不同的存储空间。

【例 8-4】重名数据成员。

```
        #include <iostream>
        using namespace std;
        class Base
        {   public :
                int a, b;
        };
        class Derived : public Base
        {   public :
                int b, c;
        };
        int main()
        {   Derived d;
            d.a = 1;
            d.Base::b = 2;        //Base::b 使用的是 Base 类的数据成员 b
            d.b = 3;              //这里使用的是 Derived 类的数据成员 b
            d.c = 4;
            cout<<"d.a = "<<d.a<<'\n'<<"d.Base::b = "<<d.Base::b<<'\n'
                <<"d.b = "<<d.b<<'\n'<<"d.c = "<<d.c<<'\n';
        }
```

程序运行结果：

```
        d.a = 1
        d.Base::b = 2
        d.b = 3
        d.c = 4
```

由继承关系可知，派生类 Derived 具有从基类继承的两个数据成员及自身定义的两个数据成员。在建立 Derived 类对象 d 时，系统开辟了 4 个存储单元，分别是：

```
        d.Base::a
        d.Base::b
```

d.b   //d.Derived::b

d.c   //d.Derived::c

因为 a 在派生类中没有同名的数据成员，所以，编译器可以根据名字进行区分。对于同名的数据成员 b，在没有特别指定类域时，系统认为访问的是自身类定义的 b，因而屏蔽了对外层数据同名数据成员的访问。

2．重名成员函数

在派生类中定义与基类同名的成员函数，称为在派生类中重载基类的成员函数。由调用形式指示 this 指针的不同类型，从而调用不同版本的成员函数。

【例 8-5】重名成员函数。

```cpp
#include <iostream>
using namespace std;
class A
{ public :
        int a1, a2;
        A( int i1=0, int i2=0 )
        {   a1 = i1;
            a2 = i2;
        }
        void print()
        {   cout << "a1=" << a1 << '\t' << "a2=" << a2 << endl;   }
};
class B : public A
{ public :
        int b1, b2;
        B( int j1=1, int j2=1 )
        {   b1 = j1;
            b2 = j2;
        }
        void print()        //定义同名函数
        {   cout << "b1=" << b1 << '\t' << "b2=" << b2 << endl;   }
        void printAB()
        {   A::print();      //派生类对象调用基类版本同名成员函数
            print();         //派生类对象调用自身的成员函数
        }
};

int main()
{   B b;
    b.A::print();
    b.printAB();
}
```

程序运行结果：

```
a1=0        a2=0
a1=0        a2=0
b1=1        b2=1
```

派生类 B 和基类 A 都定义了一个成员函数 print 用于输出各自的数据成员。在派生类 B 中，不指定类域调用 print 函数时，屏蔽基类 A 的同名函数，调用派生类 B 定义的版本。为了使基类 A 的 print 函数能够接受派生类 B 对象调用（this 指针指向派生类对象），输出派生类 B 从基类 A 继承的数据成员，在 printAB 函数中使用作用域运算符 "::" 指示调用基类 A 版本的 print 函数。

在例 8-5 中，通过继承，类 B 具有两个同名成员函数：

```
void A::print();
void B::print();
```

从派生类 B 的角度看，print 函数是 this 指针类型不相同的重载函数。在基类 A 版本的 print 函数中，this 指针隐含说明为：

```
A * this
```

在派生类 B 版本中，print 函数的 this 指针隐含说明为：

```
B * this
```

如果把 this 显式地写在参数表中，则上述两个成员函数的原型分别为：

```
void print( A * this );
void print( B * this );
```

其重载特点显而易见。由于 this 匿名，因此通过调用时指定类域的方法指示实参对象的地址类型。

例如，在类 B 中调用：

```
A::print();
```

或在 main 函数中调用：

```
b.A::print();
```

通过参数类型推导进行调用匹配，就调用了基类 A 的 print 函数。但此时的调用应该在派生类对象上操作，即基类指针指向派生类对象。对于 C++，这是一件十分自然的事情，因为在类体系中，派生类也是基类，基类指针完全可以接受派生类对象的地址。

所以，在派生类中定义与基类同名的成员函数，称为重载成员函数。派生类重载基类成员函数，是程序设计中实现多态的常用方法。

3．关于类成员的可见性和作用域

从继承规则可知，派生类是在基类的基础上定义的。类定义仅说明其构成规则。在对象定义时，系统才会建立相应的存储空间。派生类对象的成员由基类定义的成员和自身定义的成员组成，成员访问特性和类继承性质不影响存储空间的建立。

类成员访问特性和类继承性质决定类成员的作用域和可见性。在类层次体系中，只要访问特性和继承性质允许，派生类对基类的所有成员都可见，但基类对派生类的自定义成员一无所知。这说明基类成员的作用域从被说明时开始，一直延伸到它的所有派生类。即使因为访问特性或继承关系约束而被屏蔽，在派生类中不可见，但它们的作用域依然有效。从例 8-2 中可以看到，我们用成员函数访问了派生类继承基类的私有数据成员。另外，私有继承的派生类可以通过访问声明调整对基类成员的访问权限，这也说明了不论采用何种继承方式，基类成员在派生类中都具有作用域。相反，由于继承关系的非对称性，基类不具备派生类中所定义的成员的作用域。

同样道理，若派生类定义了与基类同名的成员，尽管基类的同名成员在派生类中被屏蔽（不可见），但它不能被覆盖和取代，作用域依然有效。因此，我们可以通过作用域运算符指定访问基类的同名成员。

8.2.3 派生类中访问静态成员

如果在基类中定义了静态成员，这些静态成员将在整个类体系中被共享，根据静态成员自身的访问特性和派生类的继承方式，在类层次体系中具有不同的访问性质。

【例 8-6】 在派生类中访问静态成员。

```
#include <iostream>
using namespace std;
class B
{   public :
```

```
            static void Add()
            {   i++;   }
            static int i;
             void out()
             {   cout << "static i=" << i << endl;   }
        };
        int B::i=0;
        class D : private B                    //私有继承类 B
        {   public:
             void f();
        };
        void D::f()
        {   i = 5;                             //i 是类 D 的私有静态数据成员，在类中可见
            Add();                             //Add()是类 D 的私有静态成员函数，在类中可调用
            B::i++;
            B::Add();
        }

        int main()
        {   B x;
            D y;
            x.Add();
            x.out();
            y.f();
            cout<<"static i="<<B::i<<endl;      //正确，i 是类 B 的公有静态数据成员
            cout<<"static i="<<x.i<<endl;       //正确，i 是类 B 的公有静态数据成员
            //cout<<"static i="<<y.i<<endl;     //错误，i 是类 D 的私有静态数据成员
        }
    程序运行结果：
        static i=1
        static i=8
        static i=8
```

在程序中，类 B 定义了公有的静态数据成员 i、静态成员函数 Add 及成员函数 out。由于类 D 私有继承了类 B，因此它们都成为类 D 的私有成员。但不论通过类 B 或类 D，都是对同一个静态数据 i 的操作。

8.3 基类的初始化

在具有继承关系的类层次结构中，一个类的数据成员由从基类继承的成员和自身定义成员构成。在程序中，我们通常会用建立派生类对象的方式使用类层次结构。C++默认构造函数能够自动沿着从基类到派生类的继承路线建立数据成员，但如何在创建派生类对象时按应用要求初始化从基类继承的数据成员呢？

在例 8-1 中，我们用成员函数对派生的数据成员赋值。类 A 定义的公有成员函数 getXY 用于对数据成员 x，y 赋值，因为类 B 公有继承类 A，类 C 公有继承类 B，所以，类 C 的对象 objC 可以调用 getXY 函数对 objC.x 和 objC.y 赋值：

```
        objC.get_XY();          //对 objC.x 和 objC.y 赋值
        objC.get_H();           //对 objC.h 赋值
```

这种方法常用于在程序中修改数据成员。在类定义中，自定义带参数的构造函数的主要作用是在创建对象时对数据成员进行初始化。建立派生类对象时可以自动调用基类的默认构造函数或

无参构造函数建立数据成员的存储空间，但这不会按照派生类的需要对数据成员进行初始化。显然，需要提供一种机制，使得在创建派生类对象时，能够通过派生类的构造函数将指定参数传递给基类的带参数构造函数，从而初始化派生类从基类继承的数据成员。派生类的构造函数使用冒号语法的参数初始式实现这种功能，形式为：

构造函数名(变元表)：基类(变元表)，数据成员$_1$(变元表)，…，数据成员$_n$(变元表)
{ /*…*/ }

在第 6 章中已经使用过这种形式调用类成员的构造函数，用于初始化类成员。它同样可以用于调用基类构造函数。冒号 ":" 后面是基类构造函数及对象成员各自对应的参数初始式。构造函数的执行顺序是：首先执行基类，然后执行类对象成员，最后执行派生类本身。如果有间接基类，则首先执行间接基类构造函数。它们的执行顺序是由系统规定的，与参数初始式列表安排无关。参数初始式列表的任务只是传递参数。例如，用户可以把基类初始化 "基类(变元表)" 放在最后，系统依然首先执行基类的构造函数，完成派生类数据成员的初始化。

【例 8-7】类继承关系中构造函数的执行顺序。

```
#include <iostream>
using namespace std;
class Base
{   public :
        Base()
        {   cout<<"Base created\n";   }
};
class D_class : public Base
{   public :
        D_class()
        {   cout<<"D_class created\n";   }
};
int main()
{   D_class d;   }
```

程序运行结果：

```
Base created
D_class created
```

程序先执行基类构造函数，再执行派生类的构造函数。因为派生类对象的创建以基类为先决条件，所以，初始化时首先执行基类构造函数。而执行析构函数的顺序相反，首先析构派生类对象，然后析构基类对象。

【例 8-8】对基类数据成员进行初始化。

```
#include <iostream>
using namespace std;
class Base
{   public :
        int x;
        Base(int i) : x(i){}
};
class Derived : public Base
{       int a;
    public :
        Derived(int j) : a(j*10), Base(2)
        {   cout<<"Base::x="<<x<<"\nDerived::a="<<a<<endl;   }
};
int main()
{   Derived d(1);   }
```

程序运行结果：

    Base::x=2

    Derived::a=10

派生类构造函数以参数初始式调用基类构造函数。注意，Derived 类的构造函数把对基类的初始化放在派生类之后：

    Derived(int j):a(j*10), Base(2)

这并不影响 C++首先进行基类初始化的原则。

如果把派生类构造函数改写为：

    Derived::Derived(int j):a(j*10), Base(a)   //注意 Base(a)

    {   cout << "Base::x=" <<x << "\nDerived::a=" << a << endl; }

企图用派生类的数据成员 a 对 Base::x 进行初始化。程序可能输出为：

    Base::x=⁻858993460

    Derived::a=10

这显示从基类继承的 x 结果是一个随机值。这是由于系统首先执行基类构造函数造成的。此时，派生类的构造函数还没有执行，数据成员 a 还没建立。编译程序虽然为对象 d 开辟了存储空间 d.x，但没有得到确定的初值。

8.4　继承的应用实例

【例 8-9】考察点、圆与圆柱体的层次结构。首先定义点类 Point，然后从 Point 类派生圆类 Circle，最后从 Circle 类派生圆柱体类 Cylinder。

以下是 Point 类的定义：

```
//Point.h
#ifndef POINT_H
#define POINT_H
class Point
{   friend ostream &operator<< (ostream &, const Point &);
    public:
        Point( int = 0, int = 0 );          //带默认参数的构造函数
        void setPoint( int, int );          //对点坐标数据赋值
        int getX() const
        {   return x;   }
        int getY() const
        {   return y;   }
    protected:
        int x, y;                           //Point 类的数据成员
};
//构造函数，调用成员函数对 x，y 进行初始化
Point::Point( int a, int b )
{   setPoint( a, b );   }
//对数据成员置值
void Point::setPoint( int a, int b )
{   x = a;
    y = b;
}
//重载<<，输出对象数据
ostream &operator<< ( ostream &output, const Point &p )
{   output << '[' << p.x << "," << p.y << "]";
    return output;
```

```
    }
#endif
```

Point 类数据成员 x 和 y 被定义为保护成员，便于派生类直接使用而不需要通过成员函数。作为接口公有成员函数有：带默认参数的构造函数、对数据成员置值的函数、返回数据成员值的函数，以及便于对象数据输出重载 operator<<的友元函数。

从 Point 类派生 Circle 类：

```
//Circle.h
#ifndef CIRCLE_H
#define CIRCLE_H
class Circle : public Point
{    friend ostream & operator<<(ostream &, const Circle &);  //友元函数
    public:
        Circle( double r=0.0, int x=0, int y=0 );                //构造函数
        void setRadius( double );                                //置半径值
        double getRadius() const;                                //返回半径
        double area() const;                                     //返回面积
    protected :
        double radius;                                           //数据成员，半径
};
//带参数初始式构造函数，首先调用基类构造函数
Circle::Circle( double r, int a, int b ):Point( a, b )
{    setRadius( r );    }
//对半径置值
void Circle::setRadius( double r )
{    radius = ( r >= 0 ? r : 0 );    }
//返回半径
double Circle::getRadius() const
{    return    radius;    }
//计算并返回面积
double Circle::area() const
{    return    3.14159 * radius * radius;    }
//输出圆心坐标和半径
ostream & operator<<( ostream &output, const Circle &c)
{    output << "Center = " << '[' << c.x << "," << c.y << "]"<< "; Radius = "
            << setiosflags(ios::fixed|ios::showpoint) << setprecision(2) << c.radius;
        return    output;
}
#endif
```

Circle 类有三个数据成员，包括从 Point 类继承的 x 和 y 及自身定义的 radius。它的构造函数通过参数初始式调用基类 Point 的带参数构造函数对 Circle::x 和 Circle::y 进行初始化。

重载友元函数 operator<<输出 Circle 的数据成员。基类 Point 也有一个重载函数 operator<<的版本，在派生类中重定义覆盖基类的版本。

从 Circle 类又派生 Cylinder：

```
//Cylinder.h
#ifndef CYLINDER_H
#define CYLINDER_H
class Cylinder : public Circle
{    friend ostream & operator<<(ostream &,const Cylinder &);      //友元函数
    public :
        Cylinder(double h=0.0,double r=0.0,int x=0,int y=0);        //构造函数
```

```
            void setHeight( double );                          //置高度值
            double getHeight() const;                          //返回高度值
            double area() const;                               //返回表面积
            double volume() const;                             //返回体积
        protected :
            double height;                                     //数据成员，高度
    };
    //带参数初始式构造函数，首先调用基类构造函数
    Cylinder::Cylinder(double h,double r,int x,int y):Circle(r,x,y)
    {   setHeight(h);   }
    //对高度置值
    void Cylinder::setHeight( double h )
    {   height = ( h >= 0 ? h : 0 );   }
    //返回高度
    double Cylinder::getHeight() const
    {   return height;   }
    //计算并返回圆柱体的表面积
    double Cylinder::area() const
    {   return   2 * Circle::area() + 2 * 3.14159 * radius * height;   }
    //计算并返回圆柱体的体积
    double Cylinder::volume() const
    {   return   Circle::area()* height;   }
    //输出数据成员圆心坐标、半径和高度
    ostream &operator<< ( ostream &output, const Cylinder &cy )
    {   output << "Center = " << '[' << cy.x << "," << cy.y << "]"
                << "; Radius = "<< setiosflags(ios::fixed|ios::showpoint)
                << setprecision(2) << cy.radius << "; Height = " << cy.height << endl;
        return output;
    }
    #endif
```

Cylinder 类的数据成员包括：从 Circle 类继承的 x 和 y（Circle 类从 Point 类继承）与 radius，以及自身定义的 height。Cylinder 类的构造函数通过参数初始式调用直接基类 Circle 类的带参数构造函数，而 Circle 类构造函数又调用它的基类 Point 类的带参数构造函数，从而完成对 Cylinder 类对象的初始化。

为了计算圆柱体的表面积和体积，在成员函数 Cylinder::area 和 Cylinder::volume 中，都使用了基类的成员函数 Circle::area 计算圆面积。

重载友元函数 operator<<输出 Cylinder 类的数据成员。它覆盖了基类的版本。

以下是使用类层次结构的程序。

```
    //ex8-9
    #include <iostream>
    #include <iomanip>
    using namespace std;
    #include "Point.h"
    #include "Circle.h"
    #include "Cylinder.h"
    int main()
    {   Point p( 72, 115 );                              //定义点对象并初始化
        cout<<"The initial location of p is "<<p<<endl;
        p.setPoint( 10, 10 );                            //置点的新值
        cout<<"\nThe new location of p is "<<p<<endl;    //输出数据
```

```
        Circle c( 2.5, 37, 43 );                              //定义圆对象并初始化
        cout<<"\nThe initial location and radius of c are\n"<<c<<"\nArea = "<<c.area()<<"\n";
        c.setRadius( 4.25 );                                  //置圆的新值
        c.setPoint( 2, 2 );
        //输出圆心坐标和圆面积
        cout<<"\nThe new location and radius of c are\n" <<c<<"\nArea = "<<c.area()<<"\n";
        Cylinder cyl( 5.7, 2.5, 12, 23 );                     //定义圆柱体对象并初始化
        //输出圆柱体各数据和表面积，体积
        cout<<"\nThe initial location, radius ang height of cyl are\n"<<cyl
            <<"Area = "<<cyl.area()<<"\nVolume = "<<cyl.volume()<<'\n';
        cyl.setHeight( 10 );                                  //置圆柱体的新值
        cyl.setRadius( 4.25 );
        cyl.setPoint( 2, 2 );
        cout<<"\nThe new location, radius ang height of cyl are\n"<<cyl
            <<"Area = "<<cyl.area()<<"\nVolume = "<<cyl.volume()<<"\n";
        return 0;
    }
```

程序运行结果：

The initial location of p is [72，115]

The new location of p is [10,10]

The initial location and radius of c are
Center = [37,43]; Radius = 2.50
Area = 19.63

The new location and radius of c are
Center = [2,2]; Radius = 4.25
Area = 56.75

The initial location, radius ang height of cy1 are
Center = [12,23]; Radius = 2.50; Height = 5.70
Area = 128.81
Volume = 111.92

The new location, radius ang height of cyl are
Center = [2,2]; Radius = 4.25; Height = 10.00
Area = 380.53
Volume = 567.45

类的包含（has-a）和类的继承（is-a）都是软件的重用技术。在许多情况下，程序中类的包含结构可以改为继承结构，反之亦然。

【例 8-10】类继承和类包含的比较。本程序是 Point 类和 Circle 类的简化版，分别用类继承和类包含方式设计类结构。

（1）用继承方式设计
```
        #include<iostream>
        using namespace std;
        class Point
        {   public :
                Point(double t1, double t2)
                {   x = t1;
                    y = t2;
```

```
                      }
            void OutPoint()
            {   cout << "Point: x=" << x << " y=" << y << endl;   }
        protected :
            double x, y;
};
    class Circle : public Point              //Circle 类继承 Point 类
    {   public:
            Circle(double t1,double t2,double t3)
                            :Point(t1,t2)        //调用基类构造函数
            {   radius = t3;                     //对自身数据成员赋值
            }
            void OutCircle()
            {   Point::OutPoint();               //调用基类的成员函数
                cout << "radius=" << radius << endl;
            }
        protected:
            double radius;                       //派生类数据成员
};
    int main()
    {   Circle c( 0, 0, 12.5 );
        c.OutPoint();                            //调用从基类 Point 继承的成员函数
        c.OutCircle();                           //调用 Circle 类成员函数
    }
```

（2）用包含方式设计

```
        #include<iostream>
        using namespace std;
        class Point
        {   public :
                Point( double t1, double t2 )
                {   x = t1;
                    y = t2;
                }
                void OutPoint()
                {   cout << "Point: x=" << x << " y=" << y << endl;   }
            protected :
                double x, y;
};
        class Circle
        {   public :
                Circle(double t1,double t2,double t3)
                            :center(t1,t2)        //调用类成员的构造函数
                {   radius = t3;   }
                void OutCircle()
                {   center.OutPoint();            //调用类成员的成员函数
                    cout << "radius=" << radius << endl;
                }
                Point center;                     //包含 Point 类成员，为便于演示，定义为公有成员
            protected:
                double radius;
};
        int main()
```

```
    {   Circle c( 0, 0, 12.5 );
        c.center.OutPoint();                //通过成员 center 调用 Point 类的成员函数
        c.OutCircle();                      //调用 Circle 类成员函数
    }
```

从上面的两个程序可以看出，不管类体系是继承关系还是包含关系，通过 Circle 类对象建立的应用都能达到相同的效果。Circle 类继承 Point 类，并在 Point 类的基础上添加新的成员。从 Circle 类的角度看，不管是继承的，还是自身添加的成员，它们之间都是平行的。而 Circle 类包含 Point 类成员时，Point 类的成员被封装在成员 center 的结构之中。因此，当 Circle 类用不同方式使用 Point 类时，对 Point 成员的访问形式就有区别。如图 8-4 所示为 Circle 类对象对 Point 类的不同使用方式的数据视图。

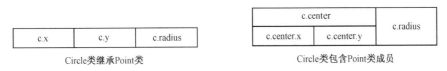

图 8-4   Circle 类对象对 Point 类的不同使用方式

可见，类的继承和包含方式都是把已经建立的类结构"抄"到当前定义的类中。采用什么方式使用已有类结构，取决于程序员对实际问题的逻辑描述和设计习惯。

8.5 多继承

一个派生类仅有一个直接基类，称为"单继承"。一个类可以从多个基类派生出来，即一个类有多个直接基类，称为"多继承"。

多继承说明非常直接，只需在派生类名的冒号":"之后跟上用逗号分隔的基类名列表即可。下面给出一个简单的多继承类说明框架。

```
        class B1
        {
            //…
        };
        class B2
        {
            //…
        };
        class C : public B1, public B2
        {
            //…
        };
```

类 C 公有继承类 B1 和公有继承类 B2。它的成员包含类 B1、类 B2 中的成员，以及它本身定义的成员。

多继承使 C++ 的软件重用功能更为强大。

例如，学校的人员组成有：学生、教师、行政人员。而在职研究生则既有学生的身份，又有教师或行政人员的身份，即他们既具有学生的属性和行为，也具有教师或行政人员的属性和行为。因此，在职研究生类由研究生类和教师类，或由行政人员类派生（见图 8-5）。

又如，在许多计算机编辑平台上，有一种常用的操作是，在图形中添加文本。作为文本的字符，有字体、字形、字号、颜色等属性，图形则有形状、大小、坐标、线条、颜色等属性。在程序中，从文本类和图形类派生出文本图形类，新的类既有处理文本的能力，又有处理图形的能力，还可以添加新的属性和方法，如文本对齐方式、叠放次序、旋转等。

以上这两个例子是多继承的体现。

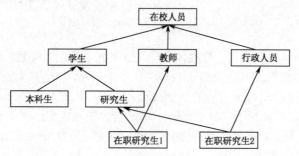

图 8-5　在职研究生的多继承关系

8.5.1　多继承的派生类构造与访问

多个基类的派生类构造函数可以通过继承路径调用基类构造函数，执行顺序与单继承构造函数情况类似：先执行基类构造函数，再执行子对象构造函数，最后执行本身的构造函数。由于多继承的派生类有多个直接基类，因此，它们的构造函数执行顺序取决于定义派生类时指定的各个继承基类的顺序，而与派生类构造函数成员参数初始式列表中给定的基类顺序无关。

一个派生类对象可以拥有多个直接或间接基类的成员。对于不同名的成员，访问不会出现二义性。但是，如果不同的基类有同名成员，派生类对象访问它们时就应该加以识别。下面用具体的例子说明多继承的应用。

【例 8-11】多继承的简单应用。

程序定义了三个类。Base1 类和 Base2 类很相似。只不过 Base1 类的数据成员 value 为 int 型，Base2 类的数据成员 letter 为 char 型。它们都有各自的 public 成员函数 getData 用于返回数据成员的值。

```
//Base1.h
#ifndef BASE1_H
#define BASE1_H
class Base1
{   public :
        Base1(int x)
        {   value = x;   }
        int getData() const
        {   return value;   }
    protected :
        int value;
};
#endif
//Base2.h
#ifndef BASE2_H
#define BASE2_H
class Base2
{   public:
        Base2(char c)
        {   letter = c;   }
        char getData() const
        {   return letter;   }
    protected:
```

```
          char letter;
    };
    #endif
```

类 Derived 是一个多继承的派生类，公有继承 Base1 类和 Base2 类。它定义了一个 private 浮点型数据成员 real，包括继承的 value 和 letter。Derived 类共有三个数据成员。

在定义 class Derived 的冒号之后，继承基类列表顺序是：Base1 类，Base2 类。这个排列决定了构造函数的执行顺序：首先执行 Base1::Base1，然后执行 Base2::Base2，最后执行 Derived::Derived 自身的代码。

```
//Derived.h
#ifndef DERIVED_H
#define DERIVED_H
class Derived : public Base1, public Base2          //公有继承 Base1 和 Base2 类
{    friend ostream &operator<<( ostream &, const Derived & );
    public :
         Derived( int, char, double );
         double getReal() const;
    private :
         double real;
};
Derived::Derived( int i, char c, double f )          //派生类的构造函数
         : Base1( i ), Base2( c ), real( f ) { }
double Derived::getReal() const
{    return real;    }
ostream &operator<<( ostream &output, const Derived & d )
{    output << "      Integer: " << d.value << "\n      Character: " << d.letter
         << "\n    Real number: " << d.real;
    return output;
}
#endif
```

主函数使用以上定义的类层次结构。程序建立了三个对象：基类 Base1 的对象 b1、基类 Base2 的对象 b2 和派生 Derived 类的对象 d。Derived 类构造函数参数初始式调用基类构造函数进行派生类对象初始化。

```
//ex8-11.cpp
#include <iostream>
using namespace std;
#include "Base1.h"
#include "Base2.h"
#include "Derived.h"
int main()
{    Base1 b1( 10 );
    Base2 b2( 'k' );
    Derived d( 5, 'A', 2.5 );
    cout << "Object b1 contains integer " << b1.getData()
         << "\nObject b2 contains character " << b2.getData()
         << "\nObject d contains:\n" << d << "\n";
    cout << "Data members of Derived can be accessed in other way:\n"
         <<"      Integer: "<< d.Base1::getData()
         <<"\n      Character: " << d.Base2::getData()
```

```
                  << "\n   Real number: " << d.getReal() << "\n";
    }
程序运行结果:
    Object b1 contains integer 10
    Object b2 contains character k
    Object d contains:
        Integer: 5
        Character: A
        Real number: 2.5
    Data members of Derived can be accessed in other way:
        Integer: 5
        Character: A
        Real number: 2.5
```

Derived 类公有继承 Base1 类和 Base2 类,其类格如图 8-6 所示。主函数主说明对象 b1、b2
和 d 后,它们在内存中开辟了各自的存储空间,如图 8-7 所示。

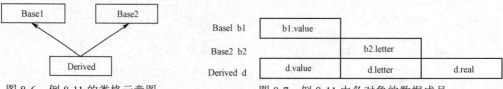

图 8-6　例 8-11 的类格示意图　　　　图 8-7　例 8-11 中各对象的数据成员

基类 Base1 和 Base2 的成员函数都是公有的,且都是 Derived 类的公有成员。成员函数通过
this 指针调用。主函数输出对象 b1 和 b2 的数据采用以下方式:

        b1.getData()　　　　　　和　　　　　　b2.getData()

调用成员函数,这是无歧义的。但是,若要输出派生类对象的数据成员 d.value 和 d.letter,就出
问题了。调用

        d.getData()

时,C++无法识别是调用从 Base1 类继承的 getData 还是从 Base2 类继承的 getData,因为它们是
同名函数。为此,使用作用域运算符,指定调用哪个基类继承的函数,即让函数的 this 指针指向被
操作对象:

        d.Base1::getData()　　　　//输出 d.value
        d.Base2::getData()　　　　//输出 d.letter

除此之外,还可以显式地使用类指针传递方式,改变 this 指针的指向。这种运行时的多态性
将在第 9 章中详细讨论。

8.5.2　虚继承

C++中,一个类不能被多次说明为一个派生类的直接基类,但可以不止一次地成为间接基类。

1. 非虚继承
例如:

```
class B
{   public :
        int x;
    /*...*/
};
class B1:public B
```

```
{  /*…*/  };
class B2:public B
{  /*…*/  };
class D:public B1, public B2
{  public :
        void fun() { x = 0; };
};
```

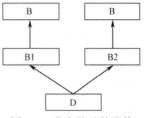

图 8-8　非虚继承的类格

其类格如图 8-8 所示。这里，类 B 两次成为类 D 的间接基
类。这意味着，类 D 对象将生成两份从类 B 继承的数据成员：由类 B1 继承的类 B 成员和由类 B2 继承的类 B 成员。类 D 对象的成员在内存中的安排如图 8-9 所示。因为在类 D 对象中有两个继承类 B 的成员副本，所以称类 B 是非虚基类。

【例 8-12】非虚继承的测试。

```
#include<iostream>
using namespace std;
class B
{  public :
        B()   {   cout<<"Constructor called : B\n";   }
        ~B()   {   cout<<"Destructor called : B\n";   }
        int   b;
};
class B1 : public B
{  public :
        B1()   {   cout<<"Constructor called : B1\n";   }
        ~B1()   {   cout<<"Destructor called : B1\n";   }
        int b1;
};
class B2 : public B
{  public :
        B2()   {   cout<<"Constructor called : B2\n";   }
        ~B2()   {   cout<<"Destructor called : B2\n";   }
        int b2;
};
class D : public B1, public B2
{  public :
        D()   {   cout<<"Constructor called : D\n";   }
        ~D()   {   cout<<"Destructor called : D\n";   }
        int d;
};
void test()
{  D dd;
    dd.B1::b = 5;
    dd.B2::b = 10;
    dd.b1 = 25;
    dd.b2 =100;
    dd.d = 140;
    cout << "dd.B1::b = " << dd.B1::b << "\ndd.B2::b = " << dd.B2::b << '\n';
    cout << "dd.b1 = " << dd.b1 <<"\ndd.b2 = " << dd.b2 <<"\ndd.d = " << dd.d <<'\n';
}
int main()
{  test();  }
```

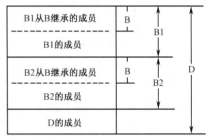

图 8-9　类 D 对象的成员在内存中的安排

程序运行结果：

```
Constructor called : B
Constructor called : B1
Constructor called : B
Constructor called : B2
Constructor called : D
dd.B1::b = 5
dd.B2::b = 10
dd.b1 = 25
dd.b2 = 100
dd.d = 140
Destructor called : D
Destructor called : B2
Destructor called : B
Destructor called : B1
Destructor called : B
```

程序为了建立类 D 的对象 dd，通过 B→B1，B→B2 的路径初始化基类，所以两次调用了类 B 的构造函数。dd 对象有两个从类 B 继承的数据成员 b 的版本：一个是为了构造类 B1 的 dd.B1::b，另一个是为了构造类 B2 的 dd.B2::b。dd 对象拥有的数据成员如图 8-10 所示。为了避免访问不同版本 b 带来的二义性，必须在代码中显式地使用作用域运算符指出是从哪一个直接基类派生的成员。

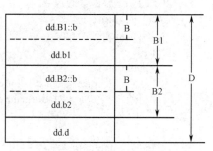

图 8-10　dd 对象的数据成员

可以看到，对象的析构顺序与构造顺序相反。

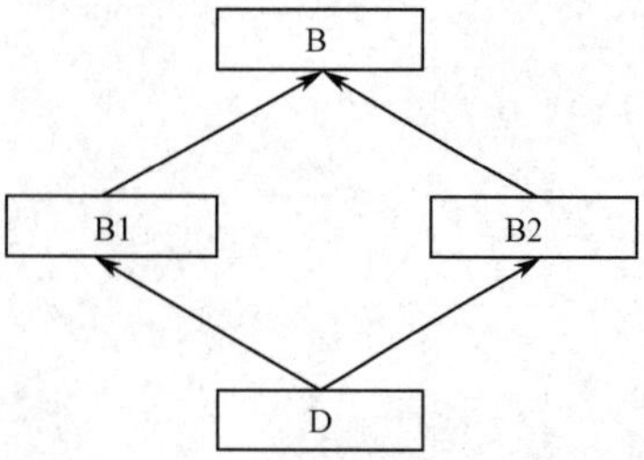

2．虚继承

在程序设计中，通常希望在建立类 D 的对象 dd 时，只要一个 dd.b 的版本，从而得到图 8-11 所示的类格，避免产生访问的二义性，并能够用构造函数正常地对数据成员进行初始化。

为了实现这种继承方式，需要把类 B1 和 B2 对类 B 的继承说明为"虚继承"，即把类格中不同路径的公共基类（DAG 图的汇点）定义为"虚基类"。虚继承的说明形式是在类继承的关键字之前添加关键字 virtual。当建立派生类 D 的对象 dd 时，

图 8-11　虚继承的类格

其存储空间如图 8-12 所示。此时，不再分别建立 dd.B1::b 和 dd.B2::b，而是由 virtual 指引建立指向 dd.b 的指针。

以下程序说明类 B1、B2 继承类 B，类 B 是它们的虚基类：

```
class B
{ /*…*/ };
class B1:virtual public B
{ /*…*/ };
class B2:virtual public B
{ /*…*/ };
```

【例 8-13】 虚继承的测试。

```
#include<iostream>
using namespace std;
class B                    //基类
{   public :
        B( int x = 10 )
```

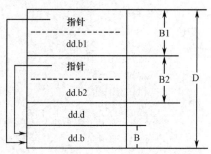

图 8-12　虚继承 dd 对象的数据成员

```cpp
        {   b = x;
                cout<<"Constructor called : B\n";
        . }
        ~B()
        {   cout<<"Destructor called : B\n";   }
        int   b;
};
class B1 : virtual public B                //虚继承类 B
{   public :
        B1( int x1 = 11, int y1 = 21 ) : B( x1 )
        {   b1 = y1;
                cout<<"Constructor called : B1\n";
        }
        ~B1()
        {   cout<<"Destructor called : B1\n";   }
        int b1;
};
class B2 : virtual public B                //虚继承类 B
{   public :
        B2( int x2 = 12, int y2 = 22 ) : B( x2 )
        {   b2 = y2;
                cout<<"Constructor called : B2\n";
        }
        ~B2()
        {   cout<<"Destructor called : B2\n";   }
        int b2;
};
class D : public B1, public B2
{   public :
        D( int i=1,int j1=2,int j2=3,int k=4 ):B(i), B1(j1), B2(j2)
        {   d = k;
                cout<<"Constructor called : D\n";
        }
        ~D()
        {   cout<<"Destructor called : D\n";   }
        int d;
};
void test()
{   D objD;
    cout << "objD.b = " << objD.b << endl;
    cout << "objD.b1 = " << objD.b1 << "\nobjD.b2 = " << objD.b2
            << "\nobjD.d = " << objD.d << '\n';
    B1 objB1;
    cout << "objB1.b = " << objB1.b << "\nobjB1.b1 = " << objB1.b1 << endl;
}
int main()
{   test();   }
```

程序运行结果：

```
Constructor called : B
Constructor called : B1
Constructor called : B2
Constructor called : D
objD.b = 1
```

objD.b1 = 21
objD.b2 = 22
objD.d = 4
Constructor called : B
Constructor called : B1
objB1.b = 11
objB1.b1 = 21
Destructor called : B1
Destructor called : B
Destructor called : D
Destructor called : B2
Destructor called : B1
Destructor called : B

仔细分析运行结果，会发现两个问题。

① 改变类 B1、B2 对类 B 为虚继承后，建立间接派生类 D 的对象时，仅调用了一次类 B 的构造函数。对象 objD 只有一个 b 数据成员的版本，不再出现访问的二义性。

② 具有虚继承的类层次构造函数的执行与一般类层次有所不同。例 8-13 中，每个类都定义了带默认参数的构造函数。test 函数建立类 D 的对象 objD 之后输出它的数据成员。从显示结果：

objD.b = 1   //由类 D 调用虚基类 B 的构造函数
objD.b1 = 21   //使用直接基类的构造函数，忽略类 D 的调用
objD.b2 = 22
objD.d = 4   //对自身数据初始化

可以看到，执行类 D 的构造函数时，用参数初始式列表驱动了虚基类的构造函数，忽略了类 B1、B2 构造函数参数初始式列表的调用。而直接基类 B1、B2 的构造函数不受类 D 的构造函数参数表中 j1、j2 的影响：

D::D(int i=1, int j1=2, int j2=3, int k=4):B(i), B1(j1), B2(j2)
{   d = k;   cout<<"Constructor called : D\n";   }

这是使用构造函数初始化数据时值得注意的地方。

一个类在类体系中可以作为虚基类或非虚基类，这取决于派生类对它的继承方式，而与基类本身的定义方式无关。

习题

一、思考题

1．函数和类这两种程序模块都可以实现软件重用，它们之间有什么区别？

2．按照类成员的访问特性、类层次的继承特点，制作一张表格，总结各种类成员在基类、派生类中的可见性和作用域。

3．若有以下说明语句：

```
class A
{    private : int a1;
     public : int a2; double x;
  /*…*/
};
class B : private A
{    private : int b1;
     public : int b2;    double x;
/*…*/
};
B b;
```

对象 b 将会生成什么数据成员？与继承关系、访问特性、名字有关吗？

    4．若有以下说明语句：

```
class A
{   /*…*/
    public : void sameFun();
};
class B : public A
{   /*…*/
    public : void sameFun();
};
void comFun()
{   A a;
    B b;
    /*…*/
}
```

    （1）若在 B::sameFun 中调用 A::sameFun，语句格式如何？它将在什么对象上操作？

    （2）在 comFun 函数中可以用什么方式调用 A::sameFun 和 B::sameFun？语句格式如何？它们将可以在什么对象上操作？

    5．有人定义一个教师类派生一个学生类。他认为"姓名"和"性别"是教师、学生共有的属性，声明为 public，"职称"和"工资"是教师特有的属性，声明为 private。在学生类中定义特有的属性"班级"和"成绩"。所以有：

```
class teacher
{   public:
        char name[20];    char sex;
        //…
    private:
        char title[20]; double salary;
};
class student : public teacher
{   //…
    private:
        char grade[20]; int score;
};
```

你认为这样定义合适吗？请给出你认为合理的类结构定义。

    6．在第 6 章的例 6-21 中，定义 Student 类包含了 Date 类成员。可以用继承方式把 Student 类定义为 Date 类的派生类吗？如何改写程序？请你试一试。

    7．"虚基类"是通过什么方式定义的？如果类 A 有派生类 B、C，类 A 是类 B 的虚基类，那么它也一定是类 C 的虚基类吗？为什么？

    8．在具有虚继承的类体系中，建立派生类对象时，以什么顺序调用构造函数？请用简单程序验证你的分析。

    二、程序设计

    1．假设某销售公司有一般员工、销售员工和销售经理。月工资的计算办法是：

    一般员工月薪=基本工资；

    销售员工月薪=基本工资+销售额×提成率；

    销售经理月薪=基本工资+职务工资+销售额×提成率。

    编写程序，定义一个表示一般员工的基类 Employee，它包含三个表示员工基本信息的数据成员：编号 number、姓名 name 和基本工资 basicSalary。

    由 Employee 类派生表示销售员工的 Salesman 类，Salesman 类包含两个新数据成员：销售额 sales 和静态数据成员提成率 commrate。

再由 Salesman 类派生表示销售经理的 Salesmanager 类。Salesmanager 类包含新数据成员：职务工资 jobSalary。

为这些类定义初始化数据的构造函数，以及输入数据 input、计算工资 pay 和输出工资条 print 的成员函数。

设一般员工的基本工资是 2000 元，销售经理的职务工资是 3000 元，提成率=5/1000。在 main 函数中，输入若干个不同类型的员工信息测试你的类结构。

2．试写出你所能想到的所有形状（包括二维的和三维的），生成一个形状层次类体系。生成的类体系以 Shape 作为基类，并由此派生出 TwoDimShape 类和 ThreeDimShape 类。它们的派生类是不同的形状类。定义类体系中的每个类，并用 main 函数进行测试。

3．为第 7 章综合练习的程序设计第 1 题和第 2 题中的 Integer 类和 Real 类定义一个派生类 IntReal：

    class IntReal : public Integer, public Real;

使其可以进行+、−、*、/、=的左、右操作数类型不同的相容运算，并符合原有运算类型转换的语义规则。

4．使用 Integer 类，定义派生类 Vector 类：

    class Integer
    { //…
        protected :
            int n;
    };
    class Vector:public Integer
    { //…
        protected :
            int *v;
    };

其中，数据成员 v 用于建立向量，n 为向量长度。要求：类的成员函数可以实现向量的基本运算。

5．用包含方式改写第 4 题中的 Vector 类，使其实现相同的功能。

    class Vector
    { //…
        protected :
            Integer *v;
            Integer size;
    };

6．使用第 5 题定义的 Vector 类，定义它的派生类 Matrix，实现矩阵的基本运算。

7．用包含方式改写第 6 题的 Matrix 类，使其实现相同的功能。

8．设计快捷店会员的简单管理程序。基本要求如下：

（1）定义人民币 RMB 类，实现人民币的基本运算和显示。

（2）定义会员 member 类，表示会员的基本信息，包括：编号（按建立会员的顺序自动生成），姓名，密码，电话。提供输入、输出信息等功能。

（3）由 RMB 类和 member 类共同派生一个会员卡 memberCar 类，提供新建会员、充值、消费和查询余额等功能。

（4）main 函数定义一个 memberCar 类数组或链表，保存会员卡，模拟一个快捷店的会员卡管理功能，主要包括：

① 新建会员；

② 已有会员充值；

③ 已有会员消费（凭密码，不能透支）；

④ 输出快捷店当前会员数，营业额（收、支情况）。

第9章　虚函数与多态性

在面向对象程序设计中，多态性（Polymorphism）是指一个名字，多种语义；或者界面相同，多种实现。重载函数是多态性的一种简单形式。C++为类体系提供一种灵活的多态机制——虚函数（Virtual Function）。虚函数允许函数调用与函数体的联系在程序运行时才进行，称为动态联编。类、继承和多态性，提供了对软件重用性和扩充性需要的卓越表达能力。

本章讨论多态性的重要内容：虚函数和动态联编。

9.1　静态联编

联编是指一个程序模块、代码之间互相关联的过程。根据联编的时机，可以分为静态联编和动态联编。

所谓静态联编，是指程序之间的匹配、连接在编译阶段，即程序运行之前完成，也称为早期匹配。大量的程序代码是静态联编的。例如，调用一个已经说明的函数，编译期间就能准确获得函数入口地址、返回地址和参数传递的信息，从而完成匹配。

动态联编是指程序联编推迟到运行时进行，所以又称为晚期联编。switch 语句是一个动态联编的例子。程序编译阶段不能预知 switch 表达式的值，一直要等到程序运行时，对表达式求值之后，才能实现 case 子句匹配，决定代码执行的分支。需要进行条件判断决定程序流程的条件语句、循环语句的情况也相同。

本章讨论在类层次重载成员函数调用中的动态联编问题。为此，我们首先了解静态联编的情况。重载函数要根据类型、参数进行匹配，一般在编译阶段进行静态联编。

在类体系中，对普通成员函数的重载可以表现为以下两种形式。

（1）在一个类说明中重载。例如：

```
class X
{  public:
       //…
       Show( int, char );
       Show( double, char * );
       //…
};
```

调用时，编译程序根据函数参数的特征（个数和类型）进行匹配。这与普通重载函数的使用方式一样。

（2）基类的成员函数在派生类中重载。例如：

```
class X
{  public:
       //…
       Show();
       //…
};
class Y : public X
{  public:
       //…
       Show();
       //…
```

};

　　X 类的成员函数 Show()也是 Y 类的公有成员函数。C++编译时有三种区分方法。

　① 根据函数参数特征区分。

　② 根据作用域运算符"::"区分，例如：

　　　X::Show();

　　　Y::Show();

　③ 根据对象区分，例如：

　　　X xx;　Y yy;

　　　//…

　　　xx.Show();

　　　yy.Show();

　　以上方法实际上都是根据类或对象来确定成员函数隐式参数 this 指针的不同关联类型的，因此重载函数在编译阶段即完成匹配。

9.2　类指针的关系

　　C++的动态联编依赖虚函数和基类指针实现。在讨论动态联编之前，首先讨论类指针在类体系中的使用。

　　类对象的成员可以通过对象访问，也可以用类指针获取对象地址，以间址方式访问。那么，在一个类层次体系中，基类和派生类指针之间有什么关系呢？

　　基类指针和派生类指针与基类对象和派生类对象有以下 4 种可能匹配的使用方式：

（1）直接用基类指针引用[①]基类对象；

（2）直接用派生类指针引用派生类对象；

（3）用基类指针引用派生类对象；

（4）用派生类指针引用基类对象。

　　第（1）、（2）种情况的使用无疑是安全的。下面两节分别讨论第（3）、（4）种情况。

9.2.1　用基类指针引用派生类对象

　　派生类是基类的变种，例如，"计算机书籍"也是"书籍"。所以，用基类指针引用派生类对象是安全的。在一般情况下，基类指针指向派生类对象时，只能引用基类成员。如果试图引用派生类中特有的成员，则必须通过强制类型转换把基类指针转换成派生类指针，否则编译器会报告语法错误。

　【例 9-1】使用基类指针引用派生类对象。

```
#include<iostream>
using namespace std;
class    A_class
{        char name[20];
    public:
        void    put_name( char * s )
        {   strcpy_s( name, s );   }
        void    show_name() const
        {   cout << name << "\n";   }
};
class    B_class:public A_class
{        char phone_num[ 20 ];
```

----

① 这里的"引用"不是指引用参数，而是指以某种方式使用、访问对象。

```
public:
    void    put_phone( char * num )
    {   strcpy_s( phone_num , num );   }
    void    show_phone() const
    {   cout << phone_num << "\n";   }
};
int main()
{   A_class * A_p;
    A_class A_obj;
    B_class B_obj;
    A_p = &A_obj;
    A_p->put_name( "Wang xiao hua" );
    A_p->show_name();
    A_p = &B_obj;                            //基类指针指向派生类对象
    A_p->put_name( "Chen ming" );           //调用基类成员函数
    A_p->show_name();
    B_obj.put_phone( "5555_12345678" );     //调用派生类成员函数
    ((B_class *)A_p)->show_phone();         //对基类指针进行强制类型转换
}
```

程序运行结果：

```
Wang xiao hua
Chen ming
5555_12345678
```

在 main 函数中，基类指针 A_p 获取派生类对象 B_obj 的地址之后，可以调用基类的成员函数，对派生类对象 B_obj 进行操作。但是，不能直接用 A_p 调用派生类自己定义的成员函数。如果有：

```
A_p = &B_obj;
A_p->put_phone("5555_12345678");
A_p->show_phone();
```

将报告编译错误。所以程序中用强制类型转换来演示对派生类成员函数的调用：

```
((B_class *)A_p)->show_phone();
```

9.2.2 用派生类指针引用基类对象

基类不是派生类。例如，"书籍"不都是"计算机书籍"。派生类指针只有经过强制类型转换之后，才能引用基类对象。

【例 9-2】日期时间程序。由日期类 Date 派生日期时间类 DateTime。

```
#include<iostream>
using namespace std;
class Date
{   public:
        Date( int y, int m, int d )
        {   SetDate( y, m, d );   }
        void SetDate( int y, int m, int d )
        {   year = y;   month = m;   day = d;   }
        void Print() const
        {   cout << year << '/' << month << '/' << day << "; ";   }
    protected:
        int year, month, day;
};
class DateTime:public Date
```

```
    {   public:
            DateTime(int y,int m,int d,int h,int mi,int s):Date(y,m,d)
            {   SetTime(h, mi, s);    }
            void SetTime(int h, int mi, int s)
            {   hours = h;
                minutes = mi;
                seconds = s;
            }
            void Print() const
            {   cout << hours << ':' << minutes << ':' << seconds << '\n';    }
        private:
            int hours, minutes, seconds;
    };
    int main()
    {   DateTime dt( 2003, 1, 1, 12, 30, 0 );
        DateTime * pdt = &dt;
        ((Date) dt).Print();                    //对象类型转换，调用基类成员函数
        dt.Print();
        ((Date *)pdt)->Print();                 //对象指针类型转换，调用基类成员函数
        pdt->Print();
    }
```

程序运行结果：

　　2003/1/1;　12:30:0

　　2003/1/1;　12:30:0

Date::Print 函数用于输出基类数据成员 year、month 和 day，DateTime::Print 用于输出派生类数据成员 hours、minutes 和 seconds。main 函数说明了一个派生类对象 dt 和一个派生类指针 pdt。程序演示了使用派生类对象和派生类指针调用基类同名成员函数的方法。

```
        ((Date)dt)                              //把派生类对象强制转换成基类对象
        ((Date *)pdt)                           //把派生类指针强制转换成基类指针
```

如果希望在 DateTime::Print 中调用 Date::Print，输出从基类继承的数据成员 year、month 和 day，则可以在 DateTime::Print 中对 this 指针或*this 对象进行强制类型转换。

【例 9-3】重写例 9-2 程序，在派生类的 DateTime::Print 中调用基类同名成员函数 Date::Print。

```
        #include<iostream>
        using namespace std;
        class Date
        {   public:
                Date( int y, int m, int d )
                {   SetDate( y, m, d );    }
                void SetDate( int y, int m, int d )
                {   year = y;
                    month = m;
                    day = d;
                }
                void Print()
                {   cout<<year<<'/'<<month<<'/'<<day<<"; " ;    }
            protected:
                int year, month, day;
        };
        class DateTime:public Date
        {   public:
```

```
        DateTime( int y,int m,int d,int h,int mi,int s ):Date( y,m,d )
        {   SetTime( h, mi, s );    }
        void SetTime( int h, int mi, int s )
        {   hours = h;
            minutes = mi;
            seconds = s;
        }
        void Print()
        {   ( (Date * )this )–>Print();          //对 this 指针作类型转换
            cout<<hours<<':'<<minutes<<':'<<seconds<<'\n';
        }
    private:
        int hours, minutes, seconds;
};
int main()
{   DateTime dt( 2003, 1, 1, 12, 30, 0 );
    dt.Print();
}
```

程序运行结果：

    2003/1/1;   12:30:0

在 DateTime::Print 函数中，用：

    ((Date *)this)

把 this 指针转换成基类 Date 类型指针，从而调用了基类版本的 Print 函数。语句

    ((Date *)this)–>Print;

的执行效果与以下方式相同：

```
( (Date ) ( *this ) ).Print();          //对 this 对象进行类型转换
Date::Print();                          //显式地指示执行基类版本的成员函数
```

9.3 虚函数与动态联编

冠以关键字 virtual 的成员函数称为虚函数。

实现运行时多态的关键是先要说明虚函数，而且必须用基类指针调用派生类的不同实现版本。尽管可以像调用其他成员函数那样，显式地用对象名来调用一个虚函数，但只有使用同一个基类指针访问虚函数，才称为运行时的多态。

9.3.1 虚函数与基类指针

基类指针不需经过类型转换就可以指向派生类对象，这是一个重要的事实。但是，基类指针虽然可以获取派生类对象的地址，却只能访问派生类从基类继承的成员。以下例子将演示这种情况。

【例 9-4】演示基类指针的移动。程序中有三层类结构：由 Base 类派生 First_d 类，由 First_d 类派生 Second_d 类。

```
#include<iostream>
using namespace std;
class Base
{   public:
        Base(char xx)
        {   x = xx;    }
        void who()
        {   cout<<"Base class: "<<x<<"\n";    }
```

```
          protected:
              char x;
      };
      class First_d : public Base
      {   public:
              First_d( char xx, char yy ):Base(xx)
              {    y = yy;    }
              void who()
              {    cout<<"First derived class: "<<x<<", "<<y<<"\n";    }
          protected:
              char y;
      };
      class Second_d : public First_d
      {   public:
              Second_d( char xx, char yy, char zz ):First_d( xx, yy )
              {    z = zz;    }
              void who()
              {    cout<<"Second derived class:"<<x<<", "<<y<<", "<<z<<"\n";    }
          protected:
              char z;
      };
      int main()
      {   Base    B_obj( 'A' );
          Base    * p;
          First_d F_obj( 'T', 'O' );
          Second_d S_obj( 'E', 'N', 'D' );
          p = &B_obj;
          p -> who();
          p = &F_obj;
          p -> who();
          p = &S_obj;
          p -> who();
          F_obj.who();
          ( ( Second_d * ) p )->who();
      }
```

程序运行结果：

　　　Base class: A
　　　Base class: T
　　　Base class: E
　　　First derived class: T, O
　　　Second derived class: E, N, D

程序建立了三个对象后，它们的数据成员分别有值如下：

　　　B_obj.x : 'A'
　　　F_obj.x : 'T' , F_obj.y : 'O'
　　　S_obj.x : 'E' , S_obj.y : 'N' , S_obj.z: 'D'

仔细分析程序的输出，由于基类和派生类都有同名函数 who，基类指针 p 在指向基类对象 B_obj，或指向派生类对象 F_obj 和 S_obj 时，有：

　　　p->who()

虽然通过 this 指针可以"看"到当前对象继承基类的属性值（数据成员），但调用的却是基类版本的 who 函数，使用派生类对象的数据执行了基类版本函数的代码。这种矛盾的状态不是我们希望得到的。为此，必须显式地用：

      F_obj.who()

或类型转换：

      ((Second_d *) p) ->who()

才能调用 First_d 类和 Second_d 类中定义的 who 函数。其本质原因在于，普通成员函数的调用是在编译时静态区分的。

    读者可能感兴趣的是，如何使基类指针 p 随着所指对象改变，也就是说，用同一种形式的语句：

      p->who()

如何调用多个当前实现的版本：当 p 指向 F_obj 时，调用 First_class::who()；当 p 指向 S_obj 时，调用 Second_class::who()。C++提供的虚函数解释机制，让基类指针可以依赖运行时的地址（当前指向）调用不同类版本的成员函数。实际上，这表达了一种运行时的动态性质。

【例 9-5】虚函数应用。本例把例 9-4 中的成员函数 who 说明为虚函数，可以看到不同的运行效果。

```cpp
#include<iostream>
using namespace std;
class Base
{   public:
        Base(char xx)
        {   x = xx;   }
        virtual void who()          //说明虚函数
        {   cout << "Base class: " << x << "\n";   }
    protected:
        char x;
};
class First_d : public Base
{   public :
        First_d( char xx, char yy ) : Base( xx ) {y = yy; }
        void who()                  //默认说明虚函数
        {   cout<<"First derived class: "<<x<<", "<<y<<"\n";   }
    protected:
        char y;
};
class Second_d : public First_d
{   public:
        Second_d( char xx, char yy, char zz ) : First_d( xx, yy )
        {   z = zz;   }
        void who()                  //默认说明虚函数
        {   cout<<"Second derived class: "<<x<<", "<<y<<", "<<z <<"\n";   }
    protected:
        char z;
};
int main()
{   Base    B_obj( 'A' );
    Base    * p;
    First_d F_obj( 'T', 'O' );
    Second_d S_obj( 'E', 'N', 'D' );
    p = & B_obj;
```

```
                p -> who();
                p = &F_obj;
                p -> who();
                p = &S_obj;
                p -> who();
        }
```
程序运行结果：

        Base class: A
        First derived class: T, O
        Second derived class: E, N, D

Base 类中的 who 函数冠以关键字 virtual 被说明为虚函数。之后，派生类相同界面的成员函数 who 由于默认其具有虚特性，因而可以省略 virtual 说明符。在 main 函数中，语句：

        p->who();

出现了三次，由于 who 函数的虚特性，随着 p 指向不同对象，每次可以执行不同实现的版本。

基类的虚函数 who 不但是 Base 类的实现版本，而且它的函数原型定义了一种接口，这种接口在派生类中重载了不同的实现版本。

虚函数和基类指针的解释机制实现了程序运行时的单界面、多实现版本。基类可以用虚函数提供一个与派生类相同的界面，允许派生类定义自己的实现版本。虚函数调用的解释依赖于调用它的对象类型，使基类指针指向不同派生类的对象时自动完成 this 指针的类型转换，以访问虚函数在派生类中不同的实现版本。运行时的多态性成为许多 C++程序设计的关键。

定义虚函数时注意如下 4 点。

① 一旦一个成员函数被说明为虚函数，则不管经历多少派生类层次，所有界面相同的重载函数都保持虚特性。因为派生类也是基类。

② 虚函数必须是类的成员函数。不能将虚函数说明为全局（非成员）函数，也不能说明为静态成员函数。因为虚函数的动态联编必须在类层次中依靠 this 指针实现。

③ 不能将友元说明为虚函数，但虚函数可以是另一个类的友元。

④ 析构函数可以是虚函数，但构造函数不能是虚函数。

以上规则，都可以用"作用于类体系的动态联编依赖基类指针指向派生类对象，调用虚函数的不同版本"这一事实加以说明。

9.3.2   虚函数的重载特性

在一个派生类中重定义基类的虚函数是函数重载的一种特殊形式，它不同于一般函数的重载。当重载一般函数时，函数的返回类型和参数的个数、类型可能不相同，仅要求函数名相同。但重载一个虚函数时，要求函数名、返回类型、参数个数、参数类型和顺序完全相同，否则，会出现以下问题。

① 如果仅仅返回类型不同，其余相同，则 C++认为是错误重载，因为只靠返回类型不同的信息进行函数匹配是含糊的。

② 如果函数原型不同，仅函数名相同，则 C++认为是一般函数重载，因而丢失虚特性。

究其原因，类层次重载的各个虚函数，表面上它们的类型相同（函数名、参数集相同），但隐含 this 指针类型不同，其关联类型分别是重载它们的派生类。虚函数是仅由 this 指针类型区分接口的函数，C++的"虚"特性仅负责在程序运行时把基类 this 指针的关联类型转换成当前指向对象的类类型，而不能改变函数其他参数的性质。

【例 9-6】虚函数的重载特性。
```
#include<iostream>
using namespace std;
class A
{  public:
        virtual void vf1()
        {   cout<<"It is virtual function vf1() of A. \n";   }
        virtual void vf2()
        {   cout<<"It is virtual function vf2() of A. \n";   }
        virtual void vf3()
        {   cout<<"It is virtual function vf3() of A. \n";   }
        void fun()
        {   cout<<"It is common member function A::fun().\n";   }
};
class B : public A
{  public:
    void vf1()
    {   cout << "Virtual function vf1() overloading of B. \n";   }
    void vf2(int x)
    {   cout<<"B::vf2()lose virtual character.The parameter is "<<x<<'\n';   }
    //char vf3() {};          //仅返回类型不同，错误重载
    void fun()
    {   cout << "It is common over loading member function B::fun().\n";   }
};
int main()
{   B b;
    A *Ap = &b;              //基类指针指向派生类对象
    Ap->vf1();              //调用 B::vf1
    Ap->vf2();              //调用 A::vf2
    b.vf2(5);               //调用 B::vf2
    Ap->vf3();              //调用 A::vf3
    Ap->fun();              //调用 A::fun
    b.fun();                //调用 B::fun
}
```
程序运行结果：
　　　Virtual function vf1() overloading of B.
　　　It is virtual function vf2() of A.
　　　B::vf2() lose virtual character. The parameter is 5
　　　It is virtual function vf3() of A.
　　　It is common member function A::fun().
　　　It is common member function B::fun().

main 函数用基类指针 Ap 指向派生类对象 b。派生类 B 中的 vf1 函数与基类中的虚函数 vf1
具有完全相同的函数原型，保持了虚特性，使得语句：
　　　Ap->vf1();
调用了派生类的虚函数版本。

派生类函数 B::vf2(int)有一个整型参数，与基类函数 A::vf2()同名，但函数原型不同，丢失了
虚特性，只是一般函数重载。所以语句：
　　　Ap->vf2();
只能调用基类版本 A::vf2()。为了调用派生类非虚函数的重载版本，要显式使用对象名或类作用

域指定：

```
        b.vf2(5);
或       B::vf2(5);
```

由于类 B 对 vf3 函数重载仅返回类型不同，因而 C++认为是错误重载。

至于 fun 函数，在基类和派生类中均有定义，且函数原型相同，但它是非虚的，没有动态特性。非虚函数的调用解释依赖于指针类型、引用类型，或者依赖于对象、类型的显式指示。所以语句：

```
        Ap->fun();
```

调用基类版本的函数，而语句：

```
        b.fun();
```

调用派生类版本的函数。

9.3.3　虚析构函数

构造函数不能是虚函数。因为建立一个派生类对象时，必须从类层次的根开始，沿着继承路径逐个调用基类的构造函数，直至自身的构造函数，不能"选择性地"调用构造函数。所以虚构造函数没有意义，定义虚构造函数将产生语法错误。

析构函数可以是虚的。虚析构函数用于动态建立类对象时，指引 delete 运算符选择正确的析构调用。

下面首先用一个例子看普通析构函数在删除动态派生类对象的调用情况。

【例 9-7】删除派生类动态对象。

```
        #include<iostream>
        using namespace std;
        class A
        {   public:
                ~A()
                {   cout << "A::~A() is called.\n";   }
        };
        class B:public A
        {   public:
                ~B()
                {   cout << "B::~B() is called.\n";   }
        };
        int main()
        {   A *Ap = new B;              //用基类指针建立派生类的动态对象
            B *Bp2 = new B;            //用派生类指针建立派生类的动态对象
            cout << "delete first object:\n";
            delete Ap;
            Ap = NULL;
            cout << "delete second object:\n";
            delete Bp2;
            Bp2 = NULL;
        }
```

程序运行结果：

```
        delete first object:
        A::~A() is called.
        delete second object:
        B::~B() is called.
        A::~A() is called.
```

程序中，用基类指针 Ap 建立派生类动态对象，用 delete 操作删除对象时，只调用基类的析构函数 A::~A，不能释放派生类对象自身定义占有的资源。而用派生类指针建立动态对象，能够正确调用 B::~B 和 A::~A，释放派生类对象的所有资源，包括派生类从基类继承的那部分。

可见，处理动态分配的类层次结构中的对象时存在一个问题：如果用基类指针指向由 new 操作建立的派生类对象，而 delete 操作又显式地作用于指向派生类对象的基类指针，那么，不管基类指针所指对象是何种类型，也不管每个类的析构函数名是否相同，系统都只调用基类的析构函数。

这个问题有一个简单的解决办法：将基类析构函数说明为虚析构函数，就会让所有派生类的析构函数自动成为虚析构函数（即使它们与基类析构函数名字不同）。这样，像例 9-8 那样使用 delete 操作，系统会调用相应类的析构函数，删除派生类对象时，同时删除派生类对象从基类继承的部分。基类析构函数在派生类析构函数之后自动执行。

【例 9-8】用虚析构函数删除派生类动态对象。

```
#include<iostream>
using namespace std;
class A
{   public:
        virtual ~A()               //虚析构函数
        {   cout << "A::~A() is called.\n";    }
};
class B:public A
{   public:
        ~B()
        {   cout << "B::~B() is called.\n";    }
};
int main()
{   A *Ap = new B;               //用基类指针建立派生类的动态对象
    B *Bp2 = new B;             //用派生类指针建立派生类的动态对象
    cout << "delete first object:\n";
    delete Ap;
    cout << "delete second object:\n";
    delete Bp2;
}
```

程序运行结果：

```
delete first object:
B::~B() is called
A::~A() is called.
delete second object:
B::~B() is called.
A::~A() is called.
```

从程序运行结果可以看出，定义了基类虚析构函数之后，基类指针指向的派生类动态对象也可以正确地用 delete 进行析构。设计类层次结构时，往往不能预知使用它的各种复杂情况，所以为基类提供一个虚析构函数，能够使派生类对象在不同状态下正确调用析构函数。因此，将基类的析构函数说明为虚函数没有坏处。

9.4 纯虚函数与抽象类

基类往往用于表达一些抽象的概念。例如，在一个工资系统中，雇员 Employee 类是一个基类，表示所有人员。可以派生出管理人员 Manager 类、工人 Worker 类和销售员 Sales 类。每个派生类具有不同的工资计算方式。基类 Employee 体现了一个抽象的概念，定义一个工资计算函数显然是无意义的。但我们可以把 Employee 类的工资计算函数说明为虚函数，仅说明一个公共的界面，而由各派生类提供各自的实现版本。在这种情况下，基类的有些函数没有定义是很正常的，但要求派生类必须重定义这些虚函数，以使派生类有意义。为此，C++引入纯虚函数的概念。

一个具有纯虚函数的基类称为抽象类。抽象类机制支持一般概念的表示，也可以用于定义接口。

9.4.1 纯虚函数

纯虚函数是在基类中说明的虚函数，它在该基类中没有实现定义，要求所有派生类都必须定义自己的版本。

纯虚函数的说明形式如下：

virtual 类型 函数名**(** 参数表 **) = 0;**

其中，"函数名"是纯虚函数名。该函数赋值为 0，表示没有实现定义。虚函数的实现在它的派生类中定义。

以下用简单例子说明虚函数的使用。

【例 9-9】简单图形类。

```cpp
//figure.h
#include<iostream>
using namespace std;
class Figure
{   protected:
        double x,y;
    public:
        void set_dim(double i, double j=0)
        {   x=i;
            y=j;
        }
        virtual void show_area() const = 0;    //定义纯虚函数
};
class Triangle:public Figure
{   public:
        void show_area() const
        {   cout<<"Triangle with high "<<x<<" and base "<<y;
            cout<<" has an area of "<<x*0.5*y<<"\n";
        }
};
class Square:public Figure
{   public:
        void show_area() const
        {   cout<<"Square with dimension "<<x<<"*"<<y;
            cout<<" has an area of "<<x*y<<"\n";
        }
};
class Circle:public Figure
{   public:
        void show_area() const
        {   cout<<"Circle with radius "<<x;
            cout<<" has an area of "<<3.14*x*x<<"\n";
        }
};
```

```
//ex9-9.cpp
#include"figure.h"
int main()
{    Triangle t;
     Square s;
     Circle c;
     t.set_dim(10.0,5.0);
     t.show_area();
     s.set_dim(10.0,5.0);
     s.show_area();
     c.set_dim(9.0);
     c.show_area();
}
```

程序运行结果：

```
Triangle with high 10 and base 5 has an area of 25
Square with dimension 10*5 has an area of 50
Circle with radius 9 has an area of 254.34
```

程序中，由基类 Figure 派生 Triangle 类、Square 类和 Circle 类。Figure 类的成员函数 show_area 是纯虚函数。它的实现在派生类中分别定义。main 函数通过不同对象调用派生类 show_area 函数的不同实现版本。

9.4.2　抽象类

抽象类至少有一个纯虚函数。例 9-9 中的 Figure 类具有纯虚函数 show_area，所以它是抽象类。

如果抽象类的一个派生类没有为继承的纯虚函数定义实现版本，那么，它仍然是抽象类。对应地，定义了纯虚函数实现版本的派生类称为具体类。

对抽象类的使用，C++有以下限制：① 抽象类只能用作其他类的基类；② 抽象类不能建立对象；③ 抽象类不能用作参数类型、函数返回类型或显式类型转换。

但是，可以说明抽象类的指针和引用。

例如，对 Figure 抽象类的使用：

```
Figure x;                    //错误，抽象类不能建立对象
Figure *p;                   //正确，可以说明抽象类的指针
Figure f();                  //错误，抽象类不能作为返回类型
void g(Figure);              //错误，抽象类不能作为参数类型
Figure & h(Figure &);        //正确，可以说明抽象类的引用
```

下面为例 9-9 的类层次结构定义另外一个使用版本。

【例 9-10】使用抽象类指针。

```
//ex9-10.cpp
#include"figure.h"
int main()
{    Figure *p;                 //说明抽象类指针
     Triangle t;
     Square s;
     Circle c;
     p=&t;
     p->set_dim(10.0,5.0);      //Triangle::set_dim
     p->show_area();
     p=&s;
     p->set_dim(10.0,5.0);      //Square::set_dim
```

```
          p->show_area();
          p=&c;
          p->set_dim(9.0);              //Circle::set_dim
          p->show_area();
      }
```

抽象类指针 p 通过获取不同派生类对象地址来改变指向，利用多态性调用纯虚函数在派生类中的不同实现版本。

【例 9-11】使用抽象类引用，以不同数制形式输出正整数。

```
      #include<iostream>
      using namespace std;
      class Number
      {   public :
              Number(int i)
              {   val = i;    }
              virtual void Show() const = 0;
          protected :
              int val;
      };
      class Hex_type : public Number
      {   public:
              Hex_type(int i) : Number(i) { }
              void Show() const
              {   cout << "Hexadecimal:" << hex << val << endl;    }
      };
      class Dec_type : public Number
      {   public:
              Dec_type(int i) : Number(i) { }
              void Show() const
              {   cout << "Decimal: " << dec << val << endl;    }
      };
      class Oct_type : public Number
      {   public:
              Oct_type(int i) : Number(i) { }
              void Show() const
              {   cout << "Octal: " << oct << val << endl;    }
      };
      void fun( Number & n )              //普通函数定义抽象类的引用参数
      {   n.Show();
      }
      int main()
      {   Dec_type n1(50);
          fun(n1);                        //Dec_type::Show();
          Hex_type n2(50);
          fun(n2);                        //Hex_type::Show();
          Oct_type n3(50);
          fun(n3);                        //Oct_type::Show();
      }
```

程序运行结果：

```
Decimal: 50
Hexadecimal: 32
Octal: 62
```

fun 函数定义了抽象类 Number 的引用参数，main 函数调用 fun 函数时用实参传对象名，以调用派生类对纯虚函数 Show 的定义版本，从而实现不同数制的输出。

从基类继承的纯虚函数，如果不重新定义，则在派生类中仍然是纯虚函数，这个派生类仍然是抽象类。例如：

```
class Point : public Figure
{   public:
        void show_location()
        {   cout << "Point location: (" << x << " , " << y <<" )\n";   }
    /*…*/
};
```

Point 类从 Figure 类派生，但没有对继承的纯虚函数 show_area 进行定义，所以它在 Point 类中仍然是虚的。Point 类还是抽象类，不能说明 Point 类的对象。

9.5 虚函数与多态性的应用

虚函数和多态性能够使成员函数根据调用对象的类型产生不同的动作（当然需要一定的时间开销），这给程序设计赋予很大的灵活性。多态性特别适合实现分层结构的软件系统，便于对问题抽象时定义共性，实现时定义区别。

9.5.1 一个实例

【例 9-12】本例程利用虚函数和多态性计算雇员工资。

一个工厂的雇员包括管理人员、计时工人和计件工人。所有雇员的基本信息有编号、姓名。管理人员领取固定月薪，计时工人的月薪为基本工作时间的薪金加上加班费，计件工人的月薪取决于他所生产的工件数。

程序定义基类 Employee，表示一般属性，提供共同的操作界面。而由 Employee 类派生管理人员类 Manager、计时工人类 HourlyWorker 和计件工人类 PieceWorker。派生类描述了各自工资组成的数据和计算方法。工厂雇员的类层次结构如图 9-1 所示。

图 9-1　工厂雇员的类层次结构

文件 Employee.h 提供了 Employee 类的说明。保护数据成员 number 和 name 表示雇员的编号和姓名。构造函数有两个参数，分别对 number 和 name 进行初始化。定义虚析构函数的目的是保证类层次结构不论在任何情况下都能够正确地析构对象。成员函数 getNumber 和 getName 用于获取数据成员的值。虚函数 print 用于显示雇员的基本信息。

成员函数 earnings 用于计算雇员的月薪。因为对不同的雇员有不同的月薪计算方法，在基类中定义实现是没有意义的，所以说明为纯虚函数，由派生类定义实现版本。

Employee 类拥有纯虚函数，所以它是抽象类。

```
//Employee.h
class Employee
{   public:
        Employee(const long,const char* );
        virtual ~Employee();                    //虚析构函数
```

```cpp
        const char * getName() const;
        const long getNumber() const;
        virtual double earnings() const =0;        //纯虚函数，计算月薪
        virtual void print() const;                //虚函数，输出编号、姓名
    protected:
        long number;
        char name[20];
};


//Employee.cpp
#include<iostream>
#include<string>
#include<iomanip>
#include"Employee.h"
using namespace std;
Employee::Employee ( const long k, const char * str )
{   number = k;
    strcpy_s( name, 20, str );                //字符串赋值
}
Employee::~Employee()
{   name[0]='\0';     }
const char * Employee::getName() const
{   return   name;     }
const long Employee::getNumber() const
{   return   number;     }
void Employee::print() const
{   cout << number << setw(20) << name;     }
```

Manager 类由 Employee 类派生。私有数据成员 monthlySalary 表示一个月的固定薪金。构造函数有三个参数：前面两个用于初始化基类数据成员 number 和 name，第三个默认参数用于初始化自身的数据成员 monthlySalary。

该类定义了基类纯虚函数 earnings 的实现，计算管理人员的月薪。重载基类虚函数 print 用于显示对象的基本信息和月工资。Manager::print 函数中，语句：

        Employee :: print();

用于调用基类版本的 print 函数，输出从基类继承的数据成员——对象的编号、姓名。

```cpp
//Manager.h
class Manager : public Employee
{ public:
    Manager(const long , const char *, double =0.0);
    ~Manager() { }
    void setMonthlySalary(double);            //置月薪
    virtual double earnings() const;          //计算管理人员的月薪
    virtual void print() const;               //输出管理人员的信息
  private:
    double monthlySalary;                     //月薪
};


//Manager.cpp
#include<iostream>
#include<cstring>
#include<cassert>
```

```
#include<iomanip>
#include"Employee.h"
#include"Manager.h"
using namespace std;
Manager::Manager( const long k, const char * str, double sal ) : Employee(k,str)
{    setMonthlySalary( sal );    }
void Manager::setMonthlySalary( double sal )
{    monthlySalary = sal > 0 ? sal : 0;    }
double Manager::earnings() const
{    return    monthlySalary;    }
void Manager::print() const
{    Employee::print();                         //调用基类版本的函数，输出编号和姓名
    cout << setw(16) << "Manager\n";            //输出管理人员的月薪
    cout << "\tearned $" << monthlySalary << endl;
}
```

HourlyWorker 类由 Employee 类派生。它的私有数据成员 wage 表示每小时的薪金（时薪），hours 表示一个月中的工作小时数（工时）。构造函数有 4 个参数：前面两个参数用于初始化基类继承的数据成员 number 和 name，后面两个默认参数用于初始化自身的数据成员 wage 和 hours。

HourlyWorker:: setHours 函数对一个月允许的最长工作时间做了限制，即每天的工作时间不能超过 16 个小时。

HourlyWorker::earnings 函数计算月薪，加班工资是基本时薪的 1.5 倍。

```
//HourlyWorker.h
class HourlyWorker : public Employee
{    public:
        HourlyWorker(const long, const char *, double=0.0, int=0);
        ~HourlyWorker(){}
        void setWage(double);                   //置时薪
        void setHours(int);                     //置工时
        virtual double earnings() const;        //计算计时工人的月薪
        virtual void print() const;             //输出计时工人的月薪
     private:
        double wage;
        double hours;
};

//HourlyWorker.cpp
#include<iostream>
#include<iomanip>
#include"Employee.h"
#include"HourlyWorker.h"
using namespace std;
HourlyWorker::HourlyWorker(const long k,const char* str,double w, int h): Employee(k, str)
{    setWage(w);
     setHours(h);
}
void HourlyWorker::setWage(double w)            //置时薪
{    wage = w > 0 ? w : 0; }                     //判断时薪的合法性
void HourlyWorker::setHours(int h)              //置工时
{    hours = h>=0 && h<=16*31 ? h : 0; }         //判断工时的合法性
double HourlyWorker::earnings() const
{    if( hours <= 8*22 )                         //计算基本工资
```

```
            return wage * hours;
        else                                    //计算基本工资和加班工资
            return wage * ( 8*22 ) + ( hours - 8*22 ) * wage *1.5;
    }
    void HourlyWorker::print() const
    {   Employee::print();                       //输出编号、姓名
        cout << setw(16) << "Hours Worker\n";    //输出计时工人的月薪
        cout << "\twagePerHour " << wage << "   Hours " << hours;
        cout << "   earned $" << earnings() << endl;
    }
```

用类似的方法，定义 Employee 类的第三个派生类 PieceWorker。该类的私有数据成员有：生产一个工件的薪金（件薪）wagePerPiece，一个月完成的工件数 quantity。成员函数 setWage 对 wagePerPiece 置值。setQuantity 对 quantity 置值。函数 PieceWorker::earnings 以计件方式计算月薪。

```
    //PieceWorker.h
    class PieceWorker : public Employee
    {   public:
            PieceWorker(const long, const char *, double =0.0, int=0);
            ~PieceWorker() {}
            void setWage( double );              //置件薪
            void setQuantity( int );             //置工件数
            virtual double earnings() const;
            virtual void print() const;
        private:
            double wagePerPiece;                 //件薪
            int quantity;                        //工件数
    };


    //PieceWorker.cpp
    #include<iostream>
    #include<iomanip>
    #include"Employee.h"
    #include"PieceWorker.h"
    using namespace std;
    PieceWorker::PieceWorker(const long k,const char* str,double w,int q): Employee( k, str )
    {   setWage( w );
        setQuantity( q );
    }
    void PieceWorker::setWage ( double w )       //置件薪
    {   wagePerPiece = w > 0 ? w : 0;   }
    void PieceWorker::setQuantity( int q )       //置月完成的工件数
    {   quantity = q > 0 ? q : 0;   }
    double PieceWorker::earnings() const         //计算月薪
    {   return quantity * wagePerPiece;   }
    void PieceWorker::print() const              //输出计件工人的信息
    {   Employee::print();
        cout<<setw(16)<<"Piece Worker\n";
        cout<<"\twagePerPiece "<<wagePerPiece<<"   quantity "<<quantity;
        cout<<"   earned $"<<earnings()<<endl;
    }
```

最后，程序 ex9_12.cpp 对以上类层次结构进行测试。

```
//ex9_12.cpp
#include<iostream>
#include<string>
#include<iomanip>
using namespace std;
#include"Employee.h"
#include"Manager.h"
#include"PieceWorker.h"
#include"HourlyWorker.h"
void test1()
{   cout<<setiosflags(ios::fixed|ios::showpoint)<<setprecision(2);
    Manager m1( 10135, "Cheng ShaoHua", 1200 );
    Manager m2( 10201, "Yan HaiFeng");
    m2.setMonthlySalary( 5300 );
    HourlyWorker hw1( 30712, "Zhao XiaoMing", 5, 8*20 );
    HourlyWorker hw2( 30649, "Gao DongSheng" );
    hw2.setWage( 4.5 );
    hw2.setHours( 10*30 );
    PieceWorker pw1( 20382, "Xiu LiWei", 0.5, 2850 );
    PieceWorker pw2( 20496, "Huang DongLin" );
    pw2.setWage( 0.75 );
    pw2.setQuantity( 1850 );
    //使用抽象类指针，调用派生类版本的函数
    Employee *basePtr;
    basePtr=&m1;
    basePtr->print();
    basePtr=&m2;
    basePtr->print();
    basePtr=&hw1;
    basePtr->print();
    basePtr=&hw2;
    basePtr->print();
    basePtr=&pw1;
    basePtr->print();
    basePtr=&pw2;
    basePtr->print();
}
int main()
{   test1();   }
```

程序运行结果：

```
10135    Cheng ShaoHua        Manager
         earned $1200.00
10201    Yan HaiFeng          Manager
         earned $5300.00
30712    Zhao XiaoMing        Hours Worker
         wagePerHour 5.00    Hours 176.00    earned $880.00
30649    Gao DongSheng        Hours Worker
         wagePerHour 4.50    Hours 300.00    earned $1629.00
20382    Xiu LiWei            Piece Worker
         wagePerPiece 0.5    quantity 2850     earned $1425.00
20496    Huang DongLin        Piece Worker
         wagePerPiece 0.75   quantity 1850     earned $1387.50
```

在上述程序中，main 函数建立了不同派生类的各个对象，分别演示用构造函数和成员函数对数据成员进行赋值。然后使用抽象基类指针，指向不同派生类，调用 print 函数的不同版本，输出各对象的编号、姓名和月薪等信息。

9.5.2　异质链表

在一个实际的工资单系统中，各种雇员对象可能用一个数组或链表管理。一个单位的雇员是类体系中不同类的对象。为了能够将这些不同类对象统一组织在一个数据结构中，可以定义抽象类指针数组或链表。由于这种表中具有不同类类型元素（它们都有共同的基类），所以称为"异质链表"。

定义指针数组：

    Employee * employ[1000];

其中，数组的元素为基类指针。因为基类指针可以指向派生类对象，所以 employ 数组可以管理一组不同类型的对象。这种情况有点类似于在第 4 章中讨论的用字符指针数组管理不同长度的字符串。关键区别是，字符指针是存放在一片连续存储空间的字符序列的首地址，C++根据字符串结束符'\0'判断串值；而基类指针指向派生类对象，通过指针当前所指对象的类型解释对象。

如果用动态链表管理雇员对象，将有说明：

    Employee * empHead;

以此为头指针，可以生成一个连接不同派生类对象的动态链表，即每个结点指针都可以指向 Employee 不同的派生类对象。

下面以 9.5.1 节中构造的类体系，通过测试函数说明异质链表的使用。

【例 9-13】用指针数组构造异质链表。

test2 函数说明了长度为 6 的 Employee*类型数组。首先，用数组中的每个元素创建不同派生类的动态对象。然后，循环语句用遍历数组的方式，调用不同版本的 print 函数输出各对象的数据。earnings 函数也可以用同样的方式调用。

```
void test2()
{   Employee * employ[6];
    int i;
    employ[0] = new Manager( 10135, "Cheng ShaoHua", 1200 );
    employ[1] = new Manager( 10201, "Yan HaiFeng",5300 );
    employ[2] = new HourlyWorker( 30712, "Zhao XiaoMing", 5, 8*20 );
    employ[3] = new HourlyWorker( 30649, "Gao DongSheng", 4.5, 10*30 );
    employ[4] = new PieceWorker( 20382, "Xiu LiWei", 0.5, 2850 );
    employ[5] = new PieceWorker(20496, "Huang DongLin", 0.75, 1850);
    cout << setiosflags(ios::fixed|ios::showpoint) << setprecision(2);
    for( i = 0; i < 5; i ++ )
        employ[i]->print();
    for( i = 0; i < 5; i ++ )
        cout<<employ[i]->getName()<<"   "<<employ[i]->earnings()<<endl;
}
```

调用 test2 函数后，程序运行结果为：

```
10135    Cheng ShaoHua        Manager
         earned $1200.00
10201    Yan HaiFeng          Manager
         earned $5300.00
30712    Zhao XiaoMing        Hours Worker
         wagePerHour 5.00   Hours 176.00    earned $880.00
```

```
30649      Gao DongSheng          Hours Worker
           wagePerHour 4.50    Hours 300.00    earned $1629.00
20382      Xiu LiWei              Piece Worker
           wagePerPiece 0.5    quantity 2850    earned $1425.00
20496      Huang DongLin          Piece Worker
           wagePerPiece 0.75   quantity 1850    earned $1387.50
Cheng ShaoHua    1200.00
Yan HaiFeng      5300.00
Zhao XiaoMing    880.00
Gao DongSheng    1629.00
Xiu LiWei        1425.00
Huang DongLin    1387.50
```

【例 9-14】动态异质链表。

为了建立动态链表，首先要改造一下抽象类 Employee 的定义，在其中增加一个公有数据成员 next，它是一个 Employee* 指针。

```
class Employee
{   public:
        Employee(const long,const char* );
        virtual ~Employee();
        const char * getName() const;
        const long getNumber() const;
        virtual double earnings() const =0;
        virtual void print() const;
        Employee *next;                              //增加一个指针成员
    protected:
        long number;
        char name[20];
};
```

注意，此处仅仅在基类 Employee 定义中添加了一个指针成员，却没有在各派生类定义中添加指针成员。请读者思考一下，这是为什么。

以下定义两个函数，用于建立动态异质链表。其中，AddFront 函数完成前插操作，用于把生成的新结点插入表头。test3 函数用于建立链表测试。

```
void AddFront( Employee * &h, Employee * &t )        //在表头中插入结点
{   t->next = h;
    h = t;
}
void test3()
{   Employee * empHead = NULL , * ptr;
    ptr = new Manager( 10135, "Cheng ShaoHua", 1200 );      //建立第一个结点
    AddFront( empHead, ptr );                               //插入表头
    ptr= new HourlyWorker(30712,"Zhao XiaoMing",5,8*20);    //建立第二个结点
    AddFront( empHead, ptr );                               //插入表头
    ptr = new PieceWorker(20382,"Xiu LiWei",0.5, 2850);     //建立第三个结点
    AddFront( empHead, ptr );                               //插入表头
    ptr = empHead;
    while( ptr )                                            //遍历链表
    {   ptr->print();
        ptr = ptr->next;
    }
    ptr = empHead;
```

```
        while( ptr )
        {   cout<<ptr->getName()<<"    "<<ptr->earnings()<<endl;
            ptr = ptr->next;
        }
    }
```

调用 test3 函数后，程序运行结果为：

```
20382   Xiu LiWei              Piece Worker
        wagePerPiece 0.5   quantity 2850    earned $1425.00
30712   Zhao XiaoMing          Hours Worker
        wagePerHour 5.00   Hours 176.00    earned $880.00
10135   Cheng ShaoHua          Manger
        earned $1200.00
Xiu LiWei   1425.00
Zhao XiaoMing   880.00
Cheng ShaoHua   1200.00
```

从以上例程可以看出，虽然抽象类不能定义实例化对象，但是，它对问题的抽象及对派生类对象的动态操作起到了相当重要的作用。

习题

一、思考题

1．在 C++中，使用类体系依靠什么机制实现程序运行时的多态？

2．如果一个类的虚函数被声明为私有成员函数，会有语法错误吗？当它作为基类时，可以在应用类体系时实现动态联编吗？请验证一下。

3．虚函数和纯虚函数的区别是什么？

4．一个非抽象类的派生类是否可以为抽象类？利用例 9-11 进行验证，从 Hex_type 类派生一个 Hex_format 类，其中包含一个纯虚函数 Show_format。然后定义 Hex_format 的派生类，实现 Show_format 函数。

二、程序设计

1．使用虚函数编写程序，求球体和圆柱体的体积及表面积。由于球体和圆柱体都可以看作由圆继承而来，因此，可以把圆类 Circle 作为基类。在 Circle 类中定义一个数据成员 radius 及两个虚函数 area 和 volume。由 Circle 类派生 Sphere 类和 Column 类。在派生类中对虚函数 area 和 volume 重新进行定义，分别求球体和圆柱体的体积及表面积。

2．某学校教职工的工资计算方法为：

● 所有教职工都有基本工资。

● 教师月工资等于固定工资+课时补贴，课时补贴根据职称和课时数计算。例如，每课时教授补贴 50 元，副教授补贴 30 元，讲师补贴 20 元。

● 管理人员月薪等于基本工资+职务工资。

● 实验室人员月薪等于基本工资+工作日补贴，工作日补贴等于日补贴×月工作日数。

定义教职工抽象类，派生教师类、管理人员类和实验室人员类，编写程序测试这个类体系。

3．使用第 2 题中定义的教职工类体系，编写程序，输入某月各种职称教师的工资信息，建立异质链表，输出每位教师的工资条，统计当月的总工资、平均工资、最高工资和最低工资。

4．改写第 8 章习题中程序设计第 2 题的程序，把 Shape 类定义为抽象类，提供有共同操作界面的纯虚函数。TwoDimShape 类和 ThreeDimShape 类仍然是抽象类，只有第三层具体类才提供全部函数的实现。在测试函数中使用基类指针实现不同派生类对象的操作。

第 10 章　模　　板

模板把函数或类要处理的数据类型参数化，表现为参数的多态性。在面向对象技术中，这种机制称为类属。

模板用于表达逻辑结构相同但具体元素数据类型不同的数据对象的通用行为。模板是开发大型软件、建立通用函数库和类库的一个强有力的工具。

本章介绍函数模板与类模板的概念、定义和实例化，以及使用标准模板库组件编程的方法。

10.1　什么是模板

在一般情况下，程序设计时就会确定参与运算的所有对象的类型，让编译器在程序运行之前进行类型检查并分配内存，以提高程序的可靠性和运行效率。

但是，这种强类型的方式有时会导致一些尴尬。例如，有以下函数：

```
void Sort( int [] , int );
```

可以对一个整型数组排序。但如果要对一个 double 型数组排序，这个函数就无能为力了。尽管采用的排序算法完全一样，但由于参数指定为整型数组，程序员只好再写一段几乎完全相同的代码。

又如，定义一个图类，常用的操作有：创建图、遍历图、插入顶点、删除顶点、求路径等。具体的图可能是线路图、网络图、交通图、工程图等。各种图顶点的数据描述完全不同，但抽象的逻辑结构相同，施加的算法形式相同。用强类型的方法，需要定义一堆图类，但它们的区别仅仅是数据成员类型不相同。

强类型的程序设计迫使程序员为逻辑结构相同而具体数据类型不同的对象编写模式一致的代码，而无法抽取其中的共性，这显然不利于程序的扩充和维护。

C++的模板提供了对逻辑结构相同的数据对象通用行为的定义。这些模板运算对象的类型不是实际的数据类型，而是一种参数化的类型（又称为类属类型）。带类属参数的函数称为函数模板，带类属参数的类称为类模板。程序员可以针对抽象的类属类型编写逻辑操作代码，而无须关心实际运行时的数据类型。

模板的类属参数由调用它的实参的具体数据类型替换，由编译器生成一段真正可以运行的代码。这个过程称为实例化。函数模板被类型实例化后，称为模板函数。类模板经过类型实例化后，称为模板类。

有了模板机制，就可以把排序算法定义为函数模板，只有在调用函数时才实例化为需要的数据类型。把图定义为一个类模板，可以将数据成员作为类型参数处理，也便于处理顶点数据类型不同的实际图对象。

这种使用模板抽象了数据类型的程序设计技术称为泛型程序设计。

10.2　函数模板

重载函数通常基于不同的数据类型实现相似的操作。如果对不同数据类型的操作完全相同，那么，用函数模板实现更为简捷、方便。程序员只对函数模板定义一次，根据调用函数时提供实参的类型，C++自动产生单独的目标代码函数——模板函数来正确地处理每种类型的调用。

10.2.1　模板说明

为了定义函数模板或类模板，首先要进行模板说明，其作用是说明模板中使用的类属参数。

模板说明形式为：

template < class T₁, class T₂, ···, class T_n >

模板说明用关键字 template 开始，之后是用尖括号"<>"相括的形式类型参数（类属参数）表。每个参数之前都冠以关键字 class。T_i（$i = 1, 2, ···, n$）是用户定义的标识符，前缀关键字 class 指定它们为类属参数，即可以实例化为内部类型或用户自定义类型。例如，有以下模板说明：

```
template < class T >
template < class ElementType >
template < class NameType, class DateType >
```

其中，关键字 template 表示正在说明一个模板。冠以 class 的类型形参 T、ElementType、NameType、DateType 等是待实例化的类属参数。它们所对应的实参可以是 int、double、char 等基本数据类型，也可以是指针、类等各种用户已经定义的类型。

由于关键字 class 已经用于类定义，为使语义清晰严格，新标准的 C++主张使用新的关键字 typename 进行类属参数说明。模板说明的一般形式又可以写为：

template < typename T₁, typename T₂, ···, typename T_n >

以上的模板说明例子可以写为：

```
template < typename T >
template < typename ElementType >
template < typename NameType, typename DateType >
```

如果使用的 C++版本支持关键字 typename，则新的关键字会增加程序的可读性。本章后续的叙述和例程都用 typename 说明类属参数。

10.2.2 函数模板与模板函数

一般函数是对相同类型数据对象（不同值）操作的抽象。函数模板是对相同逻辑结构（不同数据类型）数据对象操作的抽象，是生成不同类型参数的重载函数的"模板"。

函数模板定义由模板说明和函数定义组成。所有在模板中说明的类属参数必须在函数定义中至少出现一次。函数参数表中可以使用类属参数，也可以使用一般类型参数。

【例 10-1】求两个数之中的最大值。

```
//Max.h
#ifndef MAX_H
#define MAX_H
template <typename T>
T Max( const T a, const T b )
{   return a>b ? a : b;   }
#endif
```

以上定义了一个简单的函数模板。首先说明模板的类属参数 T，然后是函数的实现定义。这个函数模板的意义是返回两个数之中的最大值，数据的类型和值均由调用时决定。函数模板 Max 中的参数和函数返回类型都是类属类型。

下面的 main 函数使用函数模板 Max。

```
//ex10-1.cpp
#include<iostream>
using namespace std;
#include "Max.h"
int main()
{   int j, k;
    cout << "Enter two integer : \n";
    cin >> j >> k;
    cout << "Max(" << j << "," << k << ") = " << Max(j,k) << endl;
    double x, y;
```

```
cout << "Enter two double : \n";
cin >> x >> y;
cout << "Max(" << x << "," << y << ") = " << Max(x,y) << endl;
char c, h;
cout << "Enter two character : \n";
cin >> c >> h;
cout << "Max(" << c << "," << h << ") = " << Max(c,h) << endl;
}
```

程序运行结果：

```
Enter two integer :
23   85
Max(23,85) = 85
Enter two double :
3.14   0.75
Max(3.14,0.75) = 3.14
Enter two character :
O   K
Max(O,K) = O
```

对函数模板的调用与对普通函数的调用在形式上没有区别。main 函数分三次调用函数模板 Max，使用不同类型的实参。函数模板 Max 不是一个真正的函数，它仅仅是一个提供生成不同类型参数重载函数版本的"模板"而已。调用函数模板 Max 分为以下两步。

（1）编译程序时，编译器根据调用语句中实参的类型对函数模板进行实例化，以生成一个可运行的函数。

例如，编译程序发现调用：

Max(j,k)

中的实参 j, k 为整型变量，编译系统就用 int 替换类属参数 T，把函数模板实例化为一个 int 型版本的模板函数：

```
int Max( const int a, const int b )
{   return a>b ? a : b;   }
```

类似地，编译系统根据：

Max(x,y)   和   Max(c,h)

分别实例化 double 型和 char 型版本的模板函数如下：

```
double Max( const double a, const double b )
{   return a>b ? a : b;   }
char Max( const char a, const char b )
{   return a>b ? a : b;   }
```

图 10-1 给出了函数模板和模板函数的关系示意。这些重载函数是通过函数模板按实际类型生成的，所以称为模板函数。这个过程称为实例化。编译程序实例化后的模板函数自动生成目标代码，从而免去了程序员的繁复工作。

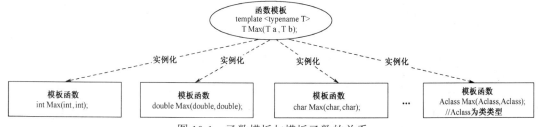

图 10-1   函数模板与模板函数的关系

（2）程序运行时，实参和形参相结合，执行对应的模板函数。这一步操作与普通函数调用一致。

【例 10-2】定义冒泡排序法的函数模板。

```
template <typename ElementType >            //模板说明
//具有类属类型参数和整型参数的参数表
void SortBubble(ElementType *a, int size)
{   int i, work;
    ElementType temp;                       //类属类型变量
    for( int pass = 1; pass < size; pass++)  //对数组进行排序
    {   work = 1;
        for( i = 0;   i < size–pass; i++ )
            if( a[i] > a[i+1] )
                {   temp = a[i];
                    a[i] = a[i+1];
                    a[i+1] = temp;
                    work = 0;
                }
        if( work ) break;
    }
}
```

在以上函数模板的函数首部中，参数表中既有类属 ElementType 类型的参数，也有 int 型的参数。在函数体内，为了实现数据交换，说明了一个 ElementType 类型的变量 temp。

10.2.3　重载函数模板

函数模板可以用多种方式重载：可以定义同名的函数模板，提供不同的参数和实现；也可以用其他非模板函数重载。

1．函数模板的重载

重载函数模板便于定义类属参数，或者由于函数参数的类型、个数不相同所进行的类似操作。例如，函数模板 Max 可以重载为求数组最大元素的函数模板。

【例 10-3】重载函数模板，找出数组中的最大元素。

```
template <typename T>
T Max( const T *a, int n )
{   T temp;
    int i;
    temp = a[0];
    for( i = 1; i < n; i++ )
        if( a[i] > temp )   temp = a[i];
    return temp;
}
```

本例的函数模板与例 10-1 求两数之中最大值的函数模板同名，它是重载的函数模板。C++编译器将根据调用的参数类型和个数选择可用于实例化的函数模板。以下调用可以获得正确匹配：

```
double X[10];
//…
cout<<"The Max element of X is : "<<Max( X,10 )<<endl;
```

2．用普通函数重载模板

函数模板实例化时，将用实际类型参数替换类属参数。虽然这种参数替换具有类型检查功能，却没有普通传值参数的类型转换机制。例如，对函数模板：

```
template <typename T>
T Max( const T a, const T b )
```

```
{    return a>b ? a : b;    }
```
调用时对应的两个实参必须类型相同。若有：
```
int k;    char c;
```
则以下调用将出现语法错误：
```
Max (k, c);        //与 Max(int, char) 无法匹配
```
　　问题在于，类属参数 typename T 不知道 int 型和 char 型之间能够进行隐式类型转换。但是，这样的转换在 C++程序中是很普遍的。为了解决这个问题，程序员可以用非模板函数重载一个同名的函数模板。

　　例如，可以这样定义：
```
template <typename T>                //函数模板
T Max( const T a, const T b )
{    return a>b ? a : b;    }
int Max( const char a , const int b )    //重载函数
{    return a>b ? a : b;    }
```
则以下调用都是正确的：
```
Max ( k, c )            和            Max ( c, k )
```
重载的 Max(const char, const int)可以隐式地进行数据类型转换。

　　如果重载函数改为：
```
int Max( const int a , const int b )        //修改重载函数
{    return a>b ? a : b;    }
```
则不同的编译器可能导致不同的结果。例如，在 VC 6.0 编译器中，函数模板匹配优先，不能用 int Max(int,int)进行隐式类型转换，这样将导致以下调用失败：
```
Max ( k, c );            //错误，调用 T Max(T,T)不能作类型转换
```
但在 VC.NET 中，模板函数匹配失败，能够寻找：
```
int Max( const int, const int )
```
作为参数的隐式类型转换。

　　编译器通过匹配过程确定调用哪个函数。匹配顺序如下：

① 寻找和使用最符合函数名和参数类型的函数，若找到，则调用它；

② 否则，寻找一个函数模板，将其实例化，产生一个匹配的模板函数，若找到，则调用它；

③ 否则，寻找可以通过类型转换进行参数匹配的重载函数，若找到，则调用它。

　　如果按以上步骤均未能找到匹配函数，则这个调用是错误的；如果这个调用有多于一个的匹配选择，则调用匹配出现二义性，也是错误的。

10.3　类模板

　　一个类模板是类定义的一种模式，用于实现数据类型参数化的类。

10.3.1　类模板与模板类

　　类模板由模板说明和类说明构成，例如：
```
template< typename Type >
class TClass
{
    //TClass 的成员函数
  private :
    Type DateMember;
    //…
```

};

类属参数必须至少在类说明中出现一次。

类模板在表示数据结构（如数组、表、图等）时，上述要求显得特别重要，因为这些数据结构的表示和算法通常不受所包含的元素类型的影响。

【例 10-4】 一个数组类模板。

```
//Array.h
#ifndef ARRAY_H
#define ARRAY_H
template<typename T>                    //定义类模板
class Array
{   public :
        Array( int s );
        virtual ~Array();
        virtual const T& Entry( int index ) const;
        virtual void Enter( int index, const T & value );
    private :
        int size;
        T * element;                     //数据成员是 T 类型指针
};
template<typename T>Array<T>::Array(int s)      //成员函数是函数模板
{   if (s > 1)    size = s;
    else    size = 1;
    element = new T[size];
}
template<typename T> Array<T>::~Array()
{   delete [] element;      }
template<typename T> const T& Array<T>::Entry(int index) const
{   return    element [index];      }
template<typename T> void Array<T>::Enter(int index, const T& value)
{   element [index] = value;      }
#endif
```

头文件 Array.h 定义了一个类模板 Array<T>，用于实现一个通用的数组类。成员函数 Entry 访问数组元素，成员函数 Enter 对数组元素置值。

这个类模板说明了一个类属类型 T，被用于数据成员 element、成员函数 Entry 和成员函数 Enter 的说明中。

类模板的成员函数都是函数模板，实现语法和函数模板的类似。如果在类中定义（作为 inline 函数），则不需要特别声明；如果在类外定义，则每个成员函数定义都要冠以模板参数说明，并且在指定类名时要后跟类属参数。

Array<T>类模板的全部成员函数都在类外定义，所以都用

```
template < typename T >
```

开头，用

```
Array < T > ::
```

表示类模板的成员函数。

当类模板实例化时，成员函数同时被实例化为模板函数。

以下 main 函数使用 Array<T>类模板。

```
//ex10-4.cpp
#include <iostream>
using namespace std;
```

```
#include "Array.h"
int main()
{   Array<int> IntAry( 5 );                //用 int 进行实例化，建立模板类对象
    int i;
    for( i = 0; i < 5; i++ )
        IntAry.Enter( i, i );
    cout << "Integer Array : \n";
    for( i = 0; i < 5; i++ )
        cout << IntAry.Entry(i) << '\t';
    cout<<endl;
    Array<double> DouAry( 5 );             //用 double 进行实例化，建立模板类对象
    for( i = 0; i < 5; i++ )
        DouAry.Enter ( i, (i+1)*0.35 );
    cout << "Double Array : \n";
    for( i = 0; i < 5; i++ )
        cout << DouAry.Entry(i) << '\t';
    cout<<endl;
}
```

程序运行结果：

```
Integer Array :
0          1          2          3          4
double Array :
0.35       0.7        1.05       1.4        1.75
```

说明一个对象时，必须用实际类型参数替换类属参数，把类模板实例化为模板类。实际类型参数用尖括号相括。

语句

```
Array<int> IntAry( 5 );
```

的含义说明如下。

首先，类型表达式 Array<int>导致编译器用实际类型参数 int 替换类模板 Array 的类属参数 T，实例化为一个具体的类（模板类）：

```
class Array
{   public :
        Array( int s );
        virtual ~Array();
        virtual const int & Entry( int index ) const;
        virtual void Enter( int index, const int &value );
    private:
        int size;
        int * element;
};
```

然后，表达式 IntAry(5)调用构造函数，建立一个模板类的对象 IntAry。

类模板的实例化如图 10-2 所示。

10.3.2 类模板作为函数参数

函数的形参类型可以是类模板或类模板的引用。调用时对应的实参是该类模板实例化的模板类对象。

当一个函数拥有类模板参数时，这个函数必定是函数模板。

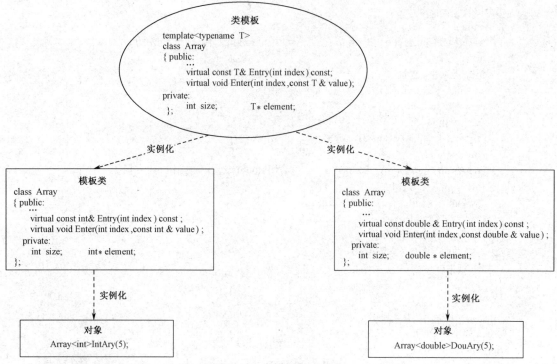

图 10-2 类模板的实例化

【例 10-5】 定义一个用 Array<T>作为参数的函数模板。

```
template0< typename T >
void Tfun( const Array<T> &x, int index )
{   cout << x.Entry( index ) << endl;   }
```

这个函数需要在类模板实例化后，通过向形参 x 传递模板类对象，才能够调用模板类的成员函数。例如，有以下语句调用 Tfun 函数：

```
Array <double> DouAry( 5 );
//…
Tfun(DouAry,3);
```

执行过程说明如下。

（1）建立对象 DouAry

① 编译器用 double 型对类模板进行实例化，生成模板类：

```
class   Array
{   public:
        Array ( int s );
        virtual ~ Array ();
        virtual const double & Entry( int index ) const;
        virtual void Enter( int index, const double & value );
    private:
        int size;
        double * element;
};
```

② 调用构造函数，实例化模板类，建立对象 DouAry。

（2）调用 Tfun 函数

① 编译器通过实参 DouAry 的类型推导，从类模板的成员函数中生成原型为：

```
void   Tfun( const Array <double> & x , int index );
```

的模板函数。

② 参数虚实结合，形参 x 是实参 DouAry 的引用，在函数体内通过 x 调用被实例化的成员函数：

```
virtual const double & Entry( int index ) const;
```

10.3.3　在类层次中的类模板

一个类模板在类层次结构中，既可以是基类，也可以是派生类，即：

- 类模板可以从类模板派生或从普通类（非模板类）派生；
- 模板类可以从类模板派生或普通类派生。

当一个类模板从普通类派生时，意味着派生类增加了类属参数；当一个模板类从类模板派生时，意味着派生类继承基类时提供了实例化的类型参数。

【例 10-6】从类模板 Array<T>派生一个可以自定义下标范围，并可以对数组元素下标进行合法性检查的安全数组类模板 BoundArray<T>。

```
//BoundArray.h
#ifndef BOUNDARRAY_H
#define BOUNDARRAY_H
template<typename T>                //定义类模板 BoundArray<T>，继承类模板 Array<T>
class BoundArray : public Array<T>
{   public:
        BoundArray( int low = 0, int height =1);      //定义数组的下界和上界
        virtual   const T& Entry( int   index ) const;
        virtual   void Enter( int   index , const T& value );
    private:
        int   min;
};
template<typename T>
BoundArray<T>::BoundArray(int low, int height) : Array <T>( height−low+1 )
{   if( height−low<0 )                      //界限检查
    {   cout<<"Beyond the bounds of Array.\n";
        exit(1);
    }
    min = low;
}
template <typename T>
const T& BoundArray<T>::Entry( int index ) const
{   if( index<min ||index>min+size−1 )                 //下标合法性检查
    {   cout<<"Beyond the bounds of index.\n";
        exit(1);
    }
    return Array<T>::Entry( index − min );             //调用基类版本成员函数
}
template <typename T>
void BoundArray<T>::Enter( int index, const T & value )
{   if( index<min || index>min+size−1 )                //下标合法性检查
    {   cout<<"Beyond the bounds of index.\n";
        exit(1);
    }
    Array<T>::Enter( index−min, value );              //调用基类版本成员函数
}
#endif
```

类模板 BoundArray<T>是类模板 Array<T>的派生类，构造函数的参数初始式列表用表达式：

```
Array <T>( height-low+1 )
```

调用基类的构造函数。在函数体内，对数组的下界和上界合法性进行了检查，要求数组的上界大于或等于下界。

BoundArray<T>重载了基类 Array<T>的两个成员函数：

```
virtual const T& Entry( int index ) const;
```

和
```
virtual void Enter( int   index, const T& value );
```

这两个函数用于判断下标 index 的合法性，使其落在建立数组时定义的界内。然后，调用基类版本的成员函数：

```
const T& Array <T>::Entry( index-min );
```

和
```
void Array<T>::Enter( index-min, value );
```

返回数组元素，并对数组元素置值。

下面是使用 BoundArray<T>模板的一个测试程序。

```
//ex10-6.cpp
#include <iostream>
#include "Array.h"
#include "BoundArray.h"
using namespace std;
int main()
{   int i;
    int low = 1, height = 10;
    BoundArray<int> b( low, height );
    for( i = low; i <= height; i++ )
        b.Enter( i, i*2 );
    cout << "BoundArray :\n";
    for( i = low; i <= height; i ++ )
    {   cout << "b[" << i << "]=" << b.Entry(i) << "\t";
        if( i%5 == 0 ) cout << endl;
    }
}
```

程序运行结果：

```
BoundArray :
b[1]=2     b[2]=4     b[3]=6     b[4]=8     b[5]=10
b[6]=12    b[7]=14    b[8]=16    b[9]=18    b[10]=20
```

程序中，语句：

```
BoundArray <int>    b( low, height );
```

导致编译器从类模板 BoundArray<T>生成一个模板类 BoundArray<int>。为了生成这个模板类，首先生成了基类 Array<T>的模板类 Array<int>。BoundArray<int>类继承了 Array<int>类的数据和操作。

若从一个类模板派生一个普通类，在定义这个派生类时就要对基类的类属参数进行实例化。实际上，这个派生类是一个通过基类生成的模板类。以下简单例程演示了从类模板派生模板类的情形。

【例 10-7】从类模板派生模板类。

```
#include<iostream>
using namespace std;
template<typename T>            //定义类模板
class A
{   public :
        A( T x )
        {   t = x;   }
```

```
              void out()
                 {   cout<<t<<endl;   }
           protected :
              T t;
       };
       class B: public A<int>              //实例化基类的类属参数，派生模板类
       {   public :
              B( int a, double x ) : A <int>(a)
              {   y = x;   }
              void out()
                 {   A <int> :: out();   cout << y << endl;   }
           protected :
              double y;
       };
       int main()
       {   A<int> a( 123 );                //定义基类对象
           a.out();
           B b ( 789, 5.16 );             //定义派生类对象
           b.out();
       }
```

10.3.4   类模板与友元

在类模板中，与普通类一样，可以声明各种友元关系：一个函数或函数模板可以声明为类或类模板的友元，一个类或类模板可以声明为类或类模板的友元类。要声明这种模板之间的友元关系，由于既有模板声明，又有友元声明，所以使用的语法符号比较烦琐。

1. 模板类的友元函数

一般函数、函数模板，或类、类模板的成员函数都可以声明为类模板的友元函数。

在以下声明中：

```
       template <typename T> class X
       {   //…
           friend void f1();
       }
```

f1 函数成为类模板 X 实例化的每个模板类的友元函数。当友元函数是函数模板时，有声明：

```
       template <typename T> class X
       {   //…
           template <typename T> friend void f2( X<T> & );
       }
```

其含义为，对特定类型（如 double 型），使模板函数 f2(X<double>&)成为模板类 X<double>的友元函数。

以下声明使类 A 的成员函数 f3 成为类模板 X 实例化的每个模板类的友元函数：

```
       template <typename T> class X
       {   //…
           friend void A::f3();
       }
```

当类模板 X 的友元函数是另一个类模板的成员函数时，可以有以下声明：

```
       template <typename T> class X
       {   //…
           template <typename T> friend void B<T>::f4( X<T> & );
       }
```

其含义为，对特定类型（如 double），使模板类 B<double>的成员函数 f4(X<double>&)成为模板类 X<double>的友元函数。

2. 模板类的友元类

一个模板类的友元可以是一个已经定义的类或类模板。

以下声明使类 Y 的每个成员函数成为类模板 X 实例化的每个模板类的友元函数：

```
template <typename T> class X
{   //…
        friend class Y;
}
```

当类模板的友元类也是类模板时，有：

```
template <typename T> class X
{   //…
        template <typename T> friend class Z;
}
```

其含义为，对特定类型（如 double 型），使模板类 Z<double>所有成员函数成为模板类 X<double>的友元函数。

【例 10-8】为复数类模板定义重载运算符的友元函数。

```
#include<iostream>
using namespace std;
template<typename T>
class Complex
{   public:
        Complex( T r =0, T i =0 );
    private:
        T    Real, Image;
    template<typename T>
    friend Complex<T> operator+(const Complex<T> c1,const Complex<T> c2);
    template<typename T>
    friend Complex<T>operator− (const Complex<T>&c1,const Complex<T> &c2);
    template<typename T>
    friend Complex<T> operator− ( const Complex<T> &c );
    template<typename T>
    friend ostream & operator<<( ostream &output, const Complex<T> &c );
};
template<typename T>
Complex<T>::Complex( T r, T i )
{   Real = r;
    Image = i;
}
template<typename T>
Complex<T> operator+( const Complex<T> c1, const Complex<T> c2 )
{   T r = c1.Real + c2.Real;
    T i = c1.Image+c2.Image;
    return Complex<T>( r, i );
}
template<typename T>
Complex<T> operator − ( const Complex<T> &c1, const Complex<T> &c2 )
{   T r = c1.Real − c2.Real;
    T i = c1.Image − c2.Image;
    return Complex<T>( r, i );
```

```
}
template<typename T>
Complex<T> operator – ( const Complex<T> &c )
{   return Complex<T>( –c.Real, –c.Image ); }
template<typename T>
ostream & operator<<( ostream &output, const Complex<T> &c )
{   output << '(' << c.Real << " , " << c.Image << ')';
    return output;
}
int main()
{   Complex<double> c1( 2.5,3.7 ), c2( 4.2, 6.5 );
    cout << "c1 = "<< c1 << "\nc2 = " << c2 << endl;
    cout << "c1 + c2 = " << c1+c2 << endl;
    cout << "c1 – c2 = " << c1–c2 << endl;
    cout << "–c1 = " << –c1 << endl;
}
```

10.3.5　类模板与静态成员

从类模板实例化的每个模板类都拥有自己特定类型的数据成员。若类模板中定义了静态数据成员，则实例化后的每个模板类都有自己的静态数据成员，该模板类的所有对象共享这个静态数据成员。

和非模板类的静态数据成员一样，类模板实例化的静态数据成员也应该在文件范围内定义和初始化。

同样道理，类模板的静态成员函数也是每个实例化后的模板类的公共操作。

【例 10-9】类模板的静态成员演示。本例程为 Circle 类定义了一个静态数据成员 total，用于记录每个模板类建立对象的个数。每建立一个模板类对象，由构造函数对 total 进行累加。静态成员函数 ShowTotal 用于返回 total 的值。

```
#include<iostream>
using namespace std;
const double PI=3.14159;
template<typename T> class Circle
{    T radius;
     static int total;                    //类模板的静态数据成员
   public :
     Circle(T r=0)
     {   radius = r;
         total++;
     }
     void Set_Radius( T r )
     {   radius = r;   }
     double Get_Radius()
     {   return   radius;   }
     double Get_Girth()
     {   return   2 * PI * radius;   }
     double Get_Area()                    //类模板的静态成员函数
     {   return   PI * radius * radius;   }
     static int ShowTotal();
};
template<typename T> int Circle<T>::total=0;
```

```
template<typename T>
int Circle<T>::ShowTotal()
{   return total;   }
int main()
{   Circle<int> A, B;                    //创建了两个对象
    A.Set_Radius( 16 );
    cout<<"A.Radius = "<<A.Get_Radius()<<endl;
    cout<<"A.Girth = "<<A.Get_Girth()<<endl;
    cout<<"A.Area = "<<A.Get_Area()<<endl;
    B.Set_Radius( 105 );
    cout<<"B.radius = "<<B.Get_Radius()<<endl;
    cout<<"B.Girth = "<<B.Get_Girth()<<endl;
    cout<<"B.Area = "<<B.Get_Area()<<endl;
    cout<<"Total1 = "<<Circle<int>::ShowTotal()<<endl;      //显示创建的对象数
    cout<<endl;
    Circle<double> X(6.23), Y(10.5), Z(25.6);               //创建了三个对象
    cout<<"X.Radius = "<<X.Get_Radius()<<endl;
    cout<<"X.Girth = "<<X.Get_Girth()<<endl;
    cout<<"X.Area = "<<X.Get_Area()<<endl;
    cout<<"Y.radius = "<<Y.Get_Radius()<<endl;
    cout<<"Y.Girth ="<<Y.Get_Girth()<<endl;
    cout<<"Y.Area = "<<Y.Get_Area()<<endl;
    cout<<"Z.radius = "<<Z.Get_Radius()<<endl;
    cout<<"Z.Girth = "<<Z.Get_Girth()<<endl;
    cout<<"Z.Area = "<<Z.Get_Area()<<endl;
    cout<<"Total2="<<Circle<double>::ShowTotal()<<endl;     //显示创建的对象数
}
```

程序运行结果：

```
A.Radius = 16
A.Girth = 100.531
A.Area = 804.247
B.radius = 105
B.Girth = 659.734
B.Area = 34636
Total1 = 2

X.Radius = 6.23
X.Girth = 39.1442
X.Area = 121.934
Y.radius = 10.5
Y.Girth = 65.9734
Y.Area = 346.36
Z.radius = 25.6
Z.Girth = 160.849
Z.Area = 2058.87
Total1 = 3
```

10.4 标准模板

C++语言包含一个有许多组件的标准库。标准模板库（Standard Template Library，STL）中有

三个主要组件：容器（container）、迭代器（iterator）和算法（algorithm）。利用标准模板库进行泛型编程，可以节省大量的时间和精力，并得到更高质量的代码。

本节只对这三个组件进行简单介绍，读者可以从 C++语言的 MSDN 帮助文件中找到详细的信息。

10.4.1 容器

"容器"是数据结构，按某种特定的逻辑关系把数据元素组装起来的数据集。例如，数组、队列、堆栈、树、图等数据结构中的每个结点都是一个数据元素。这些结构如果抽象了数据元素的具体类型，只关心结构的组织和算法，就是类模板了。STL 提供的容器是常用数据结构的类模板。

1．容器分类

STL 容器分成三大类：序列容器（sequence container）、关联容器（associative container）和容器适配器（container adapter）。另外，还有我们已经熟悉的 C 语言式数组和 string，它们也是一种容器，称为近容器（near container）。

① 序列容器——提供顺序表的表示和操作

vector：向量。可以随机访问序列中的单个元素，在序列尾快速插入和删除元素。如果在序列中插入和删除元素，则所需时间与序列长度成正比。

deque：双向队列。随机访问序列中的单个元素，可以在序列头或尾快速插入和删除元素。如果在序列中插入和删除元素，则所需时间与序列长度成正比。

list：双向链表。用动态链式结构存放数据，可以从任何位置快速插入和删除元素。

② 关联容器——提供集合和映像的表示和操作

set：集合。无重复值元素，可以实现快速查找。

multiset：集合。允许重复值元素，可以实现快速查找。

map：映射。一对一映射，无重复值元素，实现基于关键字的快速查找。

multimap：映射。一对多映射，允许重复值元素，实现基于关键字的快速查找。

③ 容器适配器——特殊顺序表

stack（堆栈）：后进先出（LIFO）表，只能在表头插入和删除元素。

queue（队列）：先进先出（FIFO）表，只能在表头删除元素，在表尾插入元素。

priority_queue（优先队列）：优先级最高的元素总是第一个出列。

表 10-1 列出了标准库容器的头文件。这些头文件的内容都在 namespace std 中。有些 C++编译器不支持新式的头文件，相关内容可参阅相关的编译器文档。

表 10-1 标准库容器的头文件

头 文 件	包含容器
`<vector>`	vector
`<list>`	list
`<deque >`	deque
`<queue>`	queue 和 priority_queue
`<stack>`	stack
`<map>`	map 和 multimap
`<set>`	set 和 multiset
`<bitset>`	bitset

2．容器的接口

STL 经过精心设计，使容器提供类似的功能。许多一般化的操作对所有容器都适用，有些操作是为某些容器特别设定的。

（1）容器共同操作

为表达方便，表 10-2 和表 10-3 中使用函数调用的方式介绍接口函数。其中，Container 表示容器类型，如 vector、list；T 表示容器的实例化类型，如 int、double；c、c1、c2 表示容器对象。

表 10-2　容器的共同操作

表达式、函数调用	功　能
Container c	默认构造空容器
Container c(beg,end)	以从地址 beg 开始，到地址 end 结束的数据序列作为初值构造容器
Container c1(c2)	构造容器 c2 的副本
c.~ Container()	析构容器对象
c1=c2	对象赋值
c1.swap(c2)	交换同类型容器中的数据
c1 op c2	容器的关系运算，其中 op 可以为==, !=, <, >, <=, >=
c.size()	返回容器的元素个数
c.empty()	判断容器是否为空
c.max_size()	返回容器可容纳元素的最大数量
Container<T>::iterator iter	定义容器迭代器对象 iter
c.begin()	返回指向首元素的迭代器
c.end()	返回指向尾元素下一个位置的迭代器
c.rbegin()	返回指向逆向首元素的迭代器
c.rend()	返回指向逆向尾元素下一个位置的迭代器
c.insert(pos,elem)	在迭代器 pos 所指位置前插入元素 elem
c.erase(pos)	删除迭代器 pos 所指元素
c.erase(beg,end)	删除从地址 beg 开始，到地址 end 结束的元素
c.clear()	删除容器中所有元素

（2）序列容器访问首位元素、随机访问元素的操作（见表 10-3）

表 10-3　序列容器的操作

表达式、函数调用	功　能
c.front()	访问容器首元素
c.back()	访问容器尾元素
c.push_back(elem)	在容器末端插入元素 elem
c.pop_back()	删除容器末端元素
c[i]	访问容器第 i 个元素
c.at(i)	返回索引（下标）为 i 的元素

3. 容器操作说明

（1）vector 容器

【例 10-10】vector 向量操作。

```
#include<iostream>
#include<vector>
using namespace std;
int main()
{   unsigned int i;
    vector<int> V( 10, 0 );              //实例化长度为 10 的向量 V，置元素初值为 0
    for( i = 0; i < 10; i++ )
        V[i] = i;                         //使用重载运算符函数 operator[]对元素赋值
    V.push_back(10);                      //在表尾追加一个元素
```

```
        V.insert ( V.begin()+3, 33 );              //在第 3 个位置插入一个元素
        cout << "size of V is : ";
        cout << V.size() <<endl;                   //输出表长
        cout << "The elements of V are : ";
        for( i=0; i < V.size(); i++ )              //输出表元素
            cout << V[i] << "   ";
        cout << endl;
        cout << "The 6th element is : ";
        cout << V.at(5) << endl;                   //输出索引（下标）为 5 的元素
        cout << "The first element(use begin()) is : ";
        cout << *(V.begin()) << endl;              //输出第一个元素
        cout << "The last element(use rbegin()) is : ";
        cout << *(V.rbegin()) << endl;             //输出最后一个元素
        cout << "The last element(use end()) is : ";
        cout << *(V.end()-1) << endl;              //输出最后一个元素
        cout << "The first element(use rend()) is : ";
        cout << *(V.rend()-1) << endl;             //输出第一个元素
        vector<int> L;                             //说明第 2 个向量
        for( i=0; i < V.size(); i++ )              //对 L 中的元素赋值
            L.push_back ( V[i] );
        if ( V == L )
            cout << "V==L" << endl;                //对两个向量判等
        else
            cout << "V!=L" << endl;
    }
```

程序运行结果：

```
    size of V is : 12
    The elements of V are : 0    1    2    33    3    4    5    6    7    8    9    10
    The 6th element is : 4
    The first element(use begin()) is : 0
    The last element(use rbegin()) is : 10
    The last element(use end()-1) is : 10
    The last element(use rend()-1) is : 0
    V==L
```

使用一个模板向量和使用一个数组的方式很相似，不过模板向量的功能更强，且使用起来更安全。可以通过下标方式或迭代方式访问一个向量。

例如，V[i]和 V.at(i)都表示索引为 i 的元素；begin 函数返回第一个元素的迭代；*(V.begin())表示第一个元素的值，相当于 V[0]；V.end()不是指向最后一个元素，而是指向表尾，如图 10-3 所示。

迭代操作把 V 看成有 V.size()个元素的环，从第一个元素的位置逆向迭代，就是表的最后一个元素；同理，最后一个元素位置的逆向迭代是表的第一个元素。所以

    V.begin 等于 V.rend()-1
    V.rbegin 等于 V.end()-1

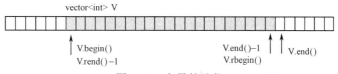

图 10-3　向量的迭代

（2）list 容器

list 容器不支持随机访问，所以除 operator[]和 at 函数外，list 容器提供 vector 容器的其余功

能。list 容器还提供成员函数：unique 函数用于删除重复元素，splice 和 merge 函数用于合并列表，sort 函数用于排列列表，reverse 函数用于逆转链表元素次序。

【例 10-11】list 链表操作。createList 函数用随机函数生成整数，每生成一个整数 k，就将其插入链表中，然后对链表进行排序；inorderMerge 函数用链表容器的 merge 函数实现两个链表的合并；outList 函数用容器迭代器访问链表，输出链表的全部元素。

```cpp
#include<iostream>
#include<list>
#include<ctime>
using namespace std;
void createList ( list<int> & , int );
void outList ( list<int> & );
void inorderMerge(list<int> &, list<int> );
int main()
{   list<int> L1, L2;
    srand( int(time( 0 )) );
    createList( L1,10 );
    cout << "list L1 : \n";
    outList( L1 );
    createList( L2, 5 );
    cout << "list L2 : \n";
    outList( L2 );
    inorderMerge( L1, L2 );
    cout << "list L1 : \n";
    outList( L1 );
}
//建立有序链表
void createList ( list<int> & orderList , int len )
{   int i, k;
    for ( i=0; i < len; i++ )
    {   k = rand() % 100;              //生成随机数
        orderList.push_back(k);        //插入链表
    }
    orderList.sort();                  //排序
}
//合并链表
void inorderMerge( list<int> &L1, list<int> L2 )
{   L1.merge(L2); }                    //把有序链表 L2 合并到 L1 中，并保持 L1 有序
//输出链表
void outList ( list<int> & List )
{   list<int>::iterator p;             //建立 list 容器的迭代
    p = List.begin();
    while( p != List.end() )
        { cout << *p << "   ";   p++; }
    cout<<endl;
}
```

（3）其他容器

deque 容器就像是 vector 和 list 容器的混合体，既支持 vector 容器的行为，又支持 list 容器的行为。

map 和 multimap 容器的元素按关键字顺序排列，因此可进行按关键字的快速查找。重载算符函数 operator[]实现基于关键字的查找和插入。成员函数 find、count、lower_bound 和 upper_bound

实现基于元素键值的查找和计数。

set、multiset 容器与 map、multimap 容器很相似，区别只是，set 和 multiset 容器没有关键字，不支持下标操作。

queue 容器是先进先出队列。由成员函数 front 和 back 访问队头元素和队尾元素，成员函数 push 从队尾插入新元素，成员函数 pop 从队头删除一个元素。

priority_queue 容器是优先队列。支持删除优先权最高的元素，其优先权与元素的值成正比。成员函数 top 用于访问优先权最高的元素，成员函数 pop 用于删除优先权最高的元素，成员函数 push 用于插入新元素。不支持重载<、<=、>、>=、==和!=操作。

stack 容器是后进先出的队列，称为堆栈。其成员函数 top 用于访问栈顶元素，成员函数 pop 用于删除栈顶元素，成员函数 push 用于从栈顶插入新元素。

以上各种容器的操作不在此一一列举，请有兴趣的读者参考 MSDN 文档。

10.4.2 迭代器

从例 10-10 和例 10-11 中不难看出，仅依靠容器的接口还不能够对元素进行灵活的访问，程序借助了迭代器，指向容器的不同元素，并按照指定的偏移量和指定的方式在容器中移动。迭代器是 STL 提供的对顺序容器和关联容器操作的模板，是功能更强、更安全的容器指针。迭代器的对象保存所操作的特定容器对象需要的状态信息，从而可以适应不同的容器类型。

本节介绍 STL 迭代器的分类和基本操作。

1. 迭代器的分类

STL 类库中定义了 5 种迭代器，其类别层次（不是继承关系）如图 10-4 所示。其中每个下层迭代器都支持上层迭代器的全部功能。顶层迭代器的功能最弱，底层的功能最强。各迭代器主要操作如下：

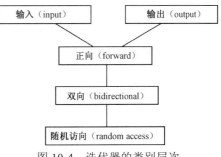

图 10-4　迭代器的类别层次

- 输入（input）——从容器中顺向读取元素；
- 输出（output）——向容器中顺向写入元素；
- 正向（forward）——顺向读/写容器中的元素；
- 双向（bidirectional）——顺向或逆向读/写容器中的元素；
- 随机访问（random access）——顺向或逆向读/写容器中的元素，可以跳过任意个元素。

迭代器在头文件 iterator 中声明。因为不同类型的容器自动支持不同的迭代器，所以不必显式地包含 iterator 文件也可以使用迭代器。

- vector 和 deque 容器支持随机访问；
- list、set、multiset、map 和 multimap 容器支持双向访问；
- stack、queue 和 priority_queue 容器是操作受限的列表，不支持迭代器。

在 STL 容器类定义中，用 typedef 预定义了一些迭代器，如表 10-4 所示。

表 10-4　预定义迭代器

typedef 预定义迭代器	++操作的方向	功　能
iterator	向前	读/写
const_iterator	向前	读
reverse_iterator	向后	读/写
const_reverse_iterator	向后	读

通过迭代器的构造函数，可以定义各种容器的迭代器对象。迭代器对象通常称为迭代子或迭

代算子。

```
vector<int>::iterator pVec;              //pVec 是整型向量的迭代子
list<double>::const_iterator pList;      //pList 是实型双向链表的迭代子
```

迭代子是指向容器类型的指针变量，用于操作容器中的元素。

2．迭代器的基本操作

迭代子可以通过容器接口获取容器元素的位置。例如，有以下语句：

```
vector<int> V ( 10, 0 );
vector<int>::iterator pBeg,pEnd;
pBeg = V.begin();
pEnd = V.end();
```

说明 pBeg 和 pEnd 为 int 型向量容器的迭代子，并分别指向 V 的第一个元素和表尾。

迭代器重载了指针运算的各种运算符，使程序员可以沿用习惯的方式操作迭代子。表 10-5 列出了迭代器可以进行的操作。其中，p、q 为迭代子，i 为整数。

表 10-5　迭代器的操作

迭代器类型	操　作
所有迭代器	++p, p++
输入（input）	*p（右值），p->（右值），p=q, p==q, p!=q
输出（output）	*p（左值），p=q
正向（forward）	输入和输出迭代器的全部操作
双向（bidirectional）	--p, p--及正向迭代器的全部操作
随机（random access）	p+=i, p-=i, p+i, p-i, p[i], p<q, p<=q, p>q, p>=q 及双向迭代器的全部操作

【例 10-12】迭代器简单操作。

```
#include<iostream>
#include<vector>
using namespace std;
int main()
{   int a[] = { 1, 3, 5, 7, 9 };
    int * p;                            //定义整型指针
    int n = sizeof(a) / sizeof(*a);
    for( p = a; p != a+n; ++p )         //用指针访问数组
        cout << *p << '\t';
    cout << endl;
    vector<int> L( a, a+n );            //定义 vector<int>对象 L
    vector<int>::iterator t;            //定义 vector<int>::iterator 类型迭代子 t
    for( t=L.begin(); t!=L.end(); ++t )
        *t += 10;                       //用迭代子 t 访问 L 的元素
    //定义 vector<int>::const_iterator 类型迭代子 ct
    vector<int>::const_iterator ct;
    for( ct=L.begin(); ct!=L.end(); ++ct )
        cout << *ct << '\t';            //用迭代子 ct 访问 L 的元素
    cout << endl;
}
```

程序运行结果：

```
1    3    5    7    9
11   13   15   17   19
```

程序中用了三种类型的迭代器：

p 是整型指针，用于访问整型数组 a。

t 是 vector<int>::iterator 类型迭代子，其操作与基本数据类型指针类似。通过 t 访问和修改 vector 容器 L 中的各个元素，用到的运算符有=、!=、++和*，分别对迭代子 t 进行赋值、判等、前移、引用操作。

ct 是 vector<int>::const_iterator 类型迭代子，用于访问并输出 vector<int>对象 L 中的元素。

10.4.3 算法

C++的 STL 中包含大约 70 种标准算法。这些算法是用于对容器的数据施加特定操作的函数模板。迭代器的迭代子协同访问容器中的元素。

把容器与算法分开，似乎不符合面向对象程序设计的原则。STL 把算法与容器分开，是为了便于加入新的算法，由此也避免了虚函数调用的相关开销。STL 算法不依赖于所操作容器的实现细节。只要容器（或数组）的迭代器符合算法要求，STL 算法就可以像容器一样处理任何 C 语言式、基于指针的数组，以及用户自定义的数据结构。

按照对容器的访问性质，算法分为只读形式（不允许修改元素）和改写形式（允许修改元素）两种。从功能上，可以分为查找、比较、计算、排序、置值、合并、集合、管理及数值算法等。具体算法和应用，读者可以查阅 MSDN 的 STL 相关文件。

算法在头文件 algorithm 中声明。

下面仅用一个例子演示查找与排序算法的应用。

【例 10-13】查找与排序算法应用。

```cpp
#include<iostream>
#include<vector>
#include<algorithm>
using namespace std;
bool greater10 ( int );
bool inorder( int, int );
int main()
{   const int size = 10;
    int i;
    int a[size] = { 10, 3, 17, 6, 15, 8, 13, 34, 25, 2 };
    vector<int> V ( a, a+size );                 //用数组对模板向量赋初值
    vector<int>::iterator location;              //说明迭代子
    cout<<"vector V contains : \n";
    for( i = 0; i < size; i++ )
        cout<<V[i]<<"   ";
    cout << endl;
    location = find( V.begin(),V.end(),15);      //查找 15 的位置
    if( location != V.end() )                    //判断成功，输出位置
        cout<<"Found 15 at location "<<(location−V.begin())<<endl;
    else   cout<<"15 not found\n";               //找不到
    location = find( V.begin(),V.end(),100);     //查找 100
    if (location != V.end() )
        cout<<"Found 100 at location "<<(location−V.begin())<<endl;
    else   cout<<"100 not found\n";
    //找第一个大于 10 的元素
    location = find_if( V.begin(), V.end(), greater10 );
    if( location != V.end() )
        cout<<"The first greater then 10 is "<<*location
                <<" , found at location "<<( location − V.begin() )<<endl;
```

```
        else    cout<<"No value greater than 10 were found\n";
        sort( V.begin(), V.end() );                  //对向量按升序排序
        cout<<"vector V after sort : \n";
        for( i = 0; i < size; i++ )
            cout<<V[i]<<"   ";
        cout<<endl;
        if( binary_search( V.begin(), V.end(),13))   //对升序向量的快速查找
            cout<<"13 was found in V\n";
        else    cout<<"13 was not found in V\n";
        if( binary_search( V.begin(), V.end(), 50 ) )
            cout<<"50 was found in V\n";
        else    cout<<"50 was not found in V\n";
        sort( V.begin(), V.end() , inorder );        //对向量按降序排序
        cout<<"vector V after sort inorder : \n";
        for( i = 0; i < size; i++ )
            cout << V[i] << "   ";
        cout<<endl;
        if(binary_search(V.begin(),V.end(),8,inorder)) //对降序向量的快速查找
            cout<<"8 was found in V\n";
        else    cout<<"8 was not found in V\n";
    }
    bool greater10( int value )
    {   return value > 10;    }
    bool inorder(int a, int b)
    {   return a>b;      };
```

程序运行结果：

```
vector V contains :
10   3   17   6   15   8   13   34   25   2
Found 15 st location 4
100 not found
The first greater then 10 is 17 , found at location 2
Vector V after sort :
2   3   6   8   10   13   15   17   25   34
13 was found in V
50 was not found in V
Vector V after sort inorder :
34   25   17   15   13   10   8   6   3   2
8 was found in V
```

上述程序使用以下 4 个函数实现特定算法。

① find 函数的功能是返回容器指定范围中元素值等于查找关键字的迭代。

find 函数模板的原型为：

template<typename InputIterator, typename T> inline
InputIterator find(InputIterator first,InputIterator last,const T&value)

其中，InputIterator 表示输入迭代器，first 和 last 分别表示查找起止范围的迭代，value 是查找关键字。

程序中，语句：

```
location = find( V.begin(), V.end(), 15);
```

用 find 函数寻找从 V.begin()到 V.end()（但不包括 V.end()）范围内，值为 15 的元素。函数返回找到的元素的迭代，若找不到，则返回 V.end()。该函数的第 1、2 个参数表示查找范围，第 3 个参

数表示查找关键字。

② find_if 函数的功能是按容器的指定范围查找，并返回第一个满足测试条件的元素的迭代子。函数模板的原型为：

template<class InputIterator, class T, class Predicate> inline
InputIterator find_if(InputIterator first, InputIterator last, Predicate predicate)

其中，形参 predicate 是函数指针，Predicate 表示返回逻辑值的一元函数，通过 predicate 调用测试函数。

程序中，语句：

location = find_if(V.begin(), V.end(), greater10);

在 V 中查找第一个值大于 10 的元素。实参 greater10 仅仅是一个函数名，即函数的入口地址（指针）。测试函数 greater10 的定义为：

bool greater10 (int value)
{   return value > 10;   }

通过 find_if 函数，形参 value 获取向量当前元素的值后，返回与 10 比较后的结果。

可见，若定义测试函数：

bool less10 (int value)
{   return value < 10;   }

则语句：

location = find_if(V.begin(), V.end(), less10);

将在 V 中查找第一个值小于 10 的元素。

③ sort 函数有两个版本的函数模板原型：

template<class RanIt>
void sort(RanIt first, RanIt last);
template<class RanIt, class Pred>
void sort(RanIt first, RanIt last, Pred pr);

其中，RanIt 表示随机访问迭代器。firs 和 last 是指定排序范围的迭代。

第一个版本的算法，对容器的元素按升序（不降序列）排序。

第二个版本的算法，由函数指针参数 pr 调用函数指定序列关系。Pred 表示返回逻辑值的二元函数。通过 sort 函数获取排序时正在比较的两个元素，并返回比较的关系值。例如，对表中任意元素序列号，当 i<j 时，若 a[i]<=a[j]，则表示按升序排序；若 a[i]>=a[j]，则表示按降序排序。

程序中，语句：

sort(V.begin(), V.end());

对向量 V 中的全部元素按升序排序。

另外，语句：

sort(V.begin(), V.end(), inorder);

对向量 V 中的全部元素按降序排序。Inorder 参数用于调用测试函数：

bool inorder(int a, int b) { return a>b; };

其中，a、b 获取 V 中当前比较的两个元素 V[i] 和 V[j]（i<=j），即 a 是 b 的前趋元素。排序时，要求所有前趋元素均大于后继元素，所以，sort 按降序排序。

④ binary_search 函数用于查找有序表指定关键字的元素。如果找到，则返回 true(1)，否则返回 false(0)。该函数使用折半查找算法，从而获得对数级的查找效率，但前提是被查向量必须已排好序。

binary_search 函数模板有两个版本：

template< class FwdIt, class T >

bool binary_search(FwdIt first, FwdIt last, const T & val);
template< class FwdIt, class T, class Pred >
bool binary_search (FwdIt first, FwdIt last, const T & val, Pred pr);

其中，FwdIt 表示正向访问迭代器。

第一个版本用于查找升序表。

第二个版本用于查找降序表。参数 pr 用于调用测试函数。其含义与 sort 函数的相同。

在上述程序中，表达式：

binary_search(V.begin(), V.end(), 50)

在已经按升序方式排好序的向量 V 中查找值等于 50 的元素。如果找到，则返回逻辑值 true(1)，否则返回逻辑值 false(0)。

然后，对 V 进行降序排序，表达式：

binary_search(V.begin(), V.end(), 8 , inorder)

通过参数 inorder 调用函数，在 V 中查找值等于 8 的元素。

习题

一、思考题

1．抽象类和类模板都是提供抽象的机制，请分析它们的区别和应用场合。

2．类属参数可以实现类型转换吗？如果不行，应该如何处理？

3．类模板能够声明什么形式的友元？当类模板的友元是函数模板时，它们可以定义不同形式的类属参数吗？请编写一个验证程序试一试。

4．类模板的静态数据成员可以是抽象类型吗？它们的存储空间是什么时候建立的？请用验证程序试一试。

二、程序设计

1．建立结点，包括一个任意类型的数据域和一个指针域的单向链表类模板。在 main 函数中使用该类模板建立数据域为整型的单向链表，并把链表中的数据显示出来。

2．定义：类模板 T_Counter，实现基本数据类型的+、−、*、=、>>、<< 运算；类模板 T_Vector，实现向量运算；类模板 T_Matrix，实现矩阵运算。请分析使用类模板建立 T_Counter、T_Vector 和 T_Matrix 对象与使用类继承体系建立 IntReal、Vector 和 Matrix 对象（见第 8 章习题程序设计第 3、4、5 题）的语法区别及运算功能区别。

3．学习 MSDN Library 中 Visual C++的 STL，应用容器和算法，实现一个简单的人员信息管理系统。

第 11 章　输入流/输出流

C++程序的输入/输出（I/O，Input/Output）操作，是指由 I/O 流类库提供的对象之间的数据交互服务。流类库预定义了一批流对象，连接常用的外部设备，如键盘、显示器等。程序员可以定义所需的 I/O 流对象，与磁盘文件、字符串等对象连接，使用流类库提供的工作方式，实现数据传输。流类库既支持高级（格式化）的 I/O 功能，也支持低级（无格式）的 I/O 功能。

本章介绍 C++流类库的基本功能和文件处理。

11.1　流类与流对象

在程序中，对数据的输入/输出是以字节流实现的。在输入操作中，字节序列从输入设备（如键盘、磁盘、网络连接等）流向内存；在输出操作中，字节序列从内存流向输出设备（如显示器、磁盘、打印机、网络连接等）。

应用程序可以对字节序列做出各种数据解释。字节序列可以是程序设计语言定义的各种类型数据、图形图像、数字音频、数字视频或其他任何应用程序所需要的信息。

I/O 系统的任务就是在内存和外部设备之间稳定可靠地传输数据和解释数据。C++以面向对象的观点，把 I/O 抽象为流类。I/O 流提供了低级和高级的输入/输出功能。低级 I/O 是无格式的数据传输，对字节序列不进行解释，用于实现高速度大容量的数据传输。高级 I/O 是格式化的数据传输，把字节序列解释为各种预定义的或用户自定义的类型数据。高级 I/O 功能是应用程序常用的功能。

程序中可以建立或删除流类对象，可以从流中获取数据或向流中添加数据。从流中获取数据是流对象的输入操作，称为"提取"。向流中添加数据是流对象的输出操作，称为"插入"。

11.1.1　流类库

C++的流类库（stream library）是用继承方法建立起来的一个输入/输出类库，它主要有两个平行的基类：streambuf 类和 ios 类。这是两个非常低级的类，它们是所有流类的基类。还有一个独立的类 iostream_init，它主要用于流类的初始化操作。

streambuf 类主要负责缓冲区的处理，streambuf 类体系基本结构如图 11-1 所示。从概念上讲，缓冲区由一个字节序列和两个指针组成（输入缓冲区指针和输出缓冲区指针），这两个指针指向缓冲区当前插入或提取的位置。streambuf 提供对缓冲区的低级操作，例如，设置缓冲区，对缓冲区指针进行操作，从缓冲区提取字节，向缓冲区插入字节等。

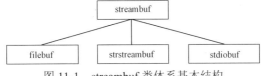

图 11-1　streambuf 类体系基本结构

filebuf、strstreambuf 和 stdiobuf 都是 streambuf 的派生类。filebuf 类提供文件缓冲区的管理；strstreambuf 类使用字符串保存字节序列，提供在内存中提取和插入操作的缓冲区管理；stdiobuf 类提供标准 I/O 文件的缓冲区管理。

ios 类提供流的高级 I/O 操作。ios 类是抽象基类，提供输入/输出所需的公共操作。ios 类包含一个指向 streambuf 类的指针，提供格式化标志（Format Flags）用于格式化 I/O 处理，对 I/O 的错误进行处理，设置文件模式，以及提供建立相关流的方法。ios 类体系基本结构如图 11-2 所示。

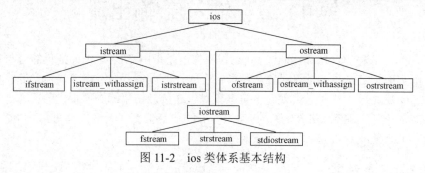

图 11-2　ios 类体系基本结构

ios 派生了两个类：输入流类 istream 和输出流类 ostream。

istream 类提供了流的大部分输入操作，主要对 streambuf 类进行插入时格式化和非格式化的转换，并对所有系统预定义的输入流重载流提取运算符"＞＞"。它有以下三个派生类。

① ifstream 是文件输入流类，用于对文件的提取操作。

② istrstream 是字符串输入流类，用于对字符串的提取操作。

③ istream_withassign 是重载了赋值运算符的输入流类，标准输入流 cin 是该类对象。

ostream 类及它的派生类提供了流的各种格式化、非格式化操作，对所有系统预定义的输出流重载流插入运算符"＜＜"。它有以下三个派生类。

① ofstream 是文件输出流类。

② ostrstream 是串输出流类。

③ ostream_withassign 是重载了赋值运算符的输出流类，标准输出流 cout、cerr、clog 是该类对象。

由 istream 和 ostream 类派生了输入/输出流类 iostream，综合了流的输入/输出操作。它有三个派生类：文件输入/输出流类 fstream、串输入/输出流类 strstream 和标准输入/输出流类 stdiostream。

11.1.2　头文件

C++的 iostream 类库提供了数百种 I/O 功能，iostream 类库的接口部分包含在几个头文件中。例如，常用的有以下三个头文件。

① iostream。头文件包含操作所有输入/输出流所需的基本信息，因此大多数 C++程序都应该包含这个头文件。该文件含有 cin（标准输入流）、cout（标准输出流）、cerr（非缓冲错误输出流）、clog（缓冲错误输出流）4 个对象，提供了无格式的和格式化的 I/O 功能。

② iomanip。头文件包含格式化 I/O 的带参数操纵算子。这些算子用于指定数据输入/输出的格式。

③ fstream。头文件包含处理文件的有关信息，提供建立文件、读/写文件的各种操作接口。

每种 C++版本通常还包含其他一些与 I/O 相关的库，提供特定系统的某些功能，如控制专门用途的音频和视频设备。

11.2　标准流与流操作

标准流是 C++预定义的对象，主要提供内存与外部设备进行数据交互的功能，包括数据提取、插入、解释及格式化处理等。

流的操作是流类的公有成员函数，可以调用标准流，也可以调用其他用户自定义的流，如文件流。在此，首先以标准流分析各种操作，稍后会看到它们出现在串流和文件流的操作上。

流操作主要是提取和插入数据。在前面的章节中，已经用重载运算符函数 operator>>和operator<<实现了数据的基本提取和插入。流类还定义了一系列公有成员函数，以完成不同方式的操作。

11.2.1 标准流

标准流对象（常简称为标准流）是为用户提供的常用外部设备与内存之间通信的通道。它们对数据进行解释和传输，提供必要数据缓冲等。标准流与外部设备之间的关系如图 11-3 所示。

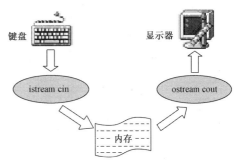

一个流对象一旦与一个外部设备或文件（外部设备也可以视为文件）连接，在程序中就只需要跟流对象打交道，而真正的外部设备或文件对程序是透明的。C++对标准流的端口连接提供了默认设置（有些可以重定向）。例如，标准输入流 cin 与键盘连接，程序员在程序中使用 cin 对象，就好像直接与键盘打交道一样，而不需要关心对键盘的底层操作，如键码的读取解释等。

图 11-3　标准流与外部设备之间的关系

① cin 是 istream 类的对象，标准输入流。它默认连向键盘，可以重定向。输入流的提取操作可以识别输入字节序列类型的数据。例如：

　　　　double x;

　　　　cin>>x;

只要程序中说明了变量 x 的类型，提取操作就可以从流中获取对应的字节数，正确地给出类型解释，并送到 x 中。

② cout 是 ostream 类的对象，标准输出流。它默认连向显示器，可以重定向。输出流的插入操作把内存中的基本数据类型对象转换成相应的字节序列，输出到标准输出设备上。例如：

　　　　cout<<x;

它把在内存中变量 x 用二进制代码形式存放的实数转换成对应的字符串形式，显示在屏幕上。

cin 和 cout 的重定向方法见附录 A.2.4。

③ cerr 是 ostream 类的对象，标准错误输出流。它连向显示器。所谓错误输出，是指报告程序中的错误信息只需要显示，而不需要保存。所以 cerr 不能重定向到文件中。输出到 cerr 中的信息不经过缓冲区，实时显示。

④ clog 是 ostream 类的对象，标准错误输出流。它连向打印机，不能重定向。送到 clog 中的输出是缓冲输出，即插入 clog 的信息可能保持在缓冲区中，等到缓冲区刷新时才输出。

对于 C++，标准流连接的外部设备都是文本形式的设备，标准流的主要工作是对内存中基本数据类型对象与文本进行翻译和传输。能够处理基本数据类型对象与文本之间 I/O 的流类称为文本流。

11.2.2 输入流操作

输入流操作是指输入流对象从流中提取数据，并写入内存。最常用的方法是使用流提取运算符 ">>" 输入基本数据类型对象。当遇到输入流中的文件结束符时，流提取运算符函数返回 0（false）；否则，返回对调用该运算对象的引用。所以，流提取运算符可以连用：

```
cin>>x>>y>>z;
```

流提取运算符具有类型转换功能，将输入流中的空白符、Tab 键、换行符等特殊字符作为分隔符。有时，可能希望对输入流进行更灵活的操作。表 11-1 列出了 istream 类的一些公有成员函数，它们以不同的方法提取输入流中的数据。

表 11-1　istream 类的公有成员函数

函　　数	功　　能
read	无格式输入指定字节数
get	从流中提取字符，包括空格
getline	从流中提取一行字符
ignore	提取并丢弃流中指定字符
peek	返回流中下一个字符，但不从流中删除它
gcount	统计最后输入的字符个数
eatwhite	忽略前导空格
seekg	移动输入流指针
tellg	返回输入流中指定位置的指针值
operator>>	流提取运算符

对于表 11-1 中的函数，C++会提供不同的重载版本（参阅 MSDN Library），以适应不同的用途。例如，get 函数主要有三种形式。

① **int get();**

不带参数的 get 函数从指定输入流中提取一个字符（包括空白字符），并将该字符作为函数调用的返回值。当遇到文件结束符时，返回系统常量 EOF。

② **istream& get(char& rch);**

该函数从指定输入流中提取一个字符（包括空白字符），把该字符写入 rch 引用的对象中。当遇到文件结束符时，返回 0；否则返回对 istream 对象的引用。

③ **istream& get(char* pch, int nCount, char delim = '\n');**

该函数从流当前字符开始，读取 nCount−1 个字符，或遇到指定分隔符 delim 后结束。该函数把读取的字符（不包括分隔符）写入数组 pch 中，并在字符串后添加'\0'。

getline 函数的语法格式为：

    istream& getline(char* pch, int nCount, char delim = '\n');

从流中提取一行字符。其参数的含义与 get 函数的相同。

read 函数的语法格式为：

    istream& read(char* pch, int nCount);

该函数将从流中读出的字节序列赋给 pch（地址）所指向的内存字节序列，参数 nCount 指定提取的字节数。该函数是非格式化操作，对读取的字节序列不进行处理，送到指定内存单元后由程序的类型定义解释。例如：

```
ifstream inf;
double x;
inf.read((char *) & x, 8);    //从输入流当前位置读取 8 字节，赋给 x 指示的内存单元
```

【例 11-1】用 get 函数从键盘输入字符。

```
#include <iostream>
using namespace std;
int main()
```

```
{   char c;
    cout<<"Enter first sentence followed by Enter\n";
    while( (c = cin.get()) != '\n' )        //输入并显示一行字符
        cout.put(c);
    cout<<endl;
    cout<<"Enter second sentence followed by Enter\n";
    while( cin.get(c) )                      //输入并显示一行字符
    {   if( c=='\n' ) break;
        cout.put( c );
    }
    cout<<endl;
    cout<<"Enter third sentence followed by Enter\n";
    char s[ 80 ];
    cin.get( s, 10 );                        //读取 9 个字符
    cout<<s<<endl;                           //显示
}
```

程序运行后输入字符串，并显示结果：

```
Enter first sentence followed by Enter
test get()
test get()
Enter second sentence followed by Enter
test get(char &)
test get(char &)
Enter third sentence followed by Enter
test get(char *, int, char)
test get(
```

有关输入流的指针操作，将在 11.5 节中介绍。

11.2.3 输出流操作

输出流操作是指把内存中的数据插入流中。常用的方法是，使用流插入运算符 "<<" 输出 C++基本数据类型的数据。因为插入运算返回调用该运算对象的引用，所以流插入运算符可以连用：

```
cout<<"23 + 15 = "<<23 + 15<<endl;
cout<<"Max = "<<( a > b ? a : b )<<endl;
```

ostream 还提供了一批输出流的公有成员函数。表 11-2 列出了主要的公有成员函数。

表 11-2 ostream 类的公有成员函数

函数	功能
put	无格式，插入 1 字节
write	无格式，插入 1 字节序列
flush	刷新输出流
seekp	移动输出流指针
tellp	返回输出流中指定位置的指针值
operator<<	流插入运算符

C++在头文件中提供了输出流的成员函数的原型。

put 函数的语法格式为：

ostream& put(char ch);

因为要求插入的是 1 字节，所以形参是字符类型。该函数返回输出流对象的引用。在例 11-1 中已经看到过 put 函数的调用情形。

write 函数的语法格式是：

  ostream& write(const char* pch, int nCount);

该函数向流中插入 pch（地址）所指向的字节序列，参数 nCount 指定字节数。例如：

  ofstream outf;

  double x = 0.618;

  outf.write((char *)&x,8); //把变量 x 中的 8 字节数据写入输出流当前位置

又如：

  char s[80];

  cin.get(s, 10);

  cout<<s;

可以改写为：

  char s[80];

  cin.get(s, 10);

  cout.write(s, 10);

有关输出流的指针操作，将在 11.5 节中介绍。

11.2.4　流错误状态

在 ios 类中，定义了一个记录流错误状态的数据成员，称为状态字。状态字的每位对应一种流的错误状态，并有一个对应的标识常量。错误状态字的描述见表 11-3。

表 11-3　错误状态字的描述

标识常量	值	意义
goodbit	0x00	状态正常
eofbit	0x01	文件结束符
failbit	0x02	I/O 操作失败，数据未丢失，可以恢复
badbit	0x04	非法操作，数据丢失，不可恢复

ios 类中有几个与流错误状态有关的公有成员函数。程序员使用这些函数时不需要熟知状态字的特定位值。

① **int eof() const;**

该函数返回 eofbit 状态值。当遇到文件结束符时，在输入流中自动设置 eofbit。此外，可以在程序中用 eof 函数测试是否到达文件尾。例如：

  cin.eof()

遇到文件结束符时返回 1，否则返回 0。可以按下 Ctrl+Z 组合键，表示标准输入流结束。

② **int fail() const;**

该函数返回 failbit 状态值，用于判断流操作是否失败。failbit 表示发生流格式错误，但缓冲区中的字符没有丢失。这种错误通常是可以修复的。

③ **int good() const;**

④ **int operator void *();**

上述两个函数，如果 bad、fail 和 eof 函数全部返回 false，即 eofbit、failbit 和 badbit 都没有被设置，则返回 1（true）；否则返回 0（false）。

⑤ **int bad() const;**

⑥ **int operator!();**

上述两个函数,只要 eofbit、failbit 或 badbit 中一个被设置,则返回 1(true);否则返回 0(false)。

⑦ **int rdstate() const;**

该函数返回状态字。例如,函数调用:

    cout.rdstate();

将返回流的当前状态。随后可以用位测试的方法检查各种错误状态。

⑧ **void clear(int nState = 0);**

该函数恢复或设置状态字。默认参数为 0,即 ios::goodbit,对状态字清 0,把流状态恢复为正常。例如:

    cin.clear();

将清除 cin 的状态字,并设置为 goodbit。而

    cin.clear(ios::failbit);

给流设置了 failbit。当程序操作遇到某些问题时可能需要这样做,在问题解决后再恢复。

【例 11-2】恢复状态字函数应用。程序运行后,当用户输入第一批数据后,用 Ctrl+Z 组合键结束循环,流错误状态字的文件结束位被置 1,表示键盘输入结束。若不调用 cin.clear 函数清除状态字,将无法执行后续的输入操作。

```
#include<iostream>
using namespace std;
int main()
{   int total=0, n=0, k;
    cout<<"input:\n";
    while(cin>>k)        //按Ctrl+Z组合键结束输入,流错误状态字的文件结束位被置1
    {   total+=k;   n++;
    }
    cin.clear();         //状态字清0,恢复流状态
    cout<<"again:\n";
    while(cin>>k)
    {   total+=k;   n++;
    }
    cout<<"total="<<total<<"\tn="<<n<<endl;
}
```

程序运行效果如下:

    input:
    1 2 3 4 5
    ^Z
    again:
    6 7 8 9
    ^Z
    total=45   n=9

11.3 格式控制

为了满足用户对数据输入/输出的格式化要求,ios 类提供了直接设置标志字的控制格式函数。iostream 和 iomanip 类还提供了一批控制符以简化 I/O 格式化的操作。

11.3.1 设置标志字

1. 标志常量

ios 类中说明了一个数据成员，用于记录当前流的格式化状态，这个数据成员称为标志字。标志字的每位用于记录一种格式。为便于记忆，每种格式都定义了对应的枚举常量。在程序中，可以使用标志常量或者直接用对应的十六进制值设置输入/输出流的格式。表 11-4 列出了主要的格式控制标志常量及其意义。表中最后一列"输入/输出"表示格式控制的适应性："I"表示只能用于流的提取，"O"表示只能用于流的插入，"I/O"表示可以用于流的提取和插入。

表 11-4　格式控制标志常量及意义

标志常量	值	意义	输入/输出
ios::skipws	0X0001	跳过输入中的空白	I
ios::left	0X0002	按输出域左对齐输出	O
ios::right	0X0004	按输出域右对齐输出	O
ios::internal	0X0008	在符号位或基数指示符后填入字符	O
ios::dec	0X0010	转换为十进制基数形式	I/O
ios::oct	0X0020	转换为八进制基数形式	I/O
ios::hex	0X0040	转换为十六进制基数形式	I/O
ios::showbase	0X0080	在输出中显示基数指示符	O
ios::showpoint	0X0100	输出时显示小数点	O
ios::uppercase	0X0200	十六进制数输出时一律用大写字母	O
ios::showpos	0X0400	正整数前加"+"号	O
ios::scientific	0X0800	用科学记数法显示浮点数	O
ios::fixed	0X1000	用定点形式显示浮点数	O
ios::unitbuf	0X2000	插入操作后立即刷新流	O

2. ios 类中控制格式的函数

ios 类中提供了用于直接操作标志字的公有成员函数。

（1）设置和返回标志字

　　long flags(long lFlags);

该函数用参数 lFlags 更新标志字，返回更新前的标志字。

　　long flags() const;

该函数返回标志字。

（2）操作标志字

　　long setf(long lFlags);

该函数设置参数 lFlags 指定的标志位，返回更新前的标志字。

　　long setf(long lFlags, long lMask);

该函数将参数 lMask 指定的标志位清 0，然后设置参数 lFlags 指定的标志位，返回更新前的标志字。

（3）清除标志字

　　long unsetf(long lFlags);

该函数将参数 lFlags 指定的标志位清 0，返回更新前的标志字。

ios 类中还提供了用于设置输出数据宽度、填充字符和设置输出显示精度的函数。

（4）设置和返回输出宽度

int width(int nw);

该函数设置下一个输出项的显示宽度为 nw。如果 nw 大于数据所需宽度，则在没有特别指示时，数据以右对齐方式显示；如果 nw 小于数据所需宽度，则 nw 无效，数据以默认格式输出。该函数的设置没有持续性，输出一个项目之后，将恢复系统的默认设置。

int width() const;

该函数返回当前的输出宽度值。

（5）设置填充字符

char fill(char cFill);

当设置宽度大于数据显示需要宽度时，空白位置以字符参数 cFill 填充。若数据在宽度域左对齐，则在数据右边填充；否则在数据左边填充。默认填充符为空白符。

char fill() const;

该函数返回当前使用的填充符。

（6）设置数据显示精度

int precision(int np);

该函数用参数 np 设置数据显示精度。如果浮点数以定点形式输出，则 np 表示小数点后的数字位数。如果设置为科学记数法输出，则 np 表示尾数精度位数（包括小数点）。

系统提供数据显示精度的默认值为 6 位。float 型数据最大显示精度为 6 位，double 型数据最大显示精度为 15 位。

int precision() const;

该函数返回当前数据显示精度。

【例 11-3】设置输出宽度。

```
#include <iostream>
using namespace std;
int main()
{   char *s = "Hello";
    cout.fill( '*' );                          //置填充符
    cout.width( 10 );                          //置输出宽度
    cout.setf( ios::left );                    //左对齐
    cout<<s<<endl;
    cout.width( 15 );                          //置输出宽度
    cout.setf( ios::right, ios::left );        //清除左对齐标志位，置右对齐
    cout<<s<<endl;
}
```

程序运行结果：

```
Hello*****
**********Hello
```

【例 11-4】不同基数形式的输入/输出。

```
#include <iostream>
using namespace std;
int main()
{   int a , b , c;
    cout<<"Please input a in decimal: ";
    cin.setf( ios::dec, ios::basefield );      //置十进制数形式输入
    cin>>a;
    cout<<"Please input b in hexadecimal: ";
    cin.setf( ios::hex, ios::basefield );      //置十六进制数形式输入
```

```
            cin>>b;
            cout<<"Please input c in octal: ";
            cin.setf( ios::oct, ios::basefield );           //置八进制数形式输入
            cin>>c;
            cout<<"Output in decimal :\n";
            cout.setf( ios::dec, ios::basefield );           //置十进制数形式输出
            cout<<"a = "<<a<<"    b = "<<b<<"    c = "<<c<<endl;
            cout.setf( ios::hex , ios::basefield );          //置十六进制数形式输出
            cout<<"Output in hexadecimal :\n";
            cout<<"a = "<<a<<"    b = "<<b<<"    c = "<<c<<endl;
            cout.setf( ios::oct, ios::basefield );           //置八进制数形式输出
            cout<<"Output in octal :\n";
            cout<<"a = "<<a<<"    b = "<<b<<"    c = "<<c<<endl;
        }
```

程序运行结果：

```
        Please input a in decimal: 259
        Please input b in hexadecimal: 19bf
        Please input c in octal: 274
        Output in decimal :
        a = 259    b = 6591    c = 188
        Output in hexadecimal :
        a = 103    b = 19bf    c = bc
        Output in octal :
        a = 403    b = 14677    c = 274
```

流格式标志字的每位表示一种格式，标志位之间会有依赖关系。例如，dec、oct 和 hex 在同一时刻只能有一位被设置，所以，在设置一位之前应该清除其他有排斥的位。为了便于清除同类排斥位，ios 类定义了几个公有静态符号常量：

```
        ios::basefield          值为 dec|oct|hex
        ios::adjustfield        值为 left|right|internal
        ios::floatfield         值为 scientific|fixed
```

在程序中，用以下方式设置标准输出流，用八进制基数形式插入数据项，置值之前应用 ios::basefield 清除各基数标志位：

```
        cout.setf( ios::oct , ios::basefield );
```

也可以用或运算符"|"同时设置几个标志字。

【例 11-5】格式化输出浮点数。

```
        #include <iostream>
        using namespace std;
        int main()
        {   double x = 22.0/7;
            int i;
            cout<<"Output in fixed :\n";
            cout.setf( ios::fixed | ios::showpos );    //定点输出，显示+
            for( i=1; i<=5; i++ )                      //用不同精度输出
            {   cout.precision( i );
                cout<<x<<endl;
            }
            cout<<"Output in scientific :\n";
            cout.setf(ios::scientific,ios::fixed|ios::showpos);
            //清除原设置，用科学记数法输出
            for( i=1; i<=5; i++ )                      //用不同精度输出
```

```
        {   cout.precision(i);
                cout<<x*1e5<<endl;
        }
    }
```
程序运行结果：

Output in fixed :

+3.1

+3.14

+3.143

+3.1429

+3.14286

Output in scientific :

3e+005

3.1e+005

3.14e+005

3.143e+005

3.1429e+005

11.3.2 格式控制符

前面介绍了 C++格式化 I/O 的基本机理和实现方法。但是，使用 ios 类的函数进行格式控制比较烦琐。C++在 ios 类的派生类 istream 和 ostream 中定义了一批函数，作为重载流插入运算符"<<"或流提取运算符">>"的右操作数来控制 I/O 格式，称为控制符（或操纵算子），从而简化了格式化输入/输出代码的编写。这些控制符在 iostream.h 或 iomanip.h 文件中声明。

1. iostream 类中的控制符

在前面各章节的例程中已经使用过 iostream 的控制符 endl。endl 的作用是在流中插入一个换行符，并清空流。iostream 还有几个常用的控制符（见表 11-5），对 I/O 操作很有用。

表 11-5　iostream 几个常用的控制符

控制符	功能	输入/输出
endl	输出一个新行符，并清空流	O
ends	输出字符串结束符，并清空流	O
flush	清空流缓冲区	O
dec	用十进制数形式输入或输出数值	I/O
hex	用十六进制数形式输入或输出数值	I/O
oct	用八进制数形式输入或输出数值	I/O
ws	提取空白字符	I

【例 11-6】不同基数形式的输入/输出。此程序与例 11-4 功能相同。
```
    #include <iostream>
    using namespace std;
    int main()
    {   int a, b, c;
        cout<<"Please input a in decimal: ";
        cin>>dec>>a;              //置十进制数形式输入
        cout<<"Please input b in hexadecimal: ";
        cin>>hex>>b;             //置十六进制数形式输入
        cout<<"Please input c in octal: ";
        cin>>oct>>c;             //置八进制数形式输入
```

```
        cout<<"Output in decimal :\n";
        cout<<"a = "<<a<<"    b = "<<b<<"    c = "<<c<<endl;    //默认十进制数形式输出
        cout<<"Output in hexadecimal :\n";
        cout<<hex<<"a ="<<a<<" b ="<<b<<" c ="<<c<<endl;    //置十六进制数形式输出
        cout<< "Output in octal :\n";
        cout<<oct<<"a ="<<a<<" b ="<<b<<" c ="<<c<<endl;    //置八进制数形式输出
    }
```

2. iomanip 类中的控制符

在 iomanip 类中定义了若干控制符，用于设置 ios 类的标志字，见表 11-6。

表 11-6 iomanip 类的控制符

控制符	功能	输入/输出
resetiosflags(ios::lFlags)	清除 lFlags 指定的标志位	I/O
setiosflags(ios::lFlags)	设置 lFlags 指定的标志位	I/O
setbase(int base)	设置基数，base = 8,10,16	I/O
setfill(char c)	设置填充符 c	O
setprecision(int n)	设置浮点数输出精度	O
setw(int n)	设置输出宽度	O

表 11-6 中的参数 lFlags 定义可参见前面说明。注意，setiosflags 不能代替 setbase 的作用。

【例 11-7】整数的格式化输出。

```
        #include <iostream>
        #include <iomanip>
        using namespace std;
        int main()
        {   const int k = 618;
            cout<<setw(10)<<setfill('#') <<setiosflags(ios::right)<<k<<endl;
            cout<<setw(10)<<setbase(8)<<setfill('*') <<resetiosflags(ios::right)
                <<setiosflags(ios::left) <<k<<endl;
        }
```

程序运行结果：
```
        ######618
        1152******
```

程序中，置流表示基数 setbase(8)相当于 iostream 类的控制符 oct。同理，setbase(10)相当于控制符 dec，setbase(16)相当于控制符 hex。

【例 11-8】格式化输出浮点数。此程序与例 11-5 的功能相同。

```
        #include <iostream>
        #include <iomanip>
        using namespace std;
        int main()
        {   double x = 22.0/7;
            int i;
            cout<<"Output in fixed :\n";
            cout<<setiosflags( ios::fixed | ios::showpos);          //定点输出，显示+
            for( i=1; i<=5; i++ )
                cout<<setprecision(i)<<x<<endl;
            cout<<"Output in scientific :\n";
            cout<<resetiosflags( ios::fixed|ios::showpos)            //清除原设置
                <<setiosflags( ios::scientific );                    //用科学记数法输出
```

```
    for( i=1; i<=5; i++ )
        cout<<setprecision(i)<<x*1e5<<endl;
}
```

11.4 串流

标准流对象的 I/O 操作是指内存与外部设备的数据传输。C++语言还可以定义连接内存的流对象——字符串流。程序可以用文本流 I/O 的工作方式操纵 C++语言的 string 对象或 C 语言式的字符串，即串流对象可以连接 string 对象或字符串。

串流在提取数据时，对字符串按变量类型进行解释；在插入数据时，把类型数据转换成字符串。串流 I/O 具有格式化功能。在程序设计中，串流通常利用 string 对象或字符串作为与外部设备交换数据的缓冲区。例如，准备写入磁盘文件的数据、模拟编辑屏幕格式或把对外部输入的数据放在串流中以便验证等。

串流类 strstream、istrstream、ostrstream 等是 ios 类的派生类。其中，istrstream 和 ostrstream 类支持通过 C 语言的字符串输入/输出。使用这些串流类要包含 strstream 头文件。

stringstream、istringstream、ostringstream 类库中定义的 istringstream 和 ostringstream 类支持从 string 对象输入/输出数据，并且更加安全。使用这些串流类要包含 sstream 头文件。

【例 11-9】用输入串流对象从 string 对象中提取数据。

```
#include<iostream>
#include<sstream>
using namespace std;
int main()
{   string testStr( "Input test 256 * 0.5");       //建立串对象
    string s1, s2, s3;
    double x, y;
    istringstream input(testStr);                  //建立 istringstream 类对象，与串对象连接
    input>>s1>>s2>>x>>s3>>y;                        //通过 input 从 testStr 中提取数据
    cout<<s1<<' '<<s2<<' '<<x<<s3<<y<<"="<<x*y<<endl;
}
```

程序运行结果：

    Input test 256*0.5=128

输入串流对象通过构造函数与 string 对象连接。串流类有不同版本的重载构造函数，可以用第二个参数指定用串的前 n 个字符构造流对象。当指定连接的对象是一个串常量时，C++会自动生成一个匿名 string 对象。例如，以下都是正确的构造方式：

```
istringstream input2( testStr, 10 );
istringstream input3( "Input test 256 * 0.5" );
istringstream input3( "Input test 256 * 0.5", 10 );
```

下面是该程序的另一个实现版本，输入串流类对象与 C 语言的字符串连接：

```
#include<iostream>
#include<strstream>
using namespace std;
int main()
{   char *testStr =   "Input test 256 * 0.5";
    char s1[10], s2[10], s3[10];
    double x, y;
    istrstream input( testStr );                   //建立 istrstream 类对象
    input>>s1>>s2>>x>>s3>>y;                        //通过 input 从 testStr 中提取数据
    cout<<s1<<' '<<s2<<' '<<x<<s3<<y<<"="<<x*y<<endl;
}
```

【**例 11-10**】用输出串流对象向 string 对象中插入数据。

```cpp
#include<iostream>
#include<sstream>
using namespace std;
int main()
{   ostringstream Output;                      //建立输出串流类对象，连接一个匿名 string 对象
    double x, y;
    cout<<"Input x : ";
    cin>>x;
    cout<<"Input y : ";
    cin>>y;
    Output<<x<<" * "<<y<<" = "<<x*y<<endl;      //插入数据项
    cout<<Output.str();                        //输出匿名 string 对象
}
```

程序运行结果：

```
Input x : 256
Input y : 0.5
256 * 0.5 = 128
```

上述程序建立输出串流对象 Output 时，没有指出被连接的 string 对象。输出串流可以自动生成匿名的 string 对象作为输出缓冲区，成员函数 str 可以读出匿名对象的串值。

下面是该程序的另一个实现版本，输出串流类对象与字符数组显式连接：

```cpp
#include<iostream>
#include<strstream>
using namespace std;
void main()
{   char buf[80];
    ostrstream Output(buf,sizeof(buf));        //建立输出流类对象，与字符数组连接
    double x, y;
    cout<<"Input x : ";
    cin>>x;
    cout<<"Input y : ";
    cin>>y;
    Output<<x<<" * "<<y<<" = "<<x*y<<'\0';      //最后插入结束符
    cout<<buf<<endl;                           //屏幕显示结果
}
```

上述程序建立 Output 对象调用 ostrstream 类带两个参数的构造函数：第一个参数是字符数组（指针），指定输出串流连接的字符串；第二个参数是最大存储长度。

Output 的操作对象是 C 语言字符串 buf，当执行插入操作时，为使系统能正确判断串的结束，需要在最后插入一个空白符。当通过 Output 把全部输出信息编辑完成后，用标准流 cout 显示字符数组 buf 的数据。

11.5 文件处理

任何一个应用程序运行，都要利用内存存放数据。这些数据在程序运行结束之后就会消失。为了永久地保存大量数据，计算机用外存（例如磁盘、磁带）保存数据。各种计算机应用系统通常把一些相关信息组织起来保存在外存中，称为文件，并用一个名字（称为文件名）加以标识。

不同的应用系统对文件有不同的分类方式。C++语言把文件看成无结构的字节流，根据文件数据的编码方式不同，分为文本文件和二进制数据文件。根据存取方式不同，分为顺序存取文件和随机存取文件。

流库的 ifstream、ofstream 和 fstream 类用于内存与文件之间的数据传输。

11.5.1 文件与流

C++文件是顺序排列的字节序列，长度为 n，字节号范围为 $0\sim n-1$，如图 11-4 所示。

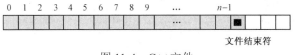

图 11-4　C++文件

文件中的字节都是二进制代码，数据的含义取决于对数据的操作。如果文件中的每个字节都是一个 ASCII 码，则每个字节代表一个字符，它们被送到可以解释 ASCII 码值的输出设备中，例如，显示器、打印机等。键盘属于字符输入设备，从键盘获取的数据是字符流。操作系统将这些设备都作为文本文件对待。对应的处理这些设备的标准流对象 cout、cerr、clog、cin 等称为文本文件流。可以用 ASCII 码值解释的文件称为文本文件。文本文件是一种解释方式最简单的文件。

文本文件除了可以表示可见字符，还可以表示一些控制设备动作的特殊符号，如换行符、制表符、响铃等。详细情况请参阅附录 C 的 ASCII 码字符集。对于文本文件，iostream 类定义了一个表示文件结束的标识常量 EOF（End Of File），它是值为 0x1A 的字符，称为文件结束符。关闭文件流时，该字符被自动添加到文件尾部。在键盘操作上，按下 Cul+Z 组合键，就可以在标准输入流 cin 中输入文件结束符。

文件的字节流可以解释为各种类型的数据。例如，C++的基本数据类型的数据，特定应用系统的图形、声音数据等。不同的解释方式，依赖于不同应用程序的操作。C++把非文本文件都称为二进制数据文件。当然，文本文件也是一种特殊的二进制数据文件，即字符类型数据文件。

因为二进制数据文件不能像文本文件那样方便地识别文件结束符，所以读/写文件时，要根据数据或流指针的位置判断记录的完整性或文件是否结束。

从文件输入数据到内存中，称为读文件；向文件输出内存中的数据，称为写文件。

顺序存取文件指对文件中的元素进行顺序操作。为读取第 i 个元素，首先要读取第 $i-1$ 个元素。磁带文件是一种典型的顺序文件。

随机存取文件通过文件指针在文件内移动，可以查找到指定位置进行读/写。

C++中，要进行文件的读/写操作，首先必须建立一个文件流对象，然后把这个流对象与实际文件相关联（称为打开文件）。一旦流与文件连接后，程序就可以使用流类的各种功能对文件进行操作。一个文件用完后，需要关闭文件。

C++有三种文件流：ifstream 头文件包含文件输入流类 ifstream，ofstream 头文件包含文件输出流类 ofstream，fstream 头文件包含文件输入/输出流类 fstream。

11.5.2 打开和关闭文件

文件操作总是包含三个基本步骤：

● 打开文件；

● 读/写文件；

● 关闭文件。

本节讲解文件的打开和关闭。

1．打开文件

打开文件操作包括：建立文件流对象，与外部文件关联，指定文件的打开方式。打开文件有两种方法。

① 先建立流对象，然后调用 open 函数连接外部文件。

  流类 **对象名；**

  对象名.open(文件名，方式 **);**

② 调用流类带参数的构造函数，在建立流对象的同时连接外部文件。

  流类 **对象名(** 文件名，方式 **);**

其中，"流类"是 C++流类库定义的文件流类，为 ifstream 类、ofstream 类或 fstream 类。如果以读方式打开文件，应该用 ifstream 类；如果以写方式打开文件，应该用 ofstream 类；如果以读/写方式打开文件，应该用 fstream 类。

"对象名"是用户定义标识符，流对象名。

"文件名"是用字符串表示的外部文件的名字，可以是已经赋值的串变量或者用双引号相括的串常量。要求使用文件全名。如果文件不在当前工作目录中，需要写出路径。

"方式"是 ios 类定义的标识常量（见表 11-7），表示文件的打开方式。

例如，用第①种方法打开文件。

打开一个已有文件 datafile.dat，准备读：

  ifstream infile;   //建立输入文件流对象

  infile.open("datafile.dat" , ios::in); //连接文件，指定打开方式

打开（创建）一个文件 newfile.dat，准备写：

  ofstream outfile;   //建立输出文件流对象

  outfile.open("D:\\newfile.dat" , ios::out); //连接文件，指定打开方式

注意，在直接用串常量指定文件路径时使用了两个反斜杠"\\"，因为程序中该符号已被 C++赋予特殊语义，表示转义，如\n 和\t 等。为了恢复原有的字符意义，需要连用两个反斜杠"\\"。

第②种方法是，调用 fstream 类带参数的构造函数，在建立流对象的同时，用参数形式连接外部文件并指定打开方式。

例如：

  ifstream infile("datafile.dat" , ios::in);

  ofstream outfile("D:\\newfile.dat" , ios::out);

  fstream rwfile("myfile.dat" , ios::in | ios::out);

以读/写方式打开文件，可以用或运算符"|"连接两个表示打开方式的标识常量，因为这些标识常量都是 ios 类的数据成员文件打开方式标志字的位值。文件打开方式如表 11-7 所示。

表 11-7 文件打开方式

标识常量	值	意　义
ios::in	0x0001	读方式打开文件
ios::out	0x0002	写方式打开文件
ios::ate	0x0004	打开文件时，文件指针指向文件末尾
ios::app	0x0008	追加方式，将向文件中输出的内容追加到文件尾部
ios::trunc	0x0010	删除文件现有的内容（ios::out 的默认操作）
ios::nocreate	0x0020	如果文件不存在，则打开操作失败
ios::noreplace	0x0040	如果文件存在，则打开操作失败
ios::binary	0x0080	以二进制代码方式打开，默认为文本方式

2．关闭文件

当一个文件操作完毕后，应及时关闭它。关闭文件操作包括：把缓冲区数据完整地写入文件，添加文件结束符，切断流对象与外部文件的连接。

关闭文件使用 fstream 类的成员函数 close。

例如：

```
ifstream infile;
infile.open( "file1.txt" , ios::in );
//读文件
infile.close();                        //关闭 file1.txt
infile.open("file2.txt" , ios::in );   //重用流对象
```

用成员函数 close 关闭文件后，若流对象的生存期没有结束，即流对象依然存在，还可以与其他文件连接。上述语句关闭 file1.txt 后，重用流 infile 打开文件 file2.txt。

当一个流对象的生存期结束时，系统也会自动关闭文件。

读/写文件是 I/O 流的操作。下面将分别介绍文本文件和二进制数据文件的操作。

11.5.3　文本文件

文本文件用文本文件流进行读/写操作。文本文件是顺序存取文件。

文本文件用默认方式打开。

描述一个对象的信息称为一个记录。文本文件本身没有记录逻辑结构。为了便于识别，在文本文件中通常将一个记录放在一行（用换行符分隔的逻辑行）中。记录的每个数据项之间可以用空白符、换行符、制表符等作为分隔符。

【例 11-11】建立一个包含学生学号、姓名、成绩的文本文件。本例程一行放一个学生记录。

```
#include<iostream>
#include<fstream>
using namespace std;
int main()
{   char fileName[30] , name[30];
    int number , score;
    ofstream outstuf;                           //建立输出文件流对象
    cout<<"Please input the name of students file :\n";
    cin>>fileName;                              //输入文件名
    outstuf.open( fileName, ios::out );         //连接文件，指定打开方式
    if( !outstuf )                              //调用重载运算符函数测试流
    {   cerr<<"File could not open."<<endl;
        abort();
    }
    outstuf<<"This is a file of students\n";    //写入一行标题
    cout<<"Input the number, name, and score : "
        <<"(Enter Ctrl+Z to end input)\n?";
    while( cin>>number>>name>>score )
    {   outstuf<<number<<' '<<name<<' '<<score<<'\n'; //向流中插入数据
        cout<<"? ";
    }
    outstuf.close();                            //关闭文件
}
```

程序运行结果：

```
Please input the name of students file :
D:\students.txt
Input the number, name, and score : (Enter Ctrl+Z to end input)
? 101 Chen 78
? 120 Feng 80
```

```
? 130 Guo 85
? 143 Lin 90
? 155 Peng 65
? ^Z
```

程序运行后，可以用任意字处理工具，如写字板，打开文件进行浏览。C++可以创建文件名，但不能建立文件目录（要在程序中建立目录，应该嵌入 DOS 命令，见附录 B 中的 system 函数）。注意，从键盘输入文件路径时，没有重用"\"。因为输入字符串是在程序运行之后插入 cin 的，编译器不会再进行语法分析。而直接写在程序代码中表示文件名的串常量，要由编译器进行语法分析，因而把"\"解释为转义符。

程序中说明了输出文件流对象 outstuf，用 open 函数关联文件，指定打开方式为输出方式。没有指定文件代码性质的默认为文本方式。所以，流对象 outstuf 是输出文本文件流类。outstuf 的操作方式与 cout 一样，区别仅是关联的外部文件不同。

【例 11-12】读文本文件。读取由例 11-11 建立的文本文件 D:\students.txt，在屏幕上显示学生记录，以及最高分数、最低分数和平均分数。

```cpp
#include<iostream>
#include<fstream>
using namespace std;
int main()
{   char name[30] , s[80];
    int number , score;
    int n = 0, max, min, total = 0;
    double ave;
    ifstream instuf("D:\\students.txt", ios::in);      //打开文件
    instuf.seekg(0,ios::beg);                          //流指针置在文件头
    if( !instuf )
    {   cerr<<"File could not open."<<endl;
        abort();
    }
    instuf.getline( s, 80 );                           //略去标题行
    while( instuf>>number>>name>>score )              //提取并测试
    {   cout<<number<<'\t'<<name<<'\t'<<score<<'\n';
        if(n==0)
            max = min = score;
        else
        {   if( score > max )   max = score;
            if( score < min )   min = score;
        }
        total+=score;
        n++;
    }
    ave = double(total) / n;
    cout<<"maximal is : "<<max<<"\nminimal is : "<<min<<"\naverage is : "<<ave<<'\n';
    instuf.close();                                    //关闭文件
}
```

程序运行结果：

```
101     Chen    78
120     Feng    80
130     Guo     85
143     Lin     90
```

```
155        Peng        65
```
maximal is : 90
minimal is : 65
average is : 79.6

程序建立输出文件流对象 instuf 时，调用带参数的构造函数，连接外部文件，指定打开方式，完成打开文件操作。

while 语句按顺序检索文件的数据。程序通常从文件的起始位置读取数据，并略去一些不必要的内容，例如，文件标题。可以用 get 函数读一个字符，用 getline 函数读一行字符。

程序在打开文件后，使用语句：

```
instuf.seekg(0,ios::beg);
```

把流指针指向文件头。在一般情况下，流对象打开文件时，指针会自动指向文件头。但如果流对象是重用的，就必须确定流指针的位置了。

另外，流指针经过对文件的操作之后，流对象的错误状态字被修改，有可能会影响新的操作。这时可以使用 clear 方法清除错误状态字，使其恢复正常。例如，可以用语句：

```
instuf.clear();
```

以便流对象接收新的操作。

【例 11-13】浏览文件。有时，人们不对文件的数据进行任何处理，只需要简单地浏览一下文件。browseFile 函数用 getline 按行读出文件中的字符，直接显示在屏幕上。形参 fileName 用于接收外部文件名，delLine 表示开头不显示的行数。

```
void browseFile( char * fileName, int delLine )
{   ifstream inf( fileName, ios::in );
    char s[80];
    for( int i=1; i <= delLine; i++ )        //读出开头的 delLine 行，不显示
        inf.getline( s, 80 );
    while( !inf.eof() )
    {   inf.getline( s, 80 );                //按行读出文件
        cout<<s<<endl;                       //按行显示
    }
    inf.close();
}
```

若对函数有以下调用：

```
browseFile( "D:\\students.txt", 0 );
```

则把文件内容按存放格式全部显示出来：

```
This is a file of students
101 Chen 78
120 Feng 80
130 Guo 85
143 Lin 90
155 Peng 65
```

一个文本文件一旦建立之后，便不能随意插入数据，但可以在文件尾部追加数据。向文件中追加数据，应以 app 方式打开文件。

【例 11-14】向文件中追加记录。

```
int Append( char * fileName )
{   char name[30], ch;
    int number , score;
    ofstream outstuf( fileName, ios::app );              //以追加方式打开文件
    if (!outstuf)
```

```
{   cerr<<"File could not open."<<endl;
    return 0;
}
cout<<"Do you want append record to "<<fileName<<" ?(Y or N)\n";
cin>>ch;                                        //用户应答
while( ch=='Y' || ch=='y' )
{   cout<<"Input the number, name, and score :\n";
    cin>>number>>name>>score;
    outstuf<<number<<' '<<name<<' '<< score<<'\n';    //追加一个记录
    cout<<"?(Y or N) ";
    cin>>ch;                                    //用户应答
    if( ch == 'N' || ch == 'n' )
        cout<<"Close file.\n";
}
outstuf.close();
return 1;
}
```

Append 函数在参数 fileName 指定的文件尾部追加记录。函数体内建立的输出文件流 outstuf 以追加方式打开文件 fileName。变量 ch 用于读取用户的操作回答。若输入字符 Y 或 y，则表示继续追加记录；若输入字符 N 或 n，则表示结束操作，关闭文件。若函数返回 0，则表示文件不能打开；若返回 1，则表示文件正常操作。

【例 11-15】复制文本文件。程序把 srcFile 所指文件复制到 destFile 所指文件中。get 函数和 put 函数完成文本文件全部字符的复制，包括空白符、控制符等符号的复制。

```
int copyFile(char * srcFile , char * destFile)
{   char ch;
    ifstream infile(srcFile, ios::in);          //打开源文件
    ofstream outfile(destFile, ios::out);       //打开目标文件
    if (!infile)
    {   cerr << srcFile << " : File could not open." << endl;
        return 0;
    }
    if (!outfile)
    {   cerr << srcFile << " : File could not open." << endl;
        return 0;
    }
    while (infile.get(ch))                       //全部字符复制
        outfile.put(ch);
    infile.close();
    outfile.close();
    cout << "finish !\n";
    return 1;
    if (!infile)
    {   cerr << srcFile << " : File could not open." << endl;
        return 0;
    }
    if (!outfile)
    {   cerr << destFile << " : File could not open." << endl;
        return 0;
    }
    while (infile.get(ch))                       //全部字符复制
        outfile.put(ch);
```

```
                    infile.close();
                    outfile.close();
                    cout << "finish !\n";
                    return 1;
             }
```

对文本文件的主要操作，如建立文件、浏览文件、编辑文件和复制文件等，都可以使用各种现成的字处理工具或直接在操作系统下完成。但如果把文本文件看成有结构的数据文件，进行条件检索、统计等操作，就必须借助应用程序。在编写应用程序时，要十分清楚文件的组织格式，并且不能让用户随意打开、修改文本文件，否则很容易引起错误。

更新文本文件的数据需要重建文件。例如，要把文件中的浮点数 3.14 改为 3.14159，虽然它们都是 double 型的，在程序运行中并没有增加内存开销，但在文本文件中是不同长度的字符串。因此，直接在原文件中进行修改会破坏文件中的其他数据。

11.5.4 二进制数据文件

二进制数据文件以基本类型数据的二进制代码形式存放，二进制数据流不对写入或读出的数据进行格式转换。写操作时，将从内存的指定位置开始的若干字节插入流中；读操作时，从流的指定位置开始送若干字节给指定对象。数据的解释由内存对象的类型决定。

因为二进制数据文件的存储格式和内存格式一致，存储长度仅与数据类型相关，所以二进制数据文件中的数据易于修改而不损坏其他数据。例如，一个 double 型数据，不管是 3.14 还是 3.14159，其二进制代码表示都是 8 字节的。又如，定义一个长度为 30 的字符数组用于存放名字，只要不超过额定长度，都不会影响其他数据。因此，二进制数据文件又称为类型文件。由数据类型解释的一个单元通常包含若干字节，称为一个文件的"记录"，或文件的"元素"。

二进制数据文件的读/写方式完全由程序控制，一般的字处理工具不能参与编辑。

二进制数据文件的读/写无须经过格式化转换，因而便于高速处理数据。

C++语言用 binary 方式打开二进制数据文件。从二进制数据文件流中读取数据使用 istream 类的 read 函数；向二进制数据文件流中写入数据用 ostream 类的 write 函数。

二进制数据文件是随机存取文件。C++的流指针在字节流中移动，指针所指向的位置，对数据既可读又可写。

文件打开以后，系统自动生成两个隐含的流指针——读指针和写指针。istream、ostream 类的成员函数可以返回指针的值（指向）或移动指针。打开文件时，流指针指向文件的第一个字节。文件的读/写从流指针所指的位置开始，每完成一次读/写操作后，流指针都将自动移动到下一个读/写分量的起始位置。

除了读/写操作自动移动流指针，istream 和 ostream 类还分别提供对读指针和写指针的操作函数。通过改变读指针或写指针的位置，程序能够以任意顺序对文件进行读出或写入数据操作。

1．istream 类操作读指针的函数

（1）移动读指针的函数

    istream& seekg(long pos);

    istream& seekg(long off, ios::seek_dir dir);

其中，pos 表示指针的新位置，off 表示指针偏移量，dir 表示参照位置。

带一个参数的 seekg 函数，直接由参数 pos 指定指针的新位置。

例如，设 input 是一个 istream 类对象，则：

    input.seekg(120);   //input 流的读指针移到第 120 个字节处

带两个参数的 seekg 函数以 dir 为参照位置移动指针，偏移量为 off。seek_dir 是一个枚举类

型，在 ios 类中定义为：

```
enum seek_dir { beg = 0, cur = 1, end = 2 };
```

seek_dir 的常量值有以下含义（见图 11-5）：

ios::cur　　　　表示当前流指针位置
ios::beg　　　　表示流的开始位置
ios::end　　　　表示流的结尾位置

例如：

```
input.seekg( 20, ios::beg );        //以流的开始位置为基准，后移 20 个字节
input.seekg( -10, ios::cur );       //以指针的当前位置为基准，前移 10 个字节
input.seekg( -10, ios::end );       //以流的结尾位置为基准，前移 10 个字节
```

可见，seekg(n)等价于 seekg(n, ios::beg)。

图 11-5　流指针位置

值得注意的是，当二进制数据文件流指针指向 ios::end 时，并不表示指向最后一个完整记录数据之后。

（2）返回读指针当前指向位置的函数

long tellg();

其返回值是表示存储地址的长整型值。例如：

```
input.seekg( 0, ios::beg );
long pos = input.tellg();           //返回流开始位置的地址
input.seekg( 0, ios::end );
pos = input.tellg();                //返回流结尾位置的地址
```

2．ostream 类操作写指针的函数

（1）移动写指针的函数

ostream& seekp(long pos);
ostream& seekp(long off, ios::seek_dir dir);

（2）返回写指针当前指向位置的函数

long tellp();

函数参数意义与操作读指针函数相同。

【例 11-16】二进制数据文件的操作。本例程通过一个整数文件的建立、修改和输出操作，演示二进制数据文件的基本操作。

```
#include <fstream>
#include<iostream>
using namespace std;
int main()
{   int i, j;
    fstream f;                                      //说明文件流对象
    //建立文件，写方式打开文件
    f.open( "D:\\DATA.dat" , ios::out|ios::binary);
    for( i = 1; i <= 10; i++ )                       //循环
        f.write((char *)&i, sizeof(int) );           //写入 i
    f.close();                                       //关闭文件
    //修改文件，读写方式打开文件
    f.open("D:\\DATA.dat",ios::in|ios::out|ios::binary);
    for( i = 0; i<10; i++ )                          //遍历文件中的 10 个数据
```

```
    {   f.seekg( long( sizeof( int ) * i ) );              //移动流指针
        f.read( ( char* ) &j, sizeof( int ));              //读出指针所指数据，写入变量 j
        if( j%2 )                                          //若 j 为奇数
        {   j += 10;                                       //修改 j
            f.seekp( −long(sizeof(int)),ios::cur);         //流指针指示写位置
            f.write((char *)&j, sizeof(int) );             //写入修改后的数据
        }
    }
    f.seekg( long( sizeof( int ) * 10 ) );                 //流指针移到文件尾
    for( i = 91; i<=95; i++ )                              //添加 5 个数据
        f.write( (char*)&i, sizeof(int) );                 //把 i 写入文件
    //输出文件数据
    f.seekg( 0,ios::beg );                                 //流指针移到文件头
    for( i = 0; i<15; i++ )                                //遍历
    {   f.read( ( char* ) &j,sizeof(int));                 //读出流当前数据，写入变量 j
        cout<<j<<" ";                                      //显示 j
    }
    cout<<endl;
    f.close();                                             //关闭文件
}
```

程序运行结果：

11213 4 15 6 17 8 19 10 91 92 93 94 95

二进制数据文件通常采用记录类型作为读/写单位，便于程序对信息的检索处理。

【例 11-17】建立记录文件。读出在例 11-11 中建立的文本文件 D:\students.txt 中的学生信息，并写入新建立二进制数据文件 D:\students.dat 中。

```
#include<iostream>
#include<fstream>
using namespace std;
struct student                                //定义记录
{   int number;
    char name[30];
    int score;
};
const student mark = { 0, "noName\0", 0 };     //空记录，文件结束标志
int main()
{   char s[80];
    student stu;
    ifstream instuf("D:\\students.txt", ios::in);    //读文本文件
    ofstream outf("D:\\students.dat", ios::out|ios::binary);
    //写二进制数据文件
    if ( !instuf |!outf )
    {   cerr<<"File could not open."<<endl;
        abort();
    }
    instuf.getline( s, 80 );                          //略去标题行
    //从文本文件提取数据，并测试
    while( instuf>>stu.number>>stu.name>>stu.score )
    {   cout<<stu.number<<'\t'<<stu.name<<'\t'<<stu.score<<'\n'; //显示
        outf.write((char*)&stu, sizeof(student));     //写记录到二进制数据文件中
    }
    outf.write((char*)&mark, sizeof(student));        //写入文件结束标志
```

```
        instuf.close();                        //关闭文本文件
        outf.close();                          //关闭二进制数据文件
    }
```

注意，程序中：

```
        instuf>>stu.number>>stu.name>>stu.score
```

把一个当前行的文本转换成 student 类型数据，写入内存变量 stu 中。而

```
        outf.write((char*)&stu, sizeof(student));
```

把变量 stu 的值直接以二进制代码的形式写到 outf 连接的文件 students.dat 中。这种情况也适用于其他标准类型数据和用户定义类型，如类类型对象的数据。

　　二进制数据文件与文本文件不同。在文本文件中，每个字节都是 ASCII 码值，因而可以用一个 ASCII 码值表示文件结束，读文件时能够简捷地调用 eof 函数进行判断。而二进制数据文件的字节流不是用 ASCII 码值解释的，它用多个字节序列表示一个程序中的数据元素（称为记录），需要通过数据类型控制特定字节长度的读/写操作，文件指针指向文件尾 ios::end 时，不一定能够表示最后一个完整记录的结束。所以，在建立二进制数据文件时就要考虑如何正确完整地读出数据。通常处理的方法有以下两种。

　　① 用文件长度（记录个数）控制读/写操作。在例 11-16 中，由循环控制变量控制文件记录的读/写。在实际应用中，可以用文件的第一个记录表示文件的长度，打开文件时，首先读取文件长度，用以控制文件操作。

　　② 在文件尾添加一个特殊的记录，作为文件结束的标志。

　　例 11-17 程序在文件全部有效记录之后添加一个空记录，作为文件结束的标志。当文本文件流 instuf 中的数据全部写入二进制数据文件流 outf 中后，语句：

```
        outf.write((char*)&mark, sizeof(student));
```

写入了空记录。我们将在例 11-18 中看到，这个标志是读出二进制数据文件 D:\students.dat 中数据有效性、文件结束的判断依据。

　　程序运行后，屏幕显示了从文本文件中读出的数据，并且从计算机的 D 盘上可以查到 students.dat 的二进制数据文件。这个文件不能够用字处理工具浏览数据。

　　【例 11-18】读取记录文件。读取由例 11-17 建立的二进制数据文件 D:\students.dat，在屏幕上显示学生记录，以及最高分数、最低分数和平均分数。

```
        #include<iostream>
        #include<fstream>
        using namespace std;
        struct student              //定义记录
        {   int number;
            char name[30];
            int score;
        };
        int main()
        {   student stu;
            int n = 0, max, min, total = 0;
            double ave;
            ifstream instuf( "D:\\students.dat", ios::in );    //打开二进制数据文件
            if( !instuf )
            {   cerr<<"File could not open."<<endl;
                abort();
            }
            do
            {   instuf.read((char*)&stu, sizeof(stu));        //读取一个记录
```

```
        if( stu.number!=0 )
        {   cout<<stu.number<<'\t'<<stu.name<<'\t'<<stu.score<<'\n';
            if( n==0 )
                max = min = stu.score;              //变量赋初值
            else
            {   if( stu.score > max ) max = stu.score;
                if( stu.score < min ) min = stu.score;
            }
            total += stu.score;                     //累加总分
            n ++;                                   //累计总人数
        }
    }while( instuf && stu.number!=0 );              //判断文件结束和记录有效性
    cout<<"总人数: "<<n<<endl;
    ave = double(total)/n;
    cout<<"最高分: "<<max<<"\n 最低分: "<<min<<"\n 平均分: "<<ave<<'\n';
    instuf.close();                                 //关闭文件
}
```

本程序的功能与例 11-12 一样。但学生信息文件 students.dat 以二进制代码形式存放数据，程序不需要进行语法分析和格式转换，可以进行高效处理。信息处理应用程序通常用二进制数据文件进行高速的数据处理，而用文本文件可以方便阅读。

【例 11-19】简单事务处理。本程序模拟一个书店的销售账目管理。程序能够添加、修改书目，并根据入库和销售数量更新库存量。

```
//ex11-19.h
#ifndef EX11_19_H
#define EX11_19_H
#include<iostream>
#include<fstream>
using namespace std;
struct bookData                     //账目结构
{   int TP;                         //书号
    char bookName[40];              //书名
    long balance;                   //库存量
};
const bookData mark = { 0, "noName\0", 0 };//全局变量，空记录
void Initial( const char *fileDat );        //账目文件初始化
void Append( const char *fileDat );         //入库
void Sale( const char *fileDat );           //销售
void Inquire( const char *fileDat);         //查询
void CreateTxt( const char *fileDat);       //建立文本文件
int endMark( bookData book );               //判断空记录，即判断文件结束标志
#endif

//ex11-19.cpp
//建立主菜单，选择操作
#include "ex11-19.h"
const char *fileDat = "D:\\booksFile.dat";//账目文件名
int main()
{   char choice;
    while (1)
    {   cout<<"********** 书库管理**********\n 请输入操作选择\n"
            <<"1: 入库\t" <<"2: 销售\t" <<"3: 查询\t"
```

```
                           <<"4: 建立文本\t" <<"0: 初始化\t" <<"Q: 退出\n";
           cin>>choice;
           switch ( choice )
             { case '1' : Append(fileDat);    break;
               case '2' : Sale(fileDat);       break;
               case '3' : Inquire(fileDat);     break;
               case '4' : CreateTxt(fileDat);break;
               case '0' : Initial(fileDat);      break;
               case 'q':
               case 'Q': cout<<"  退出系统\n";   return 0;
               default : cout<<"输入错误，请再输入\n";
             }
         }
     }


//Initial.cpp
//初始化账目文件，建立只有一个标志记录的空文件
#include "ex11-19.h"
extern const bookData mark;                          //使用全局变量
void Initial(const char * fileDat )
{  //以写方式打开，建立新文件
    fstream fdat(fileDat, ios::out|ios::binary);
    cout<<"若账目文件存在，将删除原有数据，要进行文件初始化吗?(Y/N)\n";
    char answer;
    cin>>answer;
    if( answer=='Y'||answer=='y')
    {  fdat.seekp( 0, ios::beg );                      //写指针移到文件头
       fdat.write((char*) &mark, sizeof(bookData));   //写入空记录
       cout<<"文件已经初始化\n";
    }
    else
       cout<<"取消操作\n";
    fdat.close();                                      //关闭文件
}


//Append.cpp
//入库操作，如果是新书目，则在文件末尾追加一条记录；如果是已有书目，则增加库存量
#include "ex11-19.h"
extern const bookData mark;                          //使用全局变量
void Append(const char * fileDat)
{  char choice;
    bookData book;
    int key;
    long num;
    fstream fdat(fileDat, ios::in|ios::out|ios::binary);
    //以读/写方式打开文件
    if( !fdat )                                        //文件不存在
    {  cout<<"账目文件不存在，请进行初始化操作\n";
       return;
    }
    cout<<"********** 入库登记**********\n";
```

```
while (1)
{   cout<<"请输入操作选择\n"
            <<"1: 新书号\t"<<"2: 旧书号\t" <<"Q: 退出\n";
    cin>>choice;
    switch( choice )
    {   case '1':                                   //追加新记录
        {   fdat.seekg(0,ios::beg);                 //读指针移到文件头
            do                                      //查找文件尾
            {   //读一个记录
                fdat.read((char*)&book, sizeof(bookData));
            } while(!endMark(book));                //判断文件结束标志
            //置写指针位置
            fdat.seekp(-long(sizeof(bookData)), ios::cur);
            cout<<"书号(TP) , 书名, 数量: \n? ";     //输入新记录信息
            cin>>book.TP;
            cout<<" ? ";
            cin>>book.bookName;
            cout<<" ? ";
            cin>>book.balance;
            fdat.write((char *)&book,sizeof(bookData)); //写记录
            fdat.write((char*)&mark,sizeof(bookData));  //写文件结束标志
            break;
        }
        case '2':                                   //修改已有记录库存量
        {   fdat.seekg( 0, ios::beg );              //文件读指针移到开始位置
            cout<<"书号(TP): \n? ";
            cin>>key;                               //输入书号
            do                                      //按书号查找
            {   //读一个记录
                fdat.read((char *)&book, sizeof(bookData));
            }while(book.TP!=key &&!endMark(book));  //判断是否找到记录
            if( book.TP == key )                    //找到记录
            {   cout<< book.TP<<'\t'<<book.bookName<<'\t'<<book.balance<<endl;
                cout<<"入库数量: \n? ";
                cin>>num;
                if( num>0 )
                    book.balance += num;            //修改库存量
                else
                {   cout<<"数量输入错误\n";
                    continue;
                }
                //置写指针位置
                fdat.seekp(-long(sizeof(bookData)),ios::cur);
                //写修改后记录
                fdat.write((char *)&book,sizeof(bookData));
                cout<<"现库存量: \t\t"<<book.balance<<endl;
            }
            else                                    //找不到记录
                cout<<"书号输入错误\n";
            break;
        }
        case 'Q' :
```

```
                case 'q' :  return;              //退出入库登记，返回主菜单
            }
        }
        fdat.close();                           //关闭文件
}


//Sale.cpp
//销售登记，根据书号查找文件，如果找到，则用销售数量修改库存量
#include "ex11-19.h"
void Sale( const char * fileDat )
{   char choice;
    bookData book;
    int key;
    long num;
    fstream fdat(fileDat, ios::in|ios::out|ios::binary);
    //以读写方式打开文件
    cout<<"**********   销售登记**********\n";
    while(1)
    {   cout<<"请输入操作选择\n"
            <<"1: 销售登记\t" <<"Q: 退出\n";
        cin>>choice;
        switch( choice )
        {   case '1':
            {   fdat.seekg( 0, ios::beg );                  //读指针从文件头开始检索
                cout<<"书号(TP):\n? ";
                cin>>key;
                do                                          //按书号查找
                {   //读一个记录
                    fdat.read((char *) & book , sizeof(bookData));
                } while(book.TP!=key && !endMark(book));    //判断是否找到
                if( book.TP == key )                        //找到记录
                {   cout<< book.TP<<'\t'<<book.bookName<<'\t'<<book.balance<<'\n';
                    cout<<"销售数量: \n? ";
                    cin>>num;
                    if( num>0 && book.balance>=num )        //有足够库存量
                        book.balance -= num;                //修改库存量
                    else                                    //没有足够库存量
                    {   cout<<"数量输入错误\n";
                        continue;
                    }
                    fdat.seekp(-long(sizeof(bookData)),ios::cur);//文件写指针复位
                    fdat.write((char *)&book, sizeof(bookData));//写修改后记录
                    cout<<"现库存量\t\t"<<book.balance<<endl;
                }
                else                                        //找不到记录
                    cout<<"书号输入错误\n";
                break;
            }
            case 'Q' :
            case 'q' :  return;                             //退出销售登记，返回主菜单
        }
    }
}
```

```
            fdat.close();                                              //关闭文件
    }


    //Inquire.cpp
    //查询
    #include "ex11-19.h"
    void Inquire(const char * fileDat)
    {   char choice;
        bookData book;
        int key;
        fstream fdat(fileDat, ios::in|ios::binary);                     //以读方式打开文件
        cout<<"********** 查询*********\n";
        while (1)
            {   cout<<"请输入操作选择\n"
                    <<"1: 按书号查询\t"<<"2: 浏览\t"<<"Q: 退出\n";
                cin>>choice;
                switch( choice )
                {   case '1':                                          //按书号检索
                    {   fdat.seekg( 0, ios::beg );                     //读指针从文件头开始检索
                        cout<<"书号(TP)：\n? ";
                        cin>>key;
                        do
                        { //读一个记录
                            fdat.read((char *)&book,sizeof(bookData));
                        }while(book.TP!=key&&!endMark(book));          //判断是否找到
                        if ( book.TP == key )                          //找到记录
                            cout<<book.TP<<'\t'<<book.bookName<<'\t'<<book.balance <<'\n';
                        else                                           //找不到记录
                            {   cout<<"书号输入错误\n";
                                continue;
                            }
                        break;
                    }
                    case '2':                                          //浏览文件
                    {   fdat.seekg( 0, ios::beg );                     //读指针从文件头开始检索
                        do                                             //输出所有记录
                        {   fdat.read((char *) & book , sizeof(bookData));
                            if( !endMark(book))                        //不显示空记录
                                cout<<book.TP<<'\t'<<book.bookName<<'\t'<<book.balance <<'\n';
                        } while( !endMark(book) );                     //判断文件是否结束
                        break;
                    }
                    case 'Q':
                    case 'q':   return;                                //退出查询，返回主菜单
                }
            }
        fdat.close();                                                  //关闭文件
    }


    //CreateTxt.cpp
    //读出已有二进制数据文件中的数据，写入文本文件中
    //建立格式化的文本文件，便于浏览和打印
```

```
#include "ex11-19.h"
const char * fileTxt = "D:\\booksFile.txt";                //文本文件名
void CreateTxt(const char * fileDat)
{   fstream fdat(fileDat, ios::in|ios::binary);            //以读方式打开二进制数据文件
    fstream ftxt(fileTxt , ios::out);                      //以写方式打开数据文本文件
    fdat.seekp( 0, ios::beg);                              //二进制数据文件读指针移到文件头
    bookData book;
    cout<<"**********  建立文本文件**********\n";
    do
    {   fdat.read((char*)&book,sizeof(bookData));          //从二进制数据文件中读记录
        if( !endMark(book) )                               //把记录写入文本文件中
            ftxt<<book.TP<<'\t'<<book.bookName<<'\t'<<book.balance<<'\n';
    } while( !endMark(book) );
    ftxt.close();                                          //关闭文本文件
    cout<<"文本文件已建立, 要浏览文件吗?(Y/N) \n";
    char answer , s[80];
    cin>>answer;
    if( answer=='Y' || answer=='y' )
    {   ftxt.open( "D:\\booksFile.txt", ios::in);          //重用流打开文件
        while( !ftxt.eof() )                               //按行显示文本文件
        {   ftxt.getline( s, 80 );
            cout<<s<<endl;
        }
        ftxt.close();                                      //关闭文本文件
    }
    fdat.close();                                          //关闭二进制数据文件
}


//endMark.cpp
//判断是否为文件结束标志
#include "ex11-19.h"
int endMark(bookData book)
{   if( book.TP==0 )
        return 1;
    return 0;
}
```

本程序账目结构在头文件 ex11-19.h 中，其中包含书号（TP）、书名（bookName）和库存量（balance）。

这个程序有 6 个选项。选择 0～4 分别调用 Initial（文件初始化）、Append（入库）、Sale（销售）、Inquire（查询）和 CreateTxt（建立文本）函数，选择 0 退出系统。

main 函数建立操作菜单，指定账目文件名，通过字符串参数 fileDat 把文件名传递给各函数。

Initial 函数以 ios::out 方式打开文件，其作用是在第一次进入系统时建立一个只有一个空记录的文件。这个空记录：

const bookData mark = { 0, "noName\0", 0 };

始终作为文件的最后一个记录，用于判断文件结束。如果账目文件已经存在，则调用此函数的作用是清空文件的数据。

Append 函数以 ios::in|ios::out 方式打开已有的账目文件。可以采用两种方式添加数据：添加新书目时查找到最后的空记录，用新书目数据代替它，并且在文件尾重新添加空记录作为文件结束标志；若对已有书目添加库存量，则按关键字书号查找记录，找到后修改库存量，重写记录。

Sale 函数按书号查找文件记录，找到后，从库存量中减去销售的数量。

Inquire 函数提供对账目文件按书号查询和浏览文件的功能。

CreateTxt 函数的功能是为二进制数据文件 booksFile.dat 建立对应的文本文件 booksFile.txt。函数中以 ios::in 方式打开 booksFile.dat，以 ios::out 方式打开 booksFile.txt。文本流对象 ftxt 把从二进制数据文件中读出的记录格式化地写入文本文件中。

endMark 函数的功能是判断文件是否结束，即读出的当前记录是否为空记录。

本例程仅是文件操作的简单演示，在真正的应用程序中还应该考虑许多细节问题。

事实上，不论什么应用类型的文件，如文本文件、图形图像文件、声音文件等，本质上都是由二进制字节序列组成的，不同的文件都可以用 C++的二进制文件方式打开处理。基于这个思路，例 11-20 编写了对一般文件的简单加密/解密程序。

【例 11-20】简单文件加密/解密程序。从基本数据形式的角度看，所有文件都是二进制数据文件。本程序利用按位异或运算处理文件。例如，从文件读取 1B 的数据到变量 j 中，用密码 r 加密，修改文件数据：

        j ^= r;

由于异或运算可以对数据进行逆操作，因此用相同的密码再执行一次：

        j ^= r;

变量 j 的值被复原。这意味着该算法既可以用于加密，也可以用于解密。

密码 r 是在程序中生成的伪随机数序列。对于其中的每个字节，j 均采用不同 r 进行异或运算。程序仅读取文件头的 1KB 数据进行加密处理。

```cpp
#include <fstream>
#include<iostream>
using namespace std;
//加密/解密程序
int lockUnlock( char* fileName )
{   int i, r=13;
    unsigned char j ;
    fstream f ;                                //说明文件流对象
    //修改文件
    f.open( fileName , ios::in|ios::out|ios::binary ) ;   //以读/写方式打开文件
    f.seekp( 0, ios::beg);                     //文件指针指向文件头
    for( i = 0; i<1000 ; i ++ )                //遍历文件中的前1KB数据
    {   r=(25171*r+13859)%127;                 //生成伪随机数
        f.seekg( long( sizeof(char) * i ) );   //移动流指针
        f.read( (char*) &j, sizeof(char) );    //读出指针所指数据，写入变量j
        j ^= r;                                //按位异或，修改j
        f.seekp( −long(sizeof(char)), ios::cur);  //流指针指示写位置
        f.write((char *)&j, sizeof(char) ) ;   //写入修改后的数据
    }
    f.close();
    return 0;
}
int main()
{   char fileName[30];
    cout<<"input file name:\n";
    cin>>fileName;
    cout<<"Lock…\n";
    lockUnlock(fileName);
    system("pause");
```

```
            cout<<"Unlock…\n";
            lockUnlock(fileName);
        }
```

主函数是一个简单的测试程序。程序中使用 DOS 命令：

```
        system("pause");
```

让程序暂停执行，便于观察文件加密情况。例如，若程序执行后，输入一个.jpg 的文件名，则程序执行语句：

```
        lockUnlock(fileName);
```

后暂停。此时可以用图像处理工具打开文件，发现已经不能显示图像。然后在程序执行窗口中按任意键，继续执行后续语句。程序结束后，可以看到图像文件已经复原了。

习题

一、思考题

1．在 Visual C++中，流类库的作用是什么？若说 cin 是键盘，cout 是显示器，这种说法正确吗？为什么？

2．什么叫文件？C++读/写文件需要通过什么对象？有些什么基本操作步骤？

3．一个已经建立的文本文件可以用二进制代码方式打开操作吗？一个二进制数据文件可以用文本方式打开吗？为什么？写一个程序试一试。

二、程序设计

1．以表格形式输出：当 $x=1°, 2°, \cdots,10°$ 时，$\sin x$、$\cos x$ 和 $\tan x$ 的值。要求：输出时，数据的宽度为 10，左对齐，保留小数点后 5 位。

2．读出一个作业.cpp 文件，删除全部注释内容，即删除以"/*…*/"相括的文本和以"//"开始到行末的文本，生成一个新的.cpp 文件。

3．建立某单位职工通讯录的二进制数据文件，文件中的每个记录均包括：职工编号、姓名、电话号码、邮政编码和住址。

4．从键盘输入职工编号，在第 3 题所建立的通讯录文件中查找该职工资料。查找成功后，显示职工的姓名、电话号码、邮政编码和住址。

5．设有两个按升序排列的二进制数据文件 f 和 g，将它们合并生成一个新的按升序排列的二进制数据文件 h。

6．阅读本教材附录 A.2.4，把例 11-20 的程序改写为带命令行参数的 main 函数，把生成的.exe 文件以文件名 lock.Unlock.exe 保存在 D 盘中，用命令行方式执行该程序。

7．编写一个函数，使用数据文件测试在第 10 章习题程序设计第 2 题中完成的 T_Counter 类体系。准备一个文件 inputdat 用于输入数据，把程序运行结果显示在屏幕上并写入文件 outputdat 中。

第 12 章　异　常　处　理

异常处理（exception handling）机制是用于管理程序运行期间出现的非正常情况的一种结构化方法。C++提供结构化的异常处理方法，将异常的检测与异常的处理分离，因而增加了程序的可读性。异常处理经常使用在大型软件的开发中。

本章介绍异常处理的基本概念，以及异常处理程序的构造。

12.1　C++的异常处理机制

软件开发不但要保证逻辑上的正确性，还必须具有容错能力。也就是说，要求应用程序不仅在正常情况下能够正确运行，在发生意外时也可以进行适当处理，不会导致丢失数据或破坏系统运行等灾难性的后果。这些意外可能是由用户误操作，外部设备或文件的不正确连接，或者内存空间不足等原因造成的。异常通常是错误，也可能是某些很少出现的特殊事件。

为了处理可以预料的异常，在传统的程序设计中，经常使用中断指令。例如：

> abort　　　　assert　　　　exit　　　　　　return

典型的方法是，当被调用函数运行发生错误时，返回一个特定的值，让调用函数检测到错误标志后进行处理，或者当错误发生时，释放所有资源，结束程序执行。

这些处理方法使得异常处理代码分布在系统可能出错的各个地方。其优点是，处理直接，运行开销小，适合处理简单的局部错误。其缺点是，错误处理代码掺杂于系统功能实现的代码主线中，降低了程序的可读性和可维护性，不适用于组件式的大型软件开发。

如果设计的类是提供给其他程序员重用的，那么，使用传统的异常处理方式，虽然可以检测到异常条件的存在，但无法确定其他程序员如何处理这些异常；而当程序员想按照自己的意愿处理异常时，又无法检测到异常条件是否存在。

异常处理的基本思想是将异常检测与处理分离。出现异常的函数不需要具备处理异常的能力。当一个函数发生异常时，它抛出一个异常信息，希望它的调用者捕获并处理这个异常。如果调用者不能处理，还可以报告（抛出）给上一级调用者处理。这样，一直到运行程序的操作系统，若仍不能处理，将简单终止程序。

C++的异常处理是一种不唤醒机制，即抛出异常的模块一旦抛出了异常，将不再恢复运行原来的程序模块，程序将在异常处理模块执行处理代码后继续执行。系统有序地释放调用链上的资源，包括函数调用栈的释放和调用析构函数删除已建立的对象。

例如，在图 12-1 所示的示意图中，函数 P, Q, …, R 是一个调用链。R 可以向调用它的上层（如 Q、P）报告（抛出）异常。换句话说，Q、P 可以捕捉并处理 R 的异常。图中，R 抛出的异常由 P 捕获并处理。所谓不唤醒机制，就是 P 捕获到 Q 的异常后，执行异常处理程序，释放 R 至 Q 调用链上的资源，然后继续执行 P 中异常处理之后的代码。抛出异常后，调用链上的所有模块都将终止执行，称为不唤醒。

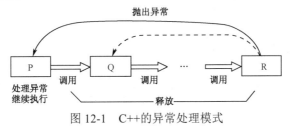

图 12-1　C++的异常处理模式

利用 C++的异常处理，可以捕获所有类型的异常，捕获特定类型的所有异常和捕获相关类型的所有异常。异常处理使程序更加健壮。

C++的异常处理是由程序员控制的，只能处理在执行代码时出现的同步错误，不能处理由计算机硬件或运行环境引起的异步错误。

12.2 异常处理的实现

C++异常处理通过三个关键字实现：throw、try 和 catch。在一般情况下，被调用函数直接检测到异常条件的存在，并用 throw 语句抛出一个异常；在上层调用函数中，使用 try 语句检测函数调用是否引发异常，被检测到的各种异常由 catch 语句捕获并做相应的处理。

12.2.1 异常处理程序

任何需要检测异常的语句（包括函数调用）都必须在 try 语句中执行，异常必须由紧跟在 try 语句后面的 catch 语句捕获并处理。因此，try 语句与 catch 语句总是配合使用的。

1. 异常处理程序的一般形式

异常处理程序的一般形式为：

```
try
{
    //try 语句
}
catch( 参数声明 1 )
{
    //异常处理语句 1
}
catch( 参数声明 2 )
{
    //异常处理语句 2
}
…
catch( 参数声明 n )
{
    //异常处理语句 n
}
catch(…)
{
    //异常处理语句 n+1
}
```

其中，参数说明的形式为：

　　　　类型　参数

或　　　类型 & 参数

"类型"可以是 C++的基本数据类型或类类型。一个 try 语句可与多个 catch 语句联系。抛出异常的类型决定使用哪一个 catch 语句。如果抛出异常的数据类型与 catch 说明的数据类型相匹配，则执行该 catch 语句的异常处理。如果异常被捕获，则 catch 后的参数将接收抛出异常时传递过来的值。异常匹配与 catch 语句的顺序相关。只要找到一个 catch 的匹配异常类型，后面的 catch 语句就都被忽略。

若 catch 语句不带参数，则圆括号内用省略号 "…" 表示该 catch 语句可以捕获并处理任意类型的异常。当有多个 catch 语句时，不带参数的 catch 语句应该放在最后。

当一个 catch 语句执行后，跳到所有 catch 语句之后执行后续的语句。

如果所有的 catch 语句都没有与异常的类型相匹配，则可能发生程序的异常终止。如果程序员没有定义自己的终止程序，则系统调用 terminate 函数（默认调用 abort 函数），紧急终止程序。

抛出异常的 throw 语句必须在 try 语句内执行，或者由 try 语句中直接或间接调用的函数执行。

2．throw 语句的一般形式

throw 语句的一般形式为：

    throw 表达式

其中，"表达式"表示一个异常的值，可以是任意类型的对象，包括类对象。

【例 12-1】处理除数为 0 的简单异常。

```
#include<iostream>
using namespace std;
double Div( double, double );
void main()
{   try                          //检测异常的语句
    {   cout<<1<<" / "<<2<<" = "<<Div( 1 ,2 )<<endl;
        cout<<5<<" / "<<0<<" = "<<Div( 5 ,0 )<<endl;
        cout<<10<<" / "<<3<<" = "<<Div( 10 ,3 )<<endl;
    }
    catch ( double )             //捕获并处理异常的语句
    {   cout<<"Divided by zero."<<endl;    }
    cout<<"main function is over."<<endl;
}
double Div( double a, double b )
{   if( b==0 )
    throw 0.0;                   //当 b 等于 0 时抛出异常
    cout<<"Div Function is over:"<<endl;
    return a/b;
}
```

程序运行结果：

```
Div Function is over:
1 / 2 = 0.5
Divided by zero.
main function is over.
```

try 语句中有三个语句，执行：

    cout<<5<<" / "<<0<<" = "<<Div(5 ,0)<<endl;

时，由 Div 函数抛出异常。catch 语句捕获到异常后，执行其中的异常处理语句。由于 C++异常处理采用不唤醒机制，因此，输出错误信息后，程序流程不再返回 Div 函数执行后续语句：

    cout<<"Div Function is over:"<<endl;

也不执行 try 语句中的后续语句：

    cout<<10<<" / "<<3<<" = "<<Div(10 ,3)<<endl;

而是转去执行 catch 语句之后的语句：

    cout<<"main function is over."<<endl;

注意，程序中 catch 语句的参数表只有类型符而没有参数名。虽然在 catch 语句中可以获取异常参数的值，但 catch 语句的异常匹配只与抛出异常的类型相关，而与异常参数值无关。如果处理异常时不需要关心异常的参数值，则可以省略 catch 语句中的参数名。

【例 12-2】不同类型的异常测试。

```
#include<iostream>
```

```
using namespace std;
int test( char * p , double e, int a)
{   int f = 1;
    try                          //检测异常
    {   if(*p >='0' && *p<='9' )   throw char (*p);
        if( e<0 || e>20000 )   throw e;
        if( a<18 || a>70 )   throw a;
    }
    //捕获并处理异常
    catch ( char s )
    {   f = 0;
        cout<<"password error : "<<s<<endl;
    }
    catch ( double e )
    {   f = 0;
        cout<<"earnings error : "<<e<<endl;
    }
    catch (int a )
    {   f = 0;
        cout<<"age error : "<<a <<endl;
    }
    return f;
}
int main()
{   char password[8];
    double earnings;
    int age;
    cout<<"input password, earnings, age :\n";
    cin>>password>>earnings>>age;
    if( test( password , earnings , age ))
        cout<< password<<"   "<<earnings<<"   "<<age<<endl;
}
```

以上程序要求输入密码 password 的第一个符号不能是数字，工资 earnings 的范围为 0～20000，年龄 age 的范围为 18～70。test 函数用于检测输入错误。如果出现错误，则函数返回 0，否则返回 1。

抛出异常和处理异常都在同一个函数 test 中。抛出异常语句直接出现在 try 语句中。

将 test 函数做如下改变，增加最后一个 catch 语句捕获任意类型的异常：

```
int test( char * p , double e, int a)
{   int f = 1;
    try
    {   if(*p >='0' && *p<='9' )
        throw (*p);
        if( e<0 || e>20000 )   throw e;
        if( a<18 || a>70 )   throw a;
    }
    catch ( char s )
    {   f = 0;
        cout<<"password error : "<<s<<endl;
    }
    catch ( double e )
    {   f = 0;
        cout<<"earnings error : "<<e<<endl;
```

```
        }
        catch ( int a )
        {    f = 0;
            cout<<"age error : "<<a<<endl;
        }
        catch (…)                    //捕获任意类型异常
        {    f = 0;
            cout<<"error ! " <<endl;
        }
        return f;
    }
```

12.2.2　带异常说明的函数原型

我们知道，调用一个函数，一定要了解函数参数的返回类型。另外，若函数抛出异常，还必须了解函数抛出异常的方式，以便设计异常处理程序，应对函数调用过程中引发的异常。异常的抛出和捕获已经成为函数界面的一部分，有必要在函数原型中指定异常，或称为抛出列表（throw list）。

指定异常一方面显式地给出了一个函数抛出异常的界面，另一方面也限制了该函数抛出异常的类型。

指定异常有以下几种形式。其中，T 是类型，parameterList 是函数的形参表。

1．指定异常

指定异常函数形式为：

　　T funName(parameterList) throw (T_1, T_2, …, T_n);

该函数原型指定 funName 可以抛出类型为 T_1, T_2, …, T_n 的异常，也可以抛出这些类型的子类型的异常。若在函数体内抛出其他类型的异常，调用函数无法捕获，系统将调用 abort 函数终止程序。

2．不抛出异常

不抛出异常的函数形式为：

　　T funName(parameterList) throw ();

函数原型的抛出列表是一个空表，表示该函数不抛出任何类型的异常。

3．抛出任意类型的异常

抛出任意类型异常的函数形式为：

　　T funName(parameterList);

如果函数原型没有 throw 说明，则表示该函数可以抛出任意类型的异常。

例如，把例 12-2 中的 test 函数原型写为：

　　int test(char * p , double e, int a) throw(char, int, double);

将指定抛出异常类型为 char、int 和 double 型。

【例 12-3】指定异常的函数。本程序限制整数和浮点数的上限，在超过指定上限时报告异常。

```
#include<iostream>
using namespace std;
void fun( int, double );
void test( int, double ) throw ( int, double );        //指定异常
const int intMax = 100000;
const double floatMax = 1E12;
int main()
{    fun( 102003, 3.14159 );
    fun( 5000, 1.2e38 );
```

```
        }
        void fun( int k, double x )
        {   try
            {   test ( k, x );    }
            catch ( int )
            {   cout<<"Integer data is too large."<<endl;    }
            catch ( double )
            {   cout<<"Float data is too large. "<< endl;    }
        }
        void test( int i, double a ) throw ( int, double )
        {   if( i > intMax )    throw i;
            if( a > floatMax )    throw a;
        }
```

程序运行结果:

```
        Integer data is too large.
        Float data is too large.
```

该例程由 main 函数调用 fun 函数，又由 fun 函数调用 test 函数。test 函数抛出 int 和 double 型的异常。fun 函数捕获 test 函数抛出的异常，并进行处理。当出现异常时，调用链 test→fun 函数的资源被释放，返回上一级调用函数 main 函数，执行后续语句。由于异常调用链还有上级调用函数，因此不会终止整个程序的运行。

12.2.3 再抛出异常传递

如果异常处理程序捕获到异常后，还无法完全确定异常的处理方式，则需要把异常传递给上一级的调用函数。这时可以在异常处理程序中再用 throw 语句抛出该异常。一个异常只能在 catch 语句中再用 throw 语句抛出。

【例 12-4】测试再抛出异常。该程序由 trigger 函数的 try 语句抛出异常，catch 语句捕获异常后再向调用 trigger 函数的 main 函数抛出异常。

```
        #include<iostream>
        using namespace std;
        void trigger()
        {   try
            {   throw "WARING";    }
            catch (char * msg )
            {   cout<<"trigger : Catch _"<<msg<<"_ to main "<<endl;
                throw;                 //再抛出异常
            }
            return;
        }
        int main()
        {   try
            {   trigger();    }
            catch(char * msg )
            {   cout<<"main : _"<<msg<<"_ from trigger "<<endl;    }
        }
```

程序运行结果:

```
        trigger : Catch _WARING_ to main
        main : _WARING_ from trigger
```

12.2.4　创建对象的异常处理

由于 C++的构造函数没有返回值，因此很适合用异常机制解决创建对象失败问题。例如，在一个向量类 Array 的构造函数中，有可能因为要求创建的向量长度不正确或内存分配错误而导致创建对象不成功。此时，在构造函数中不是立即进行处理，而是抛出一个异常，由创建对象的函数捕获并处理异常。

例如：

```
const int maxSize = 1000;
template< typename T >
class   Array
{   public :
        Array ( int s );
        virtual ~ Array ();
        //其他成员函数
    protected :
        int size;
        T * element;
};
```

构造函数抛出异常：

```
template<typename T> Array<T>::Array(int s)
{   if( s < 1 || s > maxSize )   throw s;
    else    element = new T [ size ];
}
```

在建立向量的函数中捕获并处理异常：

```
void create()
{   int size;
    try
        {   cin>>size;
            Array <int> IntAry( size );
        }
    catch( int s )
    {   //处理异常   }
}
```

习题

一、阅读下列程序，写出运行结果

```
1.    #include<iostream>
      using namespace std;
      int a[ 10 ] = { 1, 2, 3, 4, 5, 6, 7, 8, 9, 10 };
      int fun( int i );
      int main()
      {   int i ,s = 0;
          for( i = 0; i <= 10; i++ )
          {   try
              {   s = s + fun( i );   }
              catch( int )
              {   cout<<"数组下标越界！"<<endl;   }
          }
          cout<<"s = "<<s<<endl;
```

```
            }
         int fun( int i )
         {   if ( i >= 10 )
                  throw i;
             return a[i];
         }
```

2.   ```
     #include<iostream>
     using namespace std;
     void f();
     class T
     {   public:
            T()
            {   cout<<"constructor"<<endl;
                try
                {   throw   "exception";   }
                catch( char * )
                {   cout<<"exception1"<<endl;   }
                throw   "exception";
            }
            ~T()
            {   cout<<"destructor";   }
     };
     int main()
     {   cout<<"main function "<<endl;
         try   {   f();   }
         catch( char * )
         {   cout<<"exception2"<<endl;   }
         cout<<"main function "<<endl;
     }
     void f()
     {   T t;   }
     ```

二、思考题

1．对一个应用程序，是否一定要设计异常处理程序？异常处理的作用是什么？

2．什么叫抛出异常？catch 语句可以获取什么异常参数？是根据异常参数的类型还是根据参数的值处理异常？请编写测试程序验证。

3．什么是不唤醒机制？这种机制有什么好处？请举例说明。

三、程序设计

1．从键盘上输入 x 和 y 的值，计算 $y = \ln(2x - y)$ 的值，要求用异常处理"负数求对数"的情况。

2．程序中，典型的异常有：内存不足以满足 new 的请求、数组下标越界、运算溢出、除数为 0 或无效函数参数等。简单描述程序应该如何用异常处理的方法处理这些情况。

3．把 12.2.4 节中的代码补充成完整的测试程序并运行。
     ```

附录 A　控制台程序设计

A.1　Visual Studio 2015 集成开发环境

Visual Studio 2015（简称 VS 2015）集成了多种程序设计语言、开发工具，并使用统一的集成开发环境（Integrated Development Environment，IDE）。IDE 是 Microsoft.NET 提供的设计、运行和测试应用程序所需的、由各种工具集成的工作环境。这些工具互相协调、互相补充，大大降低了程序员开发应用程序的难度。

当用户进入 VS 2015 后，可以选择建立指定类型的项目或打开一个已有项目，系统就会打开对应的 IDE。例如，用户选择新建项目的类型为 Visual C++，系统就会打开 VC.NET。

本课程学习需要进入 VS 2015 的 Win32 控制台应用程序 IDE。

1. 主窗口

将 VS 2015 安装到 Windows 操作系统中，启动 VS 2015 进入其主窗口，如图 A-1 所示。

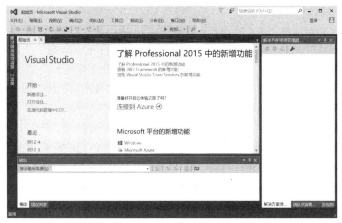

图 A-1　主窗口

主窗口包括标题栏、菜单栏、工具栏、项目工作区（包括解决方案资源管理器等）、起始页窗口/编辑窗口和输出窗口等。

启动 VS 2015 时，主窗口中部是起始页，随着打开文件、建立项目等操作，这个区域将以分页方式显示文件。

2. 菜单栏

VS 2015 的菜单栏提供了开发应用程序的主要工具。菜单栏由文件、编辑、视图、帮助等菜单项组成。每个菜单项又由若干下拉子菜单或菜单项组成。下面是几个常用的菜单项。

（1）"文件"菜单：提供建立、打开、保存、打印解决方案文件等功能。

（2）"编辑"菜单：提供项目文件的各种编辑功能，如剪切、复制、粘贴、删除、查找、替换和定位等。

（3）"视图"菜单：用于 IDE 各个工作窗口的显示、打开、切换等操作。

（4）"生成"菜单：是生成项目执行文件的重要工具，提供解决方案、项目、文件的编译、链接、生成、优化及清理等一系列功能。

（5）"调试"菜单：是程序测试的重要工具，提供分步执行、设立断点、建立监视项等功能。

另外，将鼠标指针指向 IDE 窗口的不同位置并右击，将弹出相应的快捷菜单。单击快捷菜单中的命令，可以执行与所处环境有关的操作。

3．工具栏

VS 2015 提供了十几种工具，以图形化按钮的形式放在工具栏中，相当于一些常用菜单命令的快捷执行方式。

在一般情况下，主窗口的工具栏只显示系统的标准工具。要使用其他工具，可以在菜单栏上右击，在快捷菜单中选择所需的项目（命令），则相应的工具按钮立即出现在工具栏中。

4．项目、解决方案和项目工作区

（1）项目的概念。文件是操作系统处理数据和代码的基本单位。一个 C++应用程序包含多个文件，例如，源文件、头文件和资源文件等。

一个项目是由相互关联的一组文件构成的。这些文件是包含代码的源程序或包含辅助数据的其他文档。程序员通常只编写源程序文件（源文件），其他项目文件是使用系统提供的资源经过编译、链接后，由系统自动生成的。一个最简单的用户程序可以只是一个.cpp 文件，但要运行这个程序，必须使用相关的系统资源。因此，经过编译和链接后，系统会自动生成有关项目文件。

（2）解决方案。解决方案是把程序和资源整合在一起的一种机制，这些程序和资源代表着某种数据处理问题的解决方法。

实际上，解决方案就是用于存放一个项目或多个项目的所有信息的文件夹。一个解决方案的一个项目或多个项目的信息存储在扩展名为.sln 和.suo 的文件中。当新建一个项目时，除非选择添加项目到一个已存在的解决方案中，否则，系统将会自动生成一个新的解决方案。从程序开发的角度，每个项目都应该有自己的解决方案。本书的每个例程都有一个单独项目和它自己的解决方案。

（3）项目工作区。VS 2015 以工作区的形式来组织文件和项目，即项目置于工作区的管理之下，因而通常称该工作区为项目工作区。一个项目工作区可以包含各种文件及文件夹。

项目工作区有 4 个标签：解决方案资源管理器、属性、类视图和团队资源管理器。用户可以用不同的方式操作项目。

5．帮助系统的使用

与其他的 Windows 应用程序一样，VS 2015 也有一个功能强大的帮助系统。"帮助"菜单可以直接链接 MSDN（Micrsosoft Visual Developer Network）。MSDN 包含开发人员所需的信息、文档、示例代码、技术文章、在线电子教程、网络虚拟实验室、微软产品下载等相当丰富的资源，是学习 C++和开发应用程序的有力助手。

A.2 建立控制台应用程序

控制台应用程序是学习 C++程序设计基础的一个简捷方式。而在实际工程应用中，当程序不需要可视化界面，或者运行程序的计算机系统内存或存储空间有限时，控制台应用程序是一个合适的选择。

一个 C++程序的开发需要经过输入、编译、链接和运行等步骤，一般过程如图 A-2 所示。本节通过例程学习 C++程序设计的上机实际操作方法。

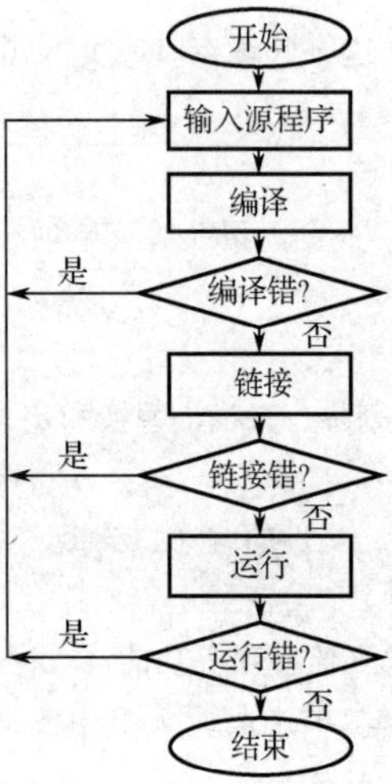

A.2.1 创建简单应用程序

一个最简单的 C++程序可以只有一个用户编写的.cpp 文件。

【例 A-1】用第 1 章例 1-1 的程序，练习在 IDE 中输入、编译、链接和运行一个简单程序。

1．创建新项目

（1）输入源程序

① 启动 VS 2015，进入主窗口。

② 在主窗口中选择"文件"→"新建"→"项目"命令（或者按下

图 A-2 C++程序的开发过程

Ctrl+Shift+N 组合键），打开"新建项目"对话框，如图 A-3 所示。

图 A-3 "新建项目"对话框

③ 在左侧已安装的"模板"栏中选择"Visual C++"项，在中间列表框中选择"Win32 控制台应用程序"项。

④ 在下部"名称"框中输入项目名称（如 test1），系统默认的解决方案名称与输入的项目名称相同。在"位置"框中输入或通过"浏览"按钮选择存放新项目的文件夹（如 D:\），单击"确定"按钮，出现 Win32 应用程序向导对话框。

⑤ 单击向导对话框左边的"应用程序设置"项，或者单击"下一步"按钮，出现如图 A-4 所示的"应用程序设置"页面。在"附加选项"栏中选中"空项目"复选框。

⑥ 单击"完成"按钮，返回主窗口。可以看到，系统建立了一个解决方案，在解决方案资源管理器中以树状目录的形式显示其结构，如图 A-5 所示。

图 A-4 "应用程序设置"页面

图 A-5 解决方案的结构

⑦ 在工具栏中单击"项目"按钮，从下拉列表中选择"添加新项"（或右击"源文件"文件夹，从快捷菜单中选择"添加"→"新建项"命令），打开"添加新项"对话框。

⑧ 如图 A-6 所示，在"添加新项"对话框中选择"C++文件(.cpp)"项，在"名称"框中输入程序名（如 test1）。若不输入文件名后缀，则系统自动根据选择的类型添加扩展名。单击"添加"按钮，系统将创建一个空的源文件，返回主窗口，并显示编辑窗口。

⑨ 在编辑窗口中输入例 1-1 程序代码。在输入、编辑修改源文件时，可以使用 Windows 的各种文本编辑功能，如复制（Ctrl+C）、粘贴（Ctrl+V）、插入（Insert）、删除（Delete）和撤销（Ctrl+Z）等。值得注意的是，程序代码的所有语法符号都要在英文状态下输入，注释内容和字符串值可以是中文。如图 A-7 所示为输入源文件 test1.cpp 后的编辑窗口。

（2）编译和链接

源文件输入完成后，要先进行编译和链接。可以用以下方法自动完成程序的编译和链接。

选择"生成"→"生成解决方案"命令（或按 Ctrl+Shift+B 组合键，或按 F7 键），系统在输出窗口中显示生成过程。如果在编译和链接程序的过程中没有错误，则在输出窗口中给出编译和链接成功的信息："生成：成功 1 个，失败 0 个，最新 0 个，跳过 0 个"，如图 A-8 所示。

图 A-6　"添加新项"对话框

图 A-7　输入源文件 test1.cpp 后的编辑窗口

程序编译和链接成功后，系统自动生成以.exe 为扩展名的可执行文件，这个文件可以另存到其他存储空间中，可以独立于编辑环境运行。将.exe 文件保存在解决方案的\Debug 文件夹中。例如，本例的.exe 文件路径为 D:\test1\Debug\test1.exe。

如果在编译或链接时出现错误，在输出窗口中将显示错误或警告信息。双击错误或警告信息，光标将定位到源程序中出现错误的地方。改正错误后，选择"生成"→"重新生成解决方案"命令，系统将重新编译和链接程序。

例如，在输入语句"girth=2*PI*r;"时漏了分号，生成解决方案后，系统在输出窗口中显示生成过程，然后给出编译和链接失败的信息，包括错误代码和错误说明，并在编辑窗口的第 9 行处用绿色光标指示，如图 A-9 所示。

在"girth=2*PI*r"后输入分号，选择"生成"→"重新生成解决方案"命令，系统将重新编译和链接程序，在输出窗口中显示生成过程，给出如图 A-8 所示的编译和链接成功的信息。

图 A-8　编译和链接成功的信息

图 A-9　编译和链接失败的信息

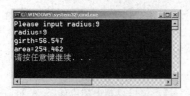

图 A-10　输入数据和输出结果窗口

（3）执行程序

程序编译和链接成功之后，选择"调试"→"开始执行（不调试）"命令（或按 Ctrl+F5 组合键），系统执行以.exe 为扩展名的可执行文件，显示输入数据和输出结果窗口。如果程序要求从键盘输入数据，则 C++等待用户输入数据。输入数据后，程序继续执行，然后显示程序的输出结果，如图 A-10 所示。

需要说明的是，运行程序时也会出现错误。运行程序时出现的错误称为运行错误。例如，求负数的平方根、溢出和内存不够等。如果出现运行错误，用户还要修改源程序文件并且重新进行编译、链接后再运行。

在 IDE 下，控制台应用程序成功运行后，显示提示信息："请按任意键继续…"（Press any key to continue…），此时按下任意一个键，系统都会返回 IDE 主窗口。

若还要调试其他 C++程序，则选择"文件"→"关闭解决方案"命令，关闭当前的解决方案（项目），再新建解决方案或打开其他项目文件。

如果直接运行一个未经编译的程序，则系统自动进行编译、链接，然后运行程序。

要退出 VS 2015，可以选择"文件"→"退出"命令（Alt+F4 组合键），或者直接单击主窗口右上角的"关闭"按钮。

2．编辑旧项目文件

打开一个已有的项目文件，可以进行修改并重新保存，也可以把修改后的文件创建为一个新的项目文件。

① 选择"文件"→"打开"→"项目/解决方案"命令，显示"打开项目"对话框。

② 在对话框中选择指定的路径和文件名，例如，打开项目文件 D:\test1.sln，系统会自动把源程序导入编辑窗口。

③ 在编辑窗口中编辑修改已经打开.cpp 文件中的程序。

④ 编辑完成后，选择"文件"→"保存"命令，重新保存程序。

⑤ 对重新保存的程序按上述步骤进行编译、链接，成功后就可以运行了。

A.2.2　程序调试

对于程序中的编译和链接错误，编译器能够发现。对于运行错误，系统也会在运行程序时报告。但是，一个程序中没有编译、运行错误，并不等于运行结果一定正确。程序中的逻辑错误只能通过人工检查、测试的方法予以修改。

VS 2015 的调试工具用于跟踪和监视代码的执行，它是查找与排除程序错误的辅助工具。本节首先介绍调试工具的各种功能，然后给出具体练习。

1．调试工具

程序编译、链接成功后，可以使用调试工具以分步、跟踪方式执行程序。

（1）"调试"菜单。当编辑窗口中已经有打开的程序时，单击"调试"菜单项，弹出"调试"菜单，如图 A-11 所示。菜单命令的右端是执行命令的热键。

以下简要介绍"调试"菜单中主要命令的功能。

① 开始调试：按断点分步执行程序。每执行一次该命令（或按一次 F5 键），程序就执行到下一个断点处暂停。程序员可以检查当前的变量、表达式的值。如果程序中没有设置断点，则执行整个程序。

② 开始执行（不调试）：执行整个程序。

③ 逐语句：单步执行程序，即逐个语句执行。当调用函数时，进入函数体内逐个语句执行。

④ 逐过程：单步执行程序，把函数调用作为一步，即不进入函数体内跟踪。

⑤ 切换断点：将光标移到要设置断点的代码行中，执行该命令（或按 F9 键），可以设置断点；再次执行该命令将取消断点。单击代码行号左边的断点区，可以快捷地编辑断点，如图 A-12 所示。设置断点后，行号左边将出现一个红点，将鼠标指针移到红点上可以看到编辑图标。

图 A-11　"调试"菜单

图 A-12　设置断点

⑥ 新建断点：在函数体内设置断点。

（2）"调试"工具栏。"调试"工具栏提供了"调试"菜单中主要命令的快捷方式。打开"调试"工具栏的方法是：右击 IDE 主窗口中的工具栏，从快捷菜单中选择"调试"命令。这时"调试"工具栏立即出现在工具栏区内，如图 A-13 所示。

把鼠标指针指向"调试"工具栏中的按钮，并且稍微停留，就可以显示出相应命令的名称。图 A-14 是"调试"工具栏的选项菜单。用户可以使用该工具栏中的按钮及其快捷键调试程序。

2. 程序调试练习

【例 A-2】编写程序，求 $\sum\limits_{n=1}^{k} n!$ 的值，其中 $k \leqslant 20$（即求 $1!+2!+3!+\cdots+k!$ 的值）。

源程序如下：

图 A-13　　"调试"工具栏

```cpp
//test2.cpp
#include<iostream>
using namespace std;
int main()
{   int t;
    int s;
    int k;
    cout<<"k = ";
    cin>>k;
    for ( int n = 1; n < k; n++ )
    {   t*=n;          //求阶乘
        s += t ;       //求和
    }
    cout<< k <<"! = " << s << endl ;
}
```

图 A-14　　"调试"工具栏的选项菜单

该程序编译时出现错误，如图 A-15 所示。错误列表显示，变量 t 和 s 没有被初始化。

修改源程序，添加以下语句：

```cpp
int t=0;
int s=0;
```

重新生成解决方案，程序编译成功。运行程序，输入 k 的值为 5，得到如图 A-16 所示的运行结果。

图 A-15　程序编译错误

图 A-16　test2.cpp 运行结果

显然这个结果是错误的。按任意键关闭运行窗口，回到主窗口，对程序进行跟踪调试。

跟踪调试可以用设置断点和单步执行的方式。所谓"断点"，就是程序执行时要暂时停止执行的语句；"单步执行"就是逐行执行代码。此时可以观察各种变量、表达式以及内存的状态。

若停止调试程序，可以单击"调试"工具栏中的"停止调试"按钮，或按快捷键 Shift+F5。

（1）设置断点。对例 A-2 程序设置断点，开始调试。在程序中两个关键的语句处设置断点：

```cpp
t *= i ;
s += t ;
```

最快捷的方法是，单击要设置断点的代码行号左边的断点区，这时，断点区中出现一个红点。再次单击将取消断点。注意，设置断点的语句应该是有变量的语句。

此时，右击编辑窗口中的任意位置，都会弹出如图 A-17 所示的"跟踪"菜单。

（2）开始调试。按 F5 键或选择"调试"→"开始调试"命令，程序都可以进入调试状态。若进入调试状态之前程序没有经过编译，系统首先会进行编译。没有编译错误的程序才可以进入调试状态。

第一次按 F5 键，执行到语句

    cin >> k ;

时，弹出输入数据和输出结果窗口，需要输入 k 的值并按回车键。现在输入 5 并按回车键，屏幕显示：

    k = 5

在编辑窗口中单击，切换到程序执行状态，按 F5 键，程序执行到第一个断点处停留，出现一个黄色的小箭头，如图 A-18 所示。

可以看到，执行到断点语句后，图 A-18 的底部弹出自动窗口，显示已经输入的变量和断点出现的变量的值。也可切换到其他监测窗口对要观察的值进行监测或设置。

    图 A-17   "跟踪"菜单   图 A-18   调试状态

在程序调试状态下，当鼠标指针指向程序中的某个标识符时，C++ 将显示该对象的简要信息，如：函数的地址及原型，变量、常量的当前值，还可以显示被选取的表达式的值。例如，如果选择了表达式"n++"，然后将鼠标指针指向被选取文本，系统就会显示表达式的当前值。

现在分析跟踪情况。执行到第一个断点处进入循环时，从图 A-18 所示自动窗口中可以看到，k 和 n 的值都是正确的；t 作为乘法器，当前值应该是 1!=1，而现在看到的值是错误的。

由上面的跟踪分析可知，这是因为变量 t 的初值等于 0 引起的。按 Shift+F5 组合键，停止跟踪，修改说明语句为：

    int t = 1;

修改程序后重新进行编译和链接，再执行，发现：

    输入   k = 5

    输出   s = 33

结果还是不正确。

我们用单步执行的方式继续调试程序（当然也可以继续用断点跟踪）。

连续按 F10 键开始单步执行，黄色小箭头按程序执行顺序移动。但是执行到 cin 或 cout 语句时，系统将进入标准流内定义的一系列相关函数。为了使程序员注意力集中在调试自己的程序上，当黄色箭头指向 cin 或 cout 语句时，应该按 F10 键，使其作为一步执行而不进入跟踪类库的函数。若希望进入用户自定义函数的内部跟踪，则应该按 F11 键。

单步执行程序，发现 for 语句循环结束后 n 等于 5，即循环体只执行了 4 次，t 的值是 4！。

检查 for 语句的循环条件发现，应该是 n<=k 而不是 n<k。最后修改程序如下：

```
//test2.cpp
#include<iostream>
using namespace std;
int main()
{   int t = 1 ;
    int s = 0 ;
    int k;
    cout<<"k = ";
    cin>>k;
    for (int n = 1; n <= k; n++)
    {   t *= n ;        //求阶乘
        s += t ;        //求和
    }
    cout << "s = " << s << endl ;
}
```

修改程序后重新进行编译和链接，再运行，得到正确的结果，如图 A-19 所示。

图 A-19　正确的结果

A.2.3　建立多文件程序

一个复杂的程序可以由多个文件（例如.cpp 文件和.h 文件）组成。下面练习在 VS 2015 下建立多文件程序的操作步骤。

【例 A-3】建立多文件程序。建立一个由第 3 章例 3-36 中各文件组成的项目 test3。

myArea.h 文件：
```
//myArea.h
double circle( double radius ) ;
double rect( double width, double length ) ;
```

myCircle.cpp 文件：
```
//myCircle.cpp
const double pi = 3.14 ;
double circle ( double radius )
{   return pi * radius * radius ;
}
```

myRect.cpp 文件：
```
//myRect.cpp
double rect ( double with, double length )
{   return with*length;
}
```

myMain.cpp 文件：
```
//myMain.cpp
#include<iostream>
using namespace std;
#include "myArea.h"
int main( )
{   double width, length ;
```

```
            cout<<"Please enter the width and length of a rectangle: \n" ;
            cin>>width >> length ;
            cout<<"Area of rectangle is: "<<rect( width, length ) <<endl ;
            double radius ;
            cout<<"Please enter the radius of a circle:\n" ;
            cin>>radius ;
            cout<<"Area of circle is: "<<circle(radius)<<endl ;
        }
```

1. 创建新项目

创建多文件程序的操作步骤如下。

（1）创建新项目。按照 A.2.1 节介绍的方法，创建一个新的 C++项目
test3，解决方案的结构如图 A-20 所示。

（2）编辑文件。

下面逐个创建项目中的各个文件。

创建 myMain.cpp 文件的步骤如下。

图 A-20　解决方案的结构

① 在解决方案资源管理器中，右击"源文件"项，从快捷菜单中选择
"添加"→"新建项"命令（或在工具栏中直接单击"添加新项"按钮），
打开"添加新项"对话框。

② 在"添加新项"对话框中选择"C++文件(.cpp)"项，在"名称"框中输入程序名（myMain.cpp），
单击"添加"按钮。此时，系统将创建一个空的源文件，返回主窗口，并显示编辑窗口。

③ 在编辑窗口中输入 myMain.cpp 中的程序代码。

用同样的方式可以添加项目的其他.cpp 文件。在例 A-3 中，建立了三个.cpp 文件：myMain.cpp、myRect.cpp
和 myCircle.cpp。

创建 myArea.h 文件的步骤如下。

① 在解决方案资源管理器中，右击"头文件"项，从快捷菜单中选择"添加"→"新建项"命令，打
开"添加新项"对话框。

② 在"添加新项"对话框中选择"C++头文件(.h)"项，在"名称"框中输入程序名（myArea.h），单
击"添加"按钮。此时，系统将创建一个空的头文件，返回主窗口，并显示编辑窗口。

③ 在编辑窗口中输入 myArea.h 中的程序代码。

（3）编译和链接。选择"生成"→"生成解决方案"命令（或按 Ctrl+Shift+B 组合键），系统将在输出
窗口中显示生成过程。如果在程序编译和链接的过程中没有错误，则在输出窗口中给出编译和链接成功的信
息："生成：成功 1 个，失败 0 个，最新 0 个，跳过 0 个"。如果在程序编译和链接中出现错误，则系统给
出错误或警告信息。改正错误后，选择"生成"→"重新生成解决方案"命令，系统重新进行编译和链接。
程序编译和链接成功后，系统自动生成以.exe 为扩展名的可执行文件。

（4）运行。选择"调试"→"开始执行（不调试）"命令（或按 Ctrl+F5 组合键），系统开始执行程序，显
示输入数据和输出结果窗口，等待用户输入数据。输入数据后，程
序继续执行，然后显示程序的运行结果，如图 A-21 所示。

图 A-21　程序的运行结果

2. 编辑旧项目文件

（1）基本操作。编辑一个已存在的项目文件基本操作步骤如下。

① 选择"文件"→"打开"→"项目"命令，打开"打开项目"
对话框。

② 在"打开项目"对话框中选择指定的路径和项目文件名（如
D:\test3\test3.sln），然后单击"打开"按钮，系统自动导入程序。

③ 单击打开"头文件"或"源文件"文件夹中要编辑的文件，在编辑窗口中显示程序代码。

④ 在编辑窗口中编辑、修改程序代码。

⑤ 编辑、修改完成后，选择"文件"→"全部保存"命令，重新保存程序。

⑥ 重新编译、链接并运行修改完的程序。

（2）修改项目 test3。打开项目 test3，为程序增加以下功能，然后重新编译和链接并运行程序：

① 在 main 函数中增加提示信息，要求用户输入的数据应大于 0。

② 在 circle 和 rect 函数中，对形参的值进行检测。若其中有一个参数值小于或等于 0，则显示出错信息。

3. 为项目添加文件

（1）基本操作。打开一个已经存在的项目，不仅可以修改其中的各个文件，还可以把新文件添加到当前项目中，其基本操作步骤如下。

① 按前述方法打开项目文件。

② 在解决方案资源管理器中，右击"源文件"项，从快捷菜单中选择"添加"→"新建项"命令，打开"添加新项"对话框。

③ 在"添加新项"对话框中选择"C++文件(.cpp)"项或"C++头文件(.h)"项，在"名称"框中输入程序名，单击"添加"按钮。此时，系统将创建一个空的源文件或头文件，返回主窗口，并显示编辑窗口。

④ 在编辑窗口中输入源程序文件或头文件中的程序代码。

重复上述步骤②～④，直到所有文件添加完为止。

（2）为项目 test3 增加文件。打开项目 test3，增加计算三角形面积的功能，操作步骤如下。

① 按前述方法创建 myTriangle.cpp 文件：

```
//myTriangle.cpp
#include<cmath>
double triangle(double x, double y, double z)
{   double s, area;
    if( x+y>z && y+z>x && z+x>y )
    {   s = ( x+y+z ) / 2.0 ;
        area = sqrt(s*(s−x)*(s−y)*(s−z) ) ;
        return area ;
    }
    else
        return 0 ;
}
```

② 修改项目中的 myMain.cpp 文件，增加以下语句：

```
double x,y,z;
cout<<"Please enter three sides of a triangle:\n" ;
cin>>x>>y>>z ;
cout<<"Area of circle is: "<<triangle(x,y,z)<<endl ;
```

③ 修改项目中的 myArea.h 文件，增加以下声明语句：

```
double triangle(double x, double y, double z) ;
```

④ 重新编译、链接并运行程序。

4. 从项目中删除文件

（1）基本操作。删除项目中的指定文件，基本操作步骤如下。

① 打开项目文件。

② 在项目工作区中，打开需要删除文件所在的文件夹。

③ 单击需要删除的文件，按 Del 键；或者右击该文件，从快捷菜单中选择"移除"命令。

④ 在弹出的对话框中根据需要选择"移除"或"删除"按钮。

值得注意的是，删除项目中的文件时要修改其他文件中的相关代码。

（2）删除项目 test3 中的文件。打开项目 test3，删除 myTriangle.cpp 文件及与其相关的代码，操作步骤如下。

① 打开项目文件 test3。

② 按前述方法删除 myTriangle.cpp 文件及与其相关的代码。

③ 重新编译、链接并运行程序。

A.2.4　命令行方式执行程序

由于.exe 文件可以脱离开发环境直接在操作系统中运行，因此，VC++项目经过编译生成的.exe 文件，可以很方便地应用于其他环境和平台。

1．执行.exe 文件

生成一个 VC++解决方案后，在 Debug 或 Release 文件夹中会创建一个应用程序（.exe）文件。如图 A-22 所示是 D:\test1\Debug 文件夹中的 test1.exe 文件。这个文件可以通过双击方式执行，也可以用命令行方式执行。打开命令提示窗口的方法是，在 Windows 中单击"开始"按钮，选择"Windows 系统"→"命令提示符"命令。

进入命令提示窗口之后，输入要执行文件的路径和文件名就可以执行它了。例如，图 A-23 显示了执行程序的情况。当然，为了便于执行.exe 文件，可以把它单独保存到其他文件夹中。

图 A-22　Debug 文件夹中的 test1.exe 文件

图 A-23　执行程序的情况

2．命令行参数

C++程序中的 main 函数可以添加参数，即 main 函数的原型为：

int main(int argc, char* argv[]);

其中，参数 argv 是一个字符指针数组，用于接收程序作为命令行执行时输入的字符串；参数 argc 是接收到的包括命令串在内的字符串个数。例如，若.exe 文件名为 testmain，在命令提示窗口中输入以下命令：

testmain aaaa bbbb cccc dddd

后，则有：

```
argv[0]    为    "testmain"
argv[1]    为    "aaaa"
argv[2]    为    "bbbb"
argv[3]    为    "ccccc"
argv[4]    为    "dddd"
```

而 argc 的值为 5。

【例 A-4】测试 main 函数的参数。建立一个 Win32 控制台应用程序 testmain，在项目文件夹中生成应用程序文件 testmain.exe，并把它存放到 D 盘中。这个程序需要输入命令行参数，不能直接用鼠标双击执行。用命令行方式执行效果如图 A-24 所示。

```cpp
#include<iostream>
using namespace std;
int main(int argc, char* argv[])
{   int i;
    cout<<"argc="<<argc<<endl;
    for(i=0; i<argc; i++)
        cout<<argv[i]<<endl;
    return 0;
}
```

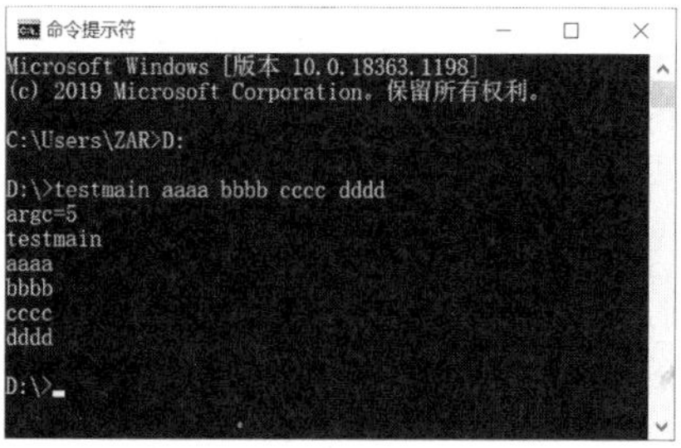

图 A-24　测试 main 函数的参数

在程序设计中，可以利用 main 函数的参数，以命令行方式导入需要的参数以执行相应的任务。

3. cin 和 cout 的重定向方法

cin 是 istream 类的对象，为标准输入流，默认连向键盘。cout 是 ostream 类的对象，为标准输出流，默认连向显示器。它们都可以重定向。重定向的方法是，以命令行方式执行 C++编译之后的.exe 文件，以命令行参数的形式指定重定向的文件。

cin 重定向的参数形式为：

  <文件名

cout 重定向的参数形式为：

  >文件名

下面用简单的例程说明其操作方法。

【例 A-5】用重定向方式准备输入数据文件。

① 编译以下程序：

```
//test5.cpp
#include<iostream>
using namespace std;
int   main()
{   int m, n ;
    cin>>m>>n;
    cout<<m<<endl<<n<<endl;
}
```

在 D 盘中建立项目 test5，源文件为 test5.cpp。编译成功后，可以在 D:\test5\debug 文件夹中查找到 test5.exe 文件。这个文件可以另存到其他文件夹中，例如，这里把 test5.exe 存放到 D:\（根目录）下。

② 打开命令提示窗口。

③ 在命令提示窗口中输入以下命令：

  D:

  test5\debug\test5>D:\input.dat

执行程序，输入 m 和 n 的值。此时，若输入：

  30

  5

则结果如图 A-25 所示。

执行 test4 使 cout 重定向，输出数据写入 D:\input.dat 文件中。若 D 盘中没有这个文件，系统会自动创建该文件；若 D 盘中存在同名文件，则原文件将被覆盖。

命令执行后，可以在 D 盘中找到如图 A-26 所示的数据文件。

图 A-25　cout 重定向执行程序

图 A-26　数据文件 input.dat

【例 A-6】使用数据文件作为输入重定向。

① 编译以下程序：

```
//test6.cpp
#include<iostream>
using namespace std;
void fn( int a, int b )
{   if( b==0 )
```

```
                cerr<<"Zero encountered. The message cannot be redirected.\n" ;
        else
                cout<<a<<'/'<<b<<'='<<a/b<<endl;
    }
    int    main()
    {   int m, n ;
        cout<<"one:\n";
        cin>>m>>n;
        fn ( m, n ) ;
        cerr<<"two:\n";
        fn ( 20, 0 ) ;
    }
```

在 D 盘中创建项目 test6，源文件为 test6.cpp。编译成功后，可以在 D:\test6\debug 文件夹中查找到 test6.exe 文件，把这个文件另存到 D:\下。

② 非重定向执行程序。在命令提示窗口中输入以下命令：

        D:\>test6

执行程序，显示：

        one:

等待输入 m 和 n 的数据。此时，若输入：

        256

        8

第 1 次调用函数 fn(m,n)。第 2 次用常数调用函数 fn(20,0)。cout 和 cerr 的结果如图 A-27 所示。

图 A-27　非重定向执行的结果

③ 输入/输出重定向执行程序。把 cin 重定向链接 D:\input.dat 文件，把 cout 重定向链接 D:\output.dat 文件。输入以下命令：

        D:\test6<d:\input.dat>d:\output.dat

结果如图 A-28 所示。图中只看到第 2 次调用函数 fn(20,0)的结果。第 1 次调用 fn(m,n)的实参 m 和 n 的值从文件 D:\input.dat 中获取，输出结果写入文件 D:\output.dat 中。如果此时没有输出文件，则系统自动创建该文件；如果已经存在输出文件，则覆盖原来的数据。

程序运行之后，打开 D:\output.dat 文件，可以看到如图 A-29 所示的由 cout 重定向输出的数据。

图 A-28　重定向执行程序

图 A-29　由 cout 重定向输出的数据

实践题

1. 建立简单控制台应用程序。使用 VS 2015 来调试以下源程序。

```
    #include <iostream>
    #include <cmath>
    using namespace std;
    int main()
    {   double a, b, c, s, area;
        cout<<"a,b,c = ";
        cin>>a>>b>>c;                                    //输入三角形的三条边
        s = ( a+b+c )/2.0;
```

```
    area = sqrt( s*( s–a )*( s–b )*( s–c ) );          //求三角形的面积
    cout<<"area = " <<area<<endl;
}
```

（1）根据操作过程填写下表。

内　容	操　作	说明或结果分析
进入 VC++ 2015		
在 D 盘中建立一个名为 ex1 的控制台应用程序		
输入代码		
编译、链接程序（生成解决方案）		
运行程序		

（2）记录编辑、运行程序所需的时间。

（3）采用以下各组输入数据测试，记录输出结果。分析出现问题的原因，并思考如何解决。

```
3    4    5
3    4    12
0    6    2
–2   7    9
```

（4）修改程序。

① 把 double 型改为 int 型，重新编译程序，会出现什么编译信息？为什么？

② 把 s 和 area 定义为 double 型可以消除编译错误吗？为什么？

③ 采用以下输入数据进行测试，记录输出结果，并分析原因。增加输出 a、b、c 变量值的语句，观察不同输入数据时变量值的变化。

```
3.45   5.618  4.012
```

2．调试程序。

（1）以下程序试图求π的近似值。

```
#include <iostream>
#include <cmath>
using namespace std;
int main()
{   long int i = 0 ;
    double sum = 0, term, pi ;
    do
    {   i += 1 ;
        term = 1/( i*i ) ;
        sum += term ;
    } while( term >= 1e–12 );
    pi = sqrt( sum * 6 ) ;
    cout<<"pi = "<<pi<<endl ;
}
```

输入程序并编译后使用调试跟踪，单步执行程序，在下表中记录变量值的变化。

	i	term	sum
	0		
	1		
	2		
	3		

i	term	sum
4		
5		
...		

回答以下问题：

① 从跟踪结果分析，term 和 sum 的值有什么错误？

② 循环结束后，i 的值是多少？用什么简单的办法可以看到它？

③ 如何修改程序，使其得到正确的结果？

（2）编写习题 2 程序设计第 4 题输出由符号组成的三角形的图案的程序，记录以下内容：

① 如果程序出现编译错误，如何解决？

② 程序运行后，图案显示正确吗？采用跟踪方法记录内外循环控制变量的变化。

③ 若要程序输出以下图案，应该如何修改？请编程实现并在程序中适当添加注释。

```
        *
      * * *
    * * * * *
  * * * * * * *
* * * * * * * * *
  * * * * * * *
    * * * * *
      * * *
        *
```

3．建立多文件应用程序。

（1）阅读附录 A.2.3 中建立多文件应用程序的内容，并完成创建项目的操作。

（2）调查目前中国银行存款的种类和利息计算方式，设计一个模拟银行存款查询程序，项目要求：

① 主函数对用户操作进行提示，用户输入存款金额、存款种类、存期后，调用相应的函数来计算利息，以简捷、清晰的格式输出存款金额、存款种类、存期、利息、总计等项目。

② 每个存款种类使用一个单独的函数计算利息。

③ 在头文件中存放函数原型，并加以功能说明。

④ 每个函数独立编译为一个 .cpp 文件。

4．使用 cin、cout 的重定向功能，编写程序。生成 100 个随机整数并存放在文本文件 random.dat 中，然后从文件中读出数据到数组中进行升序排序，把排序结果存放到 order.dat 文件中。

附录 B　常用库函数

在使用 C++ 编写应用程序时，很多功能可以通过直接调用库函数来完成。为了方便读者使用库函数来编写程序，在本附录中列出了一些 C/C++常用库函数的函数原型、所需的头文件和功能说明，供大家查阅。C/C++提供的库函数远远不止这些，如需使用其他库函数，可以参考 MSDN 的联机帮助文档。

1．数学函数

头文件：<iostream>

（1）abs 函数

函数原型：int abs(int n);

功能：返回 n 的绝对值。

（2）labs 函数

函数原型：long labs(long n);

功能：返回长整型数 n 的绝对值。

（3）fabs 函数

函数原型：double fabs(double x);

功能：返回双精度数 x 的绝对值。

（4）ceil 函数

函数原型：double ceil(double x);

功能：对 x 向上取整，返回一个 double 型的大于或等于 x 的最小整数，以浮点数形式存储结果。

（5）floor 函数

函数原型：double floor(double x);

功能：对 x 向下取整，返回一个 double 型的小于或等于 x 的最大整数，以浮点数形式存储结果。

（6）div 函数

函数原型：div_t div(int number,int denom);

功能：用 number 除以 denom，计算商与余数。如果除数为 0，则系统输出一个错误消息并终止程序的执行。div_t 类型是结构类型，成员包括商 quot 与余数 rem，它在<cstdlib>中定义。

例如，语句：

```
cout<<div(5,2).quot<< '\t'<<div(5,2).rem<< endl;
```

执行后输出结果为：

```
    2            1
```

（7）ldiv 函数

函数原型：ldiv_t ldiv(long int number，long int denom);

功能：用 number 除以 denom，计算商与余数。如果除数为 0，则系统输出一个错误消息并终止程序的执行。ldiv_t 类型是结构类型，成员包括商 quot 与余数 rem，它在<cstdlib>中定义。

（8）fmod 函数

函数原型：double fmod(double x，double y);

功能：计算并返回 x/y 的余数。如果 y 的值是 0.0，则返回数据错误信息：-nan(ind)。

（9）pow 函数

函数原型：double pow(double x，double y);

功能：计算并返回 x^y 的值。

（10）sqrt 函数

函数原型：double sqrt(double x);

功能：计算并返回 $\sqrt{x}$ 的值。

（11）exp 函数

函数原型：double exp(double x);

功能：计算并返回 e^x 的值。上溢出时，返回 inf；下溢出时，返回 0。

（12）log 函数

函数原型：double log(double x);

功能：计算并返回 $\ln x$ 的值。如果 x 为负数，则返回-nan(int)，表示不确定的值；如果 x 为 0，则返回-inf，表示溢出。

（13）log10 函数

函数原型：double log10(double x);

功能：计算并返回 $\lg x$ 的值。如果 x 为负数，则返回-nan(int)，表示不确定的值。如果 x 为 0，则返回-inf，表示溢出。

（14）sin 函数

函数原型：double sin(double x);

功能：计算并返回 $\sin x$ 的值。其中 x 为弧度值。

（15）cos 函数

函数原型：double cos(double x);

功能：计算并返回 $\cos x$ 的值。其中 x 为弧度值。

（16）tan 函数

函数原型：double tan(double x);

功能：计算并返回 $\tan x$ 的值。其中 x 为弧度值。

（17）asin 函数

函数原型：double asin(double x);

功能：计算并返回 $\arcsin x$ 的值。其中 x 为-1～1 之间的值。

（18）acos 函数

函数原型：double acos(double x);

功能：计算并返回 $\arccos x$ 的值（0～π弧度之间的反余弦值）。其中 x 为-1～1 之间的值。

（19）atan 函数

函数原型：double atan(double x);

功能：计算并返回 $\arctan x$ 的值。若 x 为 0，则返回 0。

（20）sinh 函数

函数原型：double sinh(double x);

功能：计算并返回 $\sinh x$ 的值。其中 x 为弧度值。

（21）cosh 函数

函数原型：double cosh(double x);

功能：计算并返回 $\cosh x$ 的值。其中 x 为弧度值。

（22）tanh 函数

函数原型：double tanh(double x);

功能：计算并返回 $\tanh x$ 的值。其中 x 为弧度值。

（23）rand 函数

函数原型：int rand(void);

功能：返回 0～32767 之间的一个随机数。

（24）srand 函数

函数原型：void srand(unsigned int seed);

功能：为使 rand 函数产生一序列随机整数而设置的种子值。其中，seed 称为产生随机整数的种子值，它是一个无符号整型数据。使用 1 作为 seed 值，可以重新进行初始化。通常，使用系统时间（由 time(0)获取）作为 seed 值。

2. 数据转换函数

（1）atoi 函数

函数原型：int atoi(const char *string);

功能：将数值形式的字符串 string 转换为 int 型值，并返回转换后的结果。若不能转换成对应的整型值，则返回 0。若转换结果值溢出，则返回值不确定。

（2）atol 函数

函数原型：long atol(const char *string);

功能：将数值形式的字符串 string 转换为 long 型值，并返回转换后的结果。若不能转换成对应的 long 型值，则返回 0。若转换结果值溢出，则返回值不确定。

（3）atof 函数

函数原型：double atof(const char *string);

功能：将数值形式的字符串 string 转换为 double 型值，并返回转换后的结果。若不能转换成对应的 double 型值，则返回 0.0。若转换结果值溢出，则返回值不确定。

（4）toupper 函数

函数原型：int toupper(int ch);

功能：返回字符 ch 对应的大写字母的 ASCII 码值。

（5）tolower 函数

函数原型：int tolower(int ch);

功能：返回字符 ch 的对应小写字母的 ASCII 码值。

3. 中断程序执行函数

头文件：<ctime>

（1）abort 函数

函数原型：void abort(void);

功能：中断程序的执行，回到 C++系统的主窗口。

（2）assert 函数

该函数需要包含头文件：<assert.h>

函数原型：void assert(int expression);

功能：计算表达式 expression 的值。若该值为 false，则中断程序的执行，显示中断执行所在的文件和程序行，回到 C++系统的主窗口。

（3）exit 函数

函数原型：void exit(int status);

功能：中断程序的执行，返回退出代码，回到 C++系统的主窗口。其中，status 是退出代码，通常为 0 或 1。

（4）system 函数

函数原型：int system(const char *command);

功能：在 C++代码中执行 DOS（Disk Operation System，磁盘操作系统）命令，把 command 传递给 DOS 命令解释器，并执行该命令。若执行成功，则返回 0 值。其中，字符串 command 为需要执行的 DOS 命令。

从 1981 年至 1995 年的 15 年间，DOS 在 IBM PC 兼容机市场中占有举足轻重的地位。在程序中嵌入 DOS 命令，可以扩充应用程序的功能。表 B-1 列出了一些常用 DOS 命令。DOS 命令的详细介绍，请读者自行查阅有关资料。

表 B-1　常用 DOS 命令

命　令	格　式	功　能
COPY	格式 1：COPY <源文件名> <目标文件名> 格式 2：COPY <源文件名 1>+<源文件名 2>+… <目标文件名>	文件复制
TYPE	TYPE <文件名>	显示文件内容
RENAME 或 REN	RENAME <原始文件名> <新文件名> REN <原始文件名> <新文件名>	文件（目录）改名
DEL 或 ERASE	DEL <文件名> ERASE <文件名>	删除文件
DATE	DATE [mm-dd-yy]	显示和设置系统日期
TIME	TIME [hh:mm[:ss[.xx]]]	显示和设置系统时间
CLS	CLS	清屏幕
PAUSE	PAUSE	暂停，按任意键继续执行
DIR	DIR [<路径>][/P][/W]	显示目录和文件
MKDIR 或 MD	MKDIR [<路径>] <目录名> MD [<路径>] <目录名>	建立目录
CHDIR 或 CD	CHDIR [<路径>] <目录名> CD [<路径>] <目录名>	显示和更改当前目录名
RMDIR 或 RD	RMDIR <目录名> RD <目录名>	删除目录

注：方括号"[]"中的内容可以省略。命令字母不区分大小写。

【例 B-1】system 函数的使用。

```
#include<iostream>
using namespace std;
int main()
{   system("dir");                          //显示当前目录下的目录和文件
    system("pause");                        //按任意键
    system("cls");                          //清屏
    system("type test1.cpp");               //显示文件 cpp1.cpp 中的内容
    system("copy test1.cpp test2.cpp");     //复制文件
    system("pause");                        //按任意键
    system("type test2.cpp");               //显示文件 cpp2.cpp 中的内容
}
```

4．查找和分类函数

（1）bsearch 函数

函数原型：

```
void *bsearch(const void *key,const void *base,size_t num,size_t width,
              int(cdecl *compare)(const void *elem1,const void *elem2));
```

功能：对具有 num 个元素，每个元素占 width 字节的已排序数组进行二分查找。其中，key 为查找关键字，base 为指向查找对象的指针（地址），num 为元素个数，width 为每个元素所占字节数，elem1 为查找的关键字的指针，elem2 为与关键字进行比较的数组元素的指针，compare 为比较两个元素 elem1 和 elem2 的函数。

在查找中调用 compare 函数一次或多次，每次都会自动传送两个数组元素的指针。compare 函数比较这两个元素的大小，返回如下值之一：

< 0	elem1 小于 elem2
= 0	elem1 等于 elem2
> 0	elem1 大于 elem2

函数返回查找指针。如果查找成功，查找指针指向 key；如果查找失败，查找指针为 NULL。如果查找

对象（数组）未排序或包含相同关键字，其执行结果不可预料。

【例 B-2】bsearch 函数的使用。

```
#include<iostream>
using namespace std;
int compare( const void *a, const void *b )
{    return strcmp ( ( char* ) a, ( char* ) b );
}
int main()
{    char list[5][4] = { "cab","can","cap","car","cat" };
     if ( bsearch ( "car", ( void* )list, 5 , sizeof ( list[0] ), compare ) !=NULL )
         cout <<   "该关键字在数组中存在！" << endl;
}
```

（2）qsort 函数

函数原型：

```
void qsort(void *base,size_t num,size_t width,
                int(cdecl *compare)(const void *elem1,const void *elem2));
```

头文件：<cstdlib>或<search.h>

功能：对具有 num 个元素，每个元素占 width 字节的数组 base 按升序进行快速排序，并用排序后的元素覆盖该数组。compare 函数功能见 bsearch 函数的说明。

【例 B-3】qsort 函数的使用。

```
#include<iostream>
using namespace std;
int compare( const void *a, const void *b )
{    return strcmp ( ( char* )a, ( char* )b );
}
int main()
{    char list[5][4] = { "cap","car","cab","can","cat" };
     qsort ( ( void* ) list,5, sizeof ( list[0] ),compare );
     cout << " 排序后的数组：" << endl;
     for ( int i=0; i<5; i++ )
         cout << list[i] << '\t';
     cout << endl;

}
```

5．时间处理函数

头文件：<ctime>

（1）asctime_s 函数

函数原型：errno_t asctime_s(char* buf, size_t buflen, const tm *Tmptr);

头文件：<ctime>

功能：把 Tmptr 所指向的 tm 类型的时间数据转换成 ctime 时间格式的字符串，并写入 buf 中。其中，buflen 是 buf 的长度。当时间格式非法时，返回执行错误信息。例如，表示 2009 年 1 月 1 日 9 时 30 分的 ctime 为：

```
Thu   Jan   01   09:30:00   2009
```

tm 类型是表示日期和时间的结构类型，在头文件<ctime>中定义为：

```
struct tm
{   int   tm_sec;       //秒
    int   tm_min;       //分
    int   tm_hour;      //时（0～23）
    int   tm_mday;      //日（1～31）
    int   tm_mon;       //月（0～11）
    int   tm_year;      //年（日历年份减去 1900）
```

```
        int    tm_wday;      //星期几（0～6），星期天为 0
        int    tm_yday;      //从 1 月 1 日起的天数
        int    tm_isdst;     //夏时制信息
    };
```

【例 B-4】asctime_s 函数的使用。

```
    #include<iostream>
    #include<ctime>
    using namespace std;
    int main()
    {   tm time;
        char tstr[32];
        time.tm_sec = 0;
        time.tm_min = 30;
        time.tm_hour = 9;
        time.tm_mday = 1;
        time.tm_mon = 0;
        time.tm_year = 120;        //表示 2020 年
        time.tm_wday = 4;
        time.tm_yday = 0;
        time.tm_isdst= -1;         //非夏时制
        asctime_s(tstr,32, &time );
        cout <<"Current date and time: " <<tstr << endl;
    }
```

程序运行结果如图 B-1 所示。

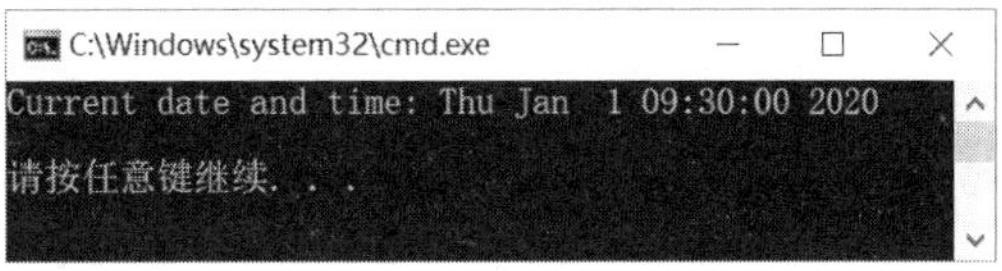

（2）clock 函数

函数原型：clock_t clock();

功能：返回程序时钟的当前标记时间。

图 B-1　例 B-4 程序运行结果

在应用程序开始运行时，C++系统中存在一个程序时钟用于计时，初值为 0。程序时钟把系统时间转换成标记时间。所谓标记时间，就是把每秒划分成若干等份，用整型常量 CLOCKS_PER_SEC 表示份数。clock 函数获取程序时钟当前的标记时间。如果把所获取的标记时间除以 CLOCKS_PER_SEC，就可以转换成秒了。

其中，clock_t 类型是 long 型，在头文件<ctime>中定义为：

```
    typedef long clock_t;
```

【例 B-5】clock 函数的使用。

```
    #include<iostream>
    #include<ctime>
    using namespace std;
    void sleep(clock_t wait);
    int main()
    {   clock_t one, two, three;
        one = clock();
        //显示程序时钟当前时间
        cout << "程序开始运行：" << (double)one / CLOCKS_PER_SEC << "秒" << endl;
        sleep((clock_t)3 * CLOCKS_PER_SEC);            //延时 3 秒
        two = clock();
        cout << "延时：" << (double)two / CLOCKS_PER_SEC << "秒" << endl;
        sleep((clock_t)6 * CLOCKS_PER_SEC);            //延时 6 秒
        three = clock();
        cout << "再延时至：" << (double)three/ CLOCKS_PER_SEC << "秒，结束程序" << endl;
    }
    void sleep(clock_t wait)                //延时函数
```

```
        {   clock_t goal;
            goal = wait + clock();
            while (goal > clock());
        }
```

图 B-2 例 B-5 程序运行结果

程序运行时间与计算机配置有关。图 B-2 是一个运行结果。

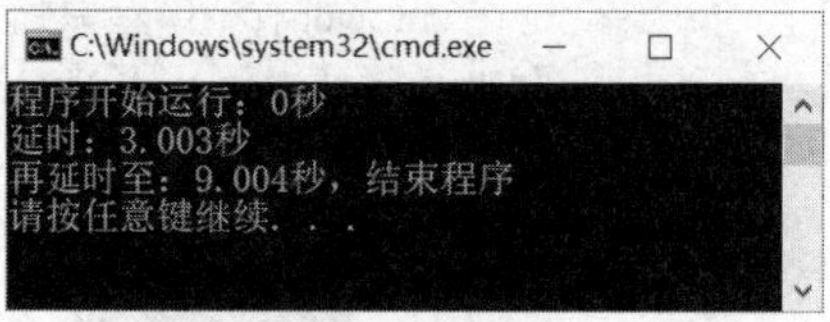

（3）time 函数

函数原型：time_t time(time_t *tptr);

功能：返回当前系统时间。其中，time_t 类型在头文件<ctime>中定义为：

　　　　typedef long time_t;

例如，time(NULL)，time(0)。

（4）ctime_s 函数

函数原型：errno_t ctime_s(char* buf, size_t buflen, const time_t * Timeptr);

功能：把 Timtptr 所指向的 time_t 格式时间值转换成与 ctime 格式相同的字符串，并写入字符串 buf 中。buflen 是 buf 的长度。当时间格式非法时，返回执行错误信息。

【例 B-6】ctime_s 函数的使用。

```
        #include<iostream>
        #include<ctime>
        using namespace std;
        int main()
        {   time_t t;
            char tstr[32];
            t = time( NULL );                       //获取当前时间
            ctime_s( tstr,32,&t );                   //转换成时间格式
            cout << "现在的时间是：" << tstr << endl;
        }
```

（5）difftime 函数

函数原型：double difftime(time_t time2, time_t time1);

功能：返回在 time1 和 time2 之间经过的时间值。

【例 B-7】difftime 函数的使用。

```
        #include <iostream>
        #include <ctime>
        using namespace std;
        int main()
        {   time_t start, finish;
            long loop;
            double result, elapsed_time;
            cout<< "Multiplying 2 floating point numbers 500 million times…\n" ;
            time( &start );                          //开始时间
            for( loop = 0; loop < 500000000; loop++)  //执行代码
                result = 3.63 * 5.27;
            time( &finish );                         //结束时间
            elapsed_time = difftime( finish, start);  //返回经过的时间
            cout<< "\nProgram takes "<< elapsed_time <<" seconds.\n";
        }
```

程序运行结果如图 B-3 所示。

（6）mktime 函数

函数原型：time_t mktime(struct tm * tptr);

功能：把 tptr 所指向的 tm 类型时间数据转换为日历时间，并返回转换结果。日历时间的范围在 1970—

2030 年之间。若日历时间不在规定的年份范围内，则返回–1。

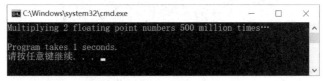

图 B-3　例 B-7 程序运行结果

【例 B-8】mktime 函数的使用。

```cpp
#include <iostream>
#include <ctime>
using namespace std;
char *wday[] = {"星期日","星期一","星期二","星期三","星期四","星期五","星期六" };
int main()
{   struct tm t;
    int month,day,year;
    cout << "请输入年、月和日：";
    cin >> year >> month >> day;
    t.tm_sec = 0;
    t.tm_min = 0;
    t.tm_hour = 1;
    t.tm_mday = day;
    t.tm_mon = month-1;
    t.tm_year = year-1900;
    t.tm_isdst = -1;
    if( mktime( &t ) == -1 )
        cout << "输入的年份非法！" << endl;
    else
        cout<<t.tm_year+1900<<"年"<<t.tm_mon+1<<"月"
            <<t.tm_mday<<"日是"<<wday[t.tm_wday]<<endl;
}
```

程序运行结果如图 B-4 所示。

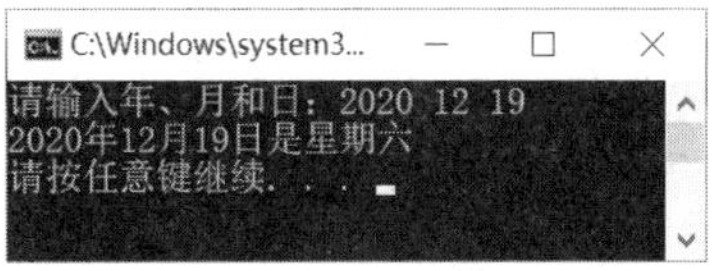

6. 文本窗口 I/O 函数

以下函数适用于控制台应用程序在文本窗口中的输入/输出操作。

头文件：<conio.h>

图 B-4　例 B-8 程序运行结果

（1）cgets_s 函数

函数原型：errno_t _cgets_s(char *buffer, size_t Size, size_t *inputSize);

功能：返回输入字符串的指针。

该函数的第 1 个参数 buffer 是一个字符数组；第 2 个参数 Size 是最大允许输入的字符个数，即 buffer 的定义长度，其中包含串结束符'\0'；第 3 个参数用于返回输入的字符个数。

【例 B-9】_cgets_s 函数的使用。

```cpp
#include <conio.h>
int main()
{   char buffer[80];
    size_t inputLen;
    _cprintf( "Input line of text, followed by carriage return:\n");
    _cgets_s( buffer,80,&inputLen );   //输入一行文本
    _cprintf( "Line length = %d\nText = %s\n", inputLen,buffer );
}
```

程序运行结果如图 B-5 所示。

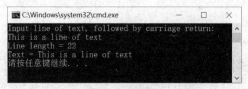

图 B-5　例 B-9 程序运行结果

（2）_cprintf 函数

函数原型：int _cprintf(const char *format [, argument] ⋯);

功能：格式化输出。其中，argument 是输出项表达式，format 是格式描述字符串，与 C 语言的 printf 函数要求一致。函数返回值是输出的字符个数（包括控制符）。

format 格式串包含普通字符（包括转义符）和格式说明符。普通字符可以直接显示或转换成相应的格式显示，如\r、\n 等。格式说明符是由"%"号引起的可选格式及类型控制符（见表 B-2）。其基本格式为：

表 B-2　类型控制符

类 型 控 制 符	输 出 形 式	类 型 控 制 符	输 出 形 式
d（或 i）	十进制整数	s	字符串
x（或 X）	十六进制整数	e（或 E）	指数形式浮点数
o	八进制整数	f	小数形式浮点数
u	无符号十进制整数	g（或 G）	取 e 或 f 中较短的一种
c	单个字符	%	%本身

【例 B-10】_cprintf 函数的使用。

```
#include <conio.h>
int main()
{   int   i = -16, h = 29;
    unsigned u = 62511;
    char c = 'A';
    char s[] = "Test";
    _cprintf( "%d   %.4x   %u   %c %s\r\n", i, h, u, c, s );
}
```

（3）_cputs 函数

函数原型：int _cputs(const char *string);

功能：输出字符串 string。正确执行返回 0 值，否则返回非 0 值。

（4）_cscanf_s 函数

函数原型：int _cscanf_s(const char *format [, argument]⋯);

功能：格式化输入数据。格式串 format 要求与 C 语言的 scanf 函数一致。函数返回输入的元素个数。

【例 B-11】_cscanf_s 函数的使用。

```
#include <conio.h>
int main()
{   int result, i[3];
    _cprintf( "Enter three integers: " );
    result = _cscanf_s( "%i %i %i", &i[0], &i[1], &i[2] );
    _cprintf( "\r\nYou entered " );
    while( result-- )
        _cprintf( "%i ", i[result] );
    _cprintf( "\r\n" );
}
```

（5）_getch 函数和_getche 函数

函数原型：int _getch();

           int _getche();

功能：获取一个输入的字符作为函数返回值。_getch 函数不回显字符，_getche 函数回显字符。

【例 B-12】 _getch 函数和_getche 函数的使用。

```
#include <conio.h>
int main()
{   char password[9] = {'\0'};
    _cputs( "input password:\n" );
    //one:
    for(int i=0;i<8;i++)
    {   password[i] = _getch();          //输入字符不在屏幕上回显
        _putch( '*' );                   //显示'*'
    }
    _cputs( "\none:your password is : " );
    _cputs(password);
    _putch( '\n' );
    //two:
    for(int i=0;i<8;i++)
    {   password[i] = _getche();         //输入字符在屏幕上回显
    }
    _cputs( "\ntwo:your password is : " );
    _cputs(password);
    _putch( '\n' );
}
```

程序运行结果如图 B-6 所示。

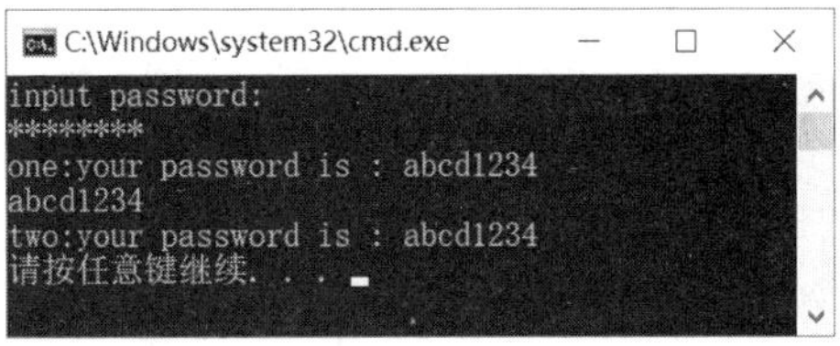

（6）_kbhit 函数

函数原型：int _kbhit();

功能：等待用户按键输入。如果用户未进行按键输入操作，则函数返回 0 值；如果按下任意键，则函数把返回的输入字符送入缓冲区。可以调用_getch 或_getche 函数得到这个字符。

【例 B-13】 _kbhit 函数的使用。

```
#include <conio.h>
int main( )
{   //显示信息，直到按下任意键
    while( !_kbhit() )
        _cputs( "Hit me!! " );
    //用 _getch 函数得到输入键字符
    _cprintf( "\n Key struck was '%c'\n", _getch() );
    _getch();
}
```

程序运行结果如图 B-7 所示。

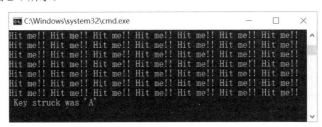

图 B-6　例 B-12 程序运行结果

图 B-7　例 B-13 程序运行结果

附录 C　ASCII 码字符集

字符	ASCII 码值	字符	ASCII 码值	字符	ASCII 码值	字符	ASCII 码值
NUL	0	Space	32	@	64	`	96
SOH	1	!	33	A	65	a	97
STX	2	"	34	B	66	b	98
ETX	3	#	35	C	67	c	99
EOT	4	$	36	D	68	d	100
ENQ	5	%	37	E	69	e	101
ACK	6	&	38	F	70	f	102
BEL	7	'	39	G	71	g	103
BS	8	(	40	H	72	h	104
HT	9	)	41	I	73	i	105
LF	10	*	42	J	74	j	106
VT	11	+	43	K	75	k	107
FF	12	,	44	L	76	l	108
CR	13	-	45	M	77	m	109
SO	14	.	46	N	78	n	110
SI	15	/	47	O	79	o	111
DLE	16	0	48	P	80	p	112
DC1	17	1	49	Q	81	q	113
DC2	18	2	50	R	82	r	114
DC3	19	3	51	S	83	s	115
DC4	20	4	52	T	84	t	116
NAK	21	5	53	U	85	u	117
SYN	22	6	54	V	86	v	118
ETB	23	7	55	W	87	w	119
CAN	24	8	56	X	88	x	120
EM	25	9	57	Y	89	y	121
SUB	26	:	58	Z	90	z	122
ESC	27	;	59	[	91	{	123
FS	28	<	60	\	92	¦	124
GS	29	=	61	]	93	}	125
RS	30	>	62	^	94	~	126
US	31	?	63	_	95	del	127

注：表中 ASCII 码值在 0～31 范围内的字符为控制字符，ASCII 码值在 32～127 范围内的字符为可显示字符。